国家科学思想库

中国学科发展战略

原子分子与团簇物理

中国科学院

科学出版社

北京

内 容 简 介

本书主要介绍了原子与分子物理学科中的原子分子结构、光谱和碰撞，先进光源与原子分子物理，冷原子物理及其应用，奇异的原子分子团簇四个前沿领域，着重论述了各个方向的科学问题，研究目的和意义，国内外研究现状、特色、优势和不足，以及对未来发展的建议和意见。

本书特色鲜明、内容详尽、具有前瞻性，适合高层次的战略和管理专家、相关领域的高等院校师生、研究机构的研究人员阅读，是科技工作者洞悉学科发展规律、把握前沿领域和重点方向的重要指南，是科技管理部门重要的决策参考书，同时也是社会公众了解原子与分子物理这一学科的发展现状及趋势的权威读本。

图书在版编目（CIP）数据

原子分子与团簇物理 / 中国科学院编. —北京：科学出版社，2023.11
（中国学科发展战略）
ISBN 978-7-03-075886-6

Ⅰ.①原…　Ⅱ.①中…　Ⅲ.①原子物理学②分子物理学　Ⅳ.①O56

中国国家版本馆 CIP 数据核字（2023）第 110858 号

丛书策划：侯俊琳　牛　玲
责任编辑：朱萍萍　郭学雯 / 责任校对：韩　杨
责任印制：师艳茹 / 封面设计：黄华斌　陈　敬

科学出版社 出版
北京东黄城根北街 16 号
邮政编码：100717
http://www.sciencep.com
北京市金木堂数码科技有限公司印刷
科学出版社发行　各地新华书店经销
*
2023 年 11 月第 一 版　开本：720×1000　1/16
2025 年 2 月第三次印刷　印张：24 1/2
字数：400 000
定价：198.00 元
（如有印装质量问题，我社负责调换）

中国学科发展战略

指 导 组

组　　长：侯建国

副 组 长：常　进　包信和

成　　员：高鸿钧　张　涛　裴　钢
　　　　　朱日祥　郭　雷　杨　卫

工 作 组

组　　长：王笃金

副 组 长：杨永峰

成　　员：马　强　马新勇　王　勇
　　　　　缪　航　彭晴晴

中国学科发展战略·原子分子与团簇物理

项 目 组

组　长：王广厚

成　员（以姓氏笔画为序）：

丁大军　马新文　王建国　孙金锋　宋凤麒　张卫平

陈向军　陈徐宗　金明星　郑雨军　赵纪军　柳晓军

袁建民　高克林　韩克利　董晨钟　詹明生　蔡晓红

魏宝仁

秘　书：曹　路　韩小英

编 写 组
（以姓氏笔画为序）

马　杰　王　谨　王传奎　王志刚　王来森　冯　芒

邢小鹏　朱林繁　朱满洲　刘志锋　江开军　江玉海

许　鹏　杨家敏　肖连团　邹亚明　张　帅　张可烨

陈丽清　陈洁菲　罗嗣佐　郑卫军　胡国睿　赵延霆

赵增秀　袁春华　钱东斌　郭进先　高　巍　彭栋梁

管习文　颜　君

九层之台，起于累土^①

白春礼

近代科学诞生以来，科学的光辉引领和促进了人类文明的进步，在人类不断深化对自然和社会认识的过程中，形成了以学科为重要标志的、丰富的科学知识体系。学科不但是科学知识的基本的单元，同时也是科学活动的基本单元：每一学科都有其特定的问题域、研究方法、学术传统乃至学术共同体，都有其独特的历史发展轨迹；学科内和学科间的思想互动，为科学创新提供了原动力。因此，发展科技，必须研究并把握学科内部运作及其与社会相互作用的机制及规律。

中国科学院学部作为我国自然科学的最高学术机构和国家在科学技术方面的最高咨询机构，历来十分重视研究学科发展战略。2009年4月与国家自然科学基金委员会联合启动了“2011～2020年我国学科发展战略研究”19个专题咨询研究，并组建了总体报告研究组。在此工作基础上，为持续深入开展有关研究，学部于2010年底，在一些特定的领域和方向上重点部署了学科发展战略研究项目，研究成果现以“中国学科发展战略”丛书形式系列出版，供大家交流讨论，希望起到引导之效。

根据学科发展战略研究总体研究工作成果，我们特别注意到学

---

① 题注：李耳《老子》第64章：“合抱之木，生于毫末；九层之台，起于累土；千里之行，始于足下。”

科发展的以下几方面的特征和趋势。

一是学科发展已越出单一学科的范围，呈现出集群化发展的态势，呈现出多学科互动共同导致学科分化整合的机制。学科间交叉和融合、重点突破和"整体统一"，成为许多相关学科得以实现集群式发展的重要方式，一些学科的边界更加模糊。

二是学科发展体现了一定的周期性，一般要经历源头创新期、创新密集区、完善与扩散期，并在科学革命性突破的基础上螺旋上升式发展，进入新一轮发展周期。根据不同阶段的学科发展特点，实现学科均衡与协调发展成为了学科整体发展的必然要求。

三是学科发展的驱动因素、研究方式和表征方式发生了相应的变化。学科的发展以好奇心牵引下的问题驱动为主，逐渐向社会需求牵引下的问题驱动转变；计算成为了理论、实验之外的第三种研究方式；基于动态模拟和图像显示等信息技术，为各学科纯粹的抽象数学语言提供了更加生动、直观的辅助表征手段。

四是科学方法和工具的突破与学科发展互相促进作用更加显著。技术科学的进步为激发新现象并揭示物质多尺度、极端条件下的本质和规律提供了积极有效手段。同时，学科的进步也为技术科学的发展和催生战略新兴产业奠定了重要基础。

五是文化、制度成为了促进学科发展的重要前提。崇尚科学精神的文化环境、避免过多行政干预和利益博弈的制度建设、追求可持续发展的目标和思想，将不仅极大促进传统学科和当代新兴学科的快速发展，而且也为人才成长并进而促进学科创新提供了必要条件。

我国学科体系由西方移植而来，学科制度的跨文化移植及其在中国文化中的本土化进程，延续已达百年之久，至今仍未结束。

鸦片战争之后，代数学、微积分、三角学、概率论、解析几何、力学、声学、光学、电学、化学、生物学和工程科学等的近代科学知识被介绍到中国，其中有些知识成为一些学堂和书院的教学内容。1904年清政府颁布"癸卯学制"，该学制将科学技术分为格致科（自然科学）、农业科、工艺科和医术科，各科又分为诸多学科。1905年清朝废除科举，此后中国传统学科体系逐步被来自西方的新学科体系取代。

民国时期现代教育发展较快，科学社团与科研机构纷纷创建，现代学科体系的框架基础成型，一些重要学科实现了制度化。大学引进欧美的通才教育模式，培育各学科的人才。1912 年詹天佑发起成立中华工程师会，该会后来与类似团体合为中国工程师学会。1914 年留学美国的学者创办中国科学社。1922 年中国地质学会成立，此后，生理、地理、气象、天文、植物、动物、物理、化学、机械、水利、统计、航空、药学、医学、农学、数学等学科的学会相继创建。这些学会及其创办的《科学》《工程》等期刊加速了现代学科体系在中国的构建和本土化。1928 年国民政府创建中央研究院，这标志着现代科学技术研究在中国的制度化。中央研究院主要开展数学、天文学与气象学、物理学、化学、地质与地理学、生物科学、人类学与考古学、社会科学、工程科学、农林学、医学等学科的研究，将现代学科在中国的建设提升到了研究层次。

中华人民共和国成立之后，学科建设进入了一个新阶段，逐步形成了比较完整的体系。1949 年 11 月中华人民共和国组建了中国科学院，建设以学科为基础的各类研究所。1952 年，教育部对全国高等学校进行院系调整，推行苏联式的专业教育模式，学科体系不断细化。1956 年，国家制定出《十二年科学技术发展远景规划纲要》，该规划包括 57 项任务和 12 个重点项目。规划制定过程中形成的"以任务带学科"的理念主导了以后全国科技发展的模式。1978 年召开全国科学大会之后，科学技术事业从国防动力向经济动力的转变，推进了科学技术转化为生产力的进程。

科技规划和"任务带学科"模式都加速了我国科研的尖端研究，有力带动了核技术、航天技术、电子学、半导体、计算技术、自动化等前沿学科建设与新方向的开辟，填补了学科和领域的空白，不断奠定工业化建设与国防建设的科学技术基础。不过，这种模式在某些时期或多或少地弱化了学科的基础建设、前瞻发展与创新活力。比如，发展尖端技术的任务直接带动了计算机技术的兴起与计算机的研制，但科研力量长期跟着任务走，而对学科建设着力不够，已成为制约我国计算机科学技术发展的"短板"。面对建设创新型国家的历史使命,我国亟待夯实学科基础,为科学技术的持续发展与创新能力的提升而开辟知识源泉。

反思现代科学学科制度在我国移植与本土化的进程,应该看到,20世纪上半叶,由于西方列强和日本入侵,再加上频繁的内战,科学与救亡结下了不解之缘,中华人民共和国成立以来,更是长期面临着经济建设和国家安全的紧迫任务。中国科学家、政治家、思想家乃至一般民众均不得不以实用的心态考虑科学及学科发展问题,我国科学体制缺乏应有的学科独立发展空间和学术自主意识。改革开放以来,中国取得了卓越的经济建设成就,今天我们可以也应该静下心来思考"任务"与学科的相互关系,重审学科发展战略。

现代科学不仅表现为其最终成果的科学知识,还包括这些知识背后的科学方法、科学思想和科学精神,以及让科学得以运行的科学体制,科学家的行为规范和科学价值观。相对于我国的传统文化,现代科学是一个"陌生的""移植的"东西。尽管西方科学传入我国已有一百多年的历史,但我们更多地还是关注器物层面,强调科学之实用价值,而较少触及科学的文化层面,未能有效而普遍地触及到整个科学文化的移植和本土化问题。中国传统文化以及当今的社会文化仍在深刻地影响着中国科学的灵魂。可以说,迄20世纪结束,我国移植了现代科学及其学科体制,却在很大程度上拒斥与之相关的科学文化及相应制度安排。

科学是一项探索真理的事业,学科发展也有其内在的目标,探求真理的目标。在科技政策制定过程中,以外在的目标替代学科发展的内在目标,或是只看到外在目标而未能看到内在目标,均是不适当的。现代科学制度化进程的含义就在于:探索真理对于人类发展来说是必要的和有至上价值的,因而现代社会和国家须为探索真理的事业和人们提供制度性的支持和保护,须为之提供稳定的经费支持,更须为之提供基本的学术自由。

20世纪以来,科学与国家的目的不可分割地联系在一起,科学事业的发展不可避免地要接受来自政府的直接或间接的支持、监督或干预,但这并不意味着,从此便不再谈科学自主和自由。事实上，在现当代条件下，在制定国家科技政策时充分考虑"任务"和学科的平衡，不但是最大限度实现学术自由、提升科学创造活力的有效路径，同时也是让科学服务于国家和社会需要的最有效的做法。这里存在着这样一种辩证法：科学技术系统只有在具有高度创造活力的情形下，才能在创新型国家建设过程中发挥最大作用。

在全社会范围内创造一种允许失败、自由探讨的科研氛围；尊重学科发展的内在规律，让科研人员充分发挥自己的创造潜能；充分尊重科学家的个人自由，不以"任务"作为学科发展的目标，让科学共同体自主地来决定学科的发展方向。这样做的结果往往比事先规划要更加激动人心。比如，19世纪末德国化学学科的发展史就充分说明了这一点。从内部条件上讲，首先是由于洪堡兄弟所创办的新型大学模式，主张教与学的自由、教学与研究相结合，使得自由创新成为德国的主流学术生态。从外部环境来看，德国是一个后发国家，不像英、法等国拥有大量的海外殖民地，只有依赖技术创新弥补资源的稀缺。在强大爱国热情的感召下，德国化学家的创新激情迸发，与市场开发相结合，在染料工业、化学制药工业方面进步神速，十余年间便领先于世界。

中国科学院作为国家科技事业"火车头"，有责任提升我国原始创新能力，有责任解决关系国家全局和长远发展的基础性、前瞻性、战略性重大科技问题，有责任引领中国科学走自主创新之路。中国科学院学部汇聚了我国优秀科学家的代表，更要责无旁贷地承担起引领中国科技进步和创新的重任，系统、深入地对自然科学各学科进行前瞻性战略研究。这一研究工作，旨在系统梳理世界自然科学各学科的发展历程，总结各学科的发展规律和内在逻辑，前瞻各学科中长期发展趋势，从而提炼出学科前沿的重大科学问题，提出学科发展的新概念和新思路。开展学科发展战略研究，也要面向我国现代化建设的长远战略需求，系统分析科技创新对人类社会发展和我国现代化进程的影响，注重新技术、新方法和新手段研究，提炼出符合中国发展需求的新问题和重大战略方向。开展学科发展战略研究，还要从支撑学科发展的软、硬件环境和建设国家创新体系的整体要求出发，重点关注学科政策、重点领域、人才培养、经费投入、基础平台、管理体制等核心要素，为学科的均衡、持续、健康发展出谋划策。

2010 年，在中国科学院各学部常委会的领导下，各学部依托国内高水平科研教育等单位，积极酝酿和组建了以院士为主体、众多专家参与的学科发展战略研究组。经过各研究组的深入调查和广泛研讨，形成了"中国学科发展战略"丛书，纳入"国家科学思想库—学术引领系列"陆续出版。学部诚挚感谢为学科发展战略研究付出心血的院士、专家们！

按照学部"十二五"工作规划部署，学科发展战略研究将持续开展，希望学科发展战略系列研究报告持续关注前沿，不断推陈出新，引导广大科学家与中国科学院学部一起，把握世界科学发展动态，夯实中国科学发展的基础，共同推动中国科学早日实现创新跨越！

前　言

　　原子分子与团簇物理是在原子和分子层面上研究物质微观结构与物理性质及其相互作用规律的物理学分支，是认识宏观、介观和纳米尺度物质结构与性质的重要基础。原子和分子的研究在 20 世纪最主要的科学突破——量子现象的发现和量子力学的建立过程中发挥了重大作用。伴随着 21 世纪的科学技术创新浪潮，许多先进光源的诞生对研究原子分子动力学行为及其控制所取得的进展，超冷原子分子的获得、物理性质及其应用，奇异原子分子团簇的构筑、量子效应及其与物质的相互作用，极端条件下的原子分子过程，原子分子精密测量物理及其应用，新型光源（X 射线自由电子激光、阿秒光脉冲等）的发展和应用等，均已成为当前学科飞速发展的前沿研究领域，使得原子分子与团簇物理成为当前国际上相当活跃的物理学分支之一。此外，原子分子与团簇物理这些飞速发展的前沿研究领域，又使物理学这一分支学科前所未有地与凝聚态物理、光物理、等离子体物理等物理学分支学科深度交叉，并与化学、天文学、生命科学、环境和材料科学学科相互渗透，正在向能源、航天乃至先进制造等许多高技术领域拓展，具有广泛的应用前景。

　　在新形势下，根据中国科学院学部关于学科发展战略研究的指导思想，我们于 2015 年 10 月提出开展"原子分子与团簇物理前沿问题的研究"项目研究并获准（项目编号：XK20155LA01）。我们开展此项工作的目的不是全面论述整个学科的发展状况，而是突出探讨该学科的前沿问题和未来发展方向。其间，我们组织了以中国物理学会原子与分子物理专业委员会为主的研讨会。国内二十余所相关大学及科研院所的四十余位专家学者参与了相关研究。经过多次会议讨论和交流，确定了四个专题，分别由丁大军、袁建民、詹明生和宋凤麒等同志负责，并由四十余位在各研究方向上一线工作的学者起草撰写（包括项目组成员和参加撰写人员），形成了"原子分子与团簇物理前沿问题的研究"的报告。2018年7月，由龚新高教授等9位相关领域学者组成的专家组对报告进行了会议评审，并于2018年12月经中国科学院数学物理学部常委会讨论通过，修改后形成书稿。

本书的主要内容包括原子与分子物理学科中的原子分子结构、光谱和碰撞，先进光源与原子分子物理，冷原子物理及其应用，奇异的原子分子团簇四个前沿领域，着重论述阐明各个方向的科学问题，研究目的和意义，国内外研究现状、特色、优势和不足，以及对未来发展的建议和意见。

书中深入地研究了原子分子与团簇物理发展的规律和态势，主要包括以下几个方面：①科学上不断发展、突破产生的一些新现象、新概念和新方法；②各种新型光源和谱学技术促进了原子分子物理的深入发展；③新型实用的超快光源为时间分辨动力学和原子分子量子态演化过程的研究提供了崭新手段；④在超导、信息存储、逻辑运算、催化、含能及光与光电转换等方面，原子分子团簇表现出了新奇物性，为发展颠覆性技术提供了基础；⑤提出了面向国家重大需求的亟待解决的基础科学问题，促进了本学科与众多高技术领域的关联发展；⑥计算技术和方法的进步促进了原子分子物理的发展。

此外，本书还探讨了目前在原子分子与团簇物理发展中需要解决的主要问题：①基础原子分子物理问题；②新辐射源与原子分子相互作用问题；③基于冷原子体系的基本物理定律检验、基本物理常数测量等问题；④新型先进材料与器件的原子制造问题；⑤国家安全重大需求中的相关问题；⑥解决上述问题所需要的关键仪器与方法。

本书共分为五章。第一章绪论由王广厚、丁大军撰写，第二章原子分子结构、光谱和碰撞由袁建民、马新文、王建国、蔡晓红、董晨钟、颜君、杨家敏、陈向军、魏宝仁、邹亚明撰写，第三章先进光源与原子分子物理由丁大军、柳晓军、赵增秀、罗嗣佐、朱林繁、江玉海撰写，第四章冷原子物理及其应用由詹明生、江开军、管习文、王谨、冯芒、许鹏、高克林、赵延霆、马杰、肖连团、张卫平、陈丽清、袁春华、张可烨、陈洁菲、郭进先撰写，第五章奇异的原子分子团簇由宋凤麒、曹路、赵纪军、刘志锋、王志刚、高巍、朱满洲、郑卫军、钱东斌、王来森、彭栋梁、邢小鹏、张帅、王传奎撰写。

在讨论和撰写过程中，本书得到许多领域内外专家和学者的指导与帮助，尤其是参与评审的专家学者非常认真仔细地阅读并提出了许多宝贵修改意见。专家们一致认为书中内容详尽、特色鲜明，全面及时地反映了该领域的前沿发展态势，为活跃在相关领域及其交叉学科的专家学者和科技管理部门提供了重要资料与参考。不仅如此，本书在形成过程中还得到了中国科学院数学物理学部的大力支持和指导，也得到科学出版社在编辑与出版方面的鼎力支持和帮助。在此表示衷心感谢。这里值得说明的是，由于参与撰写的人员众多，虽经多次修改，但书中不妥之处在所难免，望读者不吝指教。

王广厚

2022 年 5 月

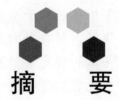

摘　要

　　原子分子与团簇物理是在原子和分子层面上研究物质微观结构与物理性质及其相互作用规律的物理学分支，是认识宏观、介观和纳米尺度物质结构与性质的基础。伴随着 21 世纪的科学技术创新浪潮，许多先进光源的诞生对研究原子分子动力学行为及其控制所取得的进展，超冷原子分子的获得、物理性质及其应用，奇异原子分子团簇的构筑、量子效应及其与物质的相互作用，极端条件下的原子分子过程，原子分子精密测量物理及其应用，新型光源（X 射线自由电子激光、阿秒光脉冲等）的发展和应用等，均已成为当前学科飞速发展的前沿研究领域，使得原子分子与团簇物理成为当前国际上相当活跃的物理学分支之一。此外，原子分子与团簇物理这些飞速发展的前沿研究领域，又使物理学这一分支学科前所未有地与凝聚态物理、光物理、等离子体物理等物理学分支学科深度交叉，并与化学、天文学、生命科学、环境和材料科学学科相互渗透，正在向能源、航天乃至先进制造等许多高技术领域拓展，具有广泛的应用前景。

　　本书深入地研究了原子分子与团簇物理发展的规律和态势，重点讨论了原子分子与团簇物理目前关注的几个前沿问题：①基础原子分子物理问题，包括在原子分子结构和动力学过程中的电子关联、电子-核运动耦合、多体相互作用、非绝热相互作用、共振效应、相干效应、非线性和相对论效应等，以及多体碰撞动力学。②新辐射源与原子分子相互作用问题，包括超快（飞秒、阿秒）激光、强激光、短波辐射（自由电子激光、极紫外光源）及长波辐射（太赫兹光源）场中的原子分子性质及动力学过程，特别是其中所涉及的强相干光源驱动下原子的相干激发和电离过程，高阶非线性过程，以及原子分子在飞秒、阿秒时间尺度下的光谱学及动力学等。③基于冷原子体系对基本物理定律检验、基本物理常数测量等问题的深入研究，从而检视现有物理框架的适用极限，通过物理定律的高精度检验和物理常数的精密测量，以期发现新现象、新物理。④新型先进材料与器件的原子制造问题，包括发展实现团簇普适的宏量制备的技术和方法，探索实现控制团簇质量及结构的有效途径，从原子层面出发，发展"自下而上"的原子制造技术，实现量子材料和量子器件物理特性的精确调控。⑤国家安全重大需求和高技术领域（惯性约束聚变、磁约束聚变、天体物理、超强和高能激光、物质相互作用等）涉及的原子分子物理问题，包括高温、稠密热物质的物质状态和物理过程，高离化原子态、洞原子态物理，与环境强烈耦合的真实原子体系结构和动力学理论等。⑥解决上述问题所需要的相关仪器与方法问题。例如，极端辐射源产生的物理及装置，包括超快 X 射线光源、超强相干太赫兹脉冲、相干高次谐波辐射和阿秒光脉冲，以及新型脉冲光源之间的同步技术和由此产生的新泵浦-探测实验技术等；超冷原子分子制备和精密测量技术，特别是冷分子制备技术，同时持续发展原子钟、原子干涉仪、激光干涉仪、超稳激光器、光梳等基于冷原子的方法和技术，建设和利用空间时频平台、空间超冷原子平台等科学实验站等；质量及结构选择的团簇宏量制备技术和基于原子制造的量子器件技术，以及与团簇束-表面作用及表征技术；发展含时、多体量子力学理论，高精度相对论量子理论，以及其数值计算方法。全书包括五章：第一章绪论，第二章原子分子结构、光谱和碰撞，第三章先进光源与原子分子物理，第四章冷原子物理及其应用，第五章奇异的原子分子团簇。书中着重论述了各个方向的科学问题，研究目的和意义，国内外研究现状、特色、优势及不足，以及对未来发展的建议和意见。

这里对除绪论外的其余各章所讨论的内容加以说明。

原子分子结构、光谱和碰撞是原子分子物理学的基础。虽然不同时期、不同实验条件促使人们与时俱进地变换了具体研究对象和科学问题，但结构、光谱和碰撞始终是原子分子物理学研究的核心内容。随着能源（特别是托卡马克核聚变、惯性约束聚变）、环境、生物、材料、天文等领域的科学技术发展，人们对精确原子分子数据的需求正在迅速增加。由于量子技术、超快光学的发展，人们对于原子分子在空间、时间尺度上的观测和控制物质运动产生了新的追求，这些都为原子分子结构、光谱和碰撞领域的研究增加了无尽活力。本章重点讨论了基于重离子加速器的离子光谱和碰撞，特别是高离化态离子碰撞动力学及高离化态离子的结构和谱学（如反应成像谱和双电子共振谱）；基于强激光、高能粒子束和 Z 箍缩（Z-pinch）技术，通过直接加热、压缩，或者压缩和加热相结合，产生能量密度极高的物质，如接近或超过固体密度的等离子体，研究高温和高密度环境下的原子结构与光谱，多体关联动力学行为，以及解决这些问题的理论方法；基于电子碰撞能量损失谱研究分子的电子在动量空间中的相干效应，获得任意轨道在动量空间的电子密度分布及非线性电子散射，提供原子分子基态和激发态电子结构与动力学参数；电子束离子阱（electron beam ion trap，EBIT）是一个集电子束和离子源于一体的装置，用低能电子束轰击几乎静止的重离子或原子，可以使其达到高离化态。电子束离子阱的电子束能量单一且可调，结合全信息离子动量谱仪，可以研究高离化态离子与原子分子碰撞过程中的能量分配和能量传递过程，极端条件下的原子光谱和原子能级、碰撞多体动力学、电子关联问题及原子核与原子物理交叉学科等前沿问题。

　　先进光场主要是指超短强激光、高亮度短波长同步辐射光、自由电子激光等新型光源产生的相干光场、强光场、飞秒及阿秒脉冲光场、空间时间偏振等可调控剪裁的光场。目前能够产生的超快脉冲强光场已经能够达到原子分子量子动力学过程时间尺度和原子分子内部相互作用电场强度。具有时空结构的先进光场带来物理上可控的多维度新变量，为深入探索未知微观世界提供了先进的手段，推动原子与分子物理及光与物质作用过程的精密调控研究不断深入，发现新现象、新物理并预示诸多交叉研究及应用。本书重点讨论了在飞秒强激光场中原子分子动力学及其阿秒物理，阐述了强场超快原子分子电离，包括原子分子阈上的电离、多电子电离中的关联效应、双电离超快动力学操控等；阐述了相干调控的太赫兹辐射和高次谐波产生的多电子效应、新型阿秒光源的产生，对内壳层空穴超快过程的阿秒时间分辨探测及阿秒光脉冲带来的探测物质电子运动进而控制物质变化的阿秒物理；在基于这些超快短波长光脉冲对原子分子量子态调控及应用方面，介绍了化学、生物、材料中的超快电子动力学过程，如水窗 X 射线和碳 K 边的 X 射线瞬态吸收诱导的动力学过程、半导体微纳材料的超快载流子过程等。另外，由于先进的 X 射线同步辐射光源有较高、可调的光子能量及较大动量，因此通过选择特定原子的内壳层激发可以实现元素灵敏测量，并且可用于探测原子分子波函数在动量空间的分布，在新维度上揭示原子分子的电子结构特性。由先进的自由电子激光装置产生的强相干短波光场与原子分子相互作用出现的一些新的前沿研究，包括短波长多光子非线性过程、时间分辨的内壳层激发电离及俄歇过程、超激发及中空洞原子特性、极紫外光诱导的分子反应的操控、单分子结构解析和成像等。

冷原子是指温度很低的单个原子或者气态原子云团。冷原子速度低、动能小，具有许多独特的性质。例如，原子之间的碰撞少，相干时间长，原子运动慢，相互作用时间长；多普勒效应（Doppler effect）小有利于精密光谱测量，动能小有利于使用弱的外场（射频电磁场、光场）进行调控，动量小德布罗意波波长长，因而物质波波动明显，有利于实现原子干涉等。超冷的原子可形成物质的量子简并态，使丰富多彩的新物态、新物性研究成为可能。本书重点探讨了冷原子（含离子、分子）的产生、冷原子的物理特性及冷原子的应用。其中包括利用激光与原子相互作用实现原子的激光冷却与磁光囚禁，利用蒸发冷却、协同冷却等机制实现超冷原子，利用远失谐光偶极阱、光晶格等方法囚禁超冷原子；用费希巴赫共振（Feshbach resonance）方法调节原子之间的相互作用，从而产生超冷分子、三体叶菲莫夫（Efimov）激发态等少体束缚态，揭示少体相互作用的普适性物理规律；产生多体关联和多体纠缠，为在量子信息和量子计算中的应用奠定基础；利用光晶格制备低维超冷原子体系，实现模拟凝聚态物理、天体物理等体系中的量子磁性、自旋波等新奇量子现象；观察超冷原子的热力学和动力学行为，揭示多体物理问题中的奇异量子相和相变临界行为；产生超冷极性分子和具有磁偶极矩的原子体系，研究长程相互作用；冷原子还被应用于原子频标、原子光学和原子的量子干涉等多个与量子信息和精密测量相关的研究领域。另外，还对光频标物理和光及原子干涉基础上的量子计量等问题进行了讨论。

原子分子团簇（cluster）是由几个乃至数万个原子或分子组成的结构相对稳定的微观聚集体。团簇科学研究的基本问题是弄清团簇如何由原子、分子一步一步发展而成，以及随着这种发展，团簇的原子组态、电子结构及物理和化学性质如何变化，当尺寸多大时发展成宏观固体，以及团簇同外界相互作用的特征和规律等。在丰富多样的各种团簇中，有一类特殊的团簇——"超原子团簇"。它们的电子轨道分布在整个团簇上，特征与原子轨道非常相似，对应的能级可以根据分子轨道简并和空间对称，使用与原子能级类似的壳层结构来标记（1S，1P，1D，2S，1F，2P，…）。根据不同的原子结构和电子组态可以形成具有不同性质的超原子团簇，如超卤素和超碱金属原子、磁性超原子、富勒烯团簇的超原子态等；研究配体保护的金属团簇生长规律、结构稳定性及物理化学性质的精确调控；研究金属掺杂半导体团簇的成键规律、稳定性、电子输运、场发射及磁性纳米团簇组装颗粒膜的巨磁电阻效应、反常霍尔效应的标度规律和增强机制，团簇热力学规律及其与大块固体不同的相变特征；研究团簇与石墨烯和拓扑绝缘体相互作用所显示的异常输运性质与量子相干性；研究分子的光电性质、水分子全量子效应和双分子亲核取代反应的量子分子反应动力学等；探讨了原子分子团簇在原子层面上按照人们意愿和需求"自下而上"设计、构建新材料与器件——原子制造的有效途径。

Abstract

Atomic, molecular and clusters science is a branch of physical research studying the interplay of microscopic structure and physical properties at atomic and molecular level. It is the basis of understanding macro-, meso-, and nanoscale structures and properties of materials. With the scientific innovation in the 21 century, the progress of atomic and molecular dynamics studies such as, acquisition, properties, and application of ultra-cold atoms; construction, quantum effects, and their interaction with material of novel atomic and molecular clusters; the precise measurement of atomic and molecular interactions under extreme environment; novel light source (X-ray free electron laser, attosecond optical pulses for instance), based on many advanced light sources established has became the most drastically developed fields of research. These discoveries have made atomic, molecular and clusters physics one of the most vibrant branch of physics research. Furthermore, atomic, molecular, and clusters science interweave deeply with chemistry, astronomy, bioscience, environmental and materials researches and facilitating the applications in areas of energy, aerospace, and advanced manufacturing.

The trend of development of atomic, molecular, and clusters physics is discussed thoroughly in this book, particularly emphasizing on, ① Fundamental atomic and molecular studies, including electron-electron correlation during atomic and molecular dynamics, electron-nuclear motion coupling, many- body correlation and dynamic problems, non-adiabatic coupling; resonance effects, non-linear effects, and relativistic effects. ② Researches of the interaction between novel radiation sources with atoms and molecules, including ultrafast laser spectroscopy and dynamics (in time scale of femto- or atto- second); strong laser field; short-wavelength radiation (free electron laser, VUV lasers); atomic and molecular dynamics in long-wavelength electromagnetic field (terahertz light source), especially the correlated atomic excitation and ionization driven by strongly coherent light sources; high-order nonlinear effects. ③ Studies and measurements of fundamental laws and physics constants that attempts to re-evaluate the applicability under current physical framework. ④ Topics in atomic manufacturing advanced materials and nano-devices, including science and technology of massively producing atomic precision clusters, studies of realizing the way to effectively control the mass and structure of clusters, development of bottom- up manufacturing using atoms as building blocks, realization of precise manipulation of physical properties of quantum materials and quantum devices. ⑤ National security requirements and high-tech that are related to challenges of atomic and molecular physics (ICF-inertial-confinement fusion, Tackmark-magneto-confinement fusion, aviation, interaction of matter with ultra-high energy and intensity lasers, etc.) include high temperature, dense/hot matters, atoms in highly ionized states, hollow atomic state physics, the theory for realistic atomic structure and the dynamics that is strongly coupled with the environment. ⑥ Relevant instruments and methods required to solve the above problems. For example, the physics and devices generating extreme radiation, including ultrafast X-ray sources, super-coherent terahertz pulses, coherent higher harmonic radiation and attosecond optical pulses, and the synchronization technology between new pulsed light sources, and the related new pump-detection experimental techniques; precise preparation and measurement technology for ultra-cold atoms and molecules, particularly cold molecule preparation technology, atomic clocks, atomic interferometers, laser interferometers, ultra-stable lasers, optical combs, etc., construction and utilization of spacelab time-frequency platforms, supercooled atomic platforms in-spacelab and other scientific experimental stations; technology of mass production of clusters with size and structure selection and of quantum device fabricated at atomic- level, and cluster beam-surface interaction and characterization techniques; development of time-dependent, multi-body quantum mechanics theory, high-precision relativistic quantum theory, and its numerical calculation methods. There are five chapters in this book: Chapter I -Overview of historic evolution, present status and future development of atom, molecules and cluster science; Chapter II -Structure of Atoms and Molecule, Spectrum, and Collisions, including highly ionized ion collision dynamics, their structure and spectroscopy, atomic structure and optical spectroscopy under high temperature and highly-densed condition; electron collision spectroscopy, atomic optical spectroscopy based on electron beam-ion trap; Chapter III -Advanced Light Sources and Atomic and Molecular Physics, emphasizing atomic and molecular dynamics at ultrafast laser spectroscopy and in the time scale of femto or atto-second, short wavelength radiation (for instane, free electron laser, VUV laser), as well as in long-wavelength electromagnetic field (terahertz source), and the correlated atomic excitation and ionization, driven by strongly coherent light source; Chapter IV -Cold Atom Physics and Its Applications, covering the experiments and theory of ultracold atoms and molecules, atomic interference based on weak equivalence principle and precise mearuments, quantum computation with neutral atoms, quantum information with ion trap, optical frequency comparison with cold ion trap and atomic clock, ultracold atoms and molecules, as well as quantum metrology, imaging, and communication with atom interferometry. Chapter V -Novel Atoms and Molecular Clusters, discussing superatom clusters, structures and growth sequenc of ligant protected metal clusters, metal-doped semiconducting clusters, cluster thermodynamics, medium-sized clusters, interaction between atomic cluster and Dirac quantum materials, opto-electronic effect of molecules and full quantum effect of water molecules, and future development towards the atomic manufacturing. It is emphasized in this book to elaborate problems, aims of researches, meanings, current research status both domestic and foreign, unique feature, advantages and disadvantages, and comments and suggestions for the future development, of all scientific aspects. Abundant references are attached to the end of each chapter for the readers to acquire further information.

目　录

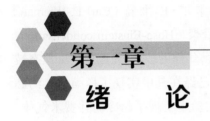

第一章
绪　　论

　　原子分子与团簇物理是在原子和分子层面上研究物质微观结构、物理性质及其相互作用规律的物理学分支，是认识宏观、介观、纳米尺度物质结构和性质的基础。伴随着 21 世纪科学技术创新浪潮产生的先进光场作用下原子分子动力学行为及其控制，超冷原子分子的获得、物理性质及其应用，奇异原子分子团簇的构筑、量子效应及其与物质相互作用，极端条件下的原子分子过程，原子分子精密测量物理及其应用，新型高等光源（X 射线自由电子激光、阿秒脉冲等）的发展和应用等，均已成为当前学科飞速发展的前沿研究领域，使得原子分子与团簇物理成为当前国际上相当活跃的物理学分支之一。作为一个独特的物质形态，团簇由几个乃至数万个原子或分子组成，构成了连接原子分子与宏观物体的桥梁，研究它们的生成、结构和奇异性质及其向大块凝聚物质的演变规律，对于推动学科基础研究和应用研究的发展起着十分重要的作用。此外，原子分子与团簇物理这些飞速发展的前沿研究领域，使得物理学这一分支学科前所未有地与凝聚态物理、光物理、等离子体物理等物理学分支学科深度交叉，并与化学、天文学、生命科学、环境和材料科学学科相互渗透，正在向能源、航天乃至先进制造等许多高技术领域拓展，具有广泛的应用前景。

　　近年来，原子分子与团簇物理发展的规律和态势主要包括以下几个方面：

　　（1）在科学上不断发展、突破，产生了一些新的概念和新的方法。朱棣文（Steven Chu）、克劳德·科恩-塔诺季（Claude Cohen-Tannoudji）和威廉·D.菲利普斯（William D. Phillips）因发展了激光冷却和俘获原子方法获得1997年的诺贝尔物理学奖。之后，埃里克·A.康奈尔（Eric A. Cornell）、沃尔夫冈·克特勒（Wolfgang Ketterle）和卡尔·E.维曼（Carl E. Wieman）在稀薄原子气体中实现了玻色-爱因斯坦凝聚（Bose-Einstein condensation，BEC），获得2001年的诺贝尔物理学奖。稀薄气体的玻色-爱因斯坦凝聚态被称为实验室实现的"物质的第五态"，目前已经在其中实现了压缩态、约瑟夫森效应等宏观量子特性，并且进一步在实验中实现了超冷简并费米气体，开展了分子凝聚体、原子库珀对凝聚体、集体激发、高温超流形成、声波产生、涡旋形成和铁磁性等研究。超冷原子实验的突破还极大地推动了量子理论从少体到多体研究的发展。另一个重要突破是，塞尔日·阿罗什（Serge Haroche）和大卫·J.维因兰德（David J. Wineland）实现了单量子体系测量和操控实验方法（获得2012年的诺贝尔物理学奖）。这一方法的突破使得单量子体系的研究朝着基于量子物理学而实现构建新型量子计算迈出了坚实的重要一步，同时极其精准的时钟在这一研究的推动下应运而生，有望成为未来新型时间标准的基础。

（2）从实验物理的角度看，各种新型的光源和谱学的技术发展大大地促进了原子分子物理的深入发展，而该学科的发展又为技术进步奠定了坚实的基础。飞秒激光脉冲整形技术（pulse-shaping technique）和飞秒超短光脉冲载波-包络相位（carrier-envelope phase，CEP）可控改变技术等激光光场调控新方法提供了全新的研究改变量，极大地促进了精密物理操控和测量的发展。目前已经能够直接产生脉冲宽度为4飞秒（1飞秒$=10^{-15}$秒）的激光，通过高次谐波超连续辐射可以获得最短达45阿秒（1阿秒$=10^{-18}$秒）的光脉冲，利用超短脉冲激光在实验室已获得10^{22}瓦/厘米^{2}的强光场，技术上已经可以达到在原子分子量子动力学过程时间尺度上的超快时间分辨和与原子分子内部相互作用强度可比拟的外场强度。强激光场中自由原子分子产生的高次谐波过程是产生相干短波（真空紫外、软X射线）辐射的有效途径，由此可在实验室平台上（table-top）产生极端波段辐射并开始应用到原子分子物理及其他领域的研究中。国际上以自由电子激光为代表的新一代同步辐射光源大科学装置正在物质科学研究中发挥强大的推进作用，使人们能够探索原子分子的高阶非线性相互作用、内壳层电子强关联过程等，发展出短波强光场中的原子分子物理问题研究领域。

（3）与上述相关联的，新型实用性的超快光源的出现为物质变化的时间分辨动力学研究和原子分子量子态演化过程的控制提供了崭新手段，为人们认识物质内部电子运动动力学及其产生的新现象、新效应、新规律打开了一扇新的大门。例如，阿秒光脉冲技术能够实现对量子态电子演变过程的实时观测，无疑对于原子分子中的电子电离、分子键断裂、相干控制等从时间域上提供了更精确的实验数据和发展了新的理论依据。超快谱学和超快过程研究正在成为物质科学一个新的飞速发展的热点研究领域，超快量子过程的调控仍然是一个富有挑战性的任务。作为一个新课题，发展含时的量子理论和计算方法对理论工作者来说，不仅是一个挑战而且也是一个艰巨的任务。20世纪原子分子结构理论的建立对量子理论发展起到引领作用，可以预期，原子分子量子动态理论的发展也将在 21 世纪的关于物质动力学的研究中起到先导作用。

（4）作为先进材料制造的构成基元，原子分子团簇在超导、信息存储、逻辑运算、催化、含能及光与光电转换等方面表现出颠覆性的物性。相对于单个原子的极限存储单元来讲，团簇的尺寸相仿，但是在磁矩、温度控制等条件保障方面具有明显的优势。原子分子团簇已经展现出在磁矩、磁各向异性能（magnetic anisotropic energy，MAE）带隙等方面的有希望与常温常压条件相匹配的性能参数，以及超原子多磁性态可能实现超越二进制的多态存储等。这些独特的优点对于推动新型先进材料制造有重要的意义，有望带来新概念器件的曙光。

（5）国家重大需求为本学科提出了亟待解决的基础科学问题，使学科发展与许多高技术领域（惯性约束核聚变、磁约束聚变等离子体、空间物理等）密切关联。高温稠密状态、强外场条件及超冷等状态下碰撞过程的研究，极端条件下的原子分子结构、动力学及其相互作用越来越受到重视并体现出其独特的魅力。超快激光、超强激光、高温高压、极低温等条件带来了物质内部的复杂变化，涉及许多关键且具有挑战性的科学问题，如强耦合、强关联、高阶非线性、远离平衡态问题，复杂多体开放动力学系统特性等，不仅可以探索人类未知领域、带来物理学的飞跃，而且对国家重大需求的相关领域有极其重要的意义，涉及这些方面的基础原子分子离子的信息和大数据只有通过自主研发途径来获取。

（6）随着原子分子物理理论的发展及计算机技术和计算方法的进步，理论计算预测在原子分子物理学中起着重要作用，特别在现代科学技术对复杂原子分子体系的高精度数据需求方面。目前在多组态完全相对论方法及 R 矩阵方法的原子体系高精度计算、分子及复杂体系（大分子、团簇、纳米颗粒、表面及材料等）的量子从头计算、极端条件（高温稠密、超强外场、超高压、超低温度等）下原子分子状态的计算、超快过程的量子含时薛定谔方程求解等方面都取得了显著进展。

在国家科技创新发展的进程中，我国原子分子与团簇物理近年来展现了很好的发展态势，在相关领域设立了一些重点重大项目，包括"单量子态测量和操控""精密测量物理""新型光场调控物理及其应用""量子调控和量子信息"等。原子与分子物理学科的国家自然科学基金项目申请和获得量连续上升，每年有近四百项各类项目的申请，其中，过去5年共计有7人获得国家杰出青年科学基金项目资助、8人获得国家优秀青年科学基金项目资助及13项重点项目获批。这些也有力地促进了我国原子分子物理学创新科学研究的良好发展，在强场原子分子物理、冷原子分子物理及精密光谱、原子分子动力学量子调控、高离化态离子（highly charged ion，HCI）物理、电子-原子分子碰撞、团簇物理等方面，不断做出在国际学术界产生较大影响的重要工作；在传统的原子分子结构、光谱、碰撞及动力学方面等原有很好的理论研究和长期积累的方向上，实验研究在近年来得到快速的发展，形成了一些具有自己特色的研究方向。

总体来看，与国家基础研究发展及创新驱动科技战略需求相比，原子分子物理学科的规模仍然偏小，急需在学科发展政策上得到进一步关注，给予持续推动和重点支持。原子分子与团簇物理发展中需要关注的主要问题有：①基础原子分子物理问题，包括在原子分子结构和动力学过程中的电子关联、电子-核运动耦合、多体相互作用、非绝热相互作用、共振效应、相干效应、非线性和相对论效应等，以及多体碰撞动力学。②新辐射源与原子分子相互作用问题，包括超快（飞秒、阿秒）激光、超强激光、短波辐射（自由电子激光、极紫外光源）及长波辐射（太赫兹光源）场中原子分子性质及动力学过程，特别是其中所涉及的强相干光源驱动下原子的相干激发和电离过程，高阶非线性过程，以及原子分子的飞秒、阿秒时间尺度下的光谱学及动力学等。③基于冷原子体系对基本物理定律检验、基本物理常数测量等问题，深入研究从而检视现有物理框架的适用极限，通过物理定律的高精度检验和物理常数的精密测量，发现新现象、新物理，推动科学技术的发展。④新型先进材料与器件的原子制造问题，包括发展实现团簇普适的宏量制备的技术和方法，探索实现控制团簇质量及结构的有效途径，从原子层面出发，发展"自下而上"的原子制造技术，实现量子材料特性和量子器件物理的精确调控。⑤国家安全重大需求（惯性约束聚变、磁约束聚变、天体物理、超强和高能激光及物质相互作用等）涉及的原子分子物理问题，包括温、热稠密物质的新物质状态和物理过程，高离化原子态、洞原子态和中空原子态物理，环境强烈耦合的真实原子体系结构和动力学理论等。⑥解决上述问题所需要的相关仪器与方法。例如，极端辐射源产生的物理及装置，包括超快 X 射线光源、超强相干太赫兹脉冲、相干高次谐波辐射和阿秒光脉冲，以及新型脉冲光源之间的同步技术和由此产生的新泵浦——探测实验技术等；超冷原子分子制备和精密测量技术，特别是冷分子制备技术，同时持续发展原子钟、原子干涉仪、激光干涉仪、超稳激光器、光梳等基于冷原子的方法和技术，建设和利用空间时频平台、空间超冷原子平台等科学实验站等；质量及结构选择的团簇宏量制备技术和基于原子制造的量子器件技术，以及团簇束-表面作用及表征技术；发展含时、多体量子力学理论，高精度相对论量子理论，及其数值计算方法。通过持续和重点关注，在相关领域形成一支国际上有影响力的学科队伍，并以此为基础带动我国原子分子物理学科的快速发展。

第二章
原子分子结构、光谱和碰撞

第一节 研究目的、意义和特点

原子分子结构、光谱和碰撞是原子分子物理学的基础研究领域，不同时期、不同实验条件促使人们与时俱进地变换具体研究对象和科学问题，但结构、光谱和碰撞始终是原子分子物理学研究的核心内容。随着能源（特别是托卡马克核聚变、惯性约束聚变）、环境、生物、材料、天文等领域的科学技术发展，人们对精确原子分子数据的需求在增加，随着量子技术、超快光学的发展，人们对在原子分子的空间和时间尺度上观测和控制物质的运动产生了新的追求，这些都为原子分子结构、光谱和碰撞领域的研究增添了无尽活力。经过四十年左右的艰苦努力，中国科学家在电子碰撞能量损失谱、电子束离子阱技术、基于离子加速器的离子光谱和碰撞、基于同步辐射和 X 射线激光的高能光子散射技术、基于激光加载的高温稠密等离子体光谱技术等实验研究领域取得了巨大进步，相关实验装备和测量精度都进入国际前列。与实验研究同步，相关的理论研究和数值计算能力的建设也有了很大发展。在这个领域开展研究的中国同行使用国际上最先进的计算软件和能力最大的超级计算机，同时在不断推出自主研制的公开发表的计算软件，以满足前沿基础研究和国家重大需求。在这一章里，我们汇集了国内从事相关研究的著名学者就各种工作和熟悉的研究方向撰写的内容，包括电子碰撞能量损失谱、电子束离子阱技术、基于离子加速器的离子光谱和碰撞、基于激光加载的高温稠密等离子体光谱技术等方向，内容涉及国内外在这些研究方向的主要进展及对未来发展方向的建议，具有重要的参考价值。

第二节 国内外研究现状、特色、优势及不足

一、高离化态离子碰撞动力学研究

（一）研究的意义和特点

高离化态离子及其与孤立原子、分子和团簇相互作用的研究，为我们认识微观世界提供了独特的工具。

多体动力学是决定物质结构和演化的主导因素。多体问题指的是少量可数质点构成的孤立系统的结构和动力学问题，与等离子体物理、固体物理及天体物理等领域的现象和过程紧密相关，是物理学的前沿基础科学问题。当前，对多体问题的求解只能借助各种物理和数学的近似（模型）来简化系统，而这些模型的适用性只能通过实验来进行检验。由于原子体系中粒子之间的电磁相互作用是精确已知的，任何实验数据和理论预言的差异都应来自量子多体效应，因此原子分子碰撞动力学为研究量子多体问题提供了理想的手段。多粒子量子关联体系对一个与时间相关的扰动的响应是物理学中最重要和最基本的课题之一，即著名的少体问题。在原子分子碰撞物理过程的研究中，尽管相互作用势是精确已知的，但对多体系统从初束缚态到末连续态跃迁的严格动力学解却仍然面临严重的挑战。这里最基本的困难在于对包含两个以上粒子的系统，即使已知任何粒子间的相互作用，动力学方程也没有精确的解析解。由于这个根本的困难，少体问题的理论方法不得不严重依赖于模型构建。

高离化态离子与原子分子碰撞过程的研究具有十分重要的实际意义。例如，在反应堆研究、对宇宙中极端紫外（extreme ultraviolet，EUV）和 X 射线辐射的解释、等离子体中电离辐射、重离子治疗肿瘤和高能粒子在惯性约束聚变中输运等方面都需要高离化态离子与原子分子碰撞的精确数据[1-7]。一般来讲，高离化态离子与原子分子碰撞主要涉及以下几个物理过程：①高离

化态离子炮弹俘获靶电子，同时自身的电子被激发或电离；②中性原子靶电子在离子炮弹库仑力作用下被电离或者激发；③高离化态离子的强库仑力导致的分子靶解离。在具体实验中，以上几个过程可以同时发生也可以交叉进行。

高离化态离子具有很强的库仑场，与电子、光子碰撞相比，它可以更容易地将靶内壳层的几个电子同时电离，为我们研究多电子过程提供理想的物理过程。同时，多个内壳层洞态的产生，在退激发辐射光谱中，呈现出丰富的伴线和超伴线结构。对这些伴线和超伴线的研究，有助于理解碰撞过程中的电子关联效应、相对论效应、量子电动力学（quantum electrodynamics，QED）效应，以及复杂的电离和激发机制[8-12]。另外，高离化态离子与原子分子碰撞退激发辐射光谱性质对高离化原子的离化度非常敏感，可以利用高离化态离子作为研究原子分子层面物质的探针，监测等离子体中的各种离化态的杂质离子。

近年来，随着重离子加速器、储存环等大科学实验装置的建设和各种高精度观测（成像）谱仪的发展，人们已能从实验中产生各种高离化态离子甚至裸核离子，也可以对各种碰撞产物进行更加精细的观测，从而为高离化态离子与原子分子碰撞动力学过程研究提供良好的实验条件。理论上，低能区的对称性系统碰撞可以采用分子轨道模型进行处理，低能区和中高能区的非对称性系统碰撞可以采用直接的库仑过程进行处理，而中高能区的对称性系统碰撞，由于相互作用时间很短，而且炮弹原子及靶原子对活动电子都具有很强的库仑作用，微扰论已经不再适用，如何在理论上有效地处理这一系统的碰撞过程，仍然是高离化态离子与原子分子碰撞需要解决的难题。

（二）国际研究现状、发展趋势和前沿问题

从 20 世纪初量子力学诞生之时起，实验和理论物理学家为探索量子多体动力学进行了大量的努力。然而，直到 20 世纪末的 1999 年，雷希尼奥（Rescigno）等理论物理学家才在《科学》（*Science*）期刊上宣布，采用数学上自洽的、全新的方法，并利用现代并行高速计算机对低能电子与氢原子碰撞过程进行了全量子模拟，几乎完美重构了最简单"三体"系统的量子行

为（图2-1），解决了量子多体碰撞体系中最基本、最简单的反应，即电子与氢原子碰撞电离过程 $e^-+H \longrightarrow e^-+H^++e^-$ [13]。这是多体碰撞动力学理论研究的巨大进步，但是对有高离化态离子参与碰撞的三体系统来说，目前最好的理论计算还不能满足实验精度的需求[14]。例如，2003年，舒尔兹（Schulz）等在《自然》（Nature）期刊上发表了高能 C^{6+} 与氦（He）原子碰撞的实验和理论结果，通过对比研究实验测量的单电离反应全微分截面与精度最高的连续扭曲波自洽场理论计算结果，他们发现在垂直散射平面内理论预言与实验数据出现了严重分歧（图2-2）。迄今，这个关键问题仍然没有得到一个被学术界普遍接受的合理解释，相关问题的解决亟待新的实验数据和理论方面的突破。

过去的几十年里已经发展起来多种理论方法，描述离子与原子分子的碰撞电离过程，可以粗略地分为微扰和非微扰两大类。在早期的微扰近似方法中，跃迁振幅以相互作用势的幂指数形式展开（玻恩级数），入射离子用平面波表示，电子波函数是未受扰动的原子哈密顿量的本征态，对于初态和末态均如此。一个标准的近似是在一阶项后截断展开式［一阶玻恩近似（first Born approxiamation，FBA）］。电离过程以入射离子和电子的单次相互作用来描述，即靶核是被动的。只要入射离子电荷速度比 $\eta=\dfrac{Q}{v_p}$（Q为离子电荷态，v_p为离子速度）小于1，这个近似就可以满足。在此区域，FBA确实能够很好地描述在实验中观测到的基本特征。随着 η 的增大，高阶贡献更加重要。在展开式的高阶项后截断展开式是否能够使得理论模型得到改善？实际上，这样的近似方法存在两个主要困难。首先，随着 η 增大，展开式的收敛变得更慢，甚至最终可能完全不收敛；其次，即使可以达到收敛，高阶项的数值计算也非常繁重。因此，迄今还未做过二阶项之后的计算。克服收敛问题的一种方法是采用非微扰方法，如强耦合方法（close-coupling）或外区复标度（exterior complex scaling，ECS）。然而，这些方法的缺点是适用范围非常有限，对重离子入射和大入射能量的情况都不适用。

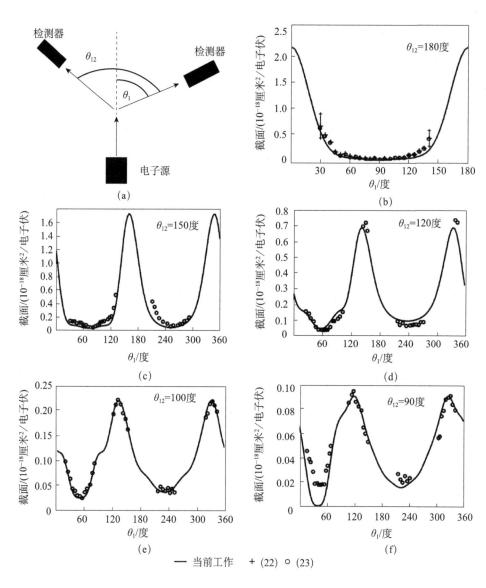

图 2-1　低能电子对氢原子碰撞过程全量子模拟中全微分截面实验测量值与计算结果的
细节比较[13]

(a) 是实验装置示意图，(b)~(f) 分别是出射电子方向和被电离电子发射方向的夹角 θ_{12} 分别为
180 度、150 度、120 度、100 度和 90 度时实验和理论结果的比较

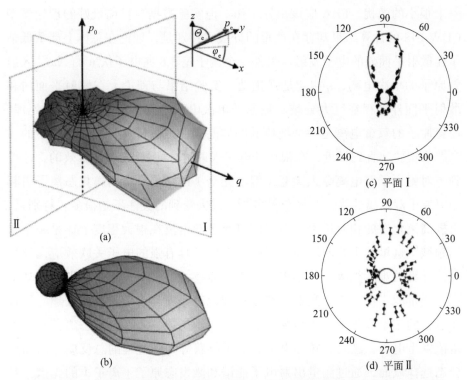

图 2-2　《自然》报道了能量为 1.2 吉电子伏的 C^{6+} 与氦原子碰撞单电离微分截面[14]
左图：全空间 FDCS 理论 (a) 与实验 (b) 的数据比较；右图：散射平面 (c) 内理论与实验数据符合较好，垂直平面 (d) 内理论结果显著偏离实验；(a) 中 q 表示动量转移，p_0 表示入射离子的动量

　　另外一种常用的微扰方法是连续扭曲波模型（continous distorted wave，CDW）。它降低了玻恩展开中的收敛要求，在相互作用中没有考虑高阶贡献，而在末态波函数中做了考虑。这个模型在克服了边界条件存在的问题后改进为连续扭曲波程函初态（continuum distorted wave-eikonal initial state，CDW-EIS）模型，并被广泛应用于电离过程的研究。实际上，只有在使用精确波函数时高阶项的贡献才会得到完全考虑。CDW-EIS 结果的准确性依赖于两个因素：①末态波函数的精确性，高阶效应的处理；②对于初态波函数，一般使用的是类氢波函数或者哈特利-福克（Hartree-Fock）波函数，即忽略了电子-电子相互作用。对于波函数的使用及其表象方式对不同情况下实验结果描述的可靠性都需要实验的检验。最新的实验是关于 100 兆电子伏/u（u 为单位原子质量）的 C^{6+}+He 碰撞体系单次电离的三维完全微分截面的研究[15]。在这个高能碰撞过程中，入射离子给靶子的是

一个很小的微扰，FBA 应该很好工作。但实验数据与目前最好的理论模型 CDW-EIS 的计算结果却存在严重的分歧。特别是，理论在总体上严重低估了在散射平面外的电子发射。另外一个例子是 3.6 兆电子伏/u 的 Au^{35+} 入射氦原子的单次电离，$\eta=4.4$ 是强扰动，实验结果与理论上在散射平面内和散射平面外都存在巨大分歧。氦原子单次电离通常作为三体问题来处理，而氦原子的双重电离是一个纯粹的四体问题，是对目前各种理论模型的一个严格检验。直到最近，在很快的电子入射时，此处 FBA 是有效的，才得到了对氦原子双电离令人满意（但不完全）的结果。由高离化态离子引起的氦原子双电离的描述要复杂得多[16]，过去受到的关注不是很多。特别是，由极高离化态的相对论离子引起的氦原子双电离在很大程度上还是一个未知领域。这里的主要问题在于氦中两个电子具有强的电子关联效应，导致理论计算的难度很大。近年来，由于实验技术的创新发展，特别是运动学完全测量的实现，再次激发了实验和理论对碰撞动力学研究的兴趣。尽管在过去的三十多年里，实验测量了从低能到高能、多种电荷态离子与原子碰撞发生电离、激发、转移电离和电子俘获等多种过程的总反应截面和部分态选择截面，通过测量出射电子能谱和激发态原子（离子）的光谱，对较简单反应体系得到了一些碰撞中与量子态相关的信息，但对于反应中同时有两个或者两个以上电子发生跃迁的过程，实验很难给出电子关联的信息，因为传统方法的多重符合实验测量效率极低，实验难度非常大。这使得深入理解多体碰撞动力学过程变得很困难。同时，由于离子与原子碰撞反应往往是在大碰撞参数时发生，散射角非常小，一般在微弧度甚至更小，直接测量角度的方法对探测器和加速器束流品质的要求非常苛刻，因此传统实验很少成功。迄今只有能量增益/损失谱仪在入射离子能量小于10 千电子伏时得到了碰撞反应的部分态选择截面和角微分截面。反应显微成像谱仪和冷靶反冲离子动量谱技术 COLTRIMS（cold target recoil-ion spectroscopy）的出现，从根本上推动了实验的革命。COLTRIMS 是在法兰克福大学的原子物理研究组通过测量反冲离子动量的基础上发展起来的[17]，实验通过测量反应中反冲离子横向动量得到了反应的角微分截面。这种技术避免了对入射离子束流品质的苛刻要求，具有广泛的适用性，使得离子与原子碰撞反应的角微分截面的实验测量研究向前迈进了一大步。堪萨斯州立大学的 Cocke 小组通过测量反冲离子纵向动量，得到了反应能（Q值），从而获得了量子态相关的信息。随后，由于超声气体射流技术（supersonic gas jet）的应用大大提高了反冲离子动量分辨。Ullrich 等[17] 将上述技术发展到对反冲离子和出射电子的三维动量分量（p_x, p_y, p_z）的全部测量，从而可得到末态全部电荷产物的动量信息，这为研究碰撞体系动力学提供了更多的自由度。这项技术在离子与原子和分子碰撞动力学研究中得到了广泛的应用。例如，Dörner 等利用此技术详细研究了质子与 He 原子的电子俘获反应，得到了许多对反应动力学的新认识；此项技术也被迅速应用到同步辐射光电离现象[18,19]、飞秒激光与原子分子相互作用[20] 和自由电子激光与原子的相互作用[21] 的研究工作中，得到非常有意义的实验结果。反应显微成像谱仪是近些年离子、电子和光子与原子分子碰撞实验研究的最新进展，也是精细物理实验研究发展的趋势之一。

快速全裸离子在与原子的碰撞过程中，有一定的概率直接发射 X 射线光子，参与能量和动量再分配过程。例如，在 REC（radiative electron capture，辐射电子俘获）过程中，一个靶电子从靶原子的束缚态直接跃迁到炮弹离子的束缚态，同时释放出一个能量等于两者束缚能之差加上电子相对于炮弹离子动能的光子。最近二十年来，利用重离子储存环和内靶装置，REC 的实验研究已日臻完善[22-28]。

辐射双电子俘获（radiative double electron capture，RDEC）过程，即两个靶电子同时跃迁到炮弹离子束缚态但只发出一个光子，其研究尚有大量遗留问题。辐射双电子俘获过程在本质上是关联电子对（总自旋为零）在不同原子核之间的跃迁，并且仅发出一个光子。它在某种意义上可类比于超导体中的库珀对穿越约瑟夫森结时的行为。理论估计显示，辐射双电子俘获的截面比 REC 的截面小三四个数量级[29-31]。近三十年来，国际上多个研究组试图在实验中观测辐射双电子俘获过程[32-34]，仅有一个课题组宣称实验看到了该现象[35,36]，但现有实验报道尚存在疑点。目前，辐射双电子俘获实验研究的最主要瓶颈是全裸离子束的流强不够。理论估算表明，兆电子伏/u 能区、中重的全裸离子束与氦原子的碰撞对实验观测有利。然而，由于辐射双电子俘获的截面很小，为了获得足够的计数，目前只能采用全裸离子束穿越固体薄膜靶的方式产生足够多的事件，再用大立体角的半导体探测器捕捉辐射双电子俘获过程放出的光子。首先，由于实验采用了半导体探测器测量 X 射线，不能完全排除堆积效应造成的假事件。其次，实验数据的统计很差，更不能给出辐射双电子俘获峰的宽度及可能的峰结构。初步的理论分析表明，由于电子-电子之间的动量关联，辐射双电子俘获的 X 射线峰宽度有可能小于REC 峰的宽度；另外，一簇辐射双电子俘获的 X 射线谱中各个峰之间的相对位置和强弱也将提供辐射双电子俘获动力学过程的详细信息。这些问题无法在国内外现有装置上圆满解决。

高离化态离子具有很强的库仑场，当它接近固体表面时，它的高激发能态将被大量固体表面电子填充而低能态依然空置，形成所谓的空心原子[37]。它的发射谱线覆盖 X 射线至远红外波段，且携带有大量有关固体深、浅表面的信息，通过这些光谱的测量和分析，不仅能够为 X 射线激光器制造提供新的思路和方法[38,39]，而且可以发展用于固体表面分析的全新方法[40]。在空心原子的衰变过程中，电偶极禁戒跃迁谱线的发射概率大大增加，能够为天体物理中谱线的甄别提供数据[41,42]。同时，高离化态离子接近固体表面过程中，受入射离子产生的强库仑场势能在表层沉积的作用，靶表层原子会被大量激发、离化和溅射。这在半导体芯片、纳米材料、太空耐高温材料的制备、固体结构分析及离子束导向等方面具有广泛的应用前景[43-46]。

随着各种先进的设备 { 如离子源 [电子束离子源（electron-beam ion source，EBIS）或电子回旋共振离子源（electron cyclotron resonance ion source，ECRIS）、离子阱 [电子束离子阱（electron beam ion trap，EBIT）] 或重离子储存环（ESR）} 的发展和高精度测量谱仪技术的进步，国际上已开展了大量有关高离化态离子形成的空心原子及其衰变特性的实验研究，国内在兰州重离子加速器装置上也开展了许多实验工作。在实验中，人们较好地测量了电子俘获截面、电子发射产额、离子溅射产额、空心原子发射的俄歇（Auger）谱和 X 射线谱等，但对空心原子辐射光谱的全波段测量和分析还非常少，而且无法精确测量相互作用过程中产生的多激发态的电子组态及其布居等详细信息。

在理论方面，由于高离化态离子与固体表面的相互作用过程是一个复杂的多体问题，人们大多采用经典或半经典的理论模型定性研究内外表面空心原子的形成机制及其弛豫过程，探究高离化态低 Z 离子与固体表面相互作用时发射的 X 射线谱和俄歇谱的来源及空心原子的统计特性等，还没有一套能够完整地处理从高离化态离子接近固体表面到进入固体内这一整个过程的理论模型，并且有关空心原子的能级结构及衰变特性仍然缺乏细致精确的研究。

高离化态离子在等离子体中涉及能量交换和粒子交换过程，在核爆、惯性约束聚变、超新星爆炸和恒星吸积盘等极端环境中扮演着重要角色。此外，离子在等离子体中的能损增强效应是高能量密度物理关注的课题，俄罗斯莫斯科理论和实验物理研究所（ITEP）、美国伯克利国家实验室和德国亥姆霍兹重离子研究中心（GSI）都在探索离子束驱动产生高能量密度物质。中国科学院近代物理研究所基于兰州重离子加速器装置研究（Heavy Ion Research Facility in Lanzhou，HIRFL）的低能离子束与气体等离子体相互作用实验平台，将离子束能量扩展到玻尔（Bohr）速度能区，为高能量密度物理（high energy density physics，HEDP）和温稠密物质（warm density matter，WDM）研究共同关注的区域提供新的实验。

（三）国内研究现状、特色、优势及不足之处

反应显微成像谱仪是展开原子碰撞动力学研究的最新技术发展，是进行量子多体动力学研究的理想手段。高离化态离子及其与原子、分子、团簇的相互作用，不但是研究少体问题的基础，而且是各种等离子体中的基本过程，决定着等离子体的性质和演化，有助于高能量密度物理、天体等离子体和聚变等离子体相关领域基本问题的认识。

中国科学院近代物理研究所原子物理组在攻克一系列技术难关的基础上，2006 年成功自主建成了反应显微成像谱仪 ReMiLa[47]，开展了离子与原子相互作用中的态选择的单（多）电子俘获和转移电离机制实验与理论研究，实验得到了量子态相关的角微分截面，研究了碰撞参数相关的电子转移过程[48,49]；对在分子相互作用中伴随电子俘获的解离过程和库仑爆炸过程进行了实验观测，得到了与分子轴空间取向相关的微分截面。兰州重离子加速器冷却储存环（cooler storage ring，CSR）的建成为开展高离化态离子与原子分子碰撞动力学提供了前所未有的机遇。CSR 能够提供各种高离化态离子束，离子束能量可高达 500 兆电子伏/u。CSR 的电子冷却将使得离子束

的动量分散度 $\frac{\Delta p}{p}$ 降到 10^{-4}，为开展精细碰撞谱学实验创造了很好的条件[50]。在相对论速度的离子与原子分子碰撞中，离子与靶的相互作用时间在阿秒（10^{-18} 秒）及亚阿秒尺度，比原子中束缚态电子的动力学运动时间短（或相当）。这为探索原子内部时间相关的动力学关联提供了很好的条件。在中国科学院近代物理研究所，还具备 320 千伏高离化态离子综合研究平台[51]，能够提供 $(10\sim320)q$ 千电子伏（q 为离子的电荷态）各种离化态的离子束，从而使得入射离子速度覆盖了从电子俘获为主要过程到电离为主要过程的范围（$0.05\sim50$a.u.①），因而具备了系统研究和电子转移相关的离子与原子分子碰撞动力学的良好条件。

与德国马克斯·普朗克核物理研究所的科研人员开展合作研究，利用反应显微成像谱仪，采用逆运动学原理，用移动的"狭缝"（H_2^+）与氦原子碰撞，通过记录氦原子碎片的动量分布，研究对应碎片的杨氏双缝干涉现象，首次实现了爱因斯坦提出的双狭缝"理想实验"[52]。在氢分子离子解离同时氦原子电离这一典型的双电子跃迁碰撞过程中，干涉可以由不同的碰撞机制产生；根据碰撞机制的不同，干涉条纹的式样及表征干涉的粒子（电子、反冲、氦原子整体）也不同。如果不区分这些碰撞机制，不同机制产生的干涉条纹相互掩盖，则测量结果无干涉特征（图 2-3 第一行、第四行）；如果选择电子-电子碰撞为主导机制，则干涉条纹主要表现在电子谱与动量转移（氦原子）谱中（图 2-3 第二行）；如果选择电子-原子核碰撞为主导机制，则杨氏双缝干涉条纹表征在反冲谱与动量转移谱中（图 2-3 第三行）。在激发过程中，氢分子离子的宇称由偶态跃迁到奇态，导致观测到的干涉条纹与光学杨氏双缝条纹具有相反的相位，这一现象在光学杨氏干涉中不存在。实验同时证实了干涉条纹间距与狭缝间距（分子轴长）之间的关系（图 2-4）。当分子轴长增大时，干涉条纹间距变窄；反之，干涉条纹间距增大。这一现象是杨氏双缝干涉所独有的。在此项研究的反应过程中，"双缝"在干涉的过程中的量子态发生了跃迁，相应的干涉条纹也发生了跃迁。实验结果支持玻尔对爱因斯坦理想双缝实验的解释。相应结果被推荐为高亮点论文（highlighted articles）发表在《物理评论快报》（*Physical Review Letters*）112.023201

---

① a.u. 此处是原子单位。

（2014）。

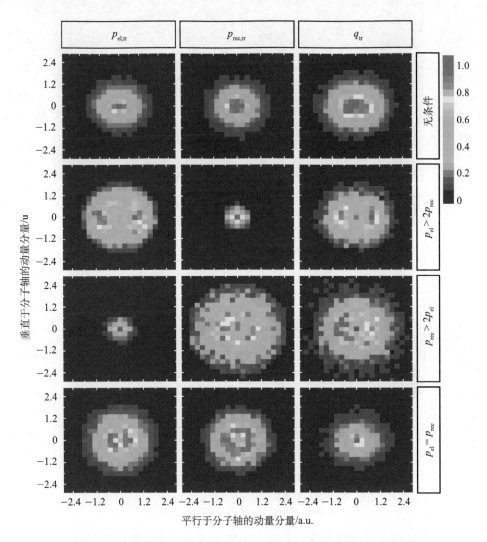

图 2-3　分子坐标系中垂直束流平面内不同粒子的二维动量图谱[52]

二维动量分布：电子 $p_{el,tr}$（左列），反冲离子 $p_{rec,tr}$（中列），氦原子整体横向动量转移 q_{tr}（右列）

自上而下，采用了不同的动力学条件

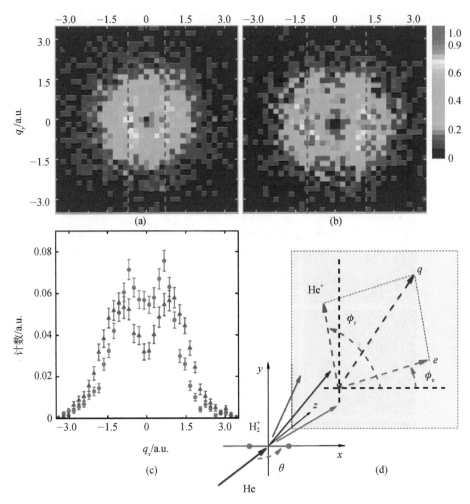

图 2-4　动量转移谱上干涉条纹间距随核间距的变化[52]

(a) 大核间距情况；(b) 小核间距情况；(c) a 与 b 的 x 坐标投影；(d) 分子坐标系定义；
q_y 和 q_x 分别表示 y 轴和 x 轴的动量分量

　　基于反应显微成像谱仪，开展了中能离子与原子碰撞转移电离和电荷交换动力学的实验研究。在转移电离动力学方面，通过反应中出射电子和反冲靶离子的三维动量测量，研究了炮弹离子的速度和电荷态及靶原子对转移电离机制的影响[53-62]。以 30 千电子伏/u 的 $He^{2+}+Ar\longrightarrow He^{+}+Ar^{2+}+e^{-}$ 为例。30 千电子伏/u He^{2+} 与 Ar 原子碰撞的单俘获单电离反应通道中的电子出射机制研究。单俘获单电离反应中靶原子失去两个电子，其中一个电子处于连续态，另一个电子处于末态炮弹离子的束缚态。研究表明，电子发射机制有三种过程的贡献：炮弹俘获两个电子到双激发态的自电离过程，靶子失去内壳层电子后的自电离退激过程，以及直接转移电离过程。通过炮弹坐标系中电子的能量与反冲离子纵向动量的关联研究，能够明确得到炮弹双电子俘获自电离的信息；低能电子产生的反应通道是直接转移电离过程，主要贡献来自一个电子被俘获到炮弹离子基态的同时一个电子被发射到连续态的过程，剩余靶离子主要处于单激发态，如图 2-5(a) 所示。电子能谱低能共振结构来源于靶的 3s 内壳层电子被炮弹俘获后的俄歇退激过程，如图 2-5(b) 所示。在动量空间中，电子在散射平面内围绕靶子和炮弹的速度有极大值分布，具有小动量的电子占主导。这些特征表明不存在鞍点电子电离的贡献（图 2-6）[53]。

在电荷转移动力学方面，俘获电子的量子态布居与炮弹速度及电荷态对电荷转移机制的影响[63-69]，以 3 千电子伏/u 的 $Ar^{8+}+He \longrightarrow Ar^{7+}+He^{+}$ 为例[69]。角量子数分辨的电荷转移研究：实验测量了 120 千电子伏 Ar^{8+}-He 碰撞单电子俘获过程中反冲离子的三维动量，获得单电子俘获到 Ar^{8+} 炮弹不同量子态的分布信息，通过与理论计算的角微分截面比较发现，单电子俘获到 4s、4p 态时主要源于动力学耦合导致的分子激发，当单电子俘获到 4p 态时，相比于 $4p_0$ 态，更加趋向于俘获到 $4p_1$ 态。图 2-7 给出了单电子俘获到不同角量子数的角微分截面，实线为采用双中心原子轨道紧耦合方法的计算结果。

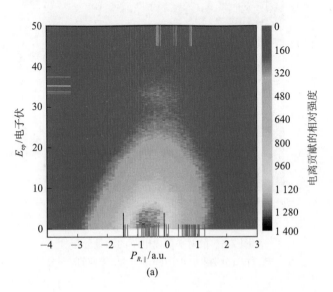

(a)

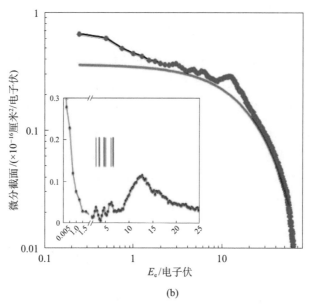

(b)

图 2-5　出射电子能量与反冲离子纵向动量的关系 [59]

(a) 炮弹坐标系中电子的能量与反冲离子纵向动量的关联谱；(b) 炮弹离子俘获一个 Ar 原子的
3s 电子形成多激发态的 Ar^+，Ar^+ 发生俄歇电子出射
竖直短线表示俄歇电子对应的能量值

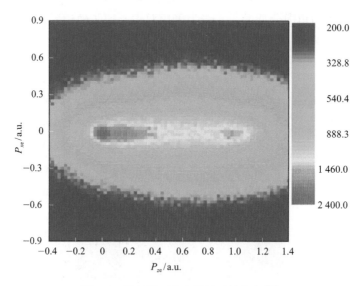

图 2-6　散射平面内电子的动量分布 [53]

P_{xe} 和 P_{ze} 分别表示电子在 x 方向和 z 方向的动量分量

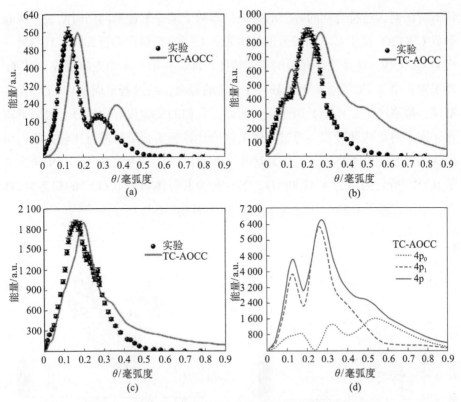

图 2-7 单电子俘获到不同角量子数的角微分截面比较 [53]

(a)1s → 4s；(b)1s → 4p；(c)1s → 4d+4f；(d)1s → 4p

在分子及小团簇碎裂方面，开展了重离子与小分子、小团簇的碎裂机制及分子二聚体、三聚体几何构型的实验研究[70-73]。以 Ne^{4+} 诱发 CO_2 分子碎裂为例[73]，实验符合测量碎裂产生的三个分子碎片的完整动量，通过达里兹（Dalitz）图和牛顿图，对次序解离和非次序解离进行了实验研究。CO 分子离子存在长寿命的亚稳态，通过直接的双原子分子电离实验，无法直接得到亚稳态的信息，而通过含有碳—氧键的三原子分子的电离解离实验，则可以把相应的态信息提取出来。为此，我们进行了中能 Ne^{4+} 与 CO_2 碰撞的电离解离实验，区分了同时碎裂和次序碎裂两种机制，研究了 $(CO)^{2+}$ 分子离子的性质。对于 $(CO_2)^{3+} \longrightarrow O^+ + C^+ + O^+$ 的碎裂通道，我们首先还原了 $C^+/O^+/O^+$ 离子对中每个离子的动量，重构出总的动能释放（KER）谱，得到了相应的牛顿图和 Dalitz 图。如图 2-8 所示，在牛顿图中存在上下两个圆弧形结构和两个亮点区域。其中的亮点区域表示 C^+ 具有较小的能量，两个 O^+ 能量基本相等，且背对背出射，这符合同时碎裂的特征，即两个碳—氧键瞬间同时断裂，瞬间形成 $C^+/O^+/O^+$ 离子对。而圆弧形结构表示 C^+ 和 O^+ 存在动量关联，且与另一个 O^+ 无关联，这是次序碎裂的典型特征。即，在第一步中先碎裂成 CO^{2+}/O^+ 离子对，由于 CO^{2+} 处于亚稳态，有一定的寿命，经过若干周期后 CO^{2+} 发生解离，最终产生 $C^+/O^+/O^+$ 离子对。所以，我们的实验很好地区分了次序解离和非次序解离两种过程。通过与相关理论计算和实验结果进行比较，我们得出两种次序解离的路径。一种为其母体离子 $(CO_2)^{3+}$ 的初态为 $^4\Sigma^+$，中间态离子 $(CO)^{2+}$ 所处的态为 $X^3\Pi$ 和 $^1\Pi$，另一种为其母体离子 $(CO_2)^{3+}$ 的初态为 $^6\Pi$ 态，中间态离子 $(CO)^{2+}$ 所处的态为 $X^3\Pi$、$^1\Pi$ 和 $^3\Sigma^+$。

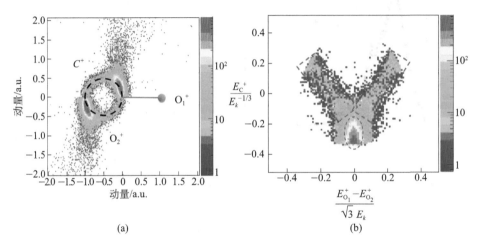

(a) (b)

图 2-8 Ne^{4+} 诱导的 $(CO_2)^{3+} \longrightarrow O^+ + C^+ + O^+$ 解离通道动量关联图[73]
(a) 牛顿图；(b) Dalitz 图；E_O、E_C 和 E_K 分别表示氧离子、碳离子动能和动能释放

在高离化态离子精密谱学方面，基于重离子加速器冷却储存环及电子束离子阱研究装置，实验研究主要集中在两个方面：①高离化态离子的精细结构测量和超精细结构测量，从而开展强场量子电动力学检验；②高离化态离子精密谱学中的原子核结构贡献及相对论和电子关联效应等方面的研究。

目前，科研人员在兰州重离子加速器冷却储存环主环 CSRm 上完成了 $^{36}Ar^{15+}$、$^{112}Sn^{34+}$、$^{112}Sn^{35+}$、$^{112}Sn^{36+}$、$^{58}Ni^{19+}$ 的双电子复合实验，获得了它们精确的双电子复合速率系数，开展了基于 FAC 和 AUTOSTRUCTURE 程序的理论计算。特别是，利用类锂氩离子的双电子复合（dielectronic recombination，DR）实验结果结合 FAC 理论计算对整个 CSRm 上的双电子复合实验系统进行了能量刻度。在此基础上,科研人员于 2016 年 11 月开展了类锂 $^{40}Ar^{15+}$ 和类铍 $^{40}Ar^{14+}$ 的双电子复合谱,从而为研究电子-电子相互作用及 DR 技术测量高离化态离子的同位素移动获得原子核电荷半径信息提供可能。

另外,中国科学院近代物理研究所电子冷却组联合俄罗斯新西伯利亚核物理研究所(BINP)设计和离线测试了兰州重离子加速器冷却储存环实验环 CSRe 电子冷却器上专门用于双电子复合实验的电子束能量调节系统,已安装到位,这为在 CSRe 上开展 DR 实验研究提供了前所未有的机遇。同时,国内通过加强国际合作,成立了 CSR 上双电子复合实验的国际合作组"DR collaboration@CSR",合作组包括中方中国科学院近代物理研究所、中国科学技术大学、复旦大学、西北师范大学等,德方的 GSI、吉森大学、耶拿研究所,俄罗斯新西伯利亚核物理研究所相关方向的科学家。

(四)对未来发展的意见和建议

中国科学院近代物理研究所经过近二十年的持续发展,在基于加速器的原子物理实验技术方面取得长足发展,如反应显微成像谱仪、储存环实验技术等,为开展量子多体动力学研究和高离化态离子精密谱学研究奠定了良好的基础。

经过一个多世纪的发展,原子分子碰撞研究进入了量子多体动力学研究新时期,全新的全微分截面(fully differential cross section,FDCS)测量结果对理论提出了巨大的挑战:以往广泛应用的理论模型在 FDCS 水平上表现出很多不足。FDCS 测量实验技术是近二十年发展起来的,通过 FDCS 的测量可以得到完备的原子碰撞运动学信息,但是与高离化态离子与原子分子碰撞相关的研究还很少,更缺乏系统性的研究。研究人员计划充分利用大科学装置 HIRFL 的优势,开展全能域的原子分子动力学实验及相应的理论研究工作。在量子多体动力学研究方面,研究人员拟开展如下工作。

(1)基于 HIRFL,利用加速器产生的高、中、低能量的不同电荷态的离子与原子碰撞,测量电离、俘获等反应的 FDCS,与不同理论模型的计算结果比较,加深对不同能区、不同微扰参数下的量子多体动力学机制的认识。

(2)针对离子原子碰撞激发过程,研制适用于中性激发原子末态运动学参数测量的实验平台,并结合相关的理论研究,开辟原子碰撞激发动力学研究新方向。

（3）利用 HIRFL 中、低能加速器，开展不同电荷态离子与双原子分子及双原子分子离子与原子的碰撞实验，开展原子物质波杨氏双缝干涉研究，深化对量子力学基本问题的理解。

（4）利用不同能量、不同电荷态的高离化态离子与分子、分子二聚体、分子三聚体碰撞，开展分子体系的激发、电离和多体碎裂动力学的实验与理论研究。利用运动学参数完全测量技术，获得与分子空间结构相关的 FDCS，开展与分子空间构型相关的碰撞动力学研究，揭示分子碰撞过程的多中心、多电子关联机制。

（5）目前正在筹建的"强流重离子加速装置"（high intensity heavy-ion accelerator facility，HIAF），可以提供 0.5 兆电子伏/u 的强流、全裸中重离子（如 100μ Ne^{10+}、20μ Ar^{18+} 等，比以往同类装置强三个量级左右），为实验研究 RDEC 提供了极佳条件。结合团簇靶和大接收度弯晶谱仪，有望实现 RDEC 过程 X 射线的衍射测量，完全排除光子探测中堆积效应带来的负面影响，并有望精确测量 RDEC 过程 X 射线谱的结构和峰的宽度，从而获得 RDEC 过程的动力学信息。

（6）随着新一代的（采用铌三锡超导体、45 吉赫微波）超导高电荷态电子回旋共振（electroncy clotron resonance，ECR）离子源的研发，将提供超过 20 微安的全裸 Ar^{18+} 离子束，以及微安量级的全裸 Fe^{26+}-Cu^{29+} 离子束，使得小概率事件的高精度 X 射线谱学研究成为可能。借此装置，有望对原子序数高至 30 左右的空心原子的超伴线的伴线族进行系统性测量，测量原子序数在 20 左右的空心原子的双电子单光子（two electron one photon，TEOP）谱线的伴线族，并以更好的数据统计量获得更高的实验精度。另外，利用重离子储存环提供的高能高离化态离子束轰击气体靶原子，可以产生大量自由的、重 K 壳空心原子，如空心 Kr、Xe 原子等[74]。结合新型硬 X 射线探测器——微量热计（microcalorimeter，也译为"微卡计"），可以精密测量这些 K 壳重空心原子发出的超伴线的伴线族。这些新的、系统性的实验数据必将有力地推动相关理论研究。

二、高离化态离子的结构及精密谱学研究

（一）研究的意义和特点

高离化态离子广泛存在于天体等离子体、热核聚变等离子体及实验室等

离子体中。对高离化态离子进行系统的理论和实验研究，不仅可以发展和检验高精度的原子结构理论、揭示强库仑场中复杂原子的动力学过程和机制，而且能为各种等离子体状态的诊断、光谱的模拟、聚变反应堆的研制提供非常重要的科学依据。同时，在太阳物理、微电子和纳米技术、量子计算、癌症和肿瘤的治疗等领域中也有重要的应用[75]。

高离化态离子的结构和动力学过程与中性原子的情况有很大的差异，对其进行深入的理论和实验研究会面临一系列的困难。少电子体系的高离化态离子（如 U^{91+}）的核电荷产生的库仑场远强于目前实验室所能达到的电场强度。如此强的库仑场使其核外电子更紧密地束缚在靠近核的空间，从而使得相对论效应、布雷（Breit）相互作用效应、量子电动力学效应及由原子核性质引起的超精细猝灭和宇称不守恒等变得更重要[76-78]。理论上，系统处理这些高阶效应及其相互耦合非常复杂，在实验中测量这些效应的贡献对仪器设备和测量技术的要求也极其苛刻。对于涉及具有多个电子的高离化态离子而言，除相对论效应以外，电子关联效应也变得非常重要，而且其能级及光谱结构也非常复杂，特别是内壳层电子激发和多电子激发，即使采用高分辨的实验技术，也很难对其进行精确的指认和分析[79-81]。进一步，当高离化态离子与光子、电子、原子分子和固体相互作用时，其物理过程变得更复杂，理论和实验中的研究也将更困难。

（二）国际研究现状、发展趋势和前沿问题

近年来，离子的加速和储存技术、电子束离子阱实验技术、同步辐射技术、超强超快激光技术及高离化原子冷却和囚禁技术的快速发展，为高离化态离子物理研究提供了难得的机遇。本书主要就高离化态离子结构和动力学性质相关的理论和实验研究提出以下建议，供读者参考。

1. 高离化态少电子原子的结构及其与光子电子碰撞动力学性质的精密研究

对于只有较少电子的高离化态离子，电子的关联效应可以得到较好的考虑，但是随着原子的核电荷数 Z 增大，相对论效应、Breit 相互作用效应、量子电动力学效应等将变得更重要[82-86]。近年来，在对类氢、类氦、类锂等少电子原子体系中的这些高阶效应进行深入研究的同时，对原子核性质的研究

也引起了极大的关注[87,88]。

人们发现，这些高阶效应和核性质不仅对高离化态离子结构和光谱性质产生重要影响，而且对电子、光子与高离化态离子的碰撞过程也能产生重要影响，如碰撞中间态的取向及碰撞末态中电子、光子所呈现出的显著极化性质等[78,89]。过去，人们主要关注的是非极化光子和电子与高离化态离子的碰撞性质[89,90]，随着电子束离子阱、同步辐射光源、高灵敏位置探测器等实验技术的进步，极化电子和极化光子与高离化态离子的碰撞已引起越来越多实验和理论工作者的重视[91]。由于其碰撞强度与某个特定原子态的磁量子数 M 有关，这将导致碰撞末态发射出来的电子或光子不仅具有显著的线性极化度，而且有明显的圆极化特性。通过对这些极化性质的研究，可以进一步得到碰撞过程中原子态多极参数、取向参数[92]及核效应所引起的超精细猝灭[79]和宇称不守恒[93]等更加详细的物理信息。因此，研究极化电子、极化光子与高离化态离子的碰撞动力学，是研究更为精细的碰撞动力学过程及高阶效应的最有前景和更有效的手段和方法。

过去二十多年里，瑞典的 Schuch 研究小组在储存环 CRYRing 上利用较轻的多电荷态重离子开展谱学和碰撞动力学实验，从质子与氢分子碰撞获得的多重微分截面间接观测到了杨氏双缝干涉效应，实现了储存环上的物质波杨氏干涉实验[94-96]。德国海德堡马斯克·普朗克核物理所的 Wolf 小组在重离子储存测试环（test storage ring，TSR）上测量了类锂 Sc^{18+} 的双电子复合精细谱，精度达到 2.0×10^{-5}，为迄今精度最高的双电子复合实验[97,98]；美国劳伦斯利弗莫尔国家实验室（Lawrence Livermore National Laboratory，LLNL）的 Beiersdorfer 小组在电子束离子阱 Super-EBIT 上完成了一系列高离化态离子能级结构和精密谱学相关的实验，获得了类锂 $^{238}U^{89+}$ 的 $2s_{1/2} \sim 2p_{1/2}$ 跃迁的能量[(280.645 ± 0.015)电子伏]，实验精度达到 5×10^{-5}[99]；日本的 Nakamura 小组利用 Tokyo-EBIT，在类锂 Bi^{80+} 等离子中利用双电子复合精细谱学首次研究 Breit 相互作用的贡献，为研究强场量子动力学效应提供了新方法[81]；在德国亥姆霍兹重离子研究中心，Stöhlker 小组利用实验重离子储存环（experimental storage ring，ESR）提供的冷却的高离化态重离子束与气体靶和自由电子靶碰撞，精细测量了类氢 $^{238}U^{91+}$ 的兰姆位移 [(460.2 ± 4.6) 电子伏][100-102]；德国亥姆霍兹重离子研究中心的 Brandau 和吉森大学的 Müller 等在 ESR 上开展的类锂的 $^{238}U^{89+}$ 等离子双电子复合实验，测量了 $2s_{1/2}$-$2p_{1/2}$ 的跃迁能量，实验精度达到 3.0×10^{-4}[103]；Hagmann 等在 ESR 上利用相对论能区的 U^{88+} 首次观测和研究了短波极限下的轫致辐射时间反演过程，实现了储存环在多重微分截面层面的碰撞动力学实验研究[104]。在中国兰州重离子加速器装置 HIRFL 上成功开展了 Ni^{19+}、Sn^{35+} 和 Ar^{15+} 等高离化态离子的双电子共振复合精细谱学实验，而且在 2016 年获得类铍 Ar^{14+} 双电子复合高精度谱，还直接观测到三电子复合的贡献，精度接近国际同类装置最高水平[105]。

近些年来，量子电动力学的测试一直是一个非常热门的课题，高离化态离子精密谱学是高精度检验强场条件下量子电动力学等高阶效应的最佳手段。量子电动力学理论在弱电磁场条件下经受住所有的实验检验，但是在强场下检验量子电动力学理论的实验数据非常缺乏，而且检验精度也有待提高。类氢的铀离子中 1s 轨道电子感受到的电场和磁场强度分别达到 10^{16} 伏/厘米和 10^4 特斯拉，是氢原子中的 100 万倍（图 2-9），是目前实验室其他方法无法企及的强场环境。由于离子中束缚电子与核磁偶极场的相互作用，精细结构能级会进一步发生超精细分裂。这个核磁场的强度随着核电荷数迅速增加，在 ^{209}Bi 的表面可以达到 10^9 特斯拉，比目前存在的最强的磁铁产生的磁场还要高几个数量级。由于这个原因，对高离化态少电子原子的超精细结构的研究近年来得到许多实验和理论研究的关注，旨在探索在极端电磁场环境下的束缚态量子电动力学效应。在过去，人们对类氢离子基态的超精细分裂做了各种高精度的实验测量[106-110]，这些测量推动了许多理论方面的进展，参见评论文章[111] 和其中的参考文献。此外，由于近年来在实验中的重大发展，$^{209}Bi^{82+}$ 超精细分裂的测量精度被提高了近一个数量级，达到 10^{-5} 的水平[112]。然而，到目前为止，由于缺乏对核的磁化强度分布的了解，理论上的进一步发展受到严重的限制。因此，Shabaev 等提出来考虑不同电子组态的超精细分裂的差值，以此来减少未知的核磁化强度分布引入的不确定性，如研究某一同位素的类氢和类锂离子基态的超精细分裂的差值[113]。尽管在类氢离子基态的超精细分裂上已有许多研究，但是到目前为止，对其他少电子体系（如类氦到类铍离子的超精细分裂）的研究依然很少[87]。因此，人们还需要在这方面做大量的工作。重离子冷却储存环上的双电子复合精密谱学是目前测量高离化态离子能级精度最高的实验方法。基于重离子加速器开展类氢到类铍高离化态离子精密谱学实验，结合先进的理论计算，研究强场中的量子电动力学效应、相对论效应、电子关联和原子核尺寸效应，是当前国际上高离化态离子研究的前沿方向[114-123]。

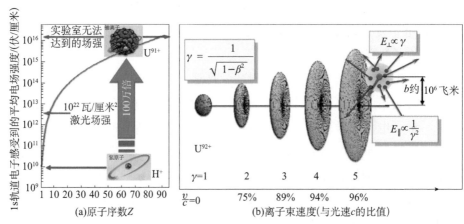

图 2-9　高离化态离子与原子分子相互作用特性

(a) 高离化态离子 1 s 轨道电子感受到的平均电场强度与原子序数之间的关系；
(b) 高离化态离子在不同速度下的电场相对论尺缩效应

2. 高离化态多电子原子的结构及其与光子电子碰撞动力学性质的研究

人们在关注高离化态少电子原子体系的各种高阶效应和核效应的同时，对复杂的高离化态多电子原子体系的结构和动力学性质也进行了大量的研究，获得了一系列丰富的研究结果[124]。特别是最近几年，由于 ECR 离子源技术、电子束离子阱技术及激光等离子体技术的发展及核聚变研究、EUV 光源研制和天体等离子体诊断等领域对大量精确原子数据需求的驱动，人们对金（Au）、钨（W）、铁（Fe）、锡（Sn）、氙（Xe）等元素的高离化态离子进行了有计划的系列研究。例如，在国际热核聚变反应堆（ITER）实验和惯性约束聚变（ICF）实验中，对等离子体的温度密度诊断和辐射输运性质的模拟需要大量的高离化态钨离子和金离子的高精度原子参数，如波长、跃迁概率及电离、复合、激发等截面和速率系数等[125-127]。

对于高离化态多电子原子体系，一般涉及的是 p、d 或 f 等次壳层，电子间的强耦合可以形成大量的近简并能级。其光谱特征为"不可分辨的跃迁"

结构，使得光谱的指认和分析变得极其困难，并涉及强的电子-电子关联效应、内壳层激发态的弛豫效应及更复杂的衰变途径等，使得涉及这方面的理论计算和实验观测还很不够，且有些情况下来自不同的实验观测和理论计算结果还常常不自洽，需要进一步的实验和理论工作相互验证。

相比于高离化态离子的孤立共振能级，对于（近）简并的重叠共振能级，实验中无论使用多高分辨率的光谱仪都不可能分别将其指认和分辨出来。在这种情况下，人们需要寻找其他的方法来研究重叠共振的能级结构。在近简并重叠共振能级的研究方面，德国耶拿亥姆霍兹研究所的 Fritzsche 小组做了一些试探性的理论工作。他们提出利用对从重叠共振能级发射出来的荧光光子的角分布和极化的精确测量来研究重叠共振能级的分裂大小与分裂次序，并且将这种想法应用到中性原子和高离化态离子的（超）精细重叠共振能级的研究中[76,77]。对于高离化态多电子原子体系，其能级结构更加复杂，近简并的重叠共振则更常见，因此对这些体系的结构及其与光子电子碰撞动力学性质的研究也是一个极重要的方向。

（三）国内研究现状、特色、优势及不足之处

在过去的二三十年中，得益于与高离化态离子有关的实验技术和计算机模拟方面的巨大发展，人们在对高离化态离子的结构及其相关动力学过程的研究中取得了长足的进步。国外有关研究机构在该领域中长期扮演着"领跑"的角色，如德国亥姆霍兹重离子研究中心、德国马克斯-普朗克核物理研究所和美国橡树岭国家实验室等。但值得一提的是，国内的研究队伍近年来在该领域一直在壮大，并且开始发挥越来越重要的作用。高离化态离子的产生需要特殊的条件，国际上主要有两类装置能够产生高离化态离子。一类是电子束离子阱，另一类是重离子加速器装置。目前国际上大约有十台能够产生很重高离化态离子的电子束离子阱在运行，我国有上海电子束离子阱。目前国际上只有两台重离子加速器装置能够产生高离化态重离子束并开展精密谱学实验研究，即德国亥姆赫兹重离子研究中心的实验储存环 ESR 和我国的兰州重离子加速器冷却储存环 CSR。基于重离子储存环的双电子复合共振精细谱学技术（DR）近年来已经发展成为开展高离化态离子精细谱学实验的最佳方法之一。

在实验研究方面，依托位于中国科学院近代物理研究所的兰州重离子加速器装置 HIRFL 和位于复旦大学的电子束离子阱装置电子束离子阱，有关研究小组在高离化态离子的结构及其相关动力学过程的研究领域做出了非常重要的工作。在 HIRFL 装置上，已开展了高离化态离子光谱精密测量、高离化态离子反应动力学及高离化态离子与等离子体相互作用方面的研究。具体来说，得到的类铍 Ar^{14+} 离子双电子复合实验精度接近国际同类装置最高水平；首次利用 H^+ 作为狭缝与氦原子碰撞，实现了全运动学参数测量的原子散射杨氏双缝干涉实验，达到了国际先进水平[128]。通过这些研究，发展了高离化态离子双电子复合精细谱学技术；将杨氏双缝实验推进到第三个阶段——利用具有特定结构的原子进行杨氏双缝实验；为天体物理和聚变等离子体物理提供复合速率系数关键数据支持。在复旦大学的电子束离子阱实验装置上，有关研究小组也进行了高离化态离子精密光谱和双电子复合过程的实验研究工作。他们首次预测了 Xe^{26+} 中的超精细作用诱导跃迁，测定了 Xe^{45+}-Xe^{52+} 和 W^{65+}-W^{72+} 等离子 KLL① 双电子复合过程强度等，相关研究结果发表在物理学顶级期刊《物理评论快报》上[129]。这些研究为聚变等离子体诊断提供了标准谱。此外，在实验方面，中国科学技术大学的研究小组还进行了电子动量谱学和分子电离解离动力学方面的研究，首次实现了 H_2 分子振动分辨的电子动量分布实验测量。通过振动态的选择实现了分子核间距的选择，观测到不同核间距下的分子杨氏干涉效应[130]。该研究揭示了分子体系中的双中心和多中心量子干涉行为，发展了高分辨的电子动量谱学技术，以及高效率的电子-电子、离子-离子及电子-离子的多重符合测量技术。中国科学院大学的研究小组进行了电子原子碰撞动力学、冷原子精密光谱学和原子离子低能碰撞动力学等方面的研究；首次提出了四电子参与的三个俄歇电子产生过程的物理机制，解释了 C^+ 四电子俄歇过程的实验结果[131]；对于常规的泵浦-探测光谱，对冷原子精密谱做了细致分析，观测到若干新奇谱现象，如新型亚自然线宽谱线和新型量子相干共振；建设完成国内仅有的冷铷原子-离子混合阱实验平台，开展了原子离子低能碰撞速率系数的实验测量。这些相关研究揭示了多电子俄歇过程的敲出和振出机制，级联俄歇过程的重要性，以

---

① 如果电子束将某原子 K 层电子激发为自由电子，L 层电子跃迁到 K 层，释放的能量又将 L 层的另一个电子激发为俄歇电子，那么这个俄歇电子就称为 KLL 俄歇电子。

及多个俄歇电子的能量、角动量分布；有助于对离子多体问题和多电子关联效应的理解；为实现原子分子精密测控与量子调控等提供基础数据和实验方法。

在理论研究方面，北京应用物理与计算数学研究所的研究小组研究了等离子体环境对高离化态离子结构和动力学过程的影响，取得了多项有国际影响力的成果，在《物理评论快报》上发表了第一篇等离子体屏蔽效应的理论文章。他们发现，等离子体屏蔽效应可以极大地改变电子碰撞过程的阈值行为，并且发现了费希巴赫共振（Feshbach resonance）向势形共振过渡的现象[132]。在这些研究中所使用的理论模型、原子参数及研究方法可以应用到等离子体输运模拟和等离子体状态诊断中。西北师范大学的研究小组利用目前最先进的相对论原子结构和跃迁程序包 GRASP 和 RATIP 研究了复杂原子和高离化态离子的能级结构及其动力学过程；在理论上准确预言了原子序数为 100 的镄（Fm）、103 的铹（Lr）、107 的𨧀（Bh）、108 的𨭆（Hs）及 112 的𬬮（Cn）元素的低激发态的结构和电离特性[133]，其中 100 号元素镄的两个最低的共振激发态的理论预言已经被德美科学家用双光子共振电离光谱方法在实验中证实[134]。此外，他们建立和发展了一套研究电子离子碰撞激发过程的全相对论扭曲波方法和计算程序 REIE06 等。利用该方法和程序，他们研究了一系列电子-离子碰撞过程中产生的荧光光谱的角向分布和极化特性。通过这些实验可观测量，他们进而研究了束缚（连续）电子间的 Breit 相互作用、电子关联效应及辐射场的非偶极效应等。基于流体动力学和辐射输运方程，结合局域热动平衡模型，他们发展了快速分析和解释低 Z 激光等离子体演化过程的辐射流体动力学模型和程序。这些研究配合高离化态离子精密谱学实验可以被用来检验基本物理理论；为理解多电子离子复杂体系的谱学提供理论支持；为开展高离化态离子与不同温度密度等离子体相互作用中的时空演化提供支撑。除了以上讨论的实验和理论工作以外，国内其他研究小组也在该领域做出了许多具有国际水平的工作。

（四）对未来发展的意见和建议

随着离子产生装置和储存技术的快速发展，人们对高离化态离子的结构和碰撞动力学性质已经有了比较深入的理解，但是仍有许多需要解决的关键科学问题。例如，高离化态离子的结构和反应动力学涉及强库仑场量子电动力学、相对论效应、碰撞反应量子多体问题等基本科学问题；离子束在不同耦合强度、不同成分的等离子体中的能量沉积和电荷态变化，涉及国家重大安全战略需求中关键的原子过程参数。对应的关键技术问题包括制备可操控的高离化态离子、提升精密谱学实验的能量分辨、实现离子束与状态可控的等离子体相互作用、获得精确的等离子体库仑耦合参数等。

高离化态离子精密谱学是高精度检验强场条件下量子电动力学等高阶效应的最佳手段，但是在强电磁场环境下检验量子电动力学理论的实验却非常缺乏，检验精度也有待提高[97,102,103]。基于重离子加速器开展类氢、类氦、类锂和类铍等少电子高离化态离子精密谱学实验，结合先进的理论计算，研究强电磁场环境下的量子电动力学效应、相对论效应、辐射场非偶极效应、重叠共振能级间的干涉效应、电子关联和原子核尺寸效应等，是当前国际上高离化态离子研究的前沿方向[87,135,136]。

强激光驱动的惯性约束核聚变及武器物理等是国家能源和重大安全战略需求，其中涉及的高能量密度物理关注的基础问题之一包括高离化态离子在等离子体中的能量交换和电荷交换机制。例如，惯性约束聚变反应产物中的3.5 兆电子伏 α 粒子通过与等离子体环境相互作用，将能量沉积于靶丸材料中，实现靶丸区域的自加热，使得该区域状态处于聚变的自持状态，进而实现靶丸的持续加热和完全燃烧。因此，α 粒子和等离子体相互作用的物理过程、机理是涉及核燃料点火成功与否的关键物理问题[137]。目前对高荷能离子与等离子体的相互作用还没有系统、清晰的物理认识，理论建模和实验研究均面临巨大的困难与挑战。尤其是高温强耦合等离子体非常不稳定且寿命极短，难以直接和实时测量其内部离子的时空演化，因此难以获得高精度数据来有效检验理论模型。国际上对离子束与等离子体作用的研究始于 20 世纪60 年代，初期的工作主要集中于理论研究。到 20 世纪 90 年代，基于加速器的中高能区离子束与较低密度等离子体相互作用的研究发现，高离化态离子束在等离子体中的能损比其在相同尺度的冷气体中的能损高 2～3 倍[138]。这一结果激发了相关的实验和理论研究工作。近年来，国际上的研究工作更加关注中低能区离子束和稠密等离子体的相互作用，从而更真实地模拟高能量密度物理和惯性约束聚变的实验条件。但是受加速器束流条件和等离子体制备手段的限制，迄今仍然非常缺乏这些极端条件下特别是强耦合等离子体条件下高精度的关键实验数据，理论上也缺乏有效的理论模型和方法来处理高离化态离子与稠密等离子体之间复杂的相互作用。

高离化态重离子因其极强的辐射能力可以不断以光辐射形式消耗等离子体的能量。在磁约束聚变等离子体中，微量的高离化态重离子（如来自壁材料的钨元素）通过辐射冷却过程就可能猝灭聚变等离子体。另外，钨等重离子的辐射谱也是诊断等离子体状态的重要手段。为此，必须对这些重元素离子的辐射开展详细的研究。将系统进行开 L、M、N 壳层的金、钨离子的 DR 谱和 X 射线谱研究，获得复合反应绝对速率系数，检验复杂离子结构计算，为聚变等离子体建模和光谱诊断提供关键原子参数。

在重离子加速器冷却储存环上探索双电子单光子跃迁等奇异（禁戒）原子过程。制备 K 壳层"空"心氖（Ne）、氩（Ar）、氪（Kr）、氙（Xe）等元素的离子，并获得其高精度 X 射线谱，利用 K_α 和 K_β 谱线的伴线和超伴线，开展双电子单光子跃迁 K_α 谱线的探索性实验。

应用 X 射线谱学方法，可以精确地研究高离化态离子中的相对论效应、多体关联效应、量子电动力学效应。当前有两个方面的研究值得特别关注：一是强场中量子电动力学效应[139-141]的精确检验，二是强场中电子-电子关联效应[142-145]的研究。人们对上述物理规律的探索和认识，在实验中需要关注以下几个方面的高离化态离子 X 射线谱学测量。

1. 类氢重离子兰姆位移（Lamb shift）的精确测量

重离子中 1s 电子所感受到的电场是最强的，其兰姆位移最显著，对其的测量是验证强场中束缚态量子电动力学理论的关键。通过精确测量类氢重离子 2p→1s 的跃迁能量，结合理论计算，即可获得 1s 轨道的兰姆位移。根据量子电动力学理论，在电子场与真空场的相互作用中，由于真空极化和自能效应，以及原子核的体积效应，类氢离子中电子的束缚深度略浅于狄拉克（Dirac）相对论量子力学理论中基于原子核的点电荷假设计算得到的束缚能；在重离子 X 射线谱学研究中，两者之差常被称为兰姆位移。根据目前的发展态势，该领域的研究必将在未来十年取得重大突破。首先，世界上在建的两大新一代重离子冷却储存环，中国的 HIAF 装置[146]（预计 2025 年建成）和德国的反质子和离子研究装置（FAIR）[147]（预计 2026 年建成），都将提供能量更强、品质更高的全裸 U 离子束；尤其是，中国的 HIAF 装置将提供比现有装置强 3～4 个数量级的全裸 U 离子束；这必将解决实验测量的统计量问题。其次，X 射线的微量热计探测技术快速发展[147]；在 60～120 千电子伏能区，无论是以德国 GSI 为首的课题组（包括海德堡大学、吉森大学等），还是与中国科学院近代物理研究所合作的美国 STAR Cryoelectronics 公司，都已在样机上实现比传统高纯锗探测器好 10 倍以上的能量分辨；相关的关键技术经过近三十年的发展已趋于成熟。再次，新一代的储存环内靶装置将提供更细小的团簇靶，使得碰撞区域更集中，从而压低对任一探测像素的多普勒展宽。最后，通过在同一个微量热计探头上集成多种类型的微小探测单元，同时准确测量类氢 U 离子 M 壳至 L 壳、L 壳至 K 壳的跃迁，可以通过理论计算大大降低多普勒修正中的不确定性。综合上述四个方面的进展，我们期待能将类氢 U 离子基态兰姆位移的实验测量精度提到 0.5 电子伏甚至更好的水平。这将能够定量检验真正强场中的二阶量子电动力学效应。届时，精细硬 X 射线谱学技术也将能够分辨不同的重核结构造成的能级移动，为核结构研究打开一个新的窗口。

2. 类氦、类锂等重离子能级结构的精确测量

与类氢重离子一样，类氦、类锂等重离子的 1s 轨道也具有大致相当的兰姆位移。除此之外，要精确描述其物理状态还必须考虑重离子强场中两个相对论性电子之间强烈的相互作用[148-151]。

若硬 X 射线探测器在 80 千电子伏附近的能量分辨达到几十电子伏，且具有充足统计量的实验数据，假定跃迁能量分布呈魏斯科普夫-维格纳（Weisskopf-Wigner）理论给出的洛伦兹线形，则跃迁能级中心差的测量精度有望好于 0.5 电子伏。此时的实验数据将精确展现强场中的电子-电子关联效应和二阶量子电动力学效应，为相关理论提供更加严格的验证。

总体来说，这方面的研究和类氢重离子兰姆位移的精确测量一样，目前主要受限于硬 X 射线探测器的能量分辨和实验数据的统计量。可以预期，其研究也将随着新一代重离子储存环（HIAF 和 FAIR）的建设、新型硬 X 射线探测器微量热技术（Microcalorimetry）的发展而在未来十年左右的时间内取得重大突破，并将继续在超重核研究等领域中获得重要应用。

3. 少电子离子体系精密谱学和强库仑场 QED 效应研究

中国科学院近代物理研究所在兰州重离子加速器冷却储存环 CSR 上建成的 DR 精密谱学研究装置，提供了开展高精度谱学的实验平台，可开展类锂、类铍、类硼等高 Z 高电荷态离子的 DR 实验，精确测量 2s-2p/3p 等跃迁过程对应的从低激发态到里德堡态系列 DR 共振峰，从而获得高精度内壳层跃迁能量，通过与国际上最先进的理论计算结果进行比较，提取兰姆位移，研究 QED 效应、相对论效应以及电子关联效应。基于新一代大科学装置 HIAF 的谱仪储存环 SRing 上配备的独立的超冷电子靶，使得利用 DR 谱学技术可以研究类氢和类氦的重离子，如 U^{91+}、U^{90+}、Bi^{82+} 等，能够在更高精度水平开展高电荷态离子的谱学研究。

4. 高电荷态离子谱学技术在核物理研究中的应用

DR 共振谱学的原理是，在自由电子被俘获的过程中，当能量满足共振条件时，内壳层的束缚电子会被激发。与此过程类似，当电子俘获的剩余能量匹配原子核内核子激发能时，也可以使得原子核处于激发态。理论预言存在自由电子与原子核的共振相互作用过程——电子共振俘获诱发的原子核激发（nuclear excitation by electron capture，NEEC），即离子俘获电子时通过与核相互作用激发核能级而消耗剩余能量。它是一个共振过程，是内转换的时间反演过程。NEEC 是探索核子运动与核外电子耦合的重要手段，但是至今还没有实验观测结果。重离子储存环 DR 实验装置，原则上提供了开展 NEEC 研究的实验条件。

三、高温和稠密环境下的原子结构及原子光谱

（一）研究的意义和特点

随着强激光、高能粒子束和 Z 箍缩技术的发展，通过直接加热、压缩或者压缩和加热相结合，人们在实验室中已能够产生能量密度极高的物质，形成了一个称为"高能量密度物理"（high energy density physics）的新领域。该领域涉及等离子体物理学、激光和粒子束物理学、材料科学与凝聚态物理学、核物理学、原子分子物理学、流体动力学与磁流体动力学等众多学科方向，和国防、能源、天体等多个领域密切相关。和常态的物质科学类似，原子结构和发

生在原子尺度上的物理过程（激发、电离、电荷转移、离子输运等）是深入研究和理解高能量密度物质结构与性质、分析各种高能量密度物理过程的微观基础。高能量密度物质状态为原子分子物理的研究提出了大量富有挑战性的问题，促进了原子分子物理的一个重要方向——极端条件下的原子分子物理学的发展，目前该方向的研究已经成为国际原子分子物理学研究的热点和前沿。

高温、稠密、强场是高能量密度物理环境的最主要特点。强场和低温下的原子分子物理问题另有专门讨论，本书主要讨论高温和稠密环境下的原子物理问题。在传统的光谱学研究中，如太阳大气光谱和真空放电光谱，由于涉及的是非常稀薄的等离子体，我们的理论计算和分析往往把其中的原子或离子当作孤立原子或离子来看待，周围其他成分（如电子、离子或原子）的影响可以被看成是作用很弱或作用时间很短的微扰。但随着等离子体密度的增加，电子、离子、原子之间的平均距离逐渐减小，可以想象会出现电子对离子的屏蔽，周围离子对电子的吸引，电子、离子、原子之间的碰撞等复杂过程。随着等离子体的密度进一步增加，带电粒子之间的平均相互作用可能会超过它们的平均动能，此时必须考虑多粒子关联及其带来的各种等离子体集体效应。我们可以定义一个等离子体耦合参数 Γ_{ij} $\left[\Gamma_{ij}=\dfrac{q_iq_j}{r_{ij}}\middle/(\kappa T_i)\right.$，这里的 q_i 和 q_j 为带电粒子电荷，r_{ij} 为带电粒子的平均距离，κ 为玻尔兹曼（Boltzmann）常量，T_j 为粒子温度〕来简单描述等离子体。当 $\Gamma_{ij}\ll 1$ 时，等离子体为理想等离子体，如宇宙大气中的光电离等离子体、太阳等恒星表面的等离子体、实验室中的气体放电、托卡马克中的等离子体等。当 $0.1<\Gamma_{ij}\leqslant 1$ 时，等离子体为中等耦合的非理想等离子体。当 $\Gamma_{ij}\geqslant 1$ 时，等离子体为强耦合的非理想等离子体，如木星的内部、实验室中的惯性约束聚变装置、超短脉冲激光与团簇和固体相互作用、冲击波与物质相互作用等都可以产生不同耦合强度下的非理想等离子体。脉冲强激光技术为实验室中产生热稠密等离子体提供了条件，同时也为测量热稠密等离子体的性质提供了手段[152,153]。利用激光产生等离子体，人们测量了热稠密等离子体的吸收谱和辐射不透明度[154]。

随着等离子体密度也即粒子间耦合强度的增加，会有很多新的等离子体物理现象出现。在温热稠密物质中，原子（离子）的结构和动力学过程都强烈地受其周围乃至更大尺度范围内带电粒子的影响，电子波函数严重畸变；环境的非微扰影响是随机的、动态的，给原子分子物理学家提出了一系列问题，如原子结构和动力学如何随等离子体温度及密度演化？广泛采用的孤立原子模型在复杂稠密环境中的适用性如何？原子结构和动力学的变化反过来又会对等离子体状态（如能量、压力、离化态分布）及演化机制产生什么影响？强耦合效应对等离子体中的光和粒子输运有什么影响？如何检验这些影响？另外，在不同的温度、密度阶段，环境影响的程度不同。如何获得不同温度、密度阶段的温稠密环境对原子结构和动力学过程影响的定量认识，系统深入地理解其物理机制，如何从微观原子尺度准确地描述和模拟温热稠密物质，获得其热力学性质、电学性质、辐射性质等，都是原子分子物理学家、等离子体物理学家、凝聚态物理学家等相关学科专家越来越关注的交叉领域。这些问题吸引了国际上一批原子分子物理学家的目光，使得极端条件下的原子分子物理学成为目前原子分子物理学研究的一个热点和前沿。

（二）国际研究现状、发展趋势和前沿问题

等离子体环境对原子过程的影响一直是原子物理研究工作的一个重要方向。20 世纪 70 年代中期以前主要侧重研究稀薄等离子体中与低 Z 元素有关的原子物理问题[155-157]，随着惯性约束聚变研究的进展，70 年代末在高功率的激光聚变实验中已经可以产生高温稠密的等离子体环境并可以利用谱线展宽来诊断等离子体密度[158]。这引起了理论研究工作者的极大兴趣，导致各种包含自由电子和周围离子相互作用的理论模型的发展[159,160]，但这些理论模型的结果往往不一致，有时甚至是矛盾的。进入 90 年代，随着高精度的 X 射线条纹相机和弯晶谱仪的发展，实验中已经可以较精确地测量惯性约束聚变中作为示踪原子的中、低 Z 元素 K_α 线及其伴线的细致结构。特别是进入 21 世纪以来，国际上高能量密度物理新领域、新概念的提出，吸引了大批原子分子物理、光学、惯性约束聚变、材料科学、天文等领域的科学家竞相开展高温稠密环境中的原子分子物理研究[161,162]。目前对该领域涉及的复杂多体问题还没有任何成熟的解决方案，而实验中又连续提出大批待解决的问题。一些新的方法，如分子动力学[163,164]、多体关联势[165,166] 等，还处于起步阶段。

总的来说，国际上的主要工作集中在等离子体效应对原子结构（如能级移动和展宽，压致电离等）的影响上。但是，等离子体状态对原子分子过程的影响经常有各种相互矛盾的说法[167]，这也是目前国际上不同研究组利用不同的非局域热动平衡程序计算等离子体中离子平均离化度存在差异的原因[168]，更不用说在细致的能谱上的差异了。

在最近的十多年内，温热稠密物质更是一个被高度关注并不断发展的概念。2002 年，在美国召开的关于温热稠密物质的工作会议（LLNL Workshop on Extreme States of Materials：Warm Dense Matter to NIF）的总结报告中指出，理解温热稠密物质对于美国能源部的众多计划及劳伦斯利弗莫尔国家实验室（LLNL）的任务都至关重要，并建议劳伦斯利弗莫尔国家实验室将该领域的研究作为计划性项目加以积极推动[169]。基于在建的反质子和离子研究装置（Facility for Antiprotons and Ion Research，FAIR，位于德国达姆施塔特），有两个以温热稠密物质为主要研究对象的国际合作计划：重离子束产生高能量密度物质合作计划和温热稠密物质辐射性质合作计划[170]，提出的实验设计于 2006 年都被批准列入反质子和离子研究装置的基本物理计划中[171]。另外，温热稠密物质研究也是欧洲正在建设的 HIPER（欧洲高功率激光能源研究计划）高功率激光装置上规划的重要科学内容之一。

温热稠密物质实验研究与各种先进装置的发展密不可分。近年来，随着强激光、自由电子 X 射线激光和 Z 箍缩技术的发展，基于激光、X 射线的动态冲击加载逐渐成为更宽状态区间温热稠密物质实验研究的主要手段。20 世纪 80 年代中后期，随着大型激光装置与 Z 箍缩装置的建立，科研人员在实验室采用产生的强 X 射线辐射直接加热的方式制备均匀稳定的局域热动平衡（local thermodynamic equilibrium，LTE）等离子体样品并发展谱分辨的光谱测量技术，国外多家实验室开展了大量高温等离子体 X 射线辐射不透明度实验研究[172-174]。1996 年，Perry 等利用 Nova 纳秒激光装置与金腔相互作用产生的高温 X 射线辐射场加热待测样品（三明治薄靶），采用双背光技术，测量了铌（与铝混合，铝作为指示剂）的 X 射线吸收透射谱，并给出了等离子体状态（温度、密度）的独立诊断结果，成为不透明度实验研究的标准方法[173]（图 2-9）。2007 年，Bailey 等基于 Sandia 实验室的 Z 箍缩装置，采用动态黑腔 X 射线源，获得了温度为 (156 ± 6) 电子伏、电子密度为 $(6.9 \pm 1.7) \times 10^{21}$

厘米$^{-3}$ $[(0.033 \pm 0.009)$ 克/厘米$^3]$ 的铁等离子体辐射不透明度[174]。最近，Bailey 等在 Z 箍缩装置上已经获得了密度为 $(0.7\sim4.0) \times 10^{22}$ 厘米$^{-3}$（小于 1/20 倍固体密度）的高温 $[(1.9\sim2.3) \times 10^6℃]$ 铁等离子体的 X 射线辐射不透明度实验数据[175,176]（其大于目前多个理论计算结果 30%～400%），并计划在激光装置［美国国家点火装置（NIF）］上开展进一步的验证实验。

为了产生接近和超过固体密度的高密度等离子体并测量其辐射性质，从 20 世纪 90 年代后期开始，国际上发展了多种新方法和新技术[175,176]。其中，短脉冲和超短脉冲等容加热是产生近固体密度的温稠密物质的主要手段。例如，利用百飞秒级光学激光（约 10 毫焦）与薄膜靶相互作用，Cho 等将铜样品加热至 T_e 约 1 电子伏[177]，Dorchies 等将铝样品加热至 T_e 约 3 电子伏[178]。高强度 X 射线自由电子激光的光子波长短、贯穿深度大，有利于均匀体加热薄膜样品，同时结合其亮度高、超短脉冲等特点，高强度 X 射线自由电子激光也被人们用于温热稠密物质的研究。利用德国汉堡的 X 射线自由电子激光装置（FLASH）（采用 20 飞秒脉冲，光子能量为 92 电子伏，激光峰值强度为 10^{16} 瓦/厘米^2），Galtier 等将铝薄膜加热至 T_e 约 (25 ± 10) 电子伏[179]；利用美国斯坦福直线加速器中心（Stanford Linear Accelerator Center，SLAC）的 X 射线自由电子激光直线加速器相关光源（Linac Coherent Light Source，LCLS）（采用 80 飞秒脉冲，光子能量为 1560～1830 电子伏，激光峰值强度为 1.1×10^{17} 瓦/厘米^2），Vinko 等将铝薄膜等容加热至 100 电子伏以上[180]。高能离子的穿透本领及其能量沉积行为（Bragg 峰），使得强流离子束在均匀体加热大尺度样品方面具有独到的优势[19,20]。同时，Mancic 等利用皮秒脉宽强激光产生的高能质子，将铝样品等容加热至约 2 电子伏[181-183]。

激光驱动冲击压缩是获得超过固体密度的温稠密物质的主要方法之一，近年来在研究温稠密物质状态方程、辐射特性及动力学等方面取得许多重要的进展[184-195]。近几年来，随着量子分子动力学（quantum molecular dynamics，QMD）等理论模型的发展和实验条件的进步，基于 X 射线吸收光谱的冲击压缩温稠密物质研究得到快速发展，实验研究也从测量吸收边扩展到测量 X 射线吸收近边结收谱（X-ray absorption near-edge structure spectrum，XANES）与扩展 X 射线吸收精细结构谱（extended X-ray absorption fine structure spectrum，EXAFS）的研究。Yaakobi 团队利用多路激光直接驱动空心 CH 塑料球聚心碰撞产生的高亮度韧致辐射作为平滑背光源，大大提高了 X 射线吸收精细结构（X-ray absorption fine structure，XAFS）光谱的数据质量，对钛（Ti）、钒（V）和铁（Fe）的 X 射线吸收精细结构谱进行了实验研究[187-189]，并利用 QMD 的 X 射线吸收精细结构谱模拟结果验证了钛和钒的升温过程及铁在 560 吉帕下的固固相变。相对于 X 射线吸收精细结构谱，XANES（包括预边、吸收边和近边结构）的幅度变化更大，更易于实验观测。近年来，在法国的强激光实验室（Laboratoire d'Utilisation des Lasers Intenses，LULI）装置上进行了大量的中 Z/温稠密物质 XANES 研究。在 Lévy 等和 Benuzzi-Mounaix 等的研究中[190,191]，利用 500 皮秒脉宽激光单侧驱动 CH/Al/金刚石靶首次获得了状态偏离冲击于戈尼奥曲线的温稠密铝，采用短脉冲点背光技术测量了冲击压缩过程中吸收边和 XANES 光谱的变化，并利用吸收边的展宽移动和 XANES 光谱的幅度调制对样品的温度密度状态进行了初步研究。Lévy 等采用 XANES 光谱研究了铝从金属到非金属的变化过程，通过 1s-3p 吸收线的变化来判断铝发生相变的密度临界点为 1.6 克/厘米^3 [192]。Leguay 等通过 XANES 研究了电子离子平衡时间[193]，提出了 XANES 可以用于探测离子温度的观点。Denoeud 等还将 XANES 光谱应用于地球物理方面硅材料的研究，验证了硅在冲击压缩状态下（1～5 克/厘米^3，最高 5 电子伏）可以从绝缘体转变成半金属[194]。另外，Celliers 等利用金刚石砧结合激光驱动冲击压缩技术，产生了温度约为 6 电子伏，密度为 1.5 克/厘米^3 的温稠密氦，观察到了绝缘体到导体的转变[195]。纵观国外激光驱动冲击压缩方式开展的温稠密物质特性实验研究，主要基于激光直接驱动冲击压缩方式，由于激光与物质相互作用产生的硬 X 射线和超热电子对压缩样品的预热效应，继续提高温稠密物质密度存在困难。

近年来，人们积极探索和发展适合描述温稠密物质的理论方法。其中，从量子统计理论出发对温稠密物质体系进行直接模拟的方法（如蒙特卡罗方法、分子动力学方法）备受关注[196]。尤其是，基于有限温度的密度泛函理论（limit temperature-density functional theory，LT-DFT）的量子分子动力学方法，被认为是最具发展前景的方法之一。量子分子动力学方法能够自然地考虑温稠密物质的强耦合效应和部分简并效应。其中，带电粒子感受到的多体关联是时间和空间的函数，也就是考虑了微观时空密度涨落影响。量子分子动力学的第二个优点是在原则上适用于各种元素体系，尤其是对于多元素混合物等复杂体系具有独特的优势。第三，通过采样结合线性响应理论可以获得更多信息，如利用久保-格林伍德公式（Kubo-Greenwood formula）[197]可以计算温稠密物质的光学和电学性质。近十多年来，量子分子动力学在模拟温稠密物质方面得到了快速发展，倾向于成为该领域新理论方法发展的主流。国外几个先进的研究组［美国劳伦斯利弗莫尔国家实验室、洛斯·阿拉莫斯国家实验室（Los Alamos National Laboratory，LANL）、法国原子能和替代能源委员会（CEA）等］都大力发展量子分子动力学理论方法和计算程序，用来模拟研究温稠密状态的多种体系的热力学性质（如状态方程）、电学和光学性质，给出了高度预测性的结果[198-205]。目前，大多数基于量子分子动力学的温稠密物质模拟研究主要集中在较低温度（小于 10 电子伏）、中等密度（接近到数倍的固体密度）范围。如何拓展量子分子动力学在更高温度和更宽密度两方面的应用范围是当前应用量子分子动力学研究温热稠密物质的一个非常重要的方向。在这方面，人们正在积极探索，也取得了一些可喜的进展。2009 年，法国原子能和替代能源委员会的一个研究组计算了密度为 80 克/厘米^3，温度至 300 电子伏的稠密氢等离子体的状态方程和热导率[206]。

（三）国内研究现状、特色、优势及不足之处

国内高温等离子体辐射性质的实验研究主要集中在中国工程物理研究院激光聚变研究中心，从 20 世纪 90 年代开始，中国工程物理研究院激光聚变研究中心开展了等离子透射吸收光谱和辐射不透明度的实验测量，建立了系列时间、空间和高谱分辨的 X 射线光谱精密测量技术，长期开展高温等离子体 X 射线光谱的实验研究，在高温等离子体辐射不透明度及 X 射线发射光谱方面取得系列重要进展（图 2-10）[207-216]。例如，2006 年，研究人员通过创新的靶设计，在神光 Ⅱ 装置激光输出总能量仅为 2.5 千焦的条件下获得了温度为 95 电子伏、密度为 0.025 克/厘米^3 铝等离子体的透射谱测量结果（图 2-11）[208,209]。

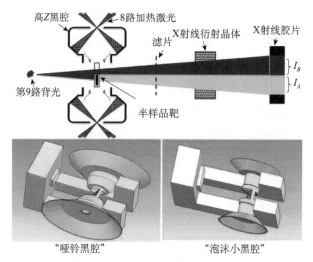

图 2-10   中国神光激光装置辐射不透明度实验激光光路、诊断和靶示意图

图片来源：杨家敏

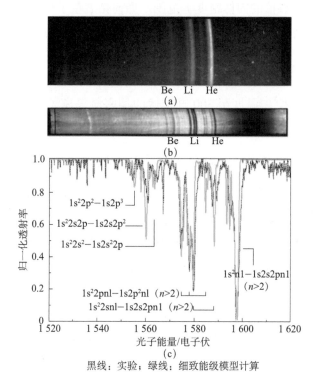

黑线：实验；绿线：细致能级模型计算

图 2-11   密度 ρ=0.025 克/厘米^3、T_e=95 电子伏的铝等离子体 X 射线吸收光谱

(a) 是发射光谱照片；(b) 是吸收光谱照片；(c) 是样品光谱归一化透射率

实验数据和图片来自杨家敏，理论来自袁建民

从 2012 年开始相继取得高温中 Z 铁、硅和高 Z 金等离子体的辐射不透明度实验技术突破，获得温度分别为 75 电子伏和 85 电子伏的中 Z 铁和高 Z 金的精密辐射不透明度精密实验数据，对不同近似程度的系列辐射不透明度模型（AA、DCA、DTA）可靠性进行了检验[210-212]。以上采用高温 X 射线辐射场辐照的方法，可以将待测样品加热至较均匀的高温局域热动平衡（LTE 或近 LTE）状态，但是密度一般都小于 1% 的初始固体密度。从 2005 年开始，利用飞秒激光装置开展了稠密等离子体光谱实验，实验采用高对比度激光直接加热埋层靶，获得了温度为 500～650 电子伏和密度达到 7×10^{20} 厘米$^{-3}$ 的稠密铝等离子体 X 射线光谱，观察到细致发射谱强度分布的密度效应[213-215]。研究人员在国际上首次提出采用干净辐射驱动冲击波对撞压缩方式，很好地抑制了预热问题，获得了耦合参数高达 65 的温稠密氯化钾[216]，并采用短脉冲点背光方法获得了冲击压缩过程中不同时刻的 X 射线吸收边光谱（图 2-12）。

在国内的理论研究方面，北京应用物理与计算数学研究所从 20 世纪 60 年代即开始研究高温稠密等离子体中的类氢原子辐射和吸收；国防科技大学则从 70 年代初期开始了基于 Xα 自洽场计算研究高温等离子体的辐射不透明度和状态方程；李家明研究组从 20 世纪 70 年代末开始一直在开展等离子体中的原子过程的工作，完成了高温高压物质性质、等离子体微观电场、离子辐射线形、等离子体吸收发射谱和超越平均原子模型等多方面工作[217,218]；从 90 年代开始，北京应用物理与计算数学研究所在稠密等离子体环境中的平均原子模型、离子球模型方面开展了大量工作，完成了多种动力学过程的计算，如双电子复合、辐射复合、碰撞激发、共振光电离、碰撞电离等[219-224]；并广泛应用于等离子体理论模拟和诊断中，完成了等离子体不透明度、等离子体吸收和发射谱、惯性约束聚变内爆温度和密度诊断等工作[225,226]；中国科学院上海光学精密机械研究所开展了等离子体中的原子结构自洽场方面的理论计算工作[227]；国防科技大学开展了等离子体中电子碰撞引起的谱线线形加宽和谱线位置移动及高温稠密混合物质等离子体的自洽场平均原子模型等研究工作，并开展了 LTE 等离子体中细致能级层次光吸收谱和辐射不透明度的研究工作[228-230]；四川大学也开展了辐射不透明度等方面的研究工作[231]。近年来，国内也开始了利用量子分子动力学模拟研究温稠密物质。国防科技大学计算了高温（至千电子伏）稠密氢等离子体（密度至 80 克/厘米^3）、稠密铁

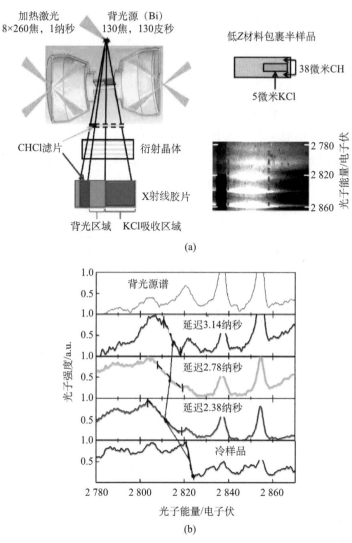

图 2-12 采用辐射驱动冲击波对撞压缩方式，获得了耦合参数高达 65 的温稠密氯化钾[216]
实验靶示意图和实验光谱照片 (a) 及采用短脉冲点背光方法获得的冲击压缩过程中不同
时刻的 X 射线吸收边光谱 (b)

等离子体（密度至 5 倍的固体密度，见图 2-13）的状态方程及在稠密氢环境
下碳的 XANES 随温度变化的光谱[232]；北京应用物理和计算数学研究所将稠
密氢、氦等离子体的量子分子动力学模拟拓展至千电子伏与 100 克/厘米³ 量
级[233]。这些工作对如何应用量子分子动力学在更宽的温度、密度范围内模拟
温稠密物质提供了重要的参考；北京大学针对温稠密 KCl 和铝的 XANES 进

行了理论模拟，并与实验结果符合较好[234]。

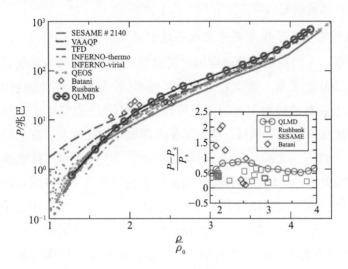

图 2-13　第一性原理分子动力学计算模拟得到的从常温常压至高温稠密的全区间于戈尼奥
曲线及其和实验的比较 [232]

（四）对未来发展的意见和建议

从该领域的研究进展可以看到，温热稠密物质性质及其中的原子过程的研究正处于一个蓬勃发展的阶段，理论和实验方面均取得了一系列重要进展与突破，且还存在大量挑战性的问题有待探索。随着美国国家点火装置、欧米伽-扩展等皮秒激光装置、FLASH 和 LCLS 等高强度 X 射线自由电子激光装置、FAIR 高能离子束装置等已经建成或者将要建成的新型实验平台的投入使用，以及大规模高性能计算机技术的快速发展，温热稠密物质相关的研究将进入一个加速发展的阶段。经过多年的努力，国内在等离子体辐射不透明度与等离子体中的原子过程等方面都达到或接近国际先进水平。特别是经过近几年的努力，国内在高温稠密等离子体的第一性原理模拟及原子过程的理论研究等方面都取得了可喜的进展；在实验室利用激光装置产生温热稠密物质及开展 X 射线谱实验测量方面也取得显著进展。当前，我国十万焦耳级激光装置已经建成，能够提供更强的驱动能力；星光Ⅲ及数拍瓦激光装置也已建成，具备纳秒、皮秒和飞秒激光同时打靶的能力，这非常有利于温热稠密物质的产生和超快诊断。因此，我们正处于温热稠密环境中的原子物理研究的一个新的机遇点。

建议开展的研究内容主要有以下几个方面。

1. 热稠密等离子体中离子光电离过程的实验研究

近年来，人们在美国桑迪亚国家实验室（SNL）的 Z 箍缩装置上测量了温度接近 200 电子伏、密度接近 0.1 克/厘米³ 铁等离子体的辐射不透明度，发现国际上现有的辐射不透明度计算程序给出的 L-壳层电子电离过程的辐射不透明度比实验显著偏低，而且其偏差随温度密度变化，在实验的最高温度和密度条件下，实验比理论预测高出 60%[235]。这表明，目前基于自由原子参数的辐射不透明度物理模型在高温稠密物理条件下存在明显缺陷。有理论研究表明，高温稠密环境下连续态电子的状态和真空中自由电子的状态有较大差异，这种差异可能导致高温稠密等离子中离子的光电离截面有较大增加[236]。利用神光Ⅱ及神光Ⅲ原型激光装置，通过设计特殊的激光和物质相互作用靶，在激光的直接或间接（腔靶结构）照射下产生了高温稠密等离子体。利用点背光透射光谱技术，测量等离子体的透射吸收光谱。紧密结合稠密等离子体中原子结构和辐射跃迁理论模型的发展，研究稠密环境对原子结构的影响，为理论模型提供定量实验验证。

2. 温/热稠密 LTE 等离子体细致辐射不透明度

根据所发展的热稠密等离子体环境下的原子结构和动力学过程理论和计算方法，研制高效并行计算软件，计算得到大量包含环境效应的原子结构、原子辐射跃迁过程参数，结合统计物理和输运理论，计算稠密 LTE 等离子体的辐射和电子传导不透明度，研究等离子体环境效应对不透明度的定量影响。

3. NLTE 等离子体模拟和诊断方法研究

研制高效并行计算软件。开展系统原子参数，特别是动力学过程截面和速率系数的大规模计算。进行非局域热力学平衡（non-local thermodynamical equilibrium，NLTE）等离子体速率方程的理论模拟，研究稠密环境效应对原子平均离化度、离化态分布和激发态布居的定量影响。计算 NLTE 等离子体光谱，研究稠密环境效应对总体发射和吸收光谱的定量影响。深入研究稠密环境效应对某些特征谱线（如共振线或伴线）的定量影响，寻找敏感谱线强度、分布、展宽与环境等离子体温度和密度的关系，探索诊断等离子体环境效应的新方法。

4. 多体关联势的分子动力学模拟

热稠密等离子体环境与孤立原子的最大区别在于周围自由电子与离子对被研究原子离子的多体、动态关联作用。需要发展现有的分子动力学模拟理论和方法，使其适应热稠密等离子中束缚电子结构、自由电子结构及离子结构（如离子相对分布函数、最近邻粒子数和离子间距等）相互强烈耦合的特点，特别是存在大量电子激发和电离的特点。

5. 包含动力学效应的原子结构理论

目前，考虑等离子体环境效应的原子结构理论都忽略了自由电子和周围离子的动态和非对称关联效应，导致对激发态的电离阈值下降估计不准，甚至给电离阈附近的电子态描述带来错误，同时带来了边界问题。考虑自由电子和近邻离子的多体、动态关联势，进行真实的原子结构动态计算，这样等离子体效应可以完整考虑进来，同时也可以把等离子体集体作用（如等离子体中的波）作为一种含时扰动外场包含在我们的计算中。这样处理后，离子球的概念将是一个动态边界，最高的束缚激发态量子数也会有一定的涨落。从计算的能级值得到能级移动和电离阈值下降的信息。

6. 包含多体效应的碰撞动力学理论

在高能量密度物理研究中，粒子间的碰撞是各种物理现象的基本过程。稠密等离子体中的碰撞动力学难点在于如何考虑周围离子、自由电子环境对粒子碰撞过程的多体相互作用。

四、电子碰撞谱学

（一）研究的意义和特点

荷电粒子和光子与原子、分子、离子的碰撞过程也广泛存在于惯性约束聚变、磁约束聚变、空间、天体等具有重大应用背景的物理客体中（图 2-14 是地球近地空间中离子和电子的能量分布）。因此，对原子、分子和离子的激发、电离、解离通道及相互作用的动力学和多体关联问题的研究，不仅是原子分子物理自身的前沿课题，而且对促进空间物理、天体物理、大气物理、受控核聚变、X 射线激光及空间飞行器的安全等相关交叉学科和技术的发展，有举足轻重的作用。例如，最新的研究表明，二氧化碳（CO_2）的真空紫外光解[237] 和低能电子贴附解离[238] 是行星大气氧气（O_2）产生的重要路径。

正是由于有重大的应用背景，美国自然科学基金委员会于 2011 年的一个战略研讨会把原子分子光（atomic, molecular, and optical，AMO）物理未来的研究分为四个大的方向，分别为：①原子/分子的结构和碰撞；②强场相互作用和超快控制；③冷原子和简并量子气体；④量子光学和量子信息。原子/分子的结构和碰撞名列其中。

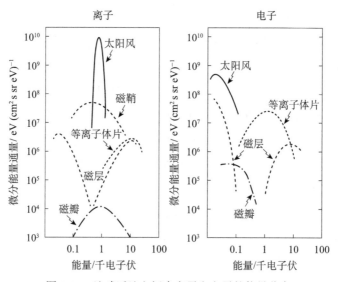

图 2-14　地球近地空间中离子和电子的能量分布

（二）国际研究现状、发展趋势和前沿问题

在原子分子碰撞中，多粒子量子体系的动力学问题仍然是量子物理中没有得到完全解决的最重要的问题之一。从 20 世纪初量子力学诞生之日起，实验和理论物理学家就为探索量子多体动力学进行了大量努力，直到 20 世纪末和 21 世纪初期，经历了近一个世纪，理论物理学家才在大规模并行计算机的帮助下精确地数值求解了最基本的三体动力学问题，如电子碰撞氢原子电离和氦原子的光致双电离（photo-double-ionization）[237,238]。这一基本过程的完全解决，为解决复杂碰撞体系的动力学奠定了理论基础。

在实验方面，由于符合测量技术、多参数测量技术，尤其是从离子动量成像技术发展而来的反应显微谱仪（reaction microscope）和冷靶反冲离子谱仪 COLTRIMS（cold target recoil-ion momentum spectroscope）的出现，原子分子碰撞研究在 21 世纪达到一个全新的高度[237-251]，使得碰撞单电离、激发电离和双电离等三体、四体库仑连续态问题的完全测量成为可能；也使得分子框架下的碰撞动力学及分子的多体碎解动力学研究成为可能。利用高离化态离子、电子、飞秒强激光场、同步辐射、自由电子激光等手段，人们开展了大量的原子分子电离、解离的多体动力学研究，发现了许多新的现象，得到许多新的规律。例如，2003 年，德国马斯克·普朗克研究所的 Schultz 等利用反应显微谱仪实现了对 100 兆电子伏/u C^{6+}（带 6 个单位正电荷的碳离子）与氦（He）原子碰撞单电离过程这个四体系统的三维完全微分截面测量[241]；利用飞秒强激光场中多电荷态分子库仑爆炸的多碎片动量成像，人们还能构建分子的几何构型[252,253]。

在过去几十年里，电子碰撞的实验主要集中在弹性散射、普通激发和单电离，通过测量随机取向分子的微分截面的角分布，获得电子碰撞过程的动力学信息。而超激发、电离激发和多电子电离等过程截面低，同时又有丰富而相互竞争的退激发通道，所以实验研究具有极大的挑战性。反应显微谱仪的出现，使得电子碰撞单电离的完全实验成为可能，在中低能的（e，2e）和（e，2e+ion）实验研究方面取得了显著进展[248,254-256]。

利用 Bethe 脊附近的中高能电子碰撞电离符合实验，可以实现对原子分子轨道的成像，这是电子碰撞物理领域的一个特殊方向，与量子化学有密切的关系[257]。由于能量分辨的限制，该技术的深入应用受到严重的影响，如何进一步提高该技术的灵敏度，进而实现分子的振动分辨，也是电子碰撞谱学领域一个没有完全解决的问题[258]。振动分辨的实现，将为科学家开展分子的电振耦合研究提供最直接的实验数据，使人们有可能直接从波函数的水平上检验玻恩-奥本海默（Born-Oppenhemier）近似，将为分子物理和量子化学开辟一片新的领域。另外，这项技术可以进一步提高谱仪的灵敏度，并与超快电子脉冲技术和泵浦-探测技术结合，发展时间分辨的电子动量谱学技术，实现分子动力学演化过程的电子密度分布（电子云）测量，也是国际上一个正在寻求突破的前沿领域之一[259]。

非弹性 X 射线散射（inelastic X-ray scattering，IXS）是一种光进光出的碰撞过程，其突出特点是在碰撞过程中的能量传递与动量转移并不一一对应。由入射光子和散射光子的能量差可以鉴别靶原子分子的能态，而由动量转移可以揭示原子分子在动量空间的结构信息。在 X 射线与原子分子的碰撞过程中，根据入射 X 射线的能量是否与原子分子某一跃迁（通常是内壳层跃迁）的能量匹配，非弹性 X 散射又可以分为共振 IXS（resonant inelastic X-ray scattering，RIXS）和非共振 IXS（nonresonant inelastic X-ray scattering，NIXS）。共振 IXS 由于其共振特性，碰撞截面比非共振 IXS 要大几个数量级，实验难度相对较小。但共振 IXS 既要扫描入射光子能量，又要分析散射光子能量，实验技术相对较复杂。目前，人们已经开展了原子分子从软 X 射线到硬 X 射线波段的共振 IXS 研究，明显分开了氩原子近阈各种双激发的贡献[260]、通过精细调节激发能实现了对氧分子解离动力学的控制[261]、观测到了共振和非共振通道间的干涉[262]、证实了由于两个干涉波包导致的空间量子拍[263]、揭示了芯激发的电子动力学[264]等。非共振 IXS 由于截面比共振 IXS 要小几个数量级，直至 2009 年才被引进原子分子物理领域[265,266]。

利用扫描隧道显微镜（scanning tunneling microscope，STM）针尖场发射电子来激发固体表面样品、结合电子能谱测量技术发展的扫描探针电子能谱仪（scanning probe electron energy spectrometer，SPEES），可以实现空间分辨的谱学成像[267,268]。但是和电子能谱测量相关的非弹性电子散射截面非常低，高空间分辨带来的弱信号探测是技术发展中的一大瓶颈和挑战。因此扫描探针电子能谱学技术目前的空间分辨还不理想，有待突破。最新的研究表明，利用针尖场发射电子可以有效激发固体表面纳米结构的等离激元振荡，并发现这种振荡场可以被针尖电场非线性地放大[269]。固体表面分子的 STM 场致发光理论和实验研究表明[270,271]，纳米结构间隙的等离激元行为类似于高局域、高亮度的超快激光光源，有可能发展全新超灵敏的表面单分子测量技术。

（三）国内研究现状、特色、优势及不足之处

在电子动量谱学技术发明后的近四十年间，人们一直努力通过发展新的分析和探测技术来提高谱仪的效率，从第一代的单点测量模式（一次测量一

个角度和一个能量的三重微分截面）[272]，到第二代的能量[273]或者角度[274]的多道测量模式，再到近年来通过二维位置灵敏探测器的使用发展的第三代能量和角度同时多道测量的模式，逐步提高了谱仪的效率[275-278]。然而，在这些实验技术中，散射电子和电离电子均采用两个独立的探测器分别接收测量，角度测量范围的利用率只有 10%～20%。因此即便采用了能量和角度同时多道测量的模式，谱仪的效率仍然非常有限。

2013 年，中国科学技术大学陈向军研究组在国际上率先研制成功了第四代 2π 全角度电子动量谱仪（图 2-15），谱仪的核心部分是一个特别设计的 $90°$ 的 2π 球型静电分析器，可以在 2π 全方位角范围内接收并分析散射和电离电子，结合球型静电分析器的色散特性，利用二维位置灵敏探测器同时对电子的能量和角度进行多道分析。与采用两个独立探测器的传统谱仪不同，他们设计了一个大尺寸的二维位置灵敏探测器。该探测器由两块级联的微通道板和一块自己特别设计的新型双半圆楔条型读出阳极组成，用它覆盖整个电子出射面，从而实现了散射电子和电离电子接近 2π 方位角范围的符合探测（图 2-16），大大提高了谱仪的效率。与第一代的单点谱仪相比，它的效率提高了 $10^5\sim10^6$ 倍[279]。

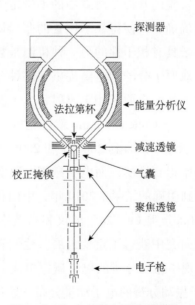

图 2-15 2π 全角度电子动量谱仪

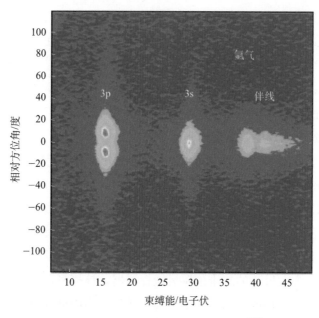

图 2-16　氩原子结合能、动量二维谱 [279]

　　对波粒二象性的认识是量子力学发展的里程碑，这一革命性的概念一直不断地被各种实物粒子的杨氏双缝干涉实验所证实，小到电子，大到有机大分子。传统双缝实验的基础是海森伯的不确定关系，为了得到干涉图像，粒子的动量要精确确定，使得粒子位置的非局域化大于狭缝宽度，从而具有相干性。使粒子具有相干性的另一种机制是粒子从空间不同位置出射的相干叠加，同核双原子分子的电离提供了这种分子尺度"双缝"干涉实验的例子，电离电子从两个原子相干出射，电子波的叠加导致可观测的干涉效应。早在 1966 年，Cohen 和 Fano 就在光电离中提出了观测这种分子杨氏干涉实验的可能性，但直到 2001 年和 2005 年才分别在重离子碰撞电离和光电离的实验中得到证实，而电子碰撞电离实验由于受到各种效应的影响，一直没有得到明确的结果。2014 年，中国科学技术大学陈向军研究组利用自主研制的高分辨（e，2e）谱仪和高效率电子动量谱仪在分子体系的量子干涉效应研究中获得了重要进展。他们利用自主研制的高分辨（e，2e）谱仪首次实现了振动分辨的电子碰撞电离三重微分截面的实验测量，并获得了 H_2 分子振动分辨的电子动量分布。通过测量振动分辨的截面比避开了动力学效应的影响，直接观测到了分子的杨氏干涉效应，而且通过振动态的选择实现了分子核间距的选择，从而实现了不同核间距的分子杨氏干涉实验[280]。此外，他们还与日本东北大学高桥研究组合作，利用高效率的电子动量谱仪观测到了高对称性分子体系（CF_4）电子波函数在动量空间中的干涉现象（键振荡）[281]。这是 20 世纪 40 年代发展的动量空间量子化学的理论预言首次得到实验验证。

利用电子动量谱学技术在原则上可以获得任意轨道的动量空间电子密度分布（图 2-17）。但是，动量空间波函数的单中心特性分子几何构型的信息被隐藏在动量空间波函数的角度相位中。2016 年，该研究组发展了一种新的分析方法，从对称性相反的两个轨道的电子动量分布比中以更大的对比度观测到分子多中心干涉，并发现干涉周期非常灵敏地依赖分子键长，由此可以在亚埃的精度上获得 CF_4 分子和 CO_2 分子的 F—F 键长和 O—O 键长（图 2-18），使人们能够在一次测量中就同时获得分子轨道的电子密度分布和分子的几何构型[282]。

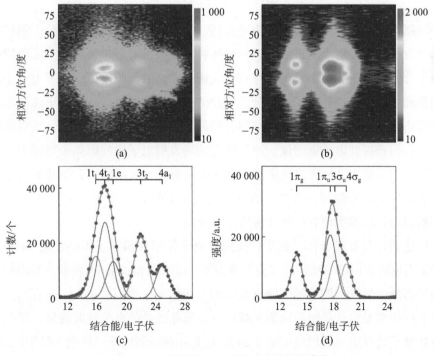

图 2-17　二维能量、动量谱与束缚能谱[280]

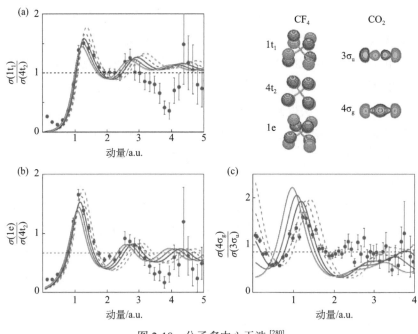

图 2-18　分子多中心干涉[280]

　　随着扫描探针显微技术的快速发展，人们在固体表面单原子分子测控的多个方面取得了巨大的进展。但扫描探针显微技术对固体表面及表面吸附的原子分子的电子态的测量仍然存在很大困难。而表面吸附原子分子电子态的测量和表征是实现单原子或单分子调控的基础。中国科学技术大学陈向军研究组将电子能谱测量技术与高空间分辨的扫描探针技术结合起来，成功研制了一台扫描探针电子能谱仪，通过针尖的场发射电子激发固体表面原子，实现了石墨基底上 Ag 岛的扫描探针电子能谱测量，成功得到石墨基底与银岛的表面等离激元能量损失峰相对强度的分布（图 2-19）。这是国际上首次利用扫描探针技术实现有空间分辨的元素分析[283]。

　　他们还与罗毅合作，利用扫描探针电子能谱仪研究了不同针尖–样品偏压下石墨表面银纳米结构的表面等离激元（surface plasmon）激发，观测到表面等离激元激发的能量损失峰有很强的非线性电场增强效应。实验表明，银纳米结构激发出的局域等离激元场可以导致非线性的电子散射现象，使得非弹性电子的强度显著增强（图 2-20），这是一种全新的非线性电子散射现象，他们提出了一种单电子两步过程的理论模型解释了这种非线性电子散射[284]。

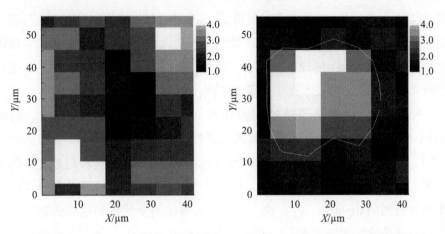

图 2-19 石墨基底与银岛的表面等离激元能量损失峰相对强度的分布图[283]

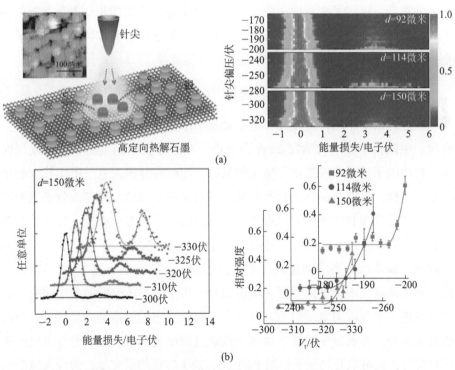

图 2-20 银纳米结构激发出的局域等离激元场可以导致非线性的电子散射图[284]

(a) 为针尖场发射电子激发的电子能损谱；(b) 为非线性电子散射增强

非线性电子散射不仅是一种全新的物理现象，还会带来一种新的、具有潜力的谱学技术——"非线性电子散射谱学"，未来可以用于研究吸附在金属纳米结构上的原子、分子。非线性电子散射过程会大大提高信噪比，从而实现固体表面纳米空间分辨的原子分子谱学测量。这将是一种新的实验技术，他们的研究成果为这一新技术提供了重要基础。

NIXS 是一种非常干净的实验技术，其作用过程中 FBA 成立。这是 NIXS 相对于电子碰撞方法所独具的优越性，非常适合探测原子分子的电子结构。中国科学技术大学朱林繁课题组利用 NIXS 在动量转移趋近于零的条件下可以模拟光吸收过程的特性，提出并实现了绝对测量原子分子分立跃迁光吸收截面的 dipole(γ, γ) 方法，且发现该方法不受线饱和效应的影响，可以给出高精度的实验基准[285]。随后，他们利用 dipole(γ, γ) 方法获得了一些重要的天体中广泛存在分子的价壳层激发态的光吸收截面[286,287]。这些实验方法上的革新，提供了探测原子分子基态和激发态电子结构和动力学参数的新工具，获得的原子分子实验基准数据可以为相关学科（天体物理、等离子体物理、聚变研究等）提供原子分子层面的坚实支撑。

（四）对未来发展的意见和建议

经过近四十年的持续发展，电子动量谱学引入时间分辨技术已经被提上日程。中国科学技术大学在 2π 全角度电子动量谱仪研制上的领先为发展时间分辨的电子动量谱仪提供了坚实的基础。与时间分辨光电子谱学技术的早期发展一样，将首先研制纳秒时间分辨的电子动量谱仪，以实现分子激发态的电子动量分布和纳秒时间尺度电子云演化的分子动力学测量。为皮秒乃至飞秒时间分辨的长远目标打下基础。最近，他们还在原有的（e，2e）谱仪的基础上，成功加入离子动量成像系统，建成（e，2e+ion）电子-离子符合谱仪。利用该谱仪不仅可以开展多电荷态分子离子的多体碎解动力学研究，而且可以进一步与散射电子符合，开展分子超激发态的解离动力学研究；与敲出电子符合，开展分子框架下的电子俄歇过程研究；和散射电子与敲出电子同时符合，还可以开展分子框架下的（e，2e）过程的研究等，为深入地探索电子-分子碰撞过程中的电子-电子、电子-核、核-核之间的量子多体关联机制提供了坚实的基础。

对于原子分子物理而言，IXS 是一种新的技术，其应用才刚刚开始。IXS 在原子分子物理中应用的主要限制仍旧是其极低的散射截面。但是，现今光源技术的发展日新月异，光源亮度的纪录不断被刷新，制约 IXS 技术在原子分子物理中应用的最主要因素正在逐步被克服，因此原子分子物理学家对这一技术充满了期待。特别需要指明的是，在把 NIXS 推广到原子分子领域的过程中，我国科学家从一开始就起着主导作用。虽然我国仍旧是作为用户使用国外先进的第三代同步辐射光源，但是随着我国在大型基础科学设施的加大投入及其快速进步，我们在光源技术本身发展上也有可能逐步赶上并实现超越。例如，上海光源已经是国际上相当优异的第三代同步辐射光源；已经立项建设的北京光源属于国际上最先进的衍射极限环，光源亮度将有大幅度提高；已经立项建设的上海高重复频率硬 X 射线自由电子激光（X-ray free electron laser，XFEL）将使 X 射线源的亮度再提高几个数量级。所有这些拟建光源上都配备了先进的 IXS 装置，XFEL 上还配备有泵/探针（pump/probe）手段，可以实现飞秒时间分辨的时间演化测量，因此我们相信我国原子分子学界将在这一领域在国际上做出自己的贡献。

利用 STM 针尖场发射电子来激发固体表面样品，结合电子能谱测量技术，发展的扫描探针电子能谱仪，可以实现空间分辨的谱学成像。但是和电子能谱测量相关的非弹性电子散射截面非常低，高空间分辨带来的弱信号探测是技术发展中的一大瓶颈和挑战，因此扫描探针电子能谱学技术目前的空间分辨还不理想，有待突破。等离激元驱动的非线性电子散射这一全新物理现象的发现，为发展基于电子散射的局域场调控技术奠定了基础，但仍需对这一现象进行深入探索。通过系统研究纳米结构形貌及近场电子发射参数对非线性电子散射的影响，符合测量非线性散射电子和表面等离激元退激发光，揭示纳腔等离激元诱导的非线性电子散射物理机制并探索精确调控的方法。发展基于非线性电子散射的电子能谱、光谱及质谱技术相结合的新复合谱学技术，实现对量子态的检测与操控。基于非线性电子散射现象发展相应的谱学新工具，利用具有空间高度局域、强场和超快特性的纳米微腔等离激元局域场激发，实现对小量子体系单量子态的检测与操控，进而发展新的超灵敏、高分辨的表面单分子检测技术。

五、基于电子束离子阱的原子光谱

（一）研究的意义和特点

高离化态离子是指原子的大量电子被剥离而带正电的离子。对高离化态离子物理的研究，有助于人们了解原子结构、揭示量子电动力学等基础物理问题。20 世纪以来，原子物理得到很大发展，成功地描述了类氢、类氦离子的跃迁光谱和原子结构。然而对于多电子体系，人们至今无法从理论上获得准确描述。随着电荷态的增加，各个物理效应沿着等电子系列体现出不同的贡献。例如，对于类氢离子，由于原子核与核外电子库仑作用形成的束缚态原子能级，其不同主壳层间的能级间隔正比于核电荷的平方，而相同主壳层不同能级间隔与核电荷呈线性关系；相对论效应引起的电子轨道和自旋相互作用能量与核电荷的四次方成正比；量子电动力学效应引起的兰姆位移与核电荷的四次方成正比；等等。另外，离子能级间的容许跃迁和其他各类禁戒跃迁的概率[288]、宇称不守恒效应随核电荷数变化的研究，对于原子结构理论至关重要[289]。

高离化态离子普遍存在于日常生活中，由于宇宙射线的照射，地球上每立方厘米的水中存在几十个高离化态离子。在宇宙中，超过 90% 的物质处于等离子体状态[290]，它分为低温等离子体和高温等离子体。高温等离子体只在温度足够高时才能产生，这时原子中的电子可以被大量剥离，价电子、内部深层的电子都可以被电离，使原子成为高离化态离子。高离化态离子是太阳和其他恒星的主要组成部分，高离化态离子光谱研究能够拓展人类对天体组成和宇宙演化的认识[291]。另外，高离化态离子的理论和实验研究工作可以为等离子体模拟与诊断及可控核聚变研究提供数据支持[292,293]。

高离化态离子光谱学研究始于 20 世纪 30 年代，其中的许多研究具有广泛的影响，如 20 世纪 40 年代针对日冕中高离化态离子的识别[294]。实验室一般采用两种方法获得高离化态离子：一种方法是用大型加速器产生的重离子轰击静止的固体靶，把离子剥离到高离化态；另一种方法是用能量低得多的电子去轰击几乎静止的重离子（原子）靶，剥离离子（原子）到高离化态，如电子束离子阱。

电子束离子阱装置在原则上可以产生周期表中任意元素的任意电荷态的

离子[295]，是一个集光源和离子源于一体的装置，电子束能量单一且可调，在分解研究等离子体中的原子分子物理过程方面有无与伦比的优势，可以为激光核聚变、磁约束热核聚变及核武器的研究提供重要的原子参数；电子束离子阱结合全信息离子动量谱仪，可以研究高离化态离子与原子分子碰撞过程中的能量分配和能量传递过程，为国防科技、核裂变技术研究（如钍基熔盐堆研究）解决许多重要的科学问题。因此，在电子束离子阱上可以开展极端条件下的原子物理学、碰撞多体动力学、电子关联及原子核与原子物理交叉学科等前沿研究领域的基础研究。

（二）国际研究现状、发展趋势和前沿问题

1986 年，美国劳伦斯利弗莫尔国家实验室的科学家莱文（M. A. Levine）、马尔斯（R. E. Marrs）和纳普（D. A. Knapp）等对电子束离子源进行了改良，建成了世界上第一台电子束离子阱装置[296]。1993 年，这台装置的能量被升级到 200 千电子伏（Super-EBIT），并于 1994 年首次观测到了 U^{92+}，在电子束离子阱装置的发展历程中具有里程碑式的意义。在此之前，要想产生电荷态高于 30 价的离子只能通过国际上少数几台昂贵的大型加速器，而如今在电子束离子阱这种适合于中等和小型实验室的装置上，就可以产生周期表中任何元素任意高离化态的离子，建造和运行费用都比大型加速器经济得多。

国际上依托于电子束离子阱装置开展光谱研究的实验室有十几个，其中拥有超级电子束离子阱装置的实验室有 4 个：除上海电子束离子阱实验室以外，还有美国劳伦斯利弗莫尔国家实验室、日本电气通信大学电子束离子阱实验室[297]和德国马克斯·普朗克核物理研究所海德堡电子束离子阱实验室[298]。劳伦斯利弗莫尔国家实验室在 20 世纪 90 年代又建立了该实验室第二台（也是国际第二台）低温电子束离子阱装置及离子引出装置。在电子束离子阱装置上发展了许多好的诊断技术和诊断方法，是国际上拥有最全面的注入手段和光谱诊断手段的电子束离子阱实验室，也是唯一拥有高效、高分辨微卡计技术的电子束离子阱实验室。研究内容包括碰撞研究和光谱研究，在等离子体诊断相关的原子物理、原子数据方面做出了非常好的工作，目前主要的目标仍然是为天体物理和聚变等离子体诊断提供原子参数，很多研究内容是保密的。东京电子束离子阱于 1996 年建成出束，最高指标达到 150 千电

子伏，建有离子引出束线，注入手段比较齐全，光谱研究手段除真空紫外波段均能覆盖。主要研究领域是等离子体共振过程研究、天体物理和聚变等离子体诊断所需原子参数研究；在碰撞方面主要利用电子束离子阱引出离子在固体表面建立量子点阵列，开始进行重离子毛细管导引作用研究。德国海德堡电子束离子阱于 2000 年宣告建成，最高电子能量为 80 千电子伏，光谱研究手段除真空紫外波段均能覆盖，建有离子引出装置，是唯一的一个带有激光离子源的电子束离子阱装置。有很强的碰撞研究力量，建立了反冲离子动量谱仪及激光装置，结合电子束离子阱进行精细的碰撞动力学研究。另外，德国马克斯·普朗克核物理研究所柏林等离子体所、美国国家标准与技术研究院、英国牛津大学等都建有电子束离子阱装置，但电子能量均在 40 千电子伏以下。这三个电子束离子阱实验室都建立了适合 X 射线光谱学研究的平晶谱仪、可见光光栅谱仪和真空紫外到软 X 射线光谱波段的光栅光谱仪。柏林等离子体所电子束离子阱实验室的研究方向主要集中在聚变等离子体的原子光谱和能级方面；美国国家标准局与技术研究院电子束离子阱实验室的主要目标是完善国家标准局的原子数据库；而牛津大学电子束离子阱实验室主要集中在研究能级量子电动力学效应。

过去 30 年里，依托于电子束离子阱装置，人们开展了系列的原子光谱研究工作。在发展之初，电子束离子阱使用光谱观测的方法在电子与离子碰撞激发截面测量方面取得了巨大成功[296,299]。美国劳伦斯利弗莫尔国家实验室在电子束离子阱中成功观测到 U^{92+}[300]，标志着电子束离子阱装置可产生任意高离化态离子，科学家们开始利用电子束离子阱装置测量极重元素类氢离子的超精细结构分裂间的跃迁光谱[301,302]，以研究核电荷分布和验证强场中量子电动力学效应。2000 年以后，电子束离子阱在多电子体系量子电动力学效应研究方面开展了相应的研究工作[303]。电子束离子阱装置中产生高离化态离子以后可关闭其电子束，作为一个潘宁阱使用，可用于观测高离化态离子自发辐射退激曲线，获取相应能级寿命，从而开展超精细作用诱导跃迁[304]、电子反常磁矩对能级寿命的影响[305] 等一系列研究工作。电子束离子阱装置中还开展了大量在等离子体温度、密度、磁场强度诊断等方面具有很好应用价值的研究工作[306,307]。电子束离子阱不仅可以作为一个理想的高离化态离子光源使用，而且可以作为一个高离化态离子源使用。近年来，使用电子束离子阱装置产生高离化态离子，研究强激光与离子相互作用[308]，产生离子晶体研制高离化态离子光钟[309,310]，已逐渐成为今后发展的一个重要方向。

（三）国内研究现状、特色、优势及不足之处

上海电子束离子阱装置是国内首台也是唯一一台自主研发的高能低温超导电子束离子阱装置，2005 年建成出束，电子束能量已经达到 151 千电子伏，束流强度达到 218 毫安。图 2-21 为上海电子束离子阱装置的结构示意图，其各项技术指标在国际已建成的同类型装置中位居第二，是我国原子分子物理研究领域的骄傲[311]。除高能电子束离子阱装置外，上海电子束离子阱实验室还建立了永磁体低能电子束离子阱装置、高温超导低能电子束离子阱装置，低能极限可以达到 30 电子伏，位列国际第一。围绕电子束离子阱装置，实验

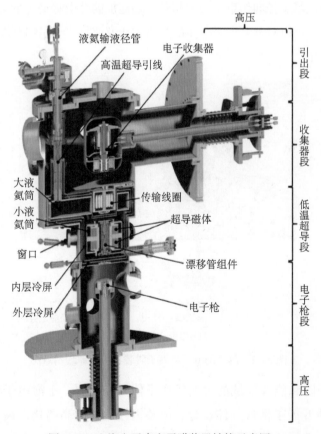

图 2-21　上海电子束离子阱装置结构示意图

室建立了从红外到可见光、紫外、软 X 射线及硬 X 射线的全波段光谱探测平台，包括光栅谱仪、平焦场谱仪、晶体谱仪、高纯锗探测器及微卡计等。此外，国内的中国科学院近代物理研究所和中国科学院国家天文台等单位近年来也拥有了小型电子束离子阱装置，并开始利用它们开展相关的科学研究。

典型的电子束离子阱装置的工作原理如图 2-22 所示。电子束离子阱装置主要由三部分组件构成，分别为电子枪部分、漂移管（阱区）部分及收集器部分。由电子枪段发射出来的电子，经过施加在漂移管上的高压加速，同时被一组超导亥姆霍兹线圈产生的强磁场压缩，在阱区中心形成一个特定能量且密度较高（1000～5000 安/厘米^2）的电子束。该电子束与从外部注入的中性原子或者低价态离子不断碰撞，发生解离、电离等物理过程从而产生高离化态离子。随后，电子束经过减速到达收集器段被接收，而高离化态离子被电子束产生的空间电荷势垒与强磁场（径向约束）及漂移管两端施加的静电势垒（轴向约束）约束在阱区中央，可以对其开展进一步的光谱学研究或将离子引出开展高离化态离子的相关研究[312-314]。

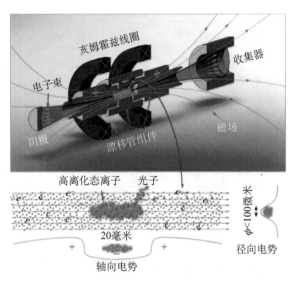

图 2-22　典型的电子束离子阱装置工作原理示意图

针对国防和能源领域的聚变等离子体研究需要，上海电子束离子阱实验室系统地开展了惰性气体、金、钡及钨等元素的高离化态离子光谱研究工作，涉及离子的双电子复合（dielectronic recombination，DR）、辐射复合

（radiative recombination，RR）、电子碰撞激发及禁戒跃迁等各种原子过程。

上海电子束离子阱实验室先后测量了类氦到类氧的氙离子 KLL 双电子复合过程的共振能量[315]和共振强度[316]，钡离子的双电子复合过程和钨离子的双电子复合过程。首次在实验中观测到钨离子复合过程中存在较强的量子干涉效应，成功获得了非对称的干涉线型及表征干涉程度强弱的法诺（Fano）因子，并且与理论结果符合较好[317]。采用体现干涉效应的 Fano 线型对实验结果进行分析，精确测量了类氦至类氧钨离子 KLL 双电子复合的共振强度。

钨将作为今后托卡马克装置第一壁和偏滤器的材料，为此上海电子束离子阱实验室成体系地研究了钨各价态离子的光谱、能级及能级寿命等。例如，高离化态钨离子 66～72 价范围内的双电子复合过程的共振能量和共振截面数据，钨离子 65～72 价范围内的重要辐射光谱数据和能级，钨离子56～64 价范围内的重要辐射光谱（双电子复合和辐射复合）数据和能级，钨离子 37～55 价范围内的重要辐射光谱数据和能级，获得了 25～36 价钨的 14条可见光谱线，以及 7～14 价的部分钨光谱线。通过上述实验室测量，为托卡马克等离子体诊断和模拟所必需的原子数据库提供了丰富的钨光谱数据。

针对聚变等离子体和天体等离子的诊断和模拟需要。上海电子束离子阱实验室正在建立连锁控制系统，在电子束离子阱上实现短时间内（几个毫秒）以特定方式扫描电子束能量，模拟出各种电子能量配分函数，如具有麦克斯韦-玻尔兹曼能量分布的电子束。利用电子束离子阱研究特定电子温度的等离子体，并且电子温度覆盖范围相对较广（几十电子伏到几十千电子伏），从而为高温高密等离子体的温度和密度诊断提供可靠的标准。这对于托卡马克边界区域等离子体光谱诊断具有十分重要的研究意义。

上海电子束离子阱实验室目前具备低温超导高能电子束离子阱装置和极低能电子束离子阱装置，同时还建立了配套的全波段光谱探测平台，在系统研究原子光谱方面具备一定的优势。此外，上海电子束离子阱实验室通过与瑞典隆德大学原子结构方面的理论专家合作，实验与理论紧密结合，在原子结构数据的获得和计算分析方面也取得了一定的成果。然而，原子数据方面文章的影响因子普遍不高，在目前学校和国家的评价体系中明显处于劣势，很难获得稳定而持续的经费支持。同时，现有的评价体系也不利于传统原子分子领域年轻队伍的培养和人才引进。

（四）对未来发展的意见和建议

大数据是当前发展的大趋势，随着人工智能发展，20 年内，数据库将是国家宝贵的资源。原子分子数据库与国家安全直接相关，有很好的发展前景，国防、能源及航天等领域的发展都需要丰富的原子分子数据库。目前国际上主要的数据库包括：美国国家标准与技术研究院（National Institute of Standards and Technology，NIST）建立的原子分子数据库，日本国立聚变科学研究所（National Institute for Fusion Science，NIFS）数据库，以及专门为聚变等离子体和天体等离子体物理研究而建立的原子数据和分析结构（Atomic Data and Analysis Structure，ADAS）数据库等。我国在中国工程物理研究院的支持下也启动了原子参数数据库建设工作，但数据量还比较少，尤其是高精度实验数据有限。电子束离子阱装置已经成为实验室获得高精度原子光谱和能级信息的主要工具，今后一段时间上海电子束离子阱实验室将会系统地开展多种元素的光谱测量工作，以获得详细而准确的原子参数，希望能够得到国家的支持，更好地服务国防、能源及航天等领域。

在基础物理方面，原子能级、原子光谱等原子结构研究有助于人们揭示原子物理中的基本问题，如多体动力学问题。前文已经提到，量子电动力学效应引起的兰姆位移粗略地随原子序数的 4 次方 Z^4 变化。重离子中具有极强的电磁场，如铀原子核表面电场达到 10^{19} 伏/厘米，比目前最好的激光器能产生的电场强了近百万倍，铋-209 磁矩在其原子表面产生的磁场达到 10^8 特斯拉，可与中子星的磁场相比，量子电动力学理论在这些强场中的正确性是值得怀疑的，尚未被检验过。因此，电子束离子阱中高离化态离子光谱研究，可在更高的精度上检验核外强场中量子电动力学的理论基础。

精密测量物理是科学问题探索和精密测量技术相互融合的产物，是现代物理学发展的基础和前沿。精确测量研究物理学中的基本常数，如精细结构常数等，将引起物理观念的变革。精细结构常数是自然界中最基本的物理常数之一。最新对宇宙深处天体的原子光谱的观测显示，精细结构常数可能随时间推移而缓慢地发生变化。以电子束离子阱为高离化态离子源，结合高精度离子阱技术，可以实现对精细结构常数、原子（离子）质量的精密测量，推动人们对最基本物理定律的时间均一性进行重新认识。

本章参考文献

[1] Krasnopolsky V A, Mumma M J. Spectroscopy of comet hyakutake at 80-700 Å: first detection of solar wind charge transfer emissions. Astrop J, 2001, 549(1): 629-634.

[2] de Vries J, Hoekstra R, Morgensternet R, et al. Charge driven fragmentation of nucleobases. Phys Rev Lett, 2003, 91(5): 053401.

[3] Rzadkiewicz J, Chmielewska D, Ludziejewski T, et al. He-like hole states in mid-Z atoms studied by high-resolution K X-ray spectroscopy. Phys Lett A, 1999, 264(2/3): 186-191.

[4] Voitkiv A B. Theory of projectile-electron excitation and loss in relativistic collisions with atoms. Phys Rep, 2004, 392(4): 191-277.

[5] Liu L, Wang J G, Janev R K. Charge-transfer-induced X-ray spectra in collisions of Ne^{10+} with He and Ne atoms. Phys Rev A, 2014, 89: 012710.

[6] Yan L L, Wu Y, Qu Y Z, et al. Single and double electron-capture processes in the collisions of C^{4+} ions with He. Phys Rev A, 2013, 88(2): 022706.

[7] Zhang R T, Ma X, Zhang S F, et al. Electron emission in double-electron capture with simultaneous single ionization in 30-keV/u $4He^{2+}$-Ar collisions. Phys Rev A, 2014, 89(3): 032708.

[8] Yu D Y, Xue Y L, Shao C J, et al. Observation of K- and L-REC in 200 MeV/u Xe^{54+}-N$_2$ collisions at HIRFL-CSR. Nucl Instr Meth B, 2011, 269(7): 692-694.

[9] Czarnota M, Banaś D, Berset M, et al. Observation of internal structure of the L-shell X-ray hypersatellites for palladium atoms multiply ionized by fast oxygen ions. Phys Rev A, 2010, 81(6): 064702.

[10] Czarnota M, Banaś D, Berset M, et al. Satellite and hypersatellite structures of $L\alpha_{1,2}$ and $L\beta_1$ X-ray transitions in mid-Z atoms multiply ionized by fast oxygen ions. Phys Rev A, 2013, 88(5): 052505.

[11] Mikhailov A I, Nefiodov A V, Plunien G. Electron correlations in cross sections for ionization of helium-like ions by high-energy particle impact. Phys Rev A, 2013, 87(3): 032705.

[12] Andreev Y, Mistonova E A, Voitkiv A B. Relativistic transfer ionization and the Breit interaction. Phys Rev Lett, 2014, 112(10): 103202.

[13] Rescigno T N, Baertschy M, Isaacs W A, et al. Collisional breakup in a quantum system of three charged particles. Science, 1999, 286(5449): 2474-2479.

[14] Schulz M, Moshammer R, Fischer D, et al. Three-dimensional imaging of atomic four-body processes. Nature, 2003, 422(6927): 48-50.

[15] McGuire J H, Godunov A L, Tolmanov S G, et al. Time correlation in two-electron transitions produced in fast collisions of atoms with matter and light. Phys Rev A, 2001, 63(5): 052706.

[16] Schmidt-Böcking H, Mergel V, Dörner R, et al. Experimental investigation of the asymptotic momentum wave function of the He ground state. American Institute of Physics Conference Proceedings of Correlations, 2002, 604: 120.

[17] Ullrich J, Moshammer R, Dorn A, et al. Recoil-ion and electron momentum spectroscopy: reaction-microscopes. Rep Prog Phys, 2003, 66(9): 1463-1545.

[18] Spielberger L, Jagutzki O, Dörner R, et al. Separation of photoabsorption and Compton scattering contributions to He single and double ionization. Phys Rev Lett, 1995, 74(23): 4615-4618.

[19] Knapp A, Kheifets A, Bray I, et al. Mechanisms of photo double ionization of helium by 530 eV photons. Phys Rev Lett, 2002, 89: 033004.

[20] Ergler T, Rudenko A, Feuerstein B, et al. Spatiotemporal imaging of ultrafast molecular motion: collapse and revival of the D^{2+} nuclear wave packet. Phys Rev Lett, 2006, 97(19): 193001.

[21] Moshammer R, Jiang Y H, Foucar L, et al. Few-photon multiple ionization of Ne and Ar by strong free-electron-laser pulses. Phys Rev Lett, 2007, 98(20): 203001.

[22] Schnopper H W, Betz H D, Delvaille J P, et al. Evidence for radiative electron capture by fast, highly stripped heavy ions. Phys Rev Lett, 1972, 29(14): 898.

[23] Anholt R, Andriamonje S A, Morenzoni E, et al. Observation of radiative capture in relativistic heavy-ion-atom collisions. Phys Rev Lett, 1984, 53: 234.

[24] Stöhlker T, Ludziejewski T, Bosch F, et al. Angular distribution studies for the time-reversed photoionization process in hydrogenlike uranium: the identification of spin-flip transitions. Phys Rev Lett, 1999, 82: 3232.

[25] Tashenov S, Stöhlker Th, Banaś D, et al. First measurement of the linear polarization of radiative electron capturetransitions. Phys Rev Lett, 2006, 97: 223202.

[26] Nofal M, Hagmann S, Stöhlker Th, et al. Radiative electron capture to the continuum and the short-wavelength limit of electron-nucleus bremsstrahlung in 90A MeV $U^{88+}(1s^22s^2) + N_2$ collisions. Phys Rev Lett, 2007, 99: 163201.

[27] Weber G, Bräuning H, Surzhykov A, et al. Direct determination of the magnetic quadrupole contribution to the Lyman-α_1 transition in a hydrogenlike ion. Phys Rev Lett, 2010, 105: 243002.

[28] Eichler J, Stöhlker T. Radiative electron capture in relativistic ion–atom collisions and the photoelectric effect in hydrogen-like high-Z systems. Phys Rep, 2007, 439: 1-99.

[29] Drukarev E G, Mikhailov A I, Mikhailov I A, et al. High-energy two-electron capture with emission of a single photon. Phys Rev A, 2007, 76: 062701.

[30] Chernovskaya E A, Andreev O Y, Labzowsky L N. Radiative double-electron capture by bare nucleus with emission of one photon. Phys Rev A, 2011, 84: 062515.

[31] Mistonova E A, Andreev O Y. Calculation of the cross section of radiative double-electron capture by a bare nucleus with emission of one photon. Phys Rev A, 2013, 87: 034702.

[32] Warczak A, Kucharski M, Stachura Z, et al. Radiative double electron capture in heavy-ion atom collisions. Nucl Instrum Meth B, 1995, 98: 303.

[33] Bednarz G, Sierpowski D, Stöhlker T, et al. Double-electron capture in relativistic U^{92+} collisions at the ESR gas-jet target. Nuclear Instruments and Methods in Physics Research Section B: Beam Interactions with Materials and Atoms, 2003, 205: 573.

[34] Winters N, Warczak A, Tanis J A, et al. A study of radiative double electron capture in bare chromium ions at the ESR. Phys Scri, 2013, T156: 014048.

[35] Elkafrawym T, Simonm A, Tanis J A, et al. Single-photon emission associated with double electron capture in F^{9+}+C collisions. Phys Rev A, 2016, 94: 042705.

[36] Simon A, Warczak A, Elkafrawy T, et al. Radiative double electron capture in collisions of O^{8+} ions with carbon. Phys Rev Lett, 2010, 104: 123001.

[37] Briand J P, de Billy L, Charles P, et al. Production of hollow atoms by the excitation of highly charged ions in interaction with a metallic surface. Phys Rev Lett, 1990, 65: 159.

[38] McPherson A, Thompason B D, Borisov A B, et al. Multiphoton-induced X-ray emission at 4-5 keV from Xe atoms with multiple core vacancies. Nature, 1994, 370: 631.

[39] Mcpherson A, Luk T S, Thompson B D, et al. Multiphoton induced X-ray emission from Kr clusters on M-shell (~100) and L-shell (~6) transitions. Phys Rev Lett, 1994, 72(12): 1810-1813.

[40] Clark M, Schneider D, Dewitt D, et al. Xe L and M X-ray emission following Xe^{44-48+} ion impact on Cu surfaces. Phys Rev A, 1993, 47: 3983.

[41] Phillips K J H, Mewe R, Harra-Murnion L K, et al. Benchmarking the MEKAL spectral code with solar X-ray spectra. Astron Astrop Sup, 1999, 138 (Suppl): 381.

[42] Drake J J, Swartz D A, Peter B R, et al. On photospheric fluorescence and the nature of the 17.62 Å feature in solar X-ray spectra. Astrop J, 1999, 521: 839.

[43] Träbert E, Beiersdorfer P, Brown G V, et al. Experimental M1 transition rates in K XI, K XV, and K XVI. Phys Rev A, 2001, 64: 034501.

[44] Hattass M, Schenkel T, Hamza A V, et al. Charge equilibration time of slow, highly charged

ions in solids. Phys Rev Lett, 1999, 82: 4795.

[45] Schenkel T, Barnes A V, Hamza A V, et al. Synergy of electronic excitations and elastic collision spikes in sputtering of heavy metal oxides. Phys Rev Lett, 1998, 80: 4325.

[46] Schenkel T, Rangelow I W, Keller R, et al. Open questions in electronic sputtering of solids by slow highly charged ions with respect to applications in single ion implantation. Nucl. Instrum. Methods Phys Res, Sect B, 2004, 219: 200.

[47] 马新文, 朱小龙, 刘惠萍, 等. 离子与原子碰撞多体动力学过程成像研究. 中国科学: G 辑, 2008, 51: 755.

[48] Zhu X L, Ma X W, Li B, et al. State-selective electron captiure for keV He^{2+} ions on helium collisions sdtudied by recoil momentum spectroscopy. Chin Phys Lett, 2006, 23: 587.

[49] Li B, Ma X W, Zhu X L, et al. Average energy loss measured in single and double electron capture collisions of He^{2+} on Ar at low velocities. Chin Phys Lett, 2006, 23: 1452.

[50] Xia J W, Zhan W L, Wei B W, et al. The heavy ion cooler-storage-ring project (HIRFL-CSR) at Lanzhou. Nucl Instr Meth, A, 2002, 488: 11.

[51] Ma X, Liu H P, Song M T, et al. A progress report of 320 kV multi-discipline research platform for highly charged ions. J Phys Conf Ser, 2009, 163: 012104.

[52] Zhang S F, Fischer D, Schulz M, et al. Two-center interferences in dielectronic transitions in H^{2+}+He collisions. Phys Rev Lett, 2014, 112: 023201.

[53] Ma X, Zhang R T, Zhang S F, et al. Electron emission from single-electron capture with simultaneous single-ionization reactions in 30-keV/u He^{2+}-on-argon collisions. Phys Rev A, 2011, 83: 052707.

[54] Zhang R, Ma X, Zhang S, et al. Experimental evidence of the target excitation in transfer ionization of He^{2+} on argon collisions. Phys Scr T, 2013, 156: 014030.

[55] Zhang R T, Ma X, Zhang S F, et al. Picturing electron capture to the continuum in the transfer ionization of intermediate-energy He^{2+} collisions with argon. Phys Rev A, 2013, 87: 012701.

[56] Zhang S F, Voitkiv A B, Wang E L, et al. Mutual ionization in atomic collisions near the electronic threshold. J Phys B At Mol Opt Phys, 2014, 47: 105202.

[57] Zhang R T, Ma X, Zhang S F, et al. Electron emission in double-electron capture with simultaneous single ionization in 30-keV/u 4He^{2+}-Ar collisions. Phys Rev A, 2014, 89: 032708.

[58] Zhang R T, Zhu X L, Feng W T, et al. Projectile charge state effects on electron emission in transfer ionization processes. J Phys B: At Mol Opt Phys, 2015, 48: 144021.

[59] Zhang R T, Feng W T, Zhu X L, et al. Two-electron transfer and ionization mechanism in 80-keV/u Ne^{8+} on He collisions. Phys Rev A, 2016, 93: 032709.

[60] Gao Y, Zhu X L, Zhang S F, et al. Signature of single binary encounter in intermediate energy He^{2+}-Ar collisions. Chin Phys Lett, 2016, 33(7): 073401.

[61] Gao Y, Zhang R T, Zhang S F, et al. Fully differential study of few-body dynamics in multi-electron atomic fragmentation processes. J Phys B: At Mol Opt Phys, 2017, 50(10): 10LT01.

[62] Guo D L, Ma X, Zhang S F, et al. Dynamics of transfer ionization in p-He collisions at intermediate energies. Phys Rev A, 2017, 95(2): 022705.

[63] Wang Q, Ma X, Zhu X L, et al. Observation of atomic-size Fraunhofer-type diffraction for single electron capture in He^{2+} + He collision. J Phys B: At Mol Opt Phys, 2012, 45: 025202.

[64] Liu H, Wang J G, Janev R K. Single- and double-charge transfer in slow He^{2+}-He collisions. J Phys B: At Mol Opt Phys, 2012, 45: 235203.

[65] Guo D L, Ma X, Zhang S F, et al. Angular- and state-selective differential cross sections for single-electron capture in p-He collisions at intermediate energies. Phys Rev A, 2012, 86(5): 052707.

[66] Liu C H, Wang J G. Charge transfer in collisions of Be^{3+} ions with Hatoms. Phys Rev A, 2013, 87: 042709.

[67] Zhu X L, Wen W Q, Ma X, et al. Measurement of the ratio of C^{3+} and O^{4+} ions produced by ECRIS to prepare a laser cooling experiment at storage rings. Nucl Instr and Meth A, 2014, 764: 232.

[68] Guo D L, Zhang R T, Zhang S F, et al. State-selective electron capture in 30- and 100-keV He$^+$+He collisions. Phys Rev A, 2017, 95: 012707.

[69] Zhang R T, Zhu X L, Li X Y, et al. Single-electron capture in 3-keV/u Ar^{8+}-He collisions. Phys Rev A, 2017, 95: 042702.

[70] Yan S, Zhang P, Ma X, et al. Observation of interatomic Coulombic decay and electron-transfer-mediated decay in high-energy electron-impact ionization of Ar$_2$. Phys Rev A, 2013, 88: 042712.

[71] Yan S, Zhang P, Ma X, et al. Dissociation mechanisms of the Ar trimer induced by A third atom in high-energy electron-impact ionization. Phys Rev A, 2014, 89: 062707.

[72] Zhu X L, Yan S, Feng W T, et al. The fragmentation of neon dimer induced by low energy O^{6+} ions. J Phys Conf Ser, 2015, 635: 032102.

[73] Yan S, Zhu X L, Zhang P, et al. Observation of two sequential pathways of CO$_2^{3+}$ dissociation by heavy-ion impact. Phys Rev A, 2016, 94: 032708.

[74] Shao C, Yu D, Cai X, et al. Production and decay of K-shell hollow krypton in collisions with 52-197-MeV/u bare xenon ions. Phys Rev A, 2017, 96: 012708.

[75] Gillaspy J D. Highly charged ions. J Phys B, 2001, 34: R93.

[76] Fritzsche S, Surzhykov A, Stöhlker T. Dominance of the Breit interaction in the X-ray emission of highly charged ions following dielectronic recombination. Phys Rev Lett, 2009, 103: 113001.

[77] Surzhykov A, Fritzsche S, Gumberidze A, et al. Lyman-α_1 decay in hydrogenlike ions: interference between the E_1 and M_2 transition amplitudes. Phys Rev Lett, 2002, 88: 153001.

[78] Chen M H, Reed K J. Relativistic effects on angular distribution of Auger electrons emitted from be-like ions following electron-impact excitation. Phys Rev A, 1994, 50: 2279.

[79] Weber G, Bräuning H, Surzhykov A, et al. Direct determination of the magnetic quadrupole contribution to the Lyman-α_1 transition in a hydrogenlike ion. Phys Rev Lett, 2010, 105: 243002.

[80] Tashenov S, Stöhlker Th, Banaś D, et al. First measurement of the linear polarization of radiative electron capture transitions. Phys Rev Lett, 2006, 97: 223202.

[81] Hu Z, Han X, Li Y, et al. Experimental demonstration of the Breit interaction which dominates the angular distribution of X-ray emission in dielectronic recombination. Phys Rev Lett, 2012, 108: 073002.

[82] Bernhardt D, Brandau C, Harman Z, et al. Breit interaction in dielectronic recombination of hydrogenlike uranium. Phys Rev A, 2011, 83: 020701.

[83] Nakamura N, Kavanagh A P, Watanabe H, et al. Evidence for strong Breit interaction in dielectronic recombination of highly charged heavy ions. Phys Rev Lett, 2008, 100(7): 073203.

[84] Beiersdorfer P, Osterheld A L, Scofield J H, et al. Measurement of QED and hyperfine splitting in the $2s_{1/2}$- $2p_{3/2}$ X-ray transition in Li-like $^{209}\text{Bi}^{80+}$. Phys Rev Lett, 1998, 80: 3022.

[85] Kozhedub Y S, Volotka A V, Artemyev A N, et al. Relativistic recoil, electron-correlation, and QED effects on the 2p j-2s transition energies in Li-like ions. Phys Rev A, 2010, 81: 042513.

[86] González Martínez A J, López-Urrutia J R C, Braun J, et al. Benchmarking high-field few-electron correlation and QED contributions in Hg^{75+} to Hg^{78+} ions. I. Experiment. Phys Rev A, 2006, 73: 052710.

[87] Wu Z W, Volotka A V, Surzhykov A, et al. Angle-resolved X-ray spectroscopic scheme to determine overlapping hyperfine splittings in highly charged helium-like ions. Phys Rev A, 2017, 96: 012503.

[88] Wu Z W, Surzhykov A, Fritzsche S. 2014. Hyperfine-induced modifications to the angular distribution of the Kα_1 X-ray emission. Phys Rev A, 89: 022513.

[89] Wu Z W, Dong C Z, Jiang J. Degrees of polarization of the two strongest 5f $\rightarrow$ 3d lines

following electron-impact excitation and dielectronic recombination processes of Cu-like to Se-like gold ions. Phys Rev A, 2012, 86: 022712.

[90] Ma K, Dong C Z, Xie L Y, et al. Polarization transfer in the $2p_{3/2}$ photoionization of magnesium-like ions. Chin Phys Lett, 2014, 31: 053201.

[91] Chen Z B, Dong C Z, Xie L Y, et al. Influence of quantum interference on the polarization and angular distribution of X-ray radiation following electron-impact excitation of highly charged H-like and He-like ions. Phys Rev A, 2014, 90: 012703.

[92] Bondarevskaya A, Labzowsky L, Prozorov A, et al. Linear polarization of X-ray photons in hyperfine-quenched transitions of polarized He-like ions. J Phys B, 2010, 43: 245001.

[93] Maiorova V, Pavlova O I, Shabaev V M, et al. Parity nonconservation in the radiative recombination of electrons with heavy hydrogen-like ions. J Phys B, 2009, 42: 205002.

[94] Misra D, Schmidt H T, Gudmundsson M, et al. Two-center double-capture interference in fast $He^{2+}+H_2$ collisions. Phys Rev Lett, 2009, 102: 153201.

[95] Madzunkov S, Fry D, Lindroth E, et al. Characteristic X rays from multiple-electron capture by slow highly charged Taq+ ions from He and Xe atoms. Phys Rev A, 2006, 73: 032715.

[96] Støchkel K, Eidem O, Cederquist H, et al. Two-center interference in fast proton–H_2-electron transfer and excitation processes. Phys Rev A, 2005, 72: 050703(R).

[97] Lestinsky M, Lindroth E, Orlov D A, et al. Screened radiative corrections from hyperfine-split dielectronic resonances in lithiumlike scandium. Phys Rev Lett, 2008, 100: 033001.

[98] Kieslich S, Schippers S, Shi W, et al. Determination of the 2s-2p excitation energy of lithiumlike scandium using dielectronic recombination. Phys Rev A, 2004, 70: 042714.

[99] Beiersdorfer P, Träbert E, Brown G V, et al. Hyperfine splitting of the $2s_{1/2}$ and $2p_{1/2}$ levels in Li- and Be-like ions of Pr59141. Phys Rev Lett, 2014, 112: 233003.

[100] Stöhlker T, Mokler P H, Beckert K, et al. Ground-state lamb shift for hydrogenlike uranium measured at the ESR storage ring. Phys Rev Lett, 1993, 71: 2184.

[101] Stöhlker T, Mokler P H, Bosch F, et al. 1s lamb shift in hydrogenlike uranium measured on cooled, decelerated ion beams. Phys Rev Lett, 2000, 85: 3109.

[102] Gumberidze A, Stöhlker Th, Banaś D, et al. Quantum electrodynamics in strong electric fields: the ground-state lamb shift in hydrogenlike uranium. Phys Rev Lett, 2005, 94: 223001.

[103] Brandau C, Kozhuharov C, Müller A, et al. Precise determination of the $2s_{1/2}$-$2p_{1/2}$ splitting in very heavy lithiumlike ions utilizing dielectronic recombination. Phys Rev Lett, 2003, 91: 073202.

[104] Nofal M, Hagmann S, Stöhlker Th, et al. Radiative electron capture to the continuum and the short-wavelength limit of electron-nucleus bremsstrahlung in 90A MeV U^{88+} $1s^2 2s^2$ +

N$_2$ collisions. Phys Rev Lett, 2007, 99: 163201.

[105] 黄忠魁. 基于重离子冷却储存环 CSRm 开展的类锂、类铍氩离子双电子复合实验研究. 北京：中国科学院大学，2017.

[106] Klaft I, Borneis S, Engel T, et al. Precision laser spectroscopy of the ground state hyperfine splitting of hydrogenlike ^{209}Bi^{82+}. Phys Rev Lett, 1994, 73: 2425.

[107] Crespo López-Urrutia J R, Beiersdorfer P, Savin D W, et al. Direct observation of the spontaneous emission of the hyperfine transition F=4 to F=3 in ground state hydrogenlike ^{165}Ho^{66+} in an electron beam ion trap. Phys Rev Lett, 1996, 77: 826.

[108] Crespo López-Urrutia J R, Beiersdorfer P, Widmann K, et al. Nuclear magnetization distribution radii determined by hyperfine transitions in the 1s level of H-like ions ^{185}Re^{74+} and ^{187}Re^{74+}. Phys Rev A, 1998, 57: 879.

[109] Seelig P, Borneis S, Dax A, et al. Ground state hyperfine splitting of hydrogenlike ^{207}Pb^{81+} by laser excitation of a bunched ion beam in the GSI experimental storage ring. Phys Rev Lett, 1998, 81: 4824.

[110] Beiersdorfer P, Utter S B, Wong K L, et al. Hyperfine structure of hydrogenlike thallium isotopes. Phys Rev A, 2001, 64: 032506.

[111] Volotka A V, Glazov D A, Plunien G, et al. Progress in quantum electrodynamics theory of highly charged ions. Ann Phys (Berlin), 2013, 525: 636.

[112] Ullmann J, Andelkovic Z, Dax A, et al. An improved value for the hyperfine splitting of hydrogen-like ^{209}Bi^{82+}. J Phys B, 2015, 48(14): 144022.

[113] Shabaev V M, Artemyev A N, Yerokhin V A, et al. Towards a test of QED in investigations of the hyperfine splitting in heavy ions. Phys Rev Lett, 2001, 86: 3959.

[114] Kennedy E T, Costello J T, Mosnier J P, et al. VUV/EUV ionising radiation and atoms and ions: dual laser plasma investigations. Radiat. Phys Chem, 2004, 70: 291.

[115] Aguilar A, Gillaspy J D, Gribakin G F, et al. Absolute photoionization cross sections for Xe^{4+}, Xe^{5+}, and Xe^{6+} near 13.5 nm: experiment and theory. Phys Rev A, 2006, 73: 032717.

[116] Lysaght B, Kilbane D, Cummings A, et al. EUV photoabsorption of laser produced tellurium plasmas: Te I –Te IV. J Phys B, 2005, 38: 2895.

[117] Murphy N, Cummings A, Dunne P, et al. Vanishing resonances and excited populations: the 4d photoabsorption spectrum of Xe-like La^{3+} and I-like La^{4+}. Phys Rev A, 2007, 75: 032509.

[118] Badnell N R. Dielectronic recombination of Fe^{13+}: benchmarking the M-shell. J Phys B: At Mol Opt Phys, 2006, 39: 4825.

[119] Bizau J M, Blancard C. Absolute photoionization cross sections along the Xe isonuclear sequence: Xe^{3+} to Xe^{6+}. Phys Rev A, 2006, 73: 022718.

[120] Zeng J L, Cummings A, Glazov D A, et al. Configuration interaction effects on the energy levels and oscillator strengths of lowly charged gold ions: Au^{11+} as an example. J Quant Spectrosc Radiat Transfer 180, 102. 2006.

[121] May M J, Fournier K B, Beiersdorfer P, et al. X-ray spectral measurements and collisional radiative modeling of Ni- to Kr-like Au ions in electron beam ion trap plasmas. Phys Rev E, 2003, 68: 036402.

[122] Glenzer S H, Fournier K B, Wilson B G, et al. Ionization balance in inertial confinement fusion hohlraums. Phys Rev Lett, 2001, 87: 045002.

[123] Foord M E, Glenzer S H, Thoe R S, et al. Ionization processes and charge-state distribution in a highly ionized high-Z laser-produced plasma. Phys Rev Lett, 2000, 85: 992.

[124] Kampen P V, Gerth C, Martins M, et al. Photoabsorption and photoion spectroscopy of atomic uranium in the region of 6p and 5d dexcitations. Phys Rev A, 2000, 61: 062706.

[125] Li B W, O'Sullivan G, Fu Y B, et al. Dielectronic recombination of Rh-like Gd and W. Phys Rev A, 2012, 85: 052706.

[126] Xie L Y, Glenzer S H, Fournier K B, et al. Polarization of the $nf \rightarrow 3d$ (n=4, 5, 6) X-rays from tungsten ions following electron-impact excitation and dielectronic recombination processes. J Quant Spectrosc Radiat Transf, 2014, 141: 31.

[127] Zhang D H, Kwon D H. Theoretical electron-impact ionization of W^{17+} forming W^{18+}. J Phys B, 2014, 47: 075202.

[128] Zhang S F, Fischer D, Schulz M, et al. Two-center interferences in dielectronic transitions in H^{2+}+He collisions. Phys Rev Lett, 2014, 112: 023201.

[129] Yao K, Andersson M, Brage T, et al. MF-dependent lifetimes due to hyperfine induced interference effects. Phys Rev Lett, 2006, 97: 183001.

[130] Zhang Z, Shan X, Wang T, et al. Observation of the interference effect in vibrationally resolved electron momentum spectroscopy of H_2. Phys Rev Lett, 2014, 112: 023204.

[131] Zhou F, Ma Y, Qu Y. Single, double, and triple Auger decay probabilities of $C+(1s2s^2 2p^2$ 2D, 2P) resonances. Phys Rev A, 2016, 93: 060501.

[132] Zhang S B, Wang J G, Janev R K. Crossover of Feshbach resonances to shape-type resonances in electron-hydrogen atom excitation with a screened Coulomb interaction. Phys Rev Lett, 2010, 104: 023203.

[133] Sewtz M, Backe H, Dretzke A, et al. First observation of atomic levels for the element fermium (Z=100). Phys Rev Lett, 2003, 90: 163002.

[134] Backe H, Dretzke A, Fritzsche S, et al. Laser spectroscopic investigation of the element fermium (Z=100). Hyperfine Interactions, 2005, 162(1-4):3-14.

[135] Wu Z W, Volotka A V, Surzhykov A, et al. Level sequence and splitting identification of

closely spaced energy levels by angle-resolved analysis of fluorescence light. Phys Rev A, 2016, 93: 063413.

[136] Wu Z W, Kabachnik N M, Surzhykov A, et al. Determination of small level splittings in highly charged ions via angle-resolved measurements of characteristic X-rays. Phys Rev A, 2014, 90: 052515.

[137] Hoffmann D H H, Weyrich K, Wahl H, et al. Energy loss of heavy ions in a plasma target. Phys Rev A, 1990, 42: 2313.

[138] Mohr P J, Plunien G, Soff G. QED corrections in heavy atoms. Physics Reports, 1998, 293(5-6): 227-369.

[139] Shabaev V M, Wahl H, Ma Y, et al. Screened QED corrections to the G factor of Li-like ions. Physics Reports, 2002, 356: 119.

[140] Andreev O Y, Labzowsky N, Janev R K, et al. QED theory of the spectral line profile and its applications to atoms and ions. Solovyev, Physics Reports, 2008, 455: 135.

[141] Dong C Z, Fu Y B, Borneis S, et al. Relativity, electron correlation and QED effects in the $1s2s^2\,{}^2s_{1/2}$ state of highly charged Li-like ions. J Phys B, 2006, 39: 3121-3129.

[142] Doyle J, Friedrich B, Krems R V, et al. Quo vadis, cold molecules. Eur Phys J. D, 2004, 31: 149.

[143] Fratini S, Guinea F. Substrate-limited electron dynamics in graphene. Phys Rev B, 2008, 77(19).

[144] Alnaser A S, Landers A L, Tanis J A. Electron correlation in the formation of hollow states along the Li-like isoelectronic sequence. Phys Rev Lett, 2005, 94: 023201.

[145] Bosch F, Mugusi F, Bosch R J, et al. Search for bound-state electron+positron pair decay. EPJ Web Conf 2016, 123: 04003.

[146] Nordlund K, Baglin J, Grimaldi M G. Nuclear instruments and methods in physics research section B: beam interactions with materials and atoms. Nuclear Instruments & Methods in Physics Research Section B-Beam Interactions with Materials and Atoms, 2013, 317, Part B: 263-265.

[147] Kraft-Bermuth S, Nucciotti A, Pessina G, et al. Quantum electrodynamics in extreme fields: precision spectroscopy of high-Z H-like systems// Karshenboim S G. Precision Physics of Simple Atoms and Molecules. Berlin, Heidelberg: Springer, 2008 : 157-163.

[148] Träbert E, Beiersdorfer P, Brown G V. Observation of hyperfine mixing in measurements of a magnetic octupoledecay in isotopically pure nickel-like ^{129}Xe and ^{132}Xe ions. Phys Rev Lett, 2007, 98: 263001.

[149] Lupton J H, Dietrich D D, Hailey C J, et al. Measurements of the ground-state Lamb shift and electron-correlation effects in hydrogenlike and helium-like uranium. Physical Review

A, 1994, 50(3): 2150-2154.

[150] González Martínez A J, López-Urrutia J R, et al. Benchmarking high-field few-electron correlation and QED contributions in Hg^{75+} to Hg^{78+} ions. I. Experiment. Phys Rev A, 2006, 73: 052710.

[151] Harman Z, Salamin Y I, Keitel C H, et al. Direct high-power laser acceleration of ions for medical applications. Phys Rev Lett, 2006, 73: 052711.

[152] Dobosz S, Doumy G, Stabile H, et al. Probing hot and dense laser-induced plasmas with ultrafast XUV pulses. Phys Rev Lett, 2005, 95: 025001.

[153] Recoules V, Clérouin J, Zérah G, et al. Effect of intense laser irradiation on the lattice stability of semiconductors and metals. Phys Rev Lett, 2006, 96: 055503.

[154] Perry T S, Davidson S J, Serduke F J D, et al. Opacity measurements in a hot dense medium. Phys Rev Lett, 1991, 67: 3784.

[155] Inglis D R, Teller E. Ionic depression of series limits in one-electron spectra. Astrophys J, 1939, 90: 439.

[156] Stewart J C, Pyatt K D. Lowering of ionization potentials in plasmas. Astrophys J, 1966, 144: 1203.

[157] Griem H R. Spectral Line Broadening by Plasma. New York: Academic Press, 1974.

[158] Yaakobi B, Steel D, Thorsos E, et al. Explosive-pusher-type laser compression experiments with neon-filled microballoons. Phys Rev A, 1979, 19: 1247.

[159] Skupsky S. X-ray line shift as a high-density diagnostic for laser-imploded plasmas. Phys Rev A, 1980, 21: 1316.

[160] Cauble R, Blaha M, Davis J. Comparison of atomic potentials and eigenvalues in strongly coupled neon plasmas. Phys Rev A, 1984, 29: 3280.

[161] Goldstein W, Hooper C, Gauthier J, et al. Radiative Properties of Hot Dense Matter: Proceedings of the International Workshop// 4th International Workshop on Radiative Properties of Hot Dense Matter, 1991.

[162] Kim Y K, Elton R C. Atomic processes in plasmas. AIP Conf Proc, 1900: 206.

[163] Kilcrease D P, Murillo M S, Collins L A, et al. Theoretical and molecular dynamics studies of dense plasma microfield nonuniformity. JQSRT, 1997, 58: 677.

[164] Mazevet S, Collins L A, Kress J D. Evolution of ultracold neutral plasmas. Phys Rev Lett, 2002, 88: 055001.

[165] Baimbetov F B, Nurekenov K T, Ramazanov T S. Electrical conductivity and scattering sections of strongly coupled hydrogen plasmas. Phys A, 1996, 226: 181-190.

[166] Bornath T, Schlanges M, Morales F, et al. Dynamical screening effects on rate coefficients for dense plasmas. JQSRT, 1997, 58: 501.

[167] Iglesias C A, Lee R W. Density effects on collisional rates and population kinetics. JQSRT, 1997, 58: 637.

[168] Bowen C, Lee R W, Ralchenko Y, et al. Comparing plasma population kinetics codes: review of the NLTE-3 kinetics workshop. JQSRT, 2006, 99: 102.

[169] Kalantar D H, Lee R W, Molitoris J D. Warm Dense Matter: An Overview. scitech connect warm dense matter an overview. UCRL-TR-203844, 2004.

[170] Pellegrini C, Marinelli A, Reiche S, et al. The physics of X-ray free-electron lasers. Rev Mod Phys, 2016, 88: 015006.

[171] Hennies F, Pietzsch A, Berglund M, et al. Resonant inelastic scattering spectra of free molecules with vibrational resolution. Phys Rev Lett, 2010, 104: 193002.

[172] Perry T S, Davidson S J, Serduke F J D, et al. Opacity measurements in a hot dense medium. Phys Rev Lett, 1991, 67: 3784.

[173] Perry T S, Springer P T, Fields D F, et al. Absorption experiments on X-ray-heated mid-Z constrained samples. Phys Rev E, 1996, 54: 5617.

[174] Bailey J E, Rochau G A, Iglesias C A, et al. Iron-plasma transmission measurements at temperatures above 150 eV. Phys Rev Lett, 2007, 99: 265002.

[175] Bailey J E, Nagayama T, Loisel G P, et al. A higher-than-predicted measurement of iron opacity at solar interior temperatures. Nature, 2015, 517: 56.

[176] Nantel M, Ma G, Gu S, et al. Pressure ionization and line merging in strongly coupled plasmas produced by 100-fs laser pulses. Phys Rev Lett, 1998, 80: 4442.

[177] Cho B I, Engelhorn K, Correa A A, et al. Electronic structure of warm dense copper studied by ultrafast X-ray absorption spectroscopy. Phys Rev Lett, 2011, 106: 167601.

[178] Dorchies F, Lévy A, Goyon C, et al. Unraveling the solid-liquid-vapor phase transition dynamics at the atomic level with ultrafast X-ray absorption near-edge spectroscopy. Phys Rev Lett, 2011, 107: 245006.

[179] Galtier E, Rosmej F B, Dzelzainis T, et al. Decay of cystalline order and equilibration during the solid-to-plasma transition induced by 20-fs microfocused 92-eV free-electron-laser pulses. Phys Rev Lett, 2011, 106: 164801.

[180] Vinko S M, Ciricosta O, Cho B I, et al. Creation and diagnosis of a solid-density plasma with an X-ray free-electron laser. Nature, 2012, 482: 59-62.

[181] Mancic A, Lévy A, Harmand M, et al. Picosecond short-range disordering in isochorically heated aluminum at solid density. Phys Rev Lett, 2010, 104: 035002.

[182] Bradley D K, Kilkenny J, Rose S J, et al. Time-resolved continuum-edge-shift measurements in laser-shocked solids. Phys Rev Lett, 1987, 59: 2995.

[183] Hall T A, Djaoui A, Eason R W, et al. Experimental observation of ion correlation in a

dense laser-produced plasma. Phys Rev Lett, 1988, 60: 2034.

[184] DaSilva L, Ng A, Godwal B K, et al. Shock-induced shifts in the aluminum K photoabsorption edge. Phys Rev Lett, 1989, 62: 1623.

[185] Riley D, Willi O, Rose S J, et al. Blue shift of the K absorption edge in laser-shocked solids. Europhys Lett, 1989, 10: 135.

[186] Hall T A, Al-Kuzee J, Benuzzi A, et al. Experimental observation of the shift and width of the aluminium K absorption edge in laser shock-compressed plasmas. Epl, 1998, 41(5): 495.

[187] Yaakobi B, Marshall F J, Bradley D K, et al. Signatures of target performance and mixing in titanium-doped, laser-driven target implosions. Phys Plas, 1997, 4: 3021.

[188] Yaakobi B, Meyerhofer D D, Boehly T R, et al. Extended X-ray absorption fine structure measurements of laser-shocked V and Ti and crystal phase transformation in Ti. Phys Rev Lett, 2004, 92: 095504.

[189] Ping Y, Coppari F, Hicks D G, et al.Solid iron compressed up to 560 GPa. Phys Rev Lett, 2013,111: 065501.

[190] Lévy A, Dorchies F, Fourment C, et al. Double conical crystal X-ray spectrometer for high resolution ultrafast X-ray absorption near-edge spectroscopy of Al K edge. Review of Scientific Instruments, 2010, 81: 063107.

[191] Benuzzi-Mounaix A, Dorchies F, Recoules V, et al. Electronic structure investigation of highly compressed aluminum with K edge absorption spectroscopy. Phys Rev Lett, 2011, 107: 165006.

[192] Lévy A, Dorchies F, Benuzzi-Mounaix A, et al. X-ray diagnosis of the pressure induced Mott nonmetal-metal transition. Phys Rev Lett, 2012, 108: 055002.

[193] Leguay P F, Lévy A, Chimier B, et al. Ultrafast short-range disordering of femtosecond-laser-heated warm dense aluminum. Phys Rev Lett, 2013, 111: 245004.

[194] Denoeud A, Benuzzi-Mounaix A, Ravasio A, et al. Metallization of warm dense SiO_2 studied by XANES spectroscopy. Phys Rev Lett, 2014, 113: 116404.

[195] Celliers P M, Loubeyre P, Eggert J H, et al. Insulator-to-conducting transition in dense fluid helium. Phys Rev Lett, 2010, 104: 184503.

[196] Thijssen J M. Computational Physics. Cambridge: Cambridge University Press, 1999.

[197] Callaway J. Quantum Theory of the Solid State. New York: Academic Press, 1974.

[198] Dejarlais M, Kress J D, Collins L A. Electrical conductivity for warm, dense aluminum plasmas and liquids. Phys Rev E, 2002, 66: 025401.

[199] Mazevet S, Kress J D, Collins L A, et al. Quantum molecular-dynamics study of the electrical and optical properties of shocked liquid nitrogen. Phys Rev B, 2003, 67: 054201.

[200] Kowalski P M, Mazevet S, Saumon D, et al. Equation of state and optical properties of warm dense helium. Phys Rev B, 2007, 76: 075112.

[201] Collins L, Bickham S R, Kress J D, et al. Dynamical and optical properties of warm dense hydrogen. Phys Rev B, 2001, 63: 184110.

[202] Desjarlais M P, Kress J D, Collins L A, et al. Electrical conductivity for farm, dense aluminum plasmas and liquids. Phys Rev E, 2002, 66: 025401.

[203] Laudernet Y, Clérouin J, Mazevet S, et al. *Ab initio* simulations of the electrical and optical properties of shock-compressed SiO$_2$. Phys Rev B, 2004, 70: 165108.

[204] Mazevet S, Collins L A, Magee N H, et al. Quantum molecular dynamics calculations of radiative opacities. Astron Astrophys, 2003, 405: L5.

[205] Mazevet S, Zérah G. *Ab initio* simulations of the K-edge shift along the aluminum hugoniot. Phys Rev Lett, 2008, 101: 155001.

[206] Recoules V, Lambert F, Decoster A, et al. *Ab initio* determination of thermal conductivity of dense hydrogen plasmas. Phys Rev Lett, 2009, 102: 075002.

[207] Yang J M, DingY, Yan J, et al. Spectroscopic absorption measurement of a low-Z plasma. Phys. Plasmas, 2002, 9(2): 678-682.

[208] Xu Y, Zhang J, Yang J, et al. A clean radiation environment for opacity measurements of radiatively heated material. Phys Plasmas, 2007, 14: 052701.

[209] Zhang J, Yang J, XuY, et al. Radiative heating of plastic-tamped aluminum foil by X-rays from a foam-buffered hohlraum. Phys Rev E, 2009, 79: 016401.

[210] Zhang J Y, Xu Y, Yang J, et al. Opacity measurement of a gold plasma at $T_e = 85$ eV. Phys Plasmas, 2011, 18: 113301.

[211] Zhang J Y, Li H, Zhao Y, et al. L-and M-shell absorption measurements of radiatively heated Fe plasma. Phys Plasmas, 2012, 19: 113302.

[212] Xiong G, Yang J M, Zhang J Y, et al. Opacity measurement and theoretical investigation of hot silicon plasma.The Astrophysical Journal, 2016, 816: 36, 1-11.

[213] Xiong G, Zhao Y, Shang W L, et al. K-Shell spectra from CH-tamped aluminum layers irradiated with intense femtosecond laser pulses. Chinese Physics Letters, 2010, 27(9): 95202-95202.

[214] Yang Z, Fengtao J, Gang X, et al. Electron temperature measurement of radiation-heated CH foam on shenguang Ⅱ laser facility. Plasma Science & Technology, 2010, 12(3): 300-303.

[215] Zhao Y, Yang J, Yang G, et al. K-shell photoabsorption edge of strongly coupled matter driven by laser-converted radiation. Phys Rev Lett, 2013, 111: 155003.

[216] Qing B, Zhao Y, Wei M X, et al. Time-resolved transmission measurements of warm dense

iron plasma. Chin Phys Lett, 2016, 33(3): 035203.

[217] Lee C M, Thorsos E I. Properties of matter at high pressures and temperatures. Phys Rev A, 1978, 17: 2073.

[218] Li J M, Yan J, Peng Y L. Spectral resolved X-ray transmission in hot dense plasmas, radiat. Phys Chem, 2000, 59: 181.

[219] Ze Q W, Shi C L, Guo X H. Opacity calculations for a non-LTE system with the three-temperature model. JQSRT, 1996, 56: 623.

[220] Zhao L B, Li S C.Dielectronic recombination for average ions. Phys Rev A, 1997,55: 1039.

[221] Zhao L B, Li S C. Direct radiative capture of electrons by average ions. J Phys B, 1997, 30: 4123.

[222] 王建国, 邹宇. 作为两个独立过程的双电子复合理论. 物理学报, 1997, 46(11): 8.

[223] Yuan J K, Sun Y S, Zheng S T. Inelastic electron-ion scattering in hot dense plasma. Phys Rev E, 1996, 53: 1059.

[224] Yan J, Qiu Y B. Theoretical study of opacity for a mixture of gold and gadolinium at a high temperature. Phys Rev E, 2001, 64: 056401.

[225] Yan J, Wu Z Q. Theoretical investigation of the increase in the rosseland mean opacity for hot dense mixtures. Phys Rev E, 2002, 65: 066401.

[226] 孟续军, 孙永盛. 原子平均离化度的研究. 物理学报, 1994, 43: 345.

[227] Li X D. Calculation of the relative abundance between He-like and Li-like Cr under coronal conditions. J Phys B, 2001, 34: 2537.

[228] Zeng J, Jin F, Yuan J, et al. Detailed-term-accounting-approximation simulation of X-ray transmission through laser-produced Al plasmas. Phys Rev E, 2000, 62: 7251.

[229] Yuan J. Self-consistent average-atom scheme for electronic structure of hot and dense plasmas of mixture. Phys Rev E, 2002, 66: 047401.

[230] Zeng J, Yuan J. Radiative opacity of gold plasmas studied by a detailed level-accounting method. Phys Rev E, 2006, 74: 025401(R).

[231] 杨向东, 刘小红, 程新路. 不可分辨跃迁阵模型下类镍金离子 M 带谱的理论计算. 强激光与粒子束, 1998, 10: 253.

[232] Dai J Y, Hou Y, Yuan J, et al. Unified first principles description from warm dense matter to ideal ionized gas plasma: electron-ion collisions induced friction. Phys Rev Lett, 2010, 104: 245001.

[233] Wang C, He X T, Zhang P. *Ab initio* simulations of dense helium plasmas. Phys Rev Lett, 2011, 106: 125002.

[234] Zhang S, Zhao S, Kang W, et al. Link between K absorption edges and thermodynamic

properties of warm dense plasmas established by an improved first-principles method. Phys Rev B, 2016, 93: 115114.

[235] Bailey J E, Nagayama T, Loisel G P, et al. A higher-than-predicted measurement of iron opacity at solar interior temperatures. Nature, 2015, 517: 56-59.

[236] Liu P F, Gao C, Hou Y, et al. Transient space localization of electrons ejected from continuum atomic processes in hot dense plasma. Commun Phys, 2018, 1(1): 95.

[237] Rescigno T N, Baertschy M, Isaacs W A, et al. Collisional breakup in a quantum system of three charged particles. Science, 1999, 286: 2474.

[238] Bray I. Close-coupling approach to Coulomb three-body problems. Phys Rev Lett, 2002, 89: 273201.

[239] Ullrich J, Moshammer R, Dorn A, et al. Recoil-ion and electron momentum spectroscopy: reaction-microscopes. Rep Prog Phys, 2003, 66: 1463.

[240] Dörner R, Mergel V, Jagutzki O, et al. Cold target recoil ion momentum spectroscopy: a 'momentum microscope' to view atomic collision dynamics. Phy Rep, 2000, 330: 95.

[241] Schulz M, Moshammer R, Fischer D, et al. Three-dimensional imaging of atomic four-body processes. Nature (London), 2003, 422(6927): 48-50.

[242] Colgan J, Pindzola M S, Robicheaux F, et al. Differential cross sections for the ionization of oriented H_2 molecules by electron impact. Phys Rev Lett, 2008, 101(23): 233201.

[243] Al-Hagan O, Kaiser C, Madison D, et al. Atomic and molecular signatures for charged-particle ionization. Nat Phys, 2009, 5: 59.

[244] Naja A, Staicu-Casagrande E M, Lahmam-Bennani A, et al. Triply differential (e, 2e) cross sections for ionization of the nitrogen molecule at large energy transfer. J Phys B, 2007, 40: 3775.

[245] Brooks P R. Reactions of oriented molecules. Science, 1976, 193: 11.

[246] Seideman T. Revival structure of aligned rotational wave packets. Phys Rev Lett, 1999, 83: 4971.

[247] Rolles D, Prümper G, Fukuzawa H, et al. Molecular-frame angular distributions of resonant CO: C(1s) Auger electrons. Phys Rev Lett, 2008, 101: 263002.

[248] Takahashi M, Watanabe N, Khajuria Y, et al. Observation of a molecular frame (e, 2e) cross section: an (e, 2e+M) triple coincidence study on H_2. Phys Rev Lett, 2005, 94: 213202.

[249] Rijs A M, Janssen M H M, Chrysostom E T H, et al. Femtosecond coincidence imaging of multichannel multiphoton dynamics. Phys Rev Lett, 2004, 92: 123002.

[250] Kugeler O, Prümper G, Hentges R, et al. Intramolecular electron scattering and electron transfer following autoionization in dissociating molecules. Phys Rev Lett, 2004, 93:

033002.

[251] Zhang S F, Fischer D, Schulz M, et al. Two-center interferences in dielectronic transitions in H^{2+} + He, collisions. Phys Rev Lett, 2014, 112: 023201.

[252] Wu C, Wu C Y, Song D, et al. Nonsequential and sequential fragmentation of CO_2^{3+} in intense laser fields. Phys Rev Lett, 2013, 110: 103601.

[253] Pitzer M, Kunitski M, Johnson A S, et al. Direct determination of absolute molecular stereochemistry in gas phase by Coulomb explosion imaging. Science, 2013, 341: 1096.

[254] Bellm S, Lower J, Weigold E, et al. Fully differential molecular-frame measurements for the electron-impact dissociative ionization of H_2. Phys Rev Lett, 2010, 104: 023202.

[255] Pflüger T, Senftleben A, Ren X, et al. Observation of multiple scattering in (e, 2e) experiments on small argon clusters. Phys Rev Lett, 2011, 107: 223201.

[256] Ren X, Pflüger T, Xu S, et al. Strong molecular alignment dependence of H_2 electron impact ionization dynamics. Phys Rev Lett, 2012, 109: 123202.

[257] Zheng Y, Neville J J, Brion C E. Imaging the electron density in the highest occupied molecular orbital of glycine. Science, 1995, 270: 786.

[258] Zhang Z, Shan X, Wang T, et al. Observation of the interference effect in vibrationally resolved electron momentum spectroscopy of H_2. Phys Rev Lett, 2014, 112: 023204.

[259] Yamazaki M, Oishi K, Nakazawa H, et al. Molecular orbital imaging of the acetone S_2 excited state using time-resolved (e, 2e) electron momentum spectroscopy. Phys Rev Lett, 2015, 114: 103005.

[260] Kavcic M, Zitnik M, Bucar K, et al. Separation of two-electron photoexcited atomic processes near the inner-shell threshold. Phys Rev Lett, 2009, 102: 143001.

[261] Hennies F, Pietzsch A, Berglund M, et al. Resonant inelastic scattering spectra of free molecules with vibrational resolution. Phys Rev Lett, 2010, 104: 193002.

[262] Kavcic M, Zitnik M, Bucar K, et al. Electronic state interferences in resonant X-ray emission after K-shell excitation in HCl. Phys Rev Lett, 2010, 105: 113004.

[263] Pietzsch A, Sun Y P, Hennies F, et al. Spatial quantum beats in vibrational resonant inelastic soft X-ray scattering at dissociating states in oxygen. Phys Rev Lett, 2011, 106: 153004.

[264] Marchenko T, Carniato S, Journel L, et al. Molecule revealed through resonant inelastic X-ray scattering spectroscopy. Phys Rev X, 2015, 5: 031021.

[265] Xie B P, Zhu L F, Yang K, et al. Inelastic X-ray scattering study of the state-resolved differential cross section of Compton excitations in helium atoms. Phys Rev A, 2010, 82: 032501.

[266] Bradley J A, Seidler T G, Cooper G, et al. Comparative study of the valence electronic

excitations of N_2 by inelastic X-ray and electron scattering. Phys Rev Lett, 2010, 105: 053202.

[267] Festy F, Palmer R E. Scanning probe energy loss spectroscopy below 50 nm resolution. Appl Phys Lett, 2004, 85: 5034.

[268] Xu C K, Chen X J, Zhou X, et al. Spatially resolved scanning probe electron energy spectroscopy for ag islands on a graphite surface. Rev Sci Instrum, 2009, 80: 103705.

[269] Xu C K, Liu W J, Zhang P K, et al. Nonlinear inelastic electron scattering revealed by plasmon-enhanced electron energy-loss spectroscopy. Nat Phys, 2014, 10: 753.

[270] Dong Z C, Zhang X L, Gao H Y, et al. Generation of molecular hot electroluminescence by resonant nanocavity plasmons. Nat Photo, 2010, 4: 50.

[271] Tian G, Liu J C, Luo Y. Density-matrix approach for the electroluminescence of molecules in a scanning tunneling microscope. Phys Rev Lett, 2011, 106: 177401.

[272] Weigold E, Hood S T, TeubnerP J O. Energy and angular correlations of the scattered and ejected electrons in the electron-impact ionization of argon. Phys Rev Lett, 1973, 30: 475.

[273] Cook J P D, McCarthy I E, Stelbovics A T, et al. Non-coplanar symmetric (e, 2e) momentum profile measurements for helium: an accurate test of helium wavefunctions. J Phys B, 1984, 17: 2339.

[274] Moore J H, Coplan M A, Skillman T L, et al. Multichannel (e, 2e) apparatus. Rev Sci Instrum, 1978, 49: 463.

[275] Shan X, Chen X J, Zhou L X, et al. High resolution electron momentum spectroscopy of dichlorodifluoromethane: unambiguous assignments of outer valence molecular orbitals. J Chem Phys, 2006, 125: 154307.

[276] Zheng Y, Cooper G, Tixier S, et al. 2π gas phase multichannel electron momentum spectrometer for rapid orbital imaging and multiple ionization studies. J Electron Spectrosc Relat Phenom, 2000, 112: 67.

[277] Takahashi M, Saito T, Matsuo M, et al. A high sensitivity electron momentum spectrometer with simultaneous detection in energy and momentum. Rev Sci Instrum, 2002, 73: 2242.

[278] Ren X G, Ning C G, Deng J K, et al. (e, 2e) Electron momentum spectrometer with high sensitivity and high resolution. Rev Sci Instrum, 2005, 76: 063103.

[279] Tian Q G, Wang K D, Shan X, et al. A high-sensitivity angle and energy dipersive multichannel electron momentum spectrometer with 2π angle range. Rev Sci Instrum, 2011, 82: 033110.

[280] Zhang Z, Shan X, Wang T, et al. Observation of the interference effect in vibrationally resolved electron momentum spectroscopy of H_2. Phys Rev Lett, 2014, 112: 023204.

[281] Watanabe N, Chen X J, Takahashi M. Interference effects on (e, 2e) electron momentum

profiles of CF₄. Phys Rev Lett, 2012, 108: 173201.

[282] Wang E L, Shan X, Tian Q G, et al. Imaging molecular geometry with electron momentum spectroscopy. Sci Rep, 2016, 6: 39351.

[283] Xu C K, Chen X J, Zhou X, et al. Spatially resolved scanning probe electron energy spectroscopy for Ag islands on a graphite surface. Rev Sci Instrum, 2009, 80: 103705.

[284] Xu C K, Liu W J, Zhang P K, et al. Nonlinear inelastic electron scattering revealed by plasmon-enhanced electron energy-loss spectroscopy. Nat Phys, 2014, 10: 753.

[285] Xu L Q, Liu Y W, Kang X, et al. The realization of the dipole (γ, γ) method and its application to determine the absolute optical oscillator strengths of helium. Sci Rep, 2015, 5: 18350.

[286] Kang X, Liu Y W, Xu L Q, et al. Oscillator strength measurement for the A (0–6) –X(0), C (0) –X (0), and E(0) –X (0) transitions of CO by the dipole (γ, γ) method. Astrophys J, 2015, 807: 96.

[287] Liu Y W, Kang X, Xu L Q, et al. Oscillator strengths of vibrionic excitations of nitrogen determined by the dipole (γ, γ) method. Astrophys J, 2016, 819: 142.

[288] Fischer C F. Brag T. Johnsson P, Computational Atomic Structure: An MCHF Approach. Bristol and Philadelphia: Institute of Physics Publishing, 1997.

[289] 邹亚明 . 电子束离子阱及高电荷态离子相关物理 . 物理，2003, 32: 98.

[290] Beyer H F, Shevelko V P, Introduction to the Physics of Highly Charged Ions. Bristol and Philadelphia: Institute of Physics Publishing, 2003.

[291] Gabriel A H. Highly charged ions in astrophysics. Phys Scr, 1974, 9: 306.

[292] Fournier K B, Pacella D, May M J, et al. Calculation of the radiative cooling coefficient for molybdenum in a low density plasma. Nucl Fusion, 1997, 37: 825.

[293] Kallne E, Kallne J, Pradhan A K. X-ray line intensities for ions of the helium isoelectronic sequence in high-temperature plasmas. Phys Rev A, 1987, 28: 467.

[294] Zou Y, Hutton R. Handbook for Highly Charged Ion Spectroscopic Research. Boca Raton: CRC Press, 2012.

[295] 陈卫东 . 高精度高压分压仪及其在双电子复合共振能量精密研究中的应用 . 上海：复旦大学，2008.

[296] Marrs R E, Levine M A, Knapp D A, et al. Measurement of electron-impact–excitation cross sections for very highly charged ions. Phys Rev Lett, 1988, 60: 1715.

[297] Nakamura N, Asada J, Currell F J, et al. An overview of the Tokyo electron beam ion trap. Phys Scr, 1997, T73: 362.

[298] Crespo López-Urrutia J R, Dorn A, Moshammer R, et al. The Freiburg electron beam ion trap/source project FreEBIT. Phys Scr, 1999, T80(B): 502.

[299] Chantrenne S, Beiersdorfer P, Cauble R, et al. Measurement of electron impact excitation cross sections for helium-like titanium. Phys Rev Lett, 1992, 69: 265.

[300] Marrs R E, Elliott S R, Knapp D A. Production and trapping of hydrogenlike and bare uranium ions in an electron beam ion trap. Phys Rev Lett, 1994, 72: 4082.

[301] López-Urrutia J R C, Beiersdorfer P, Savin D W, et al. Direct observation of the spontaneous emission of the hyperfine transition F=4 to F=3 in ground state hydrogenlike ^{165}Ho^{66+} in an electron beam ion trap. Phys Rev Lett, 1996, 77: 826.

[302] Beiersdorfer P, Utter S B, Wong W L, et al. Hyperfine structure of hydrogenlike thallium isotopes. Phys Rev A, 2001, 64: 032506.

[303] Draganic I, López-Urrutia J R C, Dubois R, et al. High precision wavelength measurements of QED-sensitive forbidden transitions in highly charged argon ions. Phys Rev Lett, 2003, 91: 183001.

[304] Träbert E, Beiersdorfer P, Brown G V. Observation of hyperfine mixing in measurements of a magnetic octupoledecay in isotopically pure nickel-like ^{129}Xe and ^{132}Xe ions. Phys Rev Lett, 2007, 98: 263001.

[305] Lapierre A, Jentschura U D, López-Urrutia J R C, et al. Relativistic electron correlation, quantum electrodynamics, and the lifetime of the $1s^22s^22p^2p^0_{3/2}$ level in boronlike argon. Phys Rev Lett, 2005, 95: 183001.

[306] Yamamoto N, KatoT, Funaba H, et al. Measurement and modeling of density-sensitive lines of Fe XⅢ in the extreme ultraviolet. APJ, 2008, 689: 646.

[307] Beiersdorfer P, Scofield J H, Osterheld A L. X-ray-line diagnostic of magnetic field strength for high-temperature plasmas. Phys Rev Lett, 2003, 90: 235003.

[308] Bernitt S, Brown G V, Rudolph J K, et al. An unexpectedly low oscillator strength as the origin of the Fe XⅦ emission problem. Nature, 2012, 492: 225.

[309] Gruber L, Holder J P, Steiger J, et al. Evidence for highly charged ion Coulomb crystallization in multicomponent strongly coupled plasmas. Phys Rev Lett, 2001, 86: 636.

[310] Schmöger L, Versolato O O, Schwarz M, et al. Coulomb crystallization of highly charged ions. Science, 2015, 347: 1233.

[311] Lu D, Yang Y, Xiao J, et al. Upgrade of the electron beam ion trap in Shanghai. Rev Sci Instrum, 2014, 85: 093301.

[312] 路迪. 上海 EBIT 装置优化改造. 上海：复旦大学，2013.

[313] Dubau J, Volonte S. Dielectronic recombination and its applications in astronomy. Rep Prog Phys, 1980, 43: 199.

[314] Zatsarinny O, Gorczyca T W, Fu J, et al. Dielectronic recombination data for dynamic finite-density plasmas. Astron Astrophys, 2006, 447: 379.

[315] Chen W D, Xiao J, Shen Y, et al. Precise studies on resonant energies of the first intershell KLL dielectronic recombination processes for He- up to O-like Xenon. Phys Plasmas, 2008, 15: 083301.

[316] Yao K, Geng Z, Xiao J, et al. KLL Dielectronic recombination resonant strengths of He-like up to O-like xenon ions. Phys Rev A, 2010, 81: 022714.

[317] Tu B, Xiao J, Yao K, et al. Dual Fano and Lorentzian line profile properties of autoionizing states. Phys Rev A, 2015, 91: 060502.

第三章
先进光源与原子分子物理

第一节　研究目的、意义和特点

　　光与物质相互作用是最基本的自然现象，也是长久以来人类认识世界的主要途径，科学发展史上每一次新光源的诞生都为人类带来了无限的惊喜。特别是1960年激光器的出现，开辟了光与物质相互作用研究的新篇章，迄今已经有16项与激光密切相关的科学研究获得诺贝尔奖，这些重大科学突破大多源自光场技术的进步及其在不同科学领域中的应用。目前已经能够产生脉冲宽度最短达43阿秒[①]的光脉冲，利用超短脉冲激光获得10^{22}瓦/厘米[^{2}]的强脉冲光场，在技术上已经达到原子分子量子动力学过程时间尺度上的超快时间分辨和与原子分子内部相互作用强度可比拟的外场强度。在光子能量上以自由电子激光为代表的新一代同步辐射光源大科学装置能够产生相干短波长（真空紫外至硬X射线）辐射，同时实验室台面的短波长相干辐射光源也可以通过强激光与原子分子作用产生。这些先进光场的出现正在推动原子与分子物理及其他领域的前沿研究不断地深入。另外，超短激光脉冲整形技术和载波相位可控技术的出现使激光光场调控出现了全新的研究改变量，通过光场与物质相互作用物理过程的精密控制，获得具有特定多维（偏振、相位、频率、振幅、脉宽及模场）时空结构的先进光场，研究这些先进光场对原子、分子、电子及其他物质体系的调控，

---

　　① 　1阿秒 =1×10^{-18}秒。

正在不断地发现新现象和揭示新物理，并且推动着诸多交叉研究及应用领域的发展。

值得注意的是，随着超快光场的实现，一个全新学科领域——阿秒物理学正在国际上兴起，这一领域的研究将对物质中能量、状态、性质及其变化的规律产生新的认识，为人们认识物质内部电子运动动力学及其产生的新现象、新效应、新规律打开一扇新的大门。正在成熟的阿秒光脉冲技术能够实现对量子态电子演变过程实时观测，实验中已经能够实现对价电子运动、原子中光电子发射的时间延迟及分子内势能面上角锥交叉动力学的实时观测，进而实现对原子分子内的电子动力学在空间精度为埃、时间精度在数十阿秒量级的超高精度调控。在阿秒时间尺度和原子空间尺度探索微观世界物质内部的能量和物质转移及信息传递过程，从而理解原子分子内的复杂动力学过程，理解光与物质相互作用的能量和角动量传递过程，进而将能够实现对相关的物理、化学和生物过程的精确量子调控。国家在中长期科学和技术发展规划中把量子调控和量子信息研究作为重点部署，即探索新的量子现象，构建未来信息技术理论基础。在相关项目支持下，开展了原子分子量子态的超快调控与精密测量方面的研究，围绕原子分子量子态的演化及动力学过程精密观测、超快光场与原子分子量子态相干作用的控制、基于超快调控的电子波包制备及相干辐射产生和原子分子量子态超快调控的环境效应，集中突破了超快光场多参量剪裁、太赫兹及高次谐波新型光场产生及同步测量、多粒子动量符合成像探测等关键实验技术，以及三维求解含时薛定谔方程、量子散射矩阵理论、多维量子动力学等理论和数值方法等多项关键实验技术，深入研究认识原子分子及其电子的量子状态性质、演化规律及相互作用机理，取得了一些有影响的原创性和系统的研究成果，实现了量子态水平上的分子、原子、电子的超快调控，并为进一步的阿秒科学技术发展奠定了良好的基础。另外，随着新一代同步辐射、自由电子激光等大科学装置的建立，人类认识物质世界的能力有了长足的进步。由这些先进光源产生的光子具有更高的能量，能够选择物质中特定原子内壳层激发而实现元素灵敏测量。X射线自由电子激光的极高亮度、相干和超快时间特性，更是为揭示物理机制、生命机理、量子调控、化学反应等重大科学问题提供了前所未有的动力学探索、结构解析和高分辨成像等尖端研究手段，超高亮度自由电子激光建设与应用是国家在前沿基础科学研究上的战略性需求和前瞻布局。

第二节　国内外研究现状、特色、优势及不足

一、飞秒强激光场中原子分子动力学及其阿秒物理

（一）研究的意义和特点

光与物质相互作用一直是人们探索物质结构及其运动规律的重要手段。20 世纪 60 年代激光的诞生开启了光与物质相互作用研究的新篇章，80 年代以来逐渐发展成熟起来的超短脉冲激光技术为人们深入认识微观物质世界规律，探索极端强场超快条件下的物理新现象、新效应提供了全新的技术手段与途径。通过开展飞秒强激光与原子分子相互作用研究，一方面，可以利用飞秒激光提供的超短光脉冲对分子、原子及其内部电子超快动力学过程实时观测及操控，通过发展实时观测和超快精确控制等技术及相应的理论模型和精确数值计算方法，深入认识原子分子及其电子的量子状态性质、演化规律及其相互作用机理，实现量子态水平上的分子、原子、电子的超快调控；另一方面，飞秒光脉冲所产生的强电场可以相当于甚至超出原子核对外层电子的库仑作用力，使得在一个全新非微扰区内认识光与原子分子相互作用成为可能，陆续发现了多光子电离、阈上电离、高次谐波产生、隧穿电离、多电子电离及库仑爆炸等一系列新奇的原子物理现象。通过对这些新奇物理现象的研究，不仅进一步加深了对极端外场条件下原子分子的性质、动力学及环境效应的认识，而且直接催生了新技术，推动了新兴学科领域（如台面式极紫外相干光源产生、阿秒物理、分子超快成像等）的诞生与发展。

精确测量原子分子量子态之间复杂的相互作用及其量子行为，发现和认识新奇的量子现象和量子效应，是产生新概念、新方法和新技术的源泉。对分子和分子体系量子过程和量子态的认识是基于分子器件的信息处理技术的关键。在量子效应基础上发展的分子器件及逻辑算法，可能成为微电子技术达到物理极限后的替代技术并对下一代信息处理技术的产生和发展起决定性

的作用，正成为发达国家激烈竞争的焦点。分子量子态的演化是一个非常复杂的过程，涉及分子电子态及核的振动转动自由度间的各种形式的超快非绝热相互作用。由于存在这些相互作用，分子被激发后能量在不同电子和核运动的自由度间重新分配，初始激发态有多种可能的演化途径，导致不同的动力学过程。以超快激光为代表的先进光场技术的飞速发展，使人们向实现实时监测分子内部量子态及其演化过程迈进了一大步，尤其是新的阿秒光源产生技术离不开人们对原子分子量子态超快演化的认识和控制。目前技术上已经能够达到在分子量子动力学过程的时间尺度——皮秒（ps）、飞秒（fs）乃至阿秒（as）量级上的超快时间分辨和与分子内部相互作用强度可比拟的外场强度，实现对原子分子内部量子态及其演化过程的测量，并使得对其量子行为演变的深入认识成为可能。在实验中十分有必要发展新的方法和技术来更全面、精确地测量分子量子态行为及其相互作用过程，包括分子量子态选择、控制和精确测量技术及超快激光剪裁技术等，从分子内部运动周期的时间尺度上，揭示分子体系量子态演化的动力学过程，认识和掌握分子量子态相互作用和演化规律，实现实时精确监测量子态的演化和达到控制量子态演化过程的目的。

（二）国际研究现状、发展趋势和前沿问题

超快强激光与原子分子相互作用研究最早可以追溯到 20 世纪 70 年代。在强激光辐照下，原子分子的行为呈现出强烈的非线性效应，人们在实验中相继观测到多光子电离、阈上电离、高次谐波产生等各种现象，背后的物理机制被确认主要源于原子分子内电子在超快光场作用下的相干动力学，这些动力学过程无法用传统的微扰理论来解释[1]。其中一个最具代表性的物理现象就是阈上电离（above-threshold ionization，ATI）[2]。当用一束强的超短光脉冲辐照气相原子时，原子电离产生的光电子能谱将形成间隔为一个光子能量的一系列等间隔能谱峰，意味着强激光场中的原子可以吸收多于达到电离所必需的最少光子数。阈上电离实验现象的发现表明，激光与原子分子的相互作用进入非微扰区域，标志着强场原子物理的开端。这之后，伴随着超快激光技术的成熟及原子分子谱仪方法的快速发展，人们围绕飞秒强激光与原子分子相互作用开展了系统、深入的研究，并不断取得新进展。特别是基

于超快激光驱动电离电子与母体复合能够产生高次谐波及超连续辐射，在时域范畴上短至 43 阿秒的超短脉冲已经产生[3]，在频率范畴上已经可以产生水窗波段甚至是千电子伏的 X 射线[4,5]。近年来，超快激光与物质相互作用研究的飞速发展极大地推动了在物理、化学及生物相关领域的超快电子动力学的研究，对原子、分子和材料的量子态超快调控起到重要作用。随着超快激光作用物质高次谐波产生研究的飞速发展，研究者能够以前所未有的精度观测和调控气体、液体乃至固体中的超快电子动力学，这对理解超快强飞秒激光与原子分子相互作用的高度非线性相互作用中电子在光场中的电离和传播等效应具有重要意义。尤其是，新近发展的研究手段为人们对原子分子多次电离过程中的电子动力学观测和操控提供了新的方案。

1. 原子分子的强场超快电离研究

1）原子分子的阈上电离研究

自 20 世纪 70 年代末在实验中首次发现阈上电离现象后，之后的几十年里，结合不断发展的超短脉冲激光技术，人们对原子分子阈上电离现象的认识不断深入。进一步的实验研究发现：①随着激光强度的增加，人们发现对应强度最大的阈上电离电子峰位置向高能部分移动，同时低能区的电子峰逐渐受到抑制［图 3-1(b)］[6]，其根源是在强激光场中原子电离阈会发生显著斯塔克（Stark）移动，导致电子需要吸收更多的光子才能发生电离；②随着激光脉冲宽度的减小，当脉冲宽度短于皮秒时，长脉冲（指几十皮秒及以上）下的阈上电离电子峰将分裂成几个精细结构［图 3-1(c)］[7]，这些电子谱精细结构由发生交流斯塔克移动的原子高里德伯（Rydberg）能级与激光场之间发生的多光子共振引起；③随着飞秒脉冲强度的进一步增加，强场电离进入隧穿电离区，阈上电离光电子能谱展现出一些不依赖于原子种类的相似特征[8]［在能量为 $0\sim2U_p$（U_p 为电子的有质动能）的区域，电子产额随能量快速衰减；在能量为 $2U_p\sim10U_p$ 的区域，出现一平台区，电子产额基本不随能量发生变化；当能量达到 $10U_p$ 后，电子产额发生急剧衰减；同时高能平台区电子出现奇异的角分布，即除了沿着激光电场方向存在一最大值外，在偏离激光场某一方向还将出现极大值］［图 3-1(d)］。进一步的实验研究还发现了光电子谱高能平台区出现类似共振增强结构，其物理机制目前尚存争议[9,10]，以及在少周期脉冲作用下光电子谱对载波包络相位的依赖[11,12] 等。

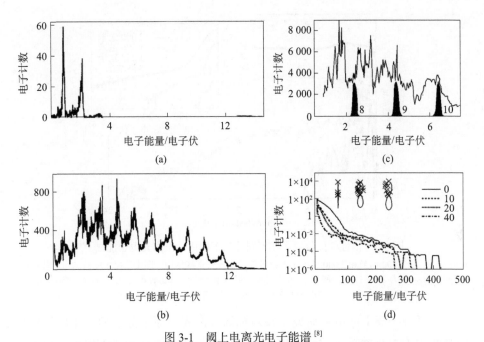

图 3-1　阈上电离光电子能谱 [8]

(a)，(b)Xe 原子，激光为 1064 纳米、135 皮秒，光强分别为 2.5×10^{13} 瓦/厘米^2 和 4.9×10^{13} 瓦/厘米^2 [6]；
(c)Ar 原子，激光为 616 纳米、300 飞秒，光强为 2.0×10^{14} 瓦/厘米^2 [7]；(d)He 原子，激光为 780 纳米、
160 飞秒，光强为 8×10^{14} 瓦/厘米^2。图中还给出了不同能量电子的角分布

在 21 世纪以前，因超快激光增益介质（如钛宝石）等的限制，绝大多数强场原子电离的实验研究局限于 800 纳米附近的可见或近红外波段。直到 2000 年，由于可调谐中红外波段的超强超短激光技术领域的突破性进展，中红外波长条件下的强场电离实验研究得以深入开展。长波长激光为研究隧穿电离极限下的强场电离提供了有效手段，在这样的极限条件下有望发现电离新现象。2009 年，美国[13] 和中国[14] 的几个研究小组同时开展了基于中红外强激光场的原子分子阈上电离实验。研究发现，中红外新波段电离光电子能谱在低能端出现了令人惊异的峰状新结构（图 3-2）。结合半经典轨道理论方法，研究人员揭示了低能结构背后隐藏的物理机制：隧穿电子在返回原子核时受长程库仑相互作用被聚焦到激光电场，导致出现低能电子结构。该阈上电离实验的新发现引起了强场原子物理研究领域的广泛关注，国际上多个研究小组针对该现象开展了后续研究[15-18]，对其产生物理机制做了进一步分析，同时发现了比低能结构能量更低的近零能量结构的存在[19,20]，对近零能量结构产生的物理机制还有待进一步澄清。

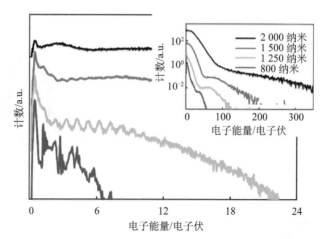

图 3-2 惰性气体氙原子在不同波长下的阈上电离光电子能谱 [14]

长波长下（如 1 500 纳米和 2 000 纳米）能谱低能端出现新奇峰结构。图中给出了完整的电子能谱图。
激光场强度为 8.0×10¹³ 瓦/厘米²，脉冲宽度分别为 40 飞秒（800 纳米）、30 飞秒（1 250 纳米
和 1 500 纳米）、90 飞秒（2 000 纳米）

原子分子阈上的电离研究不仅对加深强激光与原子分子相互作用物理机制的认识有重要意义，同时对阈上电离的深入认识还被直接应用于对超快激光场的诊断和控制，并推动了新型超快时间分辨方法的建立与发展。例如，利用少周期飞秒光脉冲驱动的阈上电离谱对光脉冲宽度、强度及载波包络相位等重要参量的极端敏感性[21,22]发展起来的立体阈上电离谱仪，已经成为国际上诸多先进超快实验室诊断少周期飞秒光脉冲不可或缺的工具；基于对阈上电离电子能谱中出现的丰富结构的认识，人们逐渐发展起来激光诱导电子衍射方法[23]与光电子全息术[24]，为在阿秒时间尺度和原子级空间尺度上开展原子分子结构及动力学成像研究提供了重要手段。2008 年，美国堪萨斯州立大学与日本东北大学两个研究小组从实验中测量的阈上电离光电子动量谱分布，提取出了原子分子靶体的电子散射截面[25-27]；加拿大国家研究院研究小组将该方法应用到简单双原子分子体系，结合电子衍射原理，从实验测量得到的光电子谱中反演得到分子初态结构[28]。2012 年及 2016 年，美国俄亥俄州立大学与西班牙的小组分别进一步结合激光诱导电子衍射方法，利用强场电离产生的超短电子束实时探测了分子光解离过程的演化[29,30]。可以预见，结合阈上电离现象开展的强场原子分子物理过程及超快分子成像研究在未来将继续受到研究领域的广泛关注。

2）原子分子的多电子电离中的关联效应

原子分子与飞秒强激光场相互作用时，不仅会出现上面所介绍的主要涉及单个电子动力学的阈上电离现象，其内部的两个电子甚至更多个电子会被剥离出来，即发生双电离或多次电离[31-33]。研究发现，在一定光强范围内，这些电子并不是一个一个、有次序地被剥离，即原子分子的双（多）次电离可以通过一种非顺序过程发生，表现在实验测量到的二（多）价离子产额比基于单电子近似的理论模型计算得到的离子产额要高几个量级。非顺序双（多）电离涉及电子关联，为深入理解强激光驱动原子分子过程中的电子关联效应提供了理想研究体系。

尽管强激光场下的原子多电子电离现象于 1977 年就在碱土金属原子电离研究中被观察到[34]，广泛研究兴趣源于 20 世纪 90 年代中期美国 Dimauro 小组开展的针对惰性气体 He 原子的双电离实验研究[35]。他们发现在 $10^{13} \sim 10^{15}$ 瓦/厘米^2 强度范围内，实验测量的 He^{2+} 产额比建立在"单电子近似"上的理论模型计算要高出 6 个量级甚至更多，整条曲线表现出独特的"膝盖"状结构［图 3-3(a)］，表明原子电离的两个电子之间存在某种强烈的关联作用。究竟是什么样的关联作用能够导致如此高的双电离概率？早期人们提出了多种猜测，如振离（shakeoff）[36]、电子再散射（rescattering）[1] 和集体隧穿（collective tunneling）模型[37] 等。

经过多年的大量理论和实验研究，电子再散射最终被公认为是引起"膝盖"结构的主要物理机制。几个重要实验证据来自：①二价离子产额随激光椭偏率的变化关系。实验发现，随着激光椭偏率的增加，二价离子产额急剧下降[38]。②与不同价离子符合的光电子能谱［图 3-3(b)］。实验发现，来自二价离子的光电子能量明显比来自一价离子的光电子能量要高[39,40]。③反冲离子动量分布。沿激光场偏振方向的二价离子动量分布的最大值处在显著不为零位置［图 3-3(c)］[41,42]。④电子动量关联分布。从动量关联谱可以看到［图 3-3(d)］，两个电子具有近似动量，它们主要分布在第一、第三象限中的两个椭圆形亮斑区域内，表明两个电子倾向于沿着激光电场的同一方向发射[43-45]；关联谱中出现的精细手指状结构［图 3-3(e)］来源于同时发射出来的两个电子之间的库仑排斥[46]。所有这些实验结果都与振离和集体隧穿理论相违背，而与再散射理论模型预言相一致。在多原子分子的强场电离过程电子关联效应研究中，实验中也观测到 Cs_2 分子在 50 飞秒、800 纳米强激光场双电离产额中表征强场非顺序电离的特征"膝盖"结构，且二价离子产率对激光椭偏率存在强烈依赖。结合经典系综理论计算给出的电子关联动量分布、电子相互作用及运动轨道分析说明了隧穿电离电子回碰即再散射是导致 Cs_2 分子非顺序电离的重要原因，这一过程可以用碰撞直接电离及碰撞激发再电离两种机制进行解释[47]。

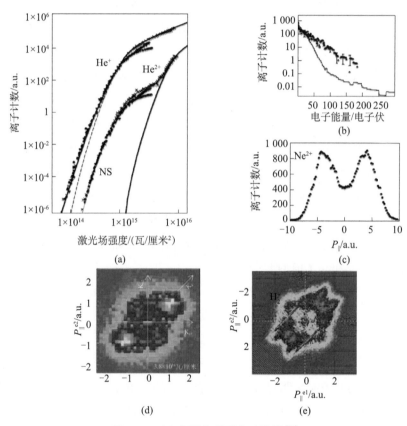

图 3-3　双电离研究重要实验结果[44]

(a) He 原子单（双）电离率随激光场强度变化曲线，激光为 780 纳米、160 飞秒[35]；(b) 与不同价氦离子符合的光电子能谱（黑点对应 He^{2+}，黑线代表 He^+），激光为 780 纳米、100 飞秒、8.0×10^{14} 瓦/厘米[2][40]；(c) Ne^{2+} 动量谱，激光为 795 纳米、30 飞秒、1.3×10^{15} 瓦/厘米[2][42]；(d) 氩原子双电离引起的电子动量关联谱，激光为 800 纳米、220 飞秒、3.8×10^{14} 瓦/厘米[2]，参考文献 [43]；(e) 氦原子双电离引起的电子动量关联谱，激光为 800 纳米、40 飞秒、4.5×10^{14} 瓦/厘米[2]

　　在原子分子内部多体关联动力学方面另一个值得注意的新物理现象是飞秒强激光场中原子分子里德伯态激发。强激光场中原子分子电离现象广泛地为三步模型[1]所描述，其中涉及的核心是隧穿电离电子在振荡激光电场中与原子分子离子实发生的重碰撞（弹性或非弹性），由此引发了原子分子的再电离、电子复合伴随的光子辐射即高次谐波产生。而原子分子在飞秒强激光场中的里德伯态激发被认为是对上述三步模型过程的补充，表明了长程库仑相互作用在原子分子超快电离动力学中的重要作用。研究人员从实验和理论上系统地研究了在飞秒强激光场中的原子分子里德伯态激发现象，深入揭示了其背后的物理机制。通过研究在不同椭偏率的 800 纳米激光场中原子里德伯态产率的变化，并与强场非顺序双电离进行了比较，证实了激发产率对激光椭偏率强烈依赖的物理机制，指出强场里德伯态激发与低能隧穿电子诱导的相关物理过程的关联[48]。进一步，他们首次在分子体系中观测到强场中的里德伯态激发，与具有相同电离限的原子对比并结合数值求解薛定谔方程的计算，揭示了分子强场激发中的分子结构效应[49]。

近年来，强激光场下的原子分子多电子电离研究主要向以下几个方面发展。

（1）新波段下的原子双电离研究。一方面，类似前面介绍的阈上电离研究，结合日益成熟的飞秒光参量放大技术，开展长波长（如中红外波段）下的原子双电离研究，可能更深入地揭示强场下的电子关联行为。研究已发现，中红外波长下惰性气体氙原子的二价离子动量分布及电子关联谱展现出与近红外波段研究结果的明显差异[50,51]，表明导致原子非顺序双电离的再散射电子回碰机制与激光波长有强烈依赖关系。另一方面，自由电子激光技术[52,53]的出现和成熟，将使强场电离研究向短波长极限延伸。在极紫外乃至 X 射线波段强激光作用下，一种完全不同的多电子电离情形将出现：内壳层电子被首先电离，并伴随俄歇过程发生[54]。由于原子内壳层结构、电子关联及共振等多种物理效应的介入，短波长极限下的强场原子电离行为将变得更复杂，对相关理论研究工作提出新的挑战。

（2）利用少周期飞秒脉冲对电子关联行为的超快控制。研究发现非顺序双电离引起的电子动量关联分布强烈依赖于少周期脉冲宽度及与之紧密关联的载波包络相位[55-57]。这表明，利用激光载波包络相位能够在阿秒量级的时间尺度上精确控制两电子电离动力学及电子关联行为。

（3）复杂分子体系的双电离研究。相对简单原子，分子具有复杂结构，如具有多个原子核及额外的振动和转动自由度。目前对复杂分子双电离行为的研究工作还非常有限，但已有结合简单双原子分子（如氧分子和氮分子）的研究发现，分子初态结构、分子核间距取向等都将影响其双电离行为[58,59]。可以预见，进一步研究工作将揭示飞秒强激光场下分子双电离过程中的更多丰富多彩的特性。

3）原子分子双电离超快动力学的研究与操控

双电离过程是光场与原子、分子和材料相互作用过程中一个极重要的物理现象，双电离的研究对于电子-电子关联机制的研究极为重要（在前文中已做详细介绍），也是体系内电子关联特性研究的重要手段，一直是光与物质相互作用研究领域的一个重要课题。超快强激光因其具有超快的时间分辨特性、超高的电场强度及良好的时空操控特性，近些年来利用超快强激光研究原子分子的双电离特性成为强场原子分子物理领域的重要研究方向，并且在国际和国内受到科研工作者的广泛关注。这里主要介绍原子分子双电离的超快探测和操控方面的一些重要研究进展。

2011 年，瑞士的 Keller 研究组基于阿秒钟（attoclock）方法研究了顺序双电离过程中电子电离时间问题，通过电子符合测量及电离过程中第一个电子和第二个电子动量的大小与角度获取，得到了两个电子在顺序电离区分别的电离时间，并得到超快强激光下原子双电离的延迟时间，结果如图 3-4 所示[60]。通过对比实验测量和理论计算的双电离结果发现，实验测量得到的双电离延迟时间比理论值小。该方法提供了一个能够测量原子分子在顺序区电离延迟的方案，后续的理论研究详细讨论了双电离过程的电子关联及强场下原子电离的时域信息，为人们理解原子、分子的双电离提供了更好的基础。2017 年，Lin 等将这种方法拓展到复杂分子的研究过程中，发现苯分子在圆偏振激光作用下双电离过程包含两种电离机制，分别是非顺序电离和顺序电离。实验测量结果发现，双电离的概率在第一个电子电离后的 500 阿秒这个过程中会大大增加，此时电离的两个电子夹角比较小，后续他们还研究了多轨道电子对双电离的影响[61]。该方法还被用来研究 H_2 分子在顺序电离过程产生库仑爆炸通道对电子的影响，结合分子坐标系下的电子分布测量发现解离的离子对电子动量分布也有非常重要的影响，并且能够获得亚周期的电离动力学对解离的影响和贡献。

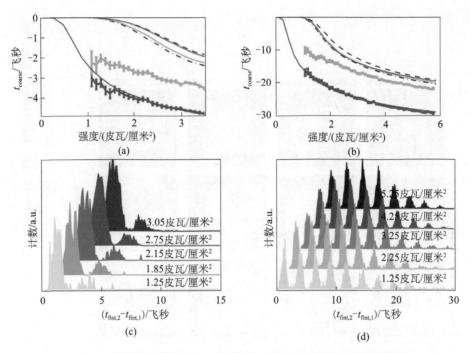

图 3-4　椭偏激光作用下 Ar 原子两个电子电离时间与电离延迟图

(a)、(b) 分别是 7 飞秒和 33 飞秒激光作用时两个电子电离时间分布；(c)、(d) 是得到的两个电子亚周期电离延迟分布[44]

　　在对 Kr 原子的双电离中利用超快光场对电子-电子关联机制及其动力学的调控研究中，发现了 Kr 原子内层电子对其双电离过程的影响，揭示了强场中原子双电离过程的电子结构效应及其对电离电子运动状态的调控作用。先前的研究发现，Xe 原子的内壳层电子屏蔽效应对原子双电离很重要，但是这一效应在 Ar 原子中却不明显。从光强的非顺序双电离和顺序双电离区测量了 Kr^{2+} 的动量分布及与其符合的两个电子的动量关联特征（图 3-5），发现低光强下电子关联呈现出强烈的反关联特征，随着光强升高，反关联迅速转换为正关联，进一步增强光强，正关联特征持续增加且动量范围扩大。在较低光强下考虑内层电子屏蔽效应的半经典方法的计算结果与实验符合很好，而在高光强下考虑库仑聚焦效应的类 He 模型计算结果跟实验符合很好。这些结果表明 Kr 原子双电离过程明显存在内层电子屏蔽势与库仑聚焦效应的竞争，改变超快光场的强度能够有效地控制返回电子能量使其感受到不同的内层电子作用。对在类氢模型、屏蔽势模型下返回电子轨迹在核附近分布

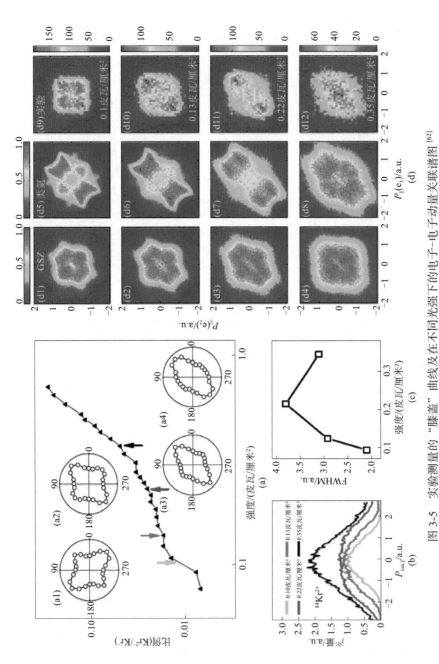

图 3-5 实验测量的 "膝盖" 曲线及在不同光强下的电子-电子动量关联谱图[62]

(a) 二价母体离子动量随光强的变化；(b) 分布宽度的变化；(c) 分布半高宽的变化。理论计算结果在图 (d) 给出，其中左列、中列分别为考虑屏蔽效应的模型势、类 He 模型势得到的结果，右列为实验结果

及典型的束缚态和自由态的电子轨迹计算还表明，在屏蔽势（GSZ）模型下围绕核中心出现的高密度分布表现出在非平方反比力作用下导致的电子轨迹纠缠[62]。

在超快强飞秒激光作用原子分子时，原子的非顺序双电离过程和顺序双电离存在着非常显著的差别，一般认为非顺序双电离过程中电子之间具有很强的电子库仑关联作用，而顺序电离过程中电子之间是不存在关联的。而随着研究的深入和研究手段的拓展，人们发现顺序电离的电子之间也存在某种联系并非完全独立分开的，这种关系可以是建立在电子电离后离子态的演化上、离子态的自旋分布上、分子诱导偶极振荡上，也可以是建立在电子-电场相互作用上。Fleischer 等发现，某些最外层是 p 轨道的原子和分子在强飞秒激光电离掉一个电子后再继续电离，由于第一个电子电离后离子会处于一个不同旋轨耦合的相干态上，此时电离的第二个电子的角度分布和电离产率会受第一个电子的电离延迟时间的影响产生周期性的变化[63]。后续的研究还发现，由于强场电离制备的相干波包还会影响电子的横向动量，通过对实时横向动量演化的测量可以进一步得到电子的相干波包分布情况[64]。研究人员还发现，当利用两束相同和相反旋度的激光作用原子时，原子的电离概率及电子的动量分布会出现较大差别，这个主要是由于原子中不同磁量子数的电子在不同旋度的激光作用下电离概率和初始动量分布会有较大的差异，如图 3-6 所示[65]。通过原子分子本身属性及光场的演化建立起的电子关联，虽然和非顺序双电离过程中的库仑强关联有明显的差异，但是为理解电子之前的关联和演化作用提供了更深入的信息并为电子的相干控制提供了新的方案。

在强飞秒激光作用下，分子的多电子和多轨道效应起着非常重要的作用，如测量准直分子高次谐波的演化能够给出不同分子轨道对高次谐波产生的贡献。分子电离电子动力学中揭示了离子实的动态极化对外壳层电子在激光场驱动下的电离动力学有重要影响，在多轨道效应方面利用荧光测量证实了低位轨道在 CO_2 分子隧穿电离中的作用[66]，并且发现了在 CO 分子中顺序双电离可以来源于多个轨道的贡献，强场隧穿电离性质由这些参与的多轨道决定[67]。而且，对于 C_2H_2 分子的双电离研究发现，母体离子产生和碎片离子产生的轨道有很大差异，不同解离通道来源于不同轨道电子的电离，并且通

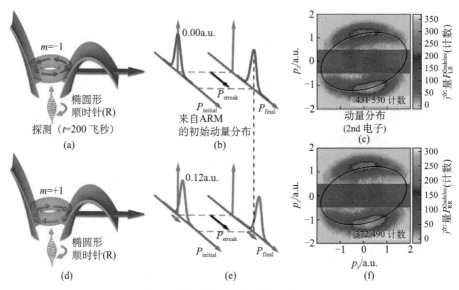

图 3-6　椭偏下原子磁量子数对强场电离的影响 [65]

图 (a)、(b)、(c) 给出的是 $m=-1$ 时在椭偏光下隧穿电离示意图、电子初始动量及电子末态动量
分布。图 (d)、(e)、(f) 给出的是 $m=1$ 时对应的结果

P 代表动量

过控制分子的排列方向还能够实现对分子电离和解离通道的控制[68]。强场原子分子问题进一步的认识深化和解决问题的关键之一在于相互作用中的多电子效应，而深入理解这一效应有待于系统地、完整地实验测量和理论分析比较。近年来，发展的一些先进实验方法和精确理论计算打开了认识这一重要效应的窗口，提供了新的机遇。解决这一问题对于崭新的阿秒科学发展是非常有意义的。

4）分子量子态相干调控与电离解离动力学

在超快光场对分子空间转动状态操控方面，已经实现了分子转动量子态相干制备及其准直和取向的精确控制。通过建立的六极非均匀静电场转动态选择方法和飞秒激光泵浦探测离子速度成像测量，获取了分子在超快光作用后产生的非绝热准直和取向演化过程，比较不同转动态的分子的准直和取向演化规律，分析了分子转动激发机制和转动动力学，有效地通过分子初始转动量子态选择优化，在超快光场作用下分子非绝热准直与取向，获得了高准直程度（0.7）和高取向程度（0.84）的分子靶（图 3-7）[69-71]。

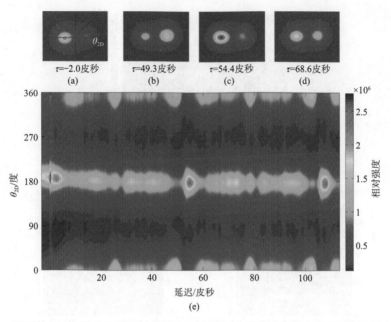

图 3-7　测量的 |111⟩ 转动态溴甲烷分子在 800 纳米飞秒激光作用之后的准直和取向演化过程，不同延迟时间下 Br^{2+} 强度的二维角度分布情况 [69]

　　实现单转动量子态的选择，能够更加清晰地获得飞秒激光作用分子的转动激发过程和转动跃迁路径[70]。通过建立和发展的有效的分子初始转动、振动及电子态和空间准直与取向的制备选择技术，实现了研究单一量子态和特定空间取向的分子与超快光场的相互作用和在分子坐标系下揭示量子态演化和动力学规律。实验获取的准直分子碘化甲烷（CH_3I）和溴化甲烷（CH_3Br）在强激光作用下产生的电离/解离产物母体离子和碎片离子的角分布完全不同，结合强场近似理论计算，能够确认出母体离子均主要来自分子最高层占据轨道的电离，而碎片离子主要来源于低轨道隧穿电离而布居到激发态产生的解离[72]。进一步通过多次电离研究，发现母体离子主要来自 π 轨道电离，而碎片离子主要来自 σ 类型轨道电离，证实了多电子效应对其电离/解离的影响[73]。

　　超快光场作用下分子的电离解离和库仑爆炸等各种过程产物的动量分布直接反映相关复杂多体过程的动力学。利用冷靶反冲离子动量谱仪测量技术（cold-target recoil-ion-momentum spectroscopy，COLTRIMS）和二体符合，确定出在飞秒强激光场（约 10^{14} 瓦/厘米^2）中氯甲烷分子的质子转移及库仑爆炸 8 个通道（图 3-8），包括 4 个质子转移通道（间接库仑爆炸通道）。实验

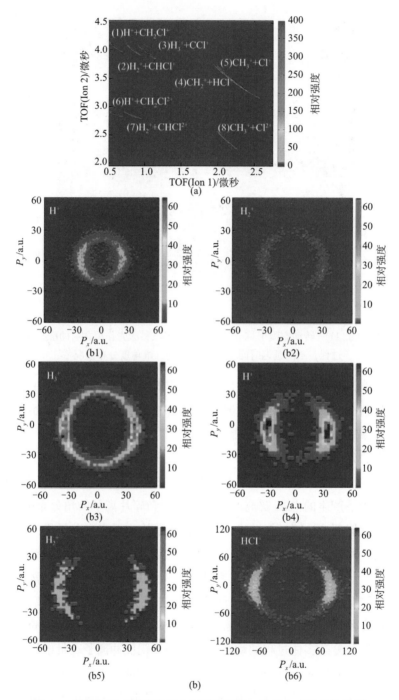

图 3-8　甲烷的解离通道及其离子不同通道二维符合动量成像图[74]

(b1) H⁺+CH₂Cl⁺；(b2) H₂⁺+CHCl⁺；(b3) H₃⁺+CCl⁺；(b4) H⁺+CH₂Cl²⁺；(b5) H₂⁺+CHCl²⁺；(b6) CH₂⁺+HCl⁺

结果还确认了从三价母体发生库仑爆炸过程中低能部分归于二价母体在解离中的再电离，高能部分则是直接电离三个电子形成高价母体离子再库仑爆炸的过程，并且三价母体库仑爆炸过程中顺序电离是主要电离机制。这也为通过超快光场调控分子内部原子运动及其异构或解离产率控制提供了一个可行性手段[74]。

5）激光场致电子衍射成像

由超快激光从分子中电离产生电子并由光场调控回撞母体分子，构成了一种能够同时兼具飞秒时间分辨和埃量级空间分辨的分子结构自成像方法。其中的工作之一是激光场致电子衍射成像方法应用到平面分子苯的成像中去，成功应用红外激光及中红外激光场致电子衍射方法获取苯分子结构。过程是通过分子在中红外超快激光场中隧穿电离产生的电离电子在激光场中运动返回与分子母体离子发生弹性碰撞，形成高能重散射电子，实验测量其动量角分布并从中获取某一特定返回电子动量下电子为母体离子弹性散射的微分散射截面子，进而可以与基于独立原子模型计算的散射截面总和做比较，两者之差表征出分子结构特征，进而进一步从实验测量与理论计算对比中最终拟合获得 C—C 和 C—H 的键长，如图 3-9 所示。这种方法的优越性在于能够超快地获取分子瞬态结构参数，实时监测到分子结构变化。

2. 强激光场中的高次谐波产生与太赫兹辐射研究

1）相干调控与阿秒脉冲产生和太赫兹辐射

通过对超快激光场脉冲波形进行剪裁，可以实现强场电子动力学的相干调控，优化阿秒脉冲（串）的产生。德国 Krausz 小组把激光脉冲宽度压缩为数个周期甚至单个周期，可以控制激光场中电子与原子散射/复合的次数，进而调控光电子能谱或高次谐波谱，实现单个阿秒脉冲产生[76]。利用高次谐波对电场偏振的高敏感性，美国 Chang（常增虎）小组通过精确控制双色场合成的激光场的偏振波形，利用较长红外脉冲实现了脉宽为 67 阿秒的光脉冲产生[77]。在基频（800 纳米）光驱动原子的过程施加微弱的二倍频光（400 纳米），加拿大 Villienuve 小组表明可以破坏高次谐波产生的对称性，导致偶次谐波的产生。通过精确控制双色场相位，可以在时域上建立类似迈克耳孙干涉装置，调制偶次谐波的产生，获取阿秒脉冲的产生相位/时刻，发展出阿秒钟的新概念[78,79]。

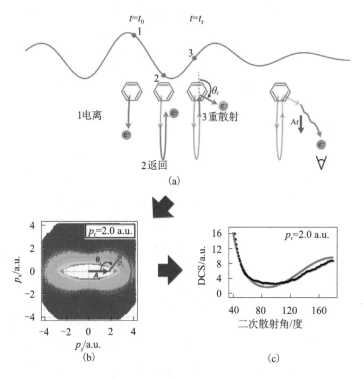

图 3-9 提取电子-离子弹性散射微分截面：激光场致电子衍射原理图 [75]

(a) 实验获得典型二维动量分布；(b)、(c) 图中为实验获得分子微分散射截面和计算得到的原子微分
散射截面之和

　　强激光电离气体中也会产生相干太赫兹辐射。实验发现驱动光中加入微
弱倍频光可使太赫兹辐射增强 3 个量级以上。在阿秒钟基础上发展的高次谐
波和太赫兹波谱学（high-harmonic and terahertz wave spectroscopy，HATS）
同步探测技术，通过精确控制双色场延迟，首次标定了双色场产生太赫兹
波的最优相位，揭示了双色激光场驱动电子对原子实的软碰撞是激光电离
原子产生太赫兹波的主要原因[80-82]，丰富了强场驱动电子再散射物理的研
究内涵，有助于更全面地刻画再散射电子波包的不同时间尺度的动力学信
息（图 3-10）。把 HATS 技术应用于取向分子体系，用太赫兹辐射强度标定
不同取向下的电离强度，可以独立于电离模型，通过测量各阶高次谐波辐射
强度直接得到光电离 / 复合截面，从而实现对分子轨道更准确的层析成像
（图 3-11）。

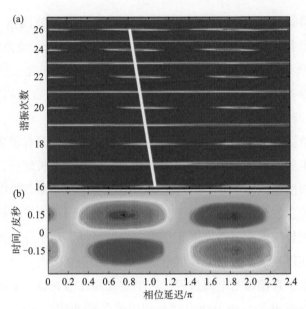

图 3-10　再散射电子波包的不同时间尺度的动力学信息 [80]
通过改变双色场相位延迟控制偶次谐波产生图 (a) 和太赫兹辐射 (b)

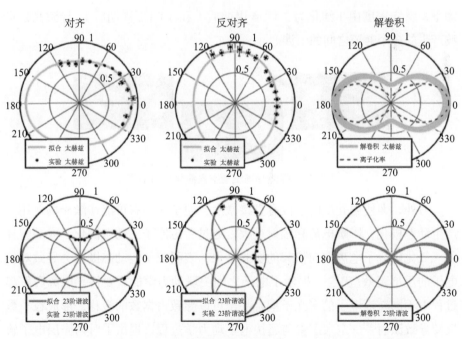

图 3-11　分子转动波包取向和反取向时太赫兹、23 阶谐波强度随激光偏振
与分子轴夹角的变化 [82]
第三列表示解卷积后得到的分子坐标下结果

这些工作表明，通过精确控制激光波形，对多个波段辐射进行探测，有可能探测及操控时间尺度不同但却互相关联的复杂电子动力学。近年来，随着对超短激光脉冲控制手段的多样化，如控制激光极化、涡旋等，对相关电子动力学过程，特别是对光与电子耦合基本物理过程的研究更加深入。

2）高次谐波产生与多电子效应

目前对单活跃电子参与的强场过程研究相对成熟，而对于多电子关联在强场中所产生的各种效应则需要深入研究。红外激光波长较长，难以直接穿透紧束缚（如惰性气体）原子的价壳层。但是由于激光驱动价电子作高速运动，其德布罗意波长有可能与原子实大小相比拟，因此电子与母原子的再散射过程有可能导致内壳层激发电子产生空穴。另外，对于分子体系，核的空间构型可能使得在某些方向上，价电子不足以完全屏蔽内壳层电子，从而导致不同壳层电子直接参与电离过程，产生空穴并在激光驱动下相干演化、迁移[83]，影响电离电子的相干动力学和相应的各种非线性过程。如图 3-12 所示，电离产生的空穴初始形状 1 由电离通道间的相干相位决定。在激光场驱动下，空穴密度由 1 演化为 2（1/4 周期后）和 3（1/2 周期后），导致高次谐波产生的多个通道之间的干涉。

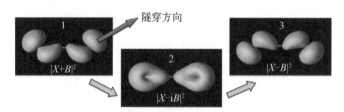

图 3-12　强激光场驱动空穴演化动力学 [83]

另外，即使内壳层电子没有直接激发，原子实仍有可能在激光场作用下产生动态极化，影响电离和辐射过程。通过考虑原子实动态演化，成功解释了一氧化碳分子电离取向依赖的实验结果，表明原子实动态极化会导致对价电子的反屏蔽效应[67,84]，揭示了电子之间关联动力学的重要性。电离和解离过程中不同轨道电子的多光子耦合甚至可以导致占据数的转移，形成粒子数反转导致激射[85]。空穴态参与超快电子动力学过程，提供了对内壳层电子轨道成像的新机会，加拿大、德国、瑞士等国家的几个小组通过探测高次谐波谱随阶数和分子取向变化特性，初步获取了不同分子内的壳层轨道信息[86-89]。

对超短强激光场中电子空穴动力学的研究刚刚兴起，如何深入理解其中电子关联引起的轨道扭曲和空穴迁移，如何更优获取分子动态轨道信息等都有待更深入的研究。

3）阿秒物理与阿秒谱学

高次谐波的产生提供了制备软 X 射线（100 电子伏左右）波段阿秒脉冲串或者单个阿秒脉冲源的桌面式方案。目前 X 射线自由电子激光产生的相干脉冲已经达到数十飞秒脉宽量级，促进了 X 射线波段超快非线性光谱的发展，在原子分子和光学物理、化学、生物等领域开启了新的革命。相比而言，基于高次谐波产生的阿秒脉冲源，虽然强度较弱，但是不依赖大型装置，可以相对灵活调控，在原理和技术上为基于自由电子激光的泵浦探测技术提供重要参考。阿秒脉冲的出现，使得基于核运动控制的飞秒化学发展为利用量子相干控制电子运动进而控制化学反应的阿秒化学。利用阿秒脉冲，可以对包括壳层空穴的各种超快动力学进行阿秒时间尺度的时域分辨。利用阿秒条纹相机，德国 Krausz 小组通过红外光场调制电子能谱，首次时域观测氪原子的俄歇衰变动力学，并得到自电离态寿命（约为 8 飞秒）[90]。2010 年，该小组通过比较氖原子 2s 和 2p 光电离电子能谱随时间延迟调制的差异，首次得到光电离时间差异为 20 阿秒[91]。利用阿秒瞬态技术，美国 Chang（常增虎）小组实现了不同激发态及自电离态在强场下的相干动力学诊断[92,93]。德国马克斯·普朗克核物理研究所 Pfeifer 小组通过弱红外光场调控自电离态相位，实现了洛伦兹（Lorentz）线型与 Fano 线型的调控[94]。目前所用阿秒条纹相机技术、阿秒瞬态光谱技术和 RABBIT 技术，主要利用弱红外脉冲进行时间调制，局限于对阿秒脉冲产生的内秉瞬态动力学进行探测，缺乏对多个电子的同步泵浦和主动控制，对电子和空穴相互之间相干性的转移和弛豫也有待进一步探索。

超短激光或者阿秒脉冲作用下，电荷如何被多体作用驱动实现迁移，电子空穴的时域演化特征是什么，电子间的量子相干性如何弛豫等，成为重要的核心科学问题。对其中电子空穴动力学的时间分辨研究，有助于获取原子分子内部电子轨道的动态演化信息，深入理解电子纠缠及量子相干性的转移，实现原子内部阿秒尺度的复杂电子动力学的相干操控，为制备新的物质形态和产生新的化学反应过程提供重要参考。

3. 超快原子分子量子态调控研究

1）激光驱动超快极紫外脉冲的产生

超快强激光作用原子分子发生电离后，电离电子波包在激光场驱动下相干传播，回碰的电子与原子或分子复合后会发射高次谐波。超快激光场与原子气体相互作用产生的高次谐波已被证明是一种富有成效的产生相干的极紫外光束的阿秒脉冲方法[3-5,77]，产生的高次谐波已经作为一种新型的超快光源（飞秒-阿秒）被用来探测原子、分子和材料的超快电子动力学。研究还发现超快飞秒激光不仅作用于气相的原子分子会产生高次谐波，作用于固体和液体也一样会产生高次谐波，当然不同介质产生高次谐波的机制是有所不同的。与原子中的三步过程类似，强场作用于固体产生并驱动电子空穴对，引起布洛赫（Bloch）振荡或者再散射，发出高能光子[95-97]。高次谐波在固体中的产生和应用是当前的研究热点，并引起了凝聚态及半导体相关领域的广泛兴趣。另外，化学和生物相关领域更关注液相（如水）中的超快动力学过程。研究者尝试利用液相水作为媒介来产生高次谐波[98]。2018年，Wörner组利用新近发展的液相平面分子束作为媒介，首次产生了超过20电子伏的真空紫外光，相应的实验装置如图3-13所示。平面微米液体束提供了超薄的（1.9微米）连续更新的平板型液体靶，这种设计可以有效地避免高次谐波的吸收及相位不匹配。同时，他们也在一系列的有机溶液中产生了真空紫外光，并且证明了此高次谐波谱与液体的带宽及带隙结构密切相关。高次谐波的截止能量正比于电场强度，说明谐波的产生是一个非微扰物理过程。此实验结果证明了平面液体束可以作为新的真空紫外相干光源产生媒介。

传统研究领域中，X射线的产生和应用主要依赖于同步辐射及自由电子激光等大型设备，并且其时间分辨一般限于皮秒到飞秒范畴。当然基于新一代自由电子激光的建设和技术的发展，飞秒到阿秒的X射线的产生也即将成为现实。超快飞秒激光驱动原子产生高次谐波作为产生X射线的重要手段之一，其不仅让基于X射线谱学的研究在常规实验室开展，还可以产生飞秒及阿秒的X射线。基于超快激光驱动原子产生的超短X射线光源成为人们研究的热点，也成为研究原子分子及材料超快电子动力学的重要手段。近十多年来随着技术的发展，阿秒X射线脉冲宽度已经从2008年产生的80阿秒[99]缩短到2017年产生的53阿秒和43阿秒[3,100]。X射线的能量也从几十电子伏拓

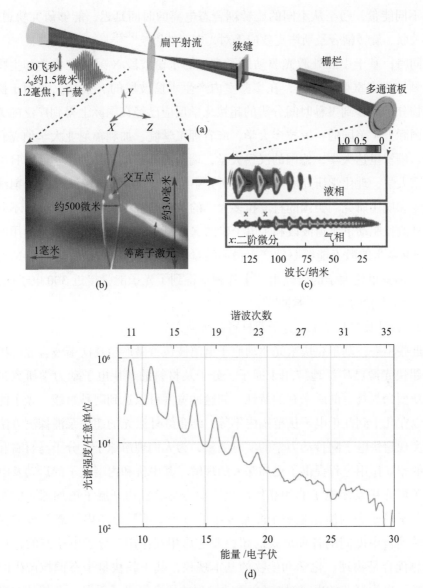

图 3-13　从液相水中产生高次谐波的实验方案
图中 (a) 和 (b) 给出了平面分子束的图片及相应的高次谐波谱；
(c) 和 (d) 原图来自 Wörner 研究组

展到几百电子伏甚至是上千电子伏[4,5]。应用具有阿秒量级时间分辨的技术手段，如 RABBIT、阿秒条纹相机等，能够得到之前人们以为是立刻发生的过程的时间，如光电离过程的电离时间，进而能够分辨从不同的原子轨道、固体的不同能带，乃至从不同的旋转耦合态电离的时间延迟，能够研究轨道、电子关联、旋转耦合及斯塔克效应等对光电离的影响[90-94]。

同时，基于中红外激光驱动原子产生的水窗波段 X 射线在化学和生物相关领域具有重要的意义，在实验室内产生水窗波段的 X 射线，并用于探测生物分子阿秒到飞秒时间分辨的超快化学反应已经在国际上得到广泛的关注。国际上（美国的科罗拉多大学、麻省理工学院、加利福尼亚大学伯克利分校、佛罗里达大学，德国的汉堡大学，瑞士的苏黎世联邦理工学院，日本的东京大学、理化学研究所等）多个研究小组相继开展了水窗波段的 X 射线的产生和应用研究。美国的科罗拉多大学的 KM 研究组在实验中研究了不同中红外波长驱动下水窗波段和千电子伏的 X 射线产生规律，他们发现利用波长为 3.9 微米的激光能够驱动产生最高能量 1.5 千电子伏的超快宽谱带 X 射线[4,5]。佛罗里达大学的研究组产生并测量得到了光子能量接近 300 电子伏、脉宽达 53 阿秒的 X 射线脉冲[100]。

2）测量及控制原子、分子及材料超快动力学

近些年来，基于超快激光驱动原子电离波包重碰产生高次谐波合成的极紫外超快光源已广泛地应用于原子、分子及材料的超快电子动力学研究当中。新型光源具有前所未有的特性，如脉冲宽度可以达到阿秒量级、光子能量可以在几十到几千电子伏范围内不等，结合红外激光的超快泵浦探测方法能够实现超快电子阿秒动力学的实时测量，为人们理解原子、分子与材料和光子的相互作用过程提供了更加深入的理解。其中价和内层电子的运动及电子的关联作用及多电子的相互作用超快动力学过程均开展了更加深入的研究。分子量子态的演化是一个非常复杂的过程，涉及分子电子态及核的振动、转动自由度间的各种形式的超快非绝热相互作用。分子电子态的这种非绝热耦合是物理、化学和生物的基本现象，基于超快量子态调控产生的新型光源也为复杂的电子-核耦合运动过程的研究提供了手段，尤其是在水窗波段 X 射线的应用方面，苏黎世联邦理工学院（ETH）的研究组产生的 100～350 电子伏的超连续光，可以很好地涵盖碳原子的 K 吸收边。与红外激光场结合，应用瞬态吸收谱方案研究了 CF_4^+ 分子的反应路径，并观测到了由于几何结构变化导致的对称性破缺效应[101]，如图 3-14 所示。而加利福尼亚大学伯克利分校的研究组则利用水窗波段 X 射线瞬态吸收技术，研究了 C_6H_8

分子在 266 纳米激光作用后的开环过程，通过监测不同飞秒延迟时间下的吸收谱的变化，得到了分子开环的超快动力学[102]。随着中红外飞秒激光技术的发展，我们相信具有超快飞秒-阿秒分辨的水窗波段和千电子伏的 X 射线应用和研究将受到越来越广泛的关注，成为新的研究热点，为理解原子、分子复杂的超快动力学提供新的图像，并为人们理解和控制复杂体系，如生物分子的超快动力学提供帮助。

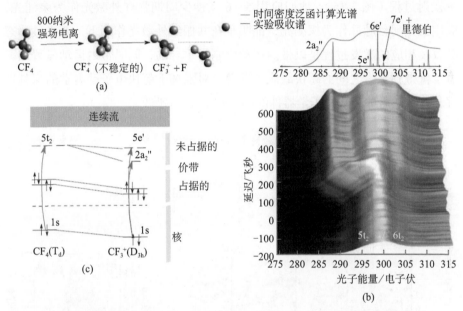

图 3-14 基于碳原子的 K 边的 X 射线瞬态吸收谱研究激光诱导化学反应[101]

(a) 图给出了 CF_4 分子在电离之后的碎片化过程，(b) 图给出了分子在电离后的瞬态吸收谱，
(c) 图给出了分子和离子对应的电子态演化情况

阿秒时间分辨技术作为一种重要的手段来研究固体中的超快电子学在近些年来得到了快速的发展。半导体微纳材料的超快电子动力学是近些年来超快强场材料诱导控制电子动力学的研究热点之一，并有望发展基于光场驱动宽带半导体微纳材料实现新一代的高速电子学器件[103,104]。其中，实现半导体材料在超快强激光场条件下能带结构的实时测量和超快电子的控制对半导体的光物理性质理解和应用具有重要的价值。利用超快飞秒激光作用材料诱导产生电流是研究材料价带和导带在强外场作用下价带和导带之间跃迁的重要手段，通过超快调控少周期光场或者制备新型光场，能够实现对材料尤其是

半导体材料中价带-导带跃迁的超快控制和能带结构的实时测量监控，对纳米量级集成电路的快速发展及超快拍赫兹光电器件的实现具有重要的意义。科研工作者研究了材料内部电子和表面电子电离的延迟效应，电子不同轨道角动量对电离的影响，还研究了半导体中导带中的载流子和电子-电子散射对电离的影响，并观察到最快的光学声子效应[105,106]。近年来，U. Keller 组应用阿秒瞬态吸收技术研究了 GaAs 的价带和导带之间快于飞秒的电子及载流子发射过程（图 3-15）。他们应用 5～6 飞秒少周期强红外激光作为泵浦光，应用孤立阿秒脉冲作为探测光，证明了在共振红外激光作用下，亚飞秒瞬态吸收及相应的激发过程是以带内运动机制占主导的，同时带内运动显著地影响了价带到导带之间的超快载流子发射。对强场下超快电子动力学的深刻理解，将对以后的超快电子学器件的应用有重要影响[107]。

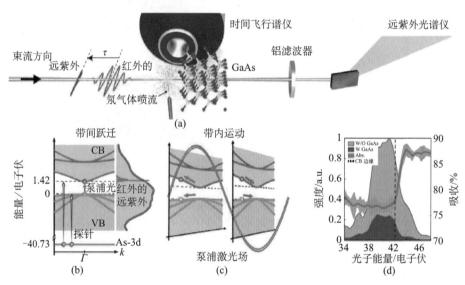

图 3-15　阿秒瞬态吸收技术研究了 GaAs 的价带和导带之间快于飞秒的
电子及载流子发射过程图 [107]

(a) 实验仪器简介；(b)、(c) 表示电子带间跃迁及载流子在红外场作用下在导带及价带内的运动；
(d) 为阿秒光经过 GaAs 后的吸收谱

　　半导体微纳材料的超快电子动力学是近些年来超快强场材料诱导控制电子动力学的研究热点之一，并有望发展基于光场驱动宽带半导体微纳材料实现新一代的高速电子学器件。其中，实现半导体材料在超快强激光场条件下能带结构的实时测量和超快电子的控制对半导体的光物理性质理解和应用具有重要的价值。利用超快飞秒激光作用材料诱导产生电流是研究材料在强外场作用下价带和导带之间跃迁的重要手段，通过超快调控少周期光场或者制备新型光场能够实现对材料尤其是半导体材料中价带-导带跃迁的超快控制和能带结构的实时测量监控。通过实时测量光场和材料相互作用产生的电流能够获得材料能带结构阿秒时间分辨的测量。利用超快新型光场实现对材料诱导电流的测量和控制，结合多波段多维光谱协同测量及表征实现对能带结构层析成像和光场驱动拍赫兹电子动力学的监测。例如，结合超快调制的红外光源及飞秒激光选通门的方法作用气体介质驱动产生极紫外至软 X 射线短波长波段光源，实现材料的超快瞬态能带结构的测量，发展材料能带结构实时测量的新方法，为基于光场控制半导体超快电子运动提供新原理，为发展新一代基于光场驱动宽带半导体材料拍赫兹电子动力学提供物理支撑。

（三）国内研究现状、特色、优势及不足之处

　　总体而言，经过十多年的发展，国内在飞秒强激光与原子分子相互作用研究领域已经具备了良好的基础，多所科研院所与高校的相关研究小组已建成先进实验研究平台，如北京大学、吉林大学、国防科技大学、华东师范大学、中国科学院武汉物理与数学研究所、中国科学院上海光学精密机械研究所等单位均建成了高分辨飞行时间质谱/电子谱仪与反冲离子动量谱仪等先进原子分子谱仪，发展了少周期飞秒激光等先进超快光源。依托良好的实验平台，相关单位围绕飞秒强激光驱动原子分子的阈上电离、双电离过程、高次谐波产生、太赫兹波产生及阿秒光脉冲产生等开展了一些有影响的实验研究工作。在理论研究方面，国内一些单位，如北京应用物理与计算数学研究所、华中科技大学、吉林大学、国防科技大学、北京大学、西北师范大学、汕头大学、中国科学院物理研究所、中国科学院武汉物理与数学研究所、中国科学院上海光学精密机械研究所等，在强场原子物理理论研究及与相关实验工作的结合上都取得了比较好的研究成果。例如，中国科学院武汉物理与数学研究所、中国科学院上海光学精密机械研究所、北京应用物理与计算数学研究所合作开展了中红外激光场下的原子阈上电离研究，在国际上首次发现了光电子能谱中出现的低能结构，阐明了导致低能结构的原子实长程库仑势效应，实验的发现引起了国际同行的广泛关注[14]；在实验中研究了原子阈

上电离高能电子谱对激光椭偏率的依赖关系，结合强场近似理论揭示了多次碰撞电子轨道对原子电离过程的重要影响[108,109]；在分子电离方面，他们还较系统地研究了双原子分子的结构及双中心干涉效应对分子电离概率及光电子角分布的影响[110,111]。利用先进的反冲离子动量谱仪，北京大学开展了近红外波长下的原子非顺序双电离研究[112]，发现在低于再碰撞电离阈值光强条件下电子动量关联谱出现的反关联分布[113,114]；中国科学院武汉物理与数学研究所研究了中红外波长下原子非顺序双电离引起的二价离子动量分布，发现实验结果与近红外波长下结果显著不同，揭示了激光波长导致非顺序双电离的不同电子关联机制[51]；华东师范大学研究了分子强场电离过程中的光子能量分配，发现能量在电子和核之间的分配受到多个分子轨道及不同电子态之间耦合的影响[115]。国防科技大学发展了有效处理多电子效应的三维含时分子强场电离模型，首次揭示了原子实的动态极化对最高占据轨道电子强场动力学行为的影响[84]。北京应用物理与计算数学研究所结合发展起来的半经典轨道理论、强场近似理论等理论方法，系统开展了强激光场下原子分子的电离研究，取得了较系统的研究成果[116-120]。华中科技大学采用全经典模型理论方法，对原子顺序双电离动力学中的电子关联效应进行了研究[121]。吉林大学近来针对强飞秒激光场下的中性 Rydberg 原子分子产生开展了研究工作[48,122]，理论上结合全经典模型研究了圆偏振激光作用下的原子分子双电离过程。可以说，目前国内围绕强飞秒激光场下的原子分子电离研究开展了系统、深入、实验与理论紧密结合的研究工作，部分工作在国际上产生了一定的影响。中国科学院物理研究所、中国科学院上海光学精密机械研究所、华中科技大学、吉林大学、国防科技大学等单位在高次谐波产生、阿秒光脉冲及太赫兹辐射研究方面也取得了很好的成绩。相信在未来几年里，国内在相关研究方面可做出更多原创、有自己特色的工作。

（四）对未来发展的意见和建议

由于超短脉冲激光的功率密度可以达到 $10^{15}\sim10^{21}$ 瓦/厘米^2，这种场强范围已经涵盖了从强场到相对论效应的整个区域，涉及原子分子物理、光物理、等离子体物理、流体力学、核物理及天体物理等众多的领域，产生了高能量密度物理（high energy density physics，HEDP）的新概念。在基础研究方面，强场物理所面临的外场与原子、分子形成的新的强相互作用的体系，理解认识这样的强耦合、强关联体系是一个富有挑战性的基础科学问题；在应用方面，强场与原子、分子相互作用将产生各种极端辐射（如真空紫外、X射线、阿秒脉冲、太赫兹等），在这些极端辐射中物质的光谱存在许多未知的信息[78-83,85-89]。飞秒强激光与原子分子相互作用经过过去四十多年的研究，取得了令人瞩目的成绩，不仅对深化强激光与物质相互作用动力学及其物理机制起到了重要作用，研究取得的成果还直接推动了一些新技术与新学科的诞生与发展（如阿秒光脉冲技术与阿秒科学等）[76,86,99]。从其发展史可以看出，其中每一个阶段的突出性进展都直接受益于先进原子分子谱仪技术、超快激光技术及先进理论方法的突破。可以预期，未来本研究领域具有创新性工作的开展也离不开在实验技术源头上的突破。例如，对强激光驱动原子分子中的多体关联动力学研究，由于需要进行多体符合测量，实验采集周期已经成为进一步开展高精度实验的瓶颈，因此急需发展高重复频率、高峰值功率、宽波段范围的飞秒激光光源。利用逐渐发展成熟的飞秒共振增强腔技术，目前实现了飞秒振荡器输出（纳焦量级）光脉冲在腔外增强2~3个量级，获得百兆赫兹重复频率、峰值光强可达10^{14}瓦/厘米^{2}的飞秒光源。结合这些高重复频率飞秒光源与反冲离子动量谱仪，有望在原子分子的量子多体关联动力学研究方面取得新的突破。又如，目前研究的原子体系基本上只限于气相惰性气体原子，如能结合激光溅射与超声分子束技术产生固体靶材料原子样品，可将研究体系拓展到具有复杂电子结构的其他原子体系，如碱土金属原子或者过渡族金属原子。开展复杂原子与飞秒强激光相互作用研究可望能进一步深入阐明相互作用中的多电子效应。另外，结合国家目前正在建设的自由电子激光重大科学装置，将开展极紫外乃至X射线波段下的强场原子分子过程研究。

在原子分子量子态超快演化的实时监测方面，在实验中对超短脉冲的发展和阿秒脉冲的产生提出了更高的要求。阿秒光脉冲由于其极短的时间尺度可以对电子的运动行为加以研究并且控制，进而实现在电子运动层面上对化学反应的控制。利用阿秒光脉冲作为探针，人们可以研究更快更重要的物理过程如电子隧穿、电离延迟、电子概率分布（波函数）等[79,83,90,91]。阿秒光脉冲在对原子分子及团簇体系的电子波包进行控制时，真正实现了有效的量子操控。以泵浦-探测光电离方法为基础，发展飞秒时间分辨的光电子-光离子符合成像技术，实现：①在与分子内部振动运动周期相当的时间尺度上实时监测量子态的演化过程；②同步获得诸如演化途径、光电子动能、光离子内能、角度分布等全面信息，以及各种物理量的相互关联信息，如质量关联、能量及动量关联、激光偏振、跃迁偶极距、转动角动量和碎片反冲等矢量的关联等；③从分子自身坐标系中跟踪检测波函数从初始激发到演化结束的过程；④拓展研究到复杂体系如液体和固体中超快电子动力学的测量和操控方案。另外，在阿秒光脉冲的制备上也有很多值得研究的内容。极紫外阿秒光脉冲尤其是孤立的阿秒光脉冲在微观超快过程的探测和操纵中有巨大应用前景，使得孤立阿秒光脉冲生成的研究在最近几年来成为强场物理和超快科学领域内的焦点问题。随着飞秒激光技术的进步，载波包络相位稳定的超短激光脉冲产生逐渐成熟并被应用，在此基础上利用相位稳定的超短脉冲优化控制高次谐波发射，从而实现极紫外波段的孤立阿秒光脉冲的生成，这种方法成为当前获得孤立阿秒光脉冲的主要手段之一。目前，阿秒光脉冲的研究主要集中在如何得到更短时间尺度、更高强度的单阿秒脉冲[3,77,99,100]。对于更短时间尺度的问题，人们已经提出很多方案，尤其是用双色场，可以实现十几个阿秒的光脉冲。影响阿秒光脉冲应用的最大障碍就是目前其强度很低，不能直接用来做泵浦探测实验。解决这个问题除进一步提高驱动激光的相关性能之外亦可能在物理机制上做探索，例如，多电子谐波产生机制的问题。人们对单电子谐波发射的三步模型已经非常熟悉，但是对多电子谐波产生机制仍了解很少，尤其是对电子关联效应在谐波发射过程中的作用缺乏认识，对多电子谐波发射机理的研究也将有助于解决这一问题。

在理论方面，现有的对飞秒强激光与气相原子分子相互作用的理解大多仍建立在半经典模型基础上。如何发展有效的、可处理复杂多体相互作用的量子模型，结合实验精确测量结果，深入理解强激光与原子分子相互作用过程中的内禀量子特性（如电子自旋、光子轨道角动量等），是亟须解决的问题。另外，强场下多电子动力学的理论计算，对于在时域理解各种关联动力学具有重要科学意义，目前仍然是一个巨大的挑战。第一性原理直接求解含时薛定谔方程，受限于涉及的巨大计算量，目前仅能处理不超过两个电子的体系。密度泛函理论可以处理多电子体系，但是对于大量激发和高度非线性的各种强场过程，缺乏有效的含时交换关联泛函。基于单行列式的含时哈特里-福克（Hartree-Fock）理论，则受限于平均粒子假设，丢失了电子关联信息。前期的理论工作表明，基于单行列式的含时哈特里-福克理论能比较好地处理价电子电离和相应的电子动力学，但对于后续的电子之间强烈关联过程的截面有失准确[123-125]。把各种多电子关联过程截面信息与强场电子动力学有机结合，有可能是一种较好的新处理方法。国际上比较受关注的方案是把单组态拓展到更多组态，通过选择合适激发通道，处理强场作用下电子-空穴关联动力学[126,127]。目前急需发展更好的既能处理强场非线性过程又能考虑电子关联效应的新方法和新模型。

随着对飞秒强激光与气相原子分子体系相互作用认识的不断加深及实验平台条件的发展，将强场超快动力学研究从气相、孤立原子分子体系逐渐拓展到团簇体系乃至固体材料，研究如原子间相互作用对电子或者空穴超快动力学的影响，是强场原子分子物理研究内容的一个自然拓展，也是当前国际上研究领域的发展趋势。如何将气相原子分子研究方面发展起来的技术理论方法、建立起来的认识尽快开拓应用到固体材料研究中，在原子分子层面认识复杂固体材料中的超快动力学过程，如电离、谐波产生等，发展潜在的可能应用，是我们当前面临的重要课题。在过去几年里，基于气相分子高次谐波产生的研究开始逐渐扩展到液相[98,128]和固相材料。在强场低频光激发下，固态介电材料的光学和电学性质被瞬态调控，产生各种极端光电响应。Schultze 等[104]研究发现在一个光学周期内材料可以在绝缘状态和导体状态间可逆转化，有助于信息处理达到拍赫兹量级。2010 年，Ghimire 等[95]基于氧化锌晶体，利用中红外激光在实验中首次观测固体的非微扰高次谐波过程，开启了固态阿秒脉冲产生和应用的新领域。2014 年，Schubert 等[129]用太赫兹脉冲驱动硒化镓晶体产生 20 阶高次谐波，2015 年，Luu 等[96]用 1.5 个周期的可见光脉冲作用在氧化硅膜上产生极紫外谐波。基于固体的全光学阿秒谱学的一个优势是与目前的固体材料量子调控技术完全兼容。通过调控材料电子结构和态密度，既可以精确局域控制高次谐波产生过程，也可以利用高次谐波对局域场的敏感，研究材料体系的各种性质[130]。与原子中的三步过程类似，强场作用于固体产生并驱动电子空穴对，引起 Bloch 振荡或者再散射，发出高能光子。但是关于固相和气相产生高次谐波的微观机制差异，固体的高密度、周期性和分子键如何起作用，目前还未达成共识[97,131]。基于气相分子产生高次谐波的各种调控手段和轨道成像也有待扩展到固体体系。这些都是目前亟待深入的研究方向。另外，结合红外激光和极紫外至软 X 射线短波长光源的方法研究材料超快电子动力学是近些年来国际上一个重要的研究课题。该方法有望实现强场驱动下材料能带结构的实时测量和电子超快运动的监测。结合材料制备和超快阿秒光学技术开展材料时间分辨的吸收谱学的测量，有望在材料瞬态电子动力学、能带结构方面实现实时的重构，建立简单体系完善的操控手段，并进行调控物理规律的总结，为实现复杂体系宽带半导体微纳材料提供良好的实验技术和物理基础，实现宽带半导体微纳材料超快的电子学的测量和调控，为优化不同半导体材料的电子运动速度及与超快强激光的耦合关系，为发展光场驱动拍赫兹电子动力学提供物理支撑。

二、基于短波长新型光源的原子与分子物理

（一）研究的意义和特点

光是探测原子分子特性的最强有力工具，而原子分子特性又不断更新着人们的概念和认识，进而在原子分子层面上揭示了物质的结构和性质，同时为众多学科（如化学、天体物理、凝聚态物理、生物、医学等）创造了大量新的理论方法、实验方案和技术手段，已经并仍在促进着这些学科的发展。

可见光是人类最熟悉且操控最好的光子，它已成为人类科学探索的强有力工具。近年来，随着光源技术（如同步辐射和自由电子激光等）的快速发展，基于短波长光子（如 X 射线）的实验技术日新月异，观察到了大量新现象，揭示出了一系列新的物理机理，已经成为原子分子物理最重要且发展最快的方向之一。

与可见光相比，短波长光子（如 X 射线）具有很高的能量和较大的动量。X 射线较高且可调的能量能够选择特定原子的内壳层激发，进而实现元素灵敏测量，为基于原子分子的量子调控提供了新的实验手段。X 射线较大的动量可以用于探测原子分子波函数在动量空间的分布信息，在新的维度上揭示原子分子的电子结构特性。硬 X 射线自由电子激光极高的亮度和飞秒时间结构，为拍摄原子分子基元过程的动态"电影"、直接"观看"原子分子基元

过程的时空演化提供了可能。也是在高亮度 X 射线的基础上，出现了 X 射线量子光学这一新学科领域的萌芽。

（二）国际研究现状、发展趋势和前沿问题

基于短波长光子探针的原子分子物理学，严重依赖于光源技术的进步，目前其主要进展基本都是在第三代同步辐射光源和自由电子激光上取得的。图 3-16 清楚地显示了 X 射线光源技术的飞速进步，同时给出了一些典型第

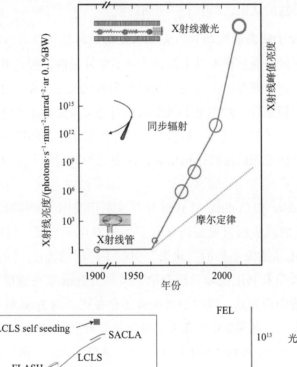

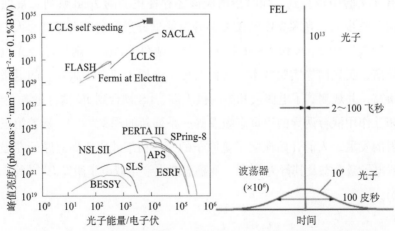

图 3-16　X 射线光源技术的飞速进步及部分光源的亮度和时间特性

三代光源的亮度和时间特性[132,133]。目前可利用的光源跨越从真空紫外（几个电子伏）到硬 X 射线（几十千电子伏）的波段，峰值亮度可以高达 10^{35}，脉宽可达飞秒，线偏振、圆偏振可选，并具有一定相干性。

利用同步辐射和自由电子激光的优质光源，结合各种谱学技术，人们广泛开展了原子分子的高激发态及内壳层激发态能级结构及其退激发机制、多体反应动力学、电子结构、X 射线强场飞秒脉冲与原子分子作用机理等的探索和研究，观测到了一系列新的现象，揭示了一些新的机理，加深了人们对于原子分子特性的认识，产生了一些新的概念。

1. 原子分子的高激发态和内壳层激发态能级结构及其退激发机制

原子分子的价壳层激发基本落在了真空紫外波段，激发多电子激发态和内壳层激发态往往需要从软 X 射线到硬 X 射线的光子，而这是激光很难达到的区域，因此原子分子的多电子激发态和内壳层激发态能级结构研究只是在同步辐射出现后才开始兴起。目前人们已经积累了丰富的原子分子多电子激发态和内壳层激发态的能级结构信息，这中间的典型例子是氦原子双电子激发态的研究。

自从 Madden 和 Codling 于 1963 年首次利用美国国家标准与技术研究院 180 兆电子伏的同步辐射观测到氦原子 2snp 双电子激发谱以后[134]，由于实验中 2pns 双电子激发系列的"缺失"引起了广泛的关注。随后理论上考虑了电子关联效应及利用超球坐标理论，揭示出 2pns 系列强度很弱，进而导致没有在实验中观测到，同时指出应该还存在更弱的 2pnd 系列。直到 1992 年，随着同步辐射光源亮度的极大提升及能量分辨率的极大提高，人们才找到了"缺失"的 2 pns 和 2 pnd 系列[135,136]，见图 3-17(a)。随后结合光电子能谱、质谱、荧光谱等实验技术，人们开展了氦原子双电子激发态的退激发机制的研究，并观测到了电偶极和电四极干涉、LS 耦合到 JK 耦合过渡、自旋-轨道相互作用混合诱导的三重态激发等一系列新的现象[137,138]。随着第三代同步辐射的发展，人们开始探索了氦原子的一些精细效应，如氦原子在强电场下的双电子激发态及其行为[139,140]、亚稳态激发产生双电子激发态[141] 等，见图 3-17(b)。

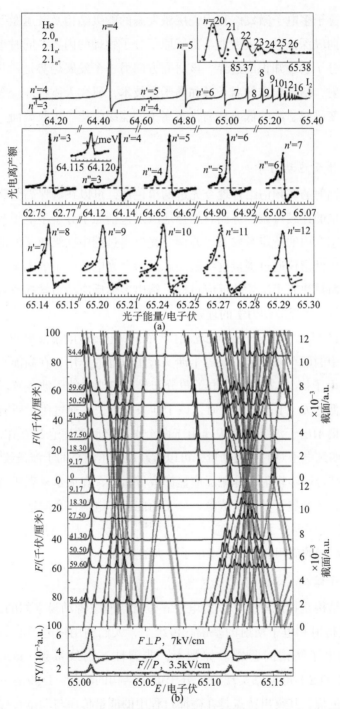

图 3-17　氦原子的双电子激发能级结构 (a) 及其在强电场下分裂 (b)[139-141]

原子分子多电子激发态和内壳层激发态的能级结构及其退激发过程的研究一直在向纵深推进，极大地丰富了原子分子物理的内容，同时也在不断扩展着原子分子物理知识的边界。该研究方向另一个发展趋势是，基于高亮度的同步辐射，结合先进的离子源和离子束技术，研究天体物理、等离子体物理、核聚变研究急需的低或高离化态离子的能级结构、吸收截面、退激发通道等[142]。

2. 多体反应动力学

同步辐射的宽频谱结合现今先进的单色器，可以在确保高分辨的同时实现光子能量的连续可调，进而有选择地激发包括原子分子多电子激发态和内壳层激发态在内的特定激发态，并调节光电离过程中次级粒子的能量。冷靶反应显微成像谱仪通过测量这些激发态退激及光电离产生的末态粒子的所有动量，进而重建光子诱导的反应过程，给出多体反应动力学的所有细节，促进了人们对多体反应动力学的理解。

图 3-18 显示了氢分子在同步辐射单光子双电离中电子发射的角分布。由于氢分子中的两个质子起了双缝干涉实验中双缝的作用，在高能光子电离时（ $h\nu=240$ 电子伏），发射的快电子角分布呈现出明显的干涉条纹。但是在光子能量降低为 $h\nu=160$ 电子伏时，该干涉条纹消失。通过测量所有末态粒子的动量，揭示出干涉条纹消失是由于两个电子之间的库仑相互作用造成的。通过考虑纠缠电子对的关联动量，可以重新展现出漂亮的干涉条纹[143]。

通过结合同步辐射和冷靶反应显微成像谱仪，在揭示末态所有粒子动量的基础上，还开展了单分子成像、分子内能量和电荷信息输运、分子间库仑退激、X 射线诱导分子化学反应等研究[144,145]，更新了人们对有关现象的认识，展现出了广阔的应用前景，显示出了强大的威力。

3. 电子结构

电子结构是指原子分子中的电子在位置空间或者动量空间的分布信息，是 X 射线衍射和电子衍射的基础。传统上，人们利用快电子散射来探测原子分子的电子结构问题[146]。原则上，非弹性 X 射线散射（inelastic X-ray scattering，IXS）也可以实现原子分子电子结构的解析。IXS 是一种光进光出的碰撞过程，其突出特点是在碰撞过程中的能量传递与动量转移并不一一

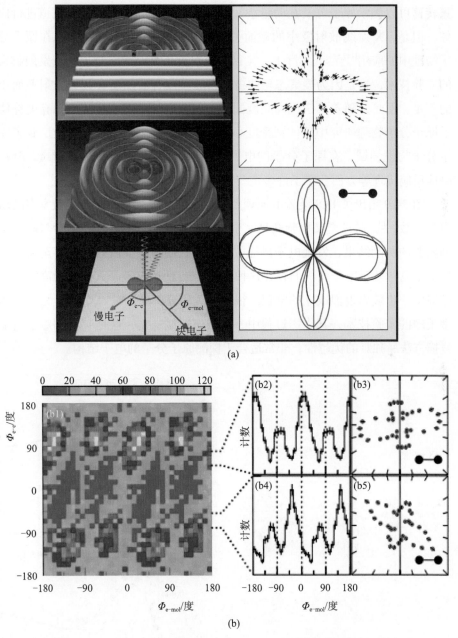

图 3-18 氢分子的同步辐射单光子双电离，由于双质子狭缝的存在，
光电子角呈现明显的干涉条纹[143]

对应。由入射光子和散射光子的能量差可以鉴别靶原子分子的能态，而由动量转移可以揭示原子分子在动量空间的结构信息，例如，对分子轨道进行成像。但是，X 射线散射极小的截面（约 10^{-30} 米^2）阻止了这一技术在原子分子物理中的应用[147,148]。实际上，X 射线散射首先是凝聚态物理领域发展起来的实验技术，这是因为凝聚态靶的极高密度可以有效补偿 X 射线散射截面小的不足。但是，随着第三代高亮度同步辐射光源的出现，极高光源亮度补偿了原子分子物理研究中气体靶密度小的不足，近年来，人们把它推广到了原子分子物理领域，在原子分子的电子结构探测、基准实验动力学参数获取、碰撞反应机理等方面获得了许多重要且漂亮的实验结果[147-151]。

　　图 3-19 给出了 IXS 装置的原理图及由它测量的氖原子价壳层激发态的动力学参数[150]。通过交叉检验两种完全不同的实验方法——IXS 实验与电子碰撞实验的所测结果，发现电子碰撞方法中存在明显的高阶效应，甚至对于碰撞能量高达几千电子伏仍旧存在这种情况[150]，而这突破了人们认为高能电子散射中一阶玻恩近似成立的常识。很多相关研究都揭示[147-151]，IXS 是一种非常干净的实验技术，其作用过程中一阶玻恩近似成立，这是 IXS 相对于电子碰撞方法所独具的优越性，非常适合于探测原子分子的电子结构。

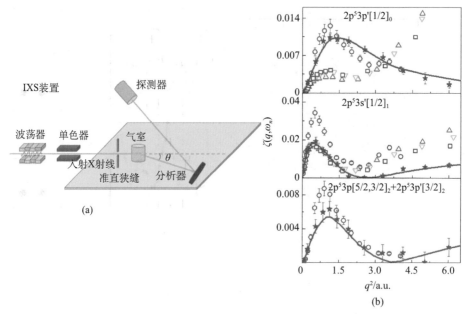

图 3-19　IXS 的装置原理图 (a) 和氖原子价壳层激发态的电子结构 (b)[150]

随后，中国科学技术大学课题组还利用 IXS 在动量转移趋近于零的条件下可以模拟光吸收过程的特性，提出并实现了绝对测量原子分子分立跃迁光吸收截面的 dipole(γ, γ) 方法，且发现该方法不受线饱和效应的影响，可以给出高精度的实验基准[152]。随后，他们利用 dipole(γ, γ) 方法获得了一些天体中广泛存在的重要的分子的价壳层激发态的光吸收截面[153-155]。这些实验方法上的革新，提供了探测原子分子基态和激发态电子结构和动力学参数的新工具，获得的原子分子实验基准数据可以为相关学科（如天体物理、等离子体物理、核聚变研究等）提供原子分子层面的坚实支撑。

当入射 X 射线的能量与原子分子某一跃迁（通常是内壳层跃迁）的能量匹配时，由于其共振特性，其碰撞截面比常规意义上的 IXS 要大几个数量级，通常也称为共振 IXS（RIXS）。RIXS 既要扫描入射光子能量，又要分析散射光子能量，实验技术相对较复杂。目前，人们已经开展了原子分子从软 X 射线到硬 X 射线波段的 RIXS 研究，清楚分开了氩原子近阈各种双激发的贡献[156]、通过精细调节激发能实现了对氧分子解离动力学的控制[157]、观测到了共振和非共振通道间的干涉[158]、证实了由于两个干涉波包导致的空间量子拍[159]、揭示了芯激发的电子动力学[160] 等。这些观察到的新现象和揭示的新机理，增进了我们对于 X 射线与原子相互作用的理解，扩充了原子分子结构和动力学的知识边界。

对于原子分子物理而言，IXS 是一种新的技术，其应用才刚刚开始。IXS 在原子分子物理中应用的主要限制仍旧是其极低的散射截面。但是，现今光源技术的发展日新月异，光源亮度的纪录不断被刷新，制约 IXS 技术在原子分子物理中应用的最主要因素正在逐步被攻克，因此使得原子分子物理学家对这一技术充满了期待。

4. X 射线强场飞秒脉冲与原子分子作用机理

国际上 XFEL 的主攻方向之一是所谓的破坏前成像[161,162]，也即利用 XFEL 极短、极亮的特性，实现在辐射损伤破坏样品之前的成像。这一技术的特色是样品不需要结晶，甚至可以是活体，因此如果可以实现，它对生命科学领域的影响将是革命性的。由于辐射损伤的实质是 XFEL 与靶中原子分子相互作用引起的靶结构变化，因此深入理解 X 射线光子引起原子分子的光电离、俄歇、电子弛豫、库仑爆炸等原子分子基元过程及其在飞秒时间尺度下的演化，是相干成像的物理基础。但是这方面的知识在以前完全是不清楚的，这也是国际上 LCLS 等 XFEL 建成以后首先开展原子分子对超强 X 射线的飞秒响应研究的原因[163-165]。

图 3-20(a) 和 (b) 给出了 Ne 原子在其 1s 电离阈（870 电子伏）附近、在 2.4 毫焦脉冲能量的 X 射线自由电子激光照射下的各种电荷态离子的产额。通过理论模拟［图 3-20(b)］显示，在低于 1s 电离阈时，在飞秒尺度里通过顺序单光子电离是其主要作用机理。在高于 1s 电离阈时，通过顺序电离 1s 电子紧接着顺序发射俄歇电子是其主要电离机理。同时该工作还发现，内壳层电子的快速发射生成的"空芯"原子造成了强度诱导的 X 射线透明，这有可能在医学上产生新的应用。这些 X 射线强场飞秒脉冲与原子分子作用的机理，是以前人们完全不了解的，是全新的物理图象[163]。模拟如图 3-20 所示的 X 射线强场飞秒脉冲与原子分子作用，对理论而言是极具挑战性的课题，尤其是包含尽可能多的电子组态以不丢失主要的作用通道时。这是由于当共振激发考虑进去时，组态的数目是以指数形式增加的。Ho 等从理论上追溯了氩原子与 480 电子伏的 XFEL 脉冲相互作用时的电离状态，给出了各电子组态之间的跃迁概率，揭示出单光子电离不能产生的电荷态，如 Ar^{10+} 以上电荷态，共振增强 X 射线多电离路径起着主导作用（图 3-21）[164]。

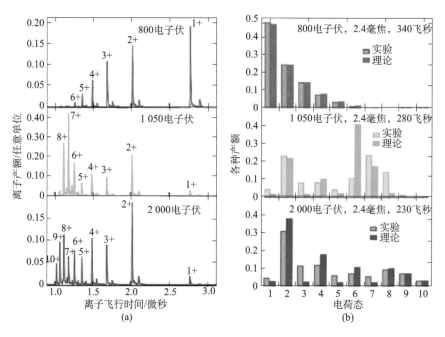

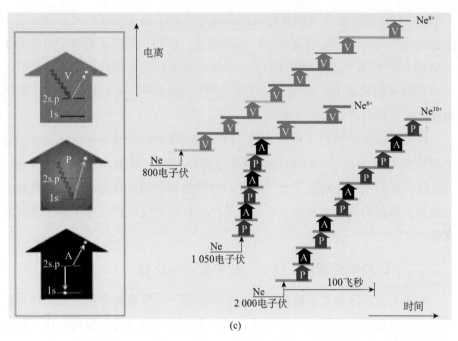

(c)

图 3-20 Ne 原子在 800 电子伏、1 050 电子伏、2 000 电子伏自由电子激光照射下的
各种离子态产额 [(a)、(b)]，理论模拟显示顺序电子发射是其主要电离机理 (c) [165]

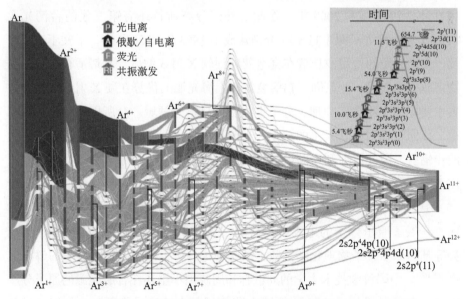

图 3-21 氩原子与 480 电子伏的 XFEL 脉冲相互作用时的 Sankey 图 [164]
竖棒代表电子组态，从左到右的绿线宽度代表两个组态之间的跃迁概率。
非绿色的线代表产生 Ar[11+] 的主要通道

XFEL 的高亮度和飞秒脉宽特性还使之在原子分子反应的时空演化动力学、非线性效应等方面有着非常广阔的前景。例如，最近人们基于 NIR/FEL 的泵浦/探针技术实现了气相 CH_3I 分子的电荷重布动力学成像，展示了这一技术在电荷转移动力学研究方面的威力[166]。2015 年，人们还观测到了硬 X 射线的非线性康普顿散射现象[167]。

作为目前最优异的 X 射线光源，FEL 集亮度和时间特性于一体。在国际上利用 FEL 探测原子分子物理的特性才刚刚开始，属于非常新的、前沿性的工作，可以预期它对原子分子研究的影响是深刻的，肯定会揭示一些新的现象并更新我们的有关概念，同时为其他学科领域提供源自原子分子层面的支撑。

（三）国内研究现状、特色、优势及不足之处

整体来说，国内基于短波长新型光源的原子分子物理还比较弱，这与我国同步辐射和自由电子激光的现状有关。我国同步辐射装置横跨三代，既有第一代寄生式运行的北京同步辐射装置（寄生于北京正负电子对撞机），也有第二代的合肥同步辐射光源，还有第三代的上海光源，它们分别建成于 1991 年、1989 年和 2009 年。除此之外，台湾新竹还有第三代的台湾光源（TLS）和台湾光子源（TPS），分别建成于 1993 年和 2014 年，下文不过多涉及。合肥光源的可用波长落在真空紫外到软 X 射线波段，是最适合原子分子物理研究的波段。北京同步辐射装置和上海光源的优势在硬 X 射线波段，过去主要应用于凝聚态物理、分子生物学、材料等领域。众所周知，第一代和第二代同步辐射有其天生的缺陷，光源亮度、平行性等指标要远逊于第三代同步辐射，因此以前利用国内同步辐射开展的有特色的原子分子物理研究工作不多。

中国科学技术大学盛六四小组等利用合肥光源的原子分子物理束流线，开展了原子分子的电离解离研究，获得了一系列分子的电离能、出现势等基本原子分子物理化学参数，结合理论计算，阐明了相关分子的解离通道[168,169]。中国科学技术大学的刘世林和周晓国小组还在合肥光源的原子分子束流线上开展了分子的阈值光电子-光离子符合速度成像研究。他们通过符合测量阈值光电子和电离解离产生的离子，结合切片成像技术，获得了分子

电离解离过程中的动能释放分布及碎片的角分布信息，揭示了分子碎解反应的细节和机理[170]。

利用同步辐射这类大科学装置是世界开放科研平台的特点，中国科学技术大学的朱林繁课题组与复旦大学的封东来课题组一起，利用世界上最好的同步辐射装置之一的日本 SPring-8[147,149-151]，把在凝聚态物理中应用的 IXS 技术拓展到了原子分子动力学参数研究中。随后朱林繁课题组还提出并实现了测量原子分子光学振子强度的 dipole(γ, γ) 方法[152-155]。这在国际研究现状第 3 点中已有详细论述，在此不做赘述。上海光源性能指标可以媲美国际上最好的第三代同步辐射装置，受限于以前的束流线的配置，上海光源并没有适合原子分子物理的束流线。为此，朱林繁课题组和上海光源的杨科团队合作，在国家自然科学基金大科学装置联合基金的支持下，于 2017 年 7 月在 BL15U1 上建成了 IXS 装置（图 3-22），达到设计指标，为在国内的平台上开展相关研究奠定了基础。

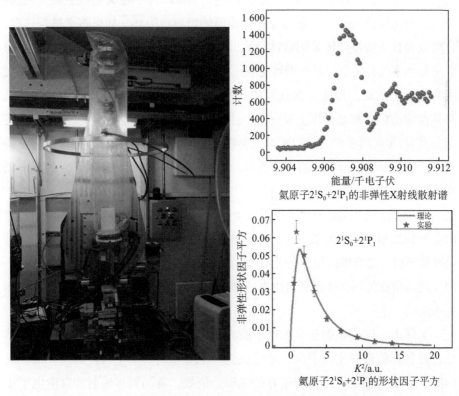

氦原子 $2^1S_0+2^1P_1$ 的非弹性X射线散射谱

氦原子 $2^1S_0+2^1P_1$ 的形状因子平方

图 3-22　上海光源 BL15U1 上的 IXS 实验装置及其测试结果

（四）对未来发展的意见和建议

同步辐射和自由电子激光的快速发展，为原子分子物理研究提供了优质的短波长光源。基于同步辐射和自由电子激光的原子分子物理学，已经是原子分子物理中最重要和发展最快的分支之一，在此基础上诞生了许多新的实验技术，也揭示了许多新奇的现象和机理。这些新的实验技术，由于刚刚出现，还需要完善，且其应用还有待推广。因此，这也为像我们一样起步较晚的国家留有机会，有实现弯道超车的可能。例如，在把 IXS 技术推广到原子分子物理领域的过程中，中国科学技术大学的朱林繁课题组从一开始就起着主导作用，虽然仍旧是作为用户使用国外先进的第三代同步辐射光源。

随着我国国力的增强，在大型基础科学设施上的投入不断加大，在光源技术本身发展上我们也有可能逐步赶上并实现超越。例如，上海光源已经是国际上相当优异的第三代同步辐射光源；已经立项开工建设的北京先进光源，属于第四代同步辐射光源，是国际上最先进的衍射极限环（硬 X 射线波段），光源亮度将有大幅度提高；合肥已经开始预研的衍射极限环，如果将来进行建设，也将成为真空紫外到软 X 射线波段的世界最优光源；大连自由电子激光和上海低重复频率的自由电子激光即将建成；已经立项拟建的上海高重复频率硬 X 射线自由电子激光，将使 X 射线源的亮度再提高几个数量级。所有上述拟建光源从性能指标上都是世界上最好的，且都配备有先进的 IXS 装置，XFEL 上还配备有泵浦/探测手段，可以实现飞秒时间分辨的时间演化测量，这些都是特别适合原子分子物理领域的实验技术，也为我国实验原子分子物理学界开展创新性的工作提供了机遇。

由于上述提及的光源建成还需要 4～6 年，且现阶段国内从事同步辐射和自由电子激光相关工作的原子分子物理同行还太少，所以在此期间最迫切的问题是开展研讨，集合国内原子分子物理学界的智慧，提前布局，为 4～6 年后基于国际最高指标的同步辐射和自由电子激光开展相关工作做好准备，包括建议相关束流线。

实际上，同步辐射和自由电子激光只是提供了一个激发工具，它还要结合各种各样的谱学实验手段，才能成为一个完整的实验平台。而这方面，我国原子分子物理学界已经有很好的基础。例如，常与同步辐射和自由电子激光结合的冷靶反应显微成像谱仪，国内中国科学院近代物理研究所的马新文团队、中国科学院武汉物理与数学研究所的柳晓军团队、吉林大学的丁大军团队、华东师范大学的吴健团队、北京大学的吴成印团队、复旦大学的魏宝仁团队、中国科学院上海高等研究院的江玉海团队等，都有非常好的经验和基础，有些团队还有同步辐射或者自由电子激光的相关经验。还有，如前所述，国际上同步辐射的一个发展方向是集成同步辐射和离子束技术，来研究天体物理和聚变物理急需的高离化态离子的能级结构和截面。在离子束技术方面，我国近代物理研究所和复旦大学都有很好的基础，尤其是复旦大学的150千伏高离化态离子平台，比较紧凑，容易实现与同步辐射的对接。只要国内同行组织起来，基于同步辐射和自由电子激光的原子分子物理应该能够很快打开局面，在国际上占有一席之地。

三、自由电子激光场中的单原子分子前沿研究

（一）研究的意义和目的

超高亮度自由电子激光建设与应用是国家在前沿基础科学研究上的战略性需求和前瞻布局，结合自由电子激光高亮度、超快、全相干的全新特点，为广大的科学用户提供前所未有的超快过程探索、先进结构解析、高分辨成像等尖端研究手段，为揭示物理机制、生命机理、量子调控、化学反应等重大科学问题提供前所未有的解决能力。自由电子激光在原子分子物理中的应用主要体现在可以在飞秒时间尺度、原子空间尺度、红外到硬 X 射线的波长上探索和操纵电子原子分子量子态的演化规律。该领域研究内容主要包括 X 射线激光场中原子内壳层电子成像、分子内能量和电荷输运、高价离子量子电动力学效应、光电子大分子结构的全息影像、X 射线诱导分子化学反应、X 射线量子光学、原子 X 射线激光、X 射线相干电子束产生、X 射线等离子体反应等。实现对简单原子到复杂化学生物分子及等离子体反应、单光子到多光子吸收、外壳层电子关联纠缠到内壳层电子激发电离、分子内电荷能量转移到分子结构变化中的成键与断键、分子空间内电子原子关联与纠缠到 X 射线光子的储存等重要物理过程的相干控制。同时，利用原子的内禀物理过程，可以精准标定 X 射线激光的脉宽和波长，这是进一步利用 X 射线激光开展其他研究的前提。另外，对简单分子中光诱发结构变化及电荷超快转移的

研究，是判断复杂生物单分子衍射成像实验中时空分辨率的重要依据，在研究分子催化反应机制及探索如何控制催化反应，设计新型纳米催化剂及 X 射线量子信息存储方面有重要应用。

自由电子激光场中的单原子分子研究是其他领域的研究基础。单原子的多光子非线性研究帮助认识复杂材料光吸收散射结构解析，简单分子动力学过程是进一步理解复杂生物大分子中光诱导动力学过程的基础，单分子内电荷超快转移研究是能否对复杂生物单分子实现无破坏衍射成像及大分子原位探测的前提。自由电子激光在原子分子领域的应用主要体现在以下四个方面的研究。

（1）多光子非线性过程：主要涉及内壳层激发电离、俄歇过程、超激发态、中空原子、非线性康普顿散射、原子 X 射线激光产生、X 射线激光特性的测量等方面的研究。

（2）电子原子相干量子态的纠缠与演化：在分子坐标下原子-原子纠缠、电子-电子纠缠、电子与原子核耦合等方面的研究。

（3）分子反应的操纵与控制的研究：包括分子间能量转移、电荷转移、成键与断键、异构化及中间态控制等方面。

（4）单分子结构成像研究：涉及静态分子结构解析以及振动量子态、旋转量子态、异构化量子态演化的分子结构影像。

（二）国内外发展状况

自由电子激光能够提供从太赫兹（terahertz）波段到 X 射线波段的、波长连续可调的、高相干性的、高亮度和超短脉冲的激光辐射，因而被视为第四代大型先进光源。以欧盟和美国为首的多个国家或组织积极开展战略布局，先后建成了多个从极紫外到硬 X 射线波段的大型自由电子激光光源。德国汉堡的自由电子激光装置 FLASH（Free Electron Laser in Hamburg）于 2005 年底在 DESY（Deutsches Elektronen Synchrotron，亥姆霍兹协会的德国电子同步辐射加速器）建设[171]，是第一个实现高增益，把波长推到软 X 射线，并对用户开放的平台。FLASH 的光子能量在 20～300 电子伏（极紫外），脉冲宽度为 30～300 飞秒，单脉冲平均能量达到 200 微焦。日本于 2008 年和 2012 年相继建成了极紫外波段的验证型自由电子激光装置

SPring-8 compact SASE source（SCSS）[172] 和硬 X 射线自由电子激光装置 SPring-8 Angstrom Compact Free Electron Laser（SACLA）[173]。其中 SACLA 的光子能量范围为 4.5～15 千电子伏，脉冲宽度为 4.5～31 飞秒，单脉冲平均能量为 300 微焦。2009 年，美国斯坦福大学直线加速器中心的直线加速器相干光源（Linac Coherent Light Source，LCLS）成功实现 7.1～9.5 千电子伏的硬 X 射线自由电子激光，单脉冲平均能量为 100 微焦，脉冲宽度小于 50 飞秒。位于意大利 Trieste 的自由电子激光装置 FERMI（Free Electron Laser Radiation for Multidisciplinary Investigations，意大利 FERMI 软 X 射线自由电子激光装置）采用更新的技术，利用种子激光抽运，产生更稳定、相干性更好的自由电子激光脉冲辐射，波长范围覆盖 4～100 纳米，也已经成功运行 [174]。此外，韩国浦项（Pohang）的硬 X 射线自由电子激光（PAL-XFEL）在 2016 年底成功运行 [175]。

目前，已经投入运行的自由电子激光装置还应包括一些小型装置，如美国杜克大学的 OK-4、范德比尔特大学的 MK-Ⅲ、UCSB（Center for Terahertz Science and Technology）的 FIR-FEL 和 MM-FEL ;法国 LURE-Orsay 的 CLIO；德国 Rossendorf 的 FELBE；荷兰拉德堡德大学的 FELIX；日本大阪的 iFEL、东京理科大学的 FEL-SUT；意大利的 ENEA Compact FEL 等。除此之外，正在建设和设计之中的自由电子激光器还包括 FLASH Ⅱ、LCLS Ⅱ、欧洲的 European XFEL 及瑞士的 Swiss FEL 的 X 射线自由电子激光器等。印度、土耳其的小型自由电子激光也在建设之中。

在国内，中国科学院上海应用物理研究所在 2010 年首次实现 HGHG 模式下 100 纳米高增益自由电子激光的输出；2017 年，中国科学院大连化学物理研究所建成了 50～150 纳米的深紫外自由电子激光"大连光源"，主要用于分子束交叉实验；中国科学院上海应用物理研究所正在承建的小于 10 纳米软 X 射线自由电子激光将提供 SASE 和 HGHG 两种模式，2019 年已出光，配合上海科技大学牵头的活细胞功能成像线站，在国内首次实现对用户开放的多个软 X 射线自由电子激光实验平台。2016 年，上海高重频硬 X 射线自由电子激光立项，2018 年 5 月，项目先期隧道工程开工建设，建设周期预计 7 年左右，首批将提供包括原子分子物理、凝聚态物理、材料科学、化学、生物、高能量密度物理等 10 个用户线站，未来将对中国光科学前瞻基础研究产生深远的影响。

自由电子激光向更短波长、更短脉宽和更高强度的发展，为短波长范围非线性的原子分子物理研究提供了强有力的工具。例如，Rudenko 和 Jiang 等利用 FLASH 产生的波长为 27 纳米（光子能量为 44 电子伏）、光强为 10^{14} 瓦/厘米^2 的激光脉冲，采用反冲离子动量谱仪（COLTRIMS）探测技术，成功测量了 He、Ne 等惰性气体二价离子的动量分布[6]，如图 3-23 所示。实验结果表明，在此光强条件下，He 原子的双电离主要来自双光子吸收，即双光子双电离过程（two-photon double ionization）。根据 He 原子能级（图 3-24），He^{2+} 只可能直接吸收两个 44 电子伏的光子，通过一个虚拟的中间态而产生，即所谓的直接（非顺序）双电离（direct/nonsequential double ionization，NSDI）。而由于顺序双电离（sequential double ionization，SDI）过程需要吸收三个光子，其反应截面非常小，因而在此实验中没有看到由 SDI 引起的 He^{2+} 动量特征分布。这是一个最简单但却最清晰的多光子非线性标志性（benchmark）实验。

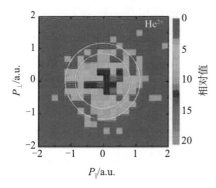

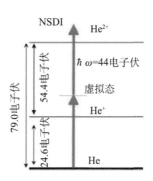

图 3-23　44 电子伏的自由电子激光与 He 原子作用时，双电离的 He^{2+} 反冲离子动量分布[176]

图 3-24　FLASH 44 电子伏的自由电子激光与 He 原子作用时产生的非顺序双光子双电离（NSDI）能级示意图

对于更短波长（硬 X 射线波段）的自由电子激光，内壳层电子结构、电子关联及共振等行为会对与原子分子作用时的电离过程有着重要的影响，很多新的物理现象会出现[177]，如图 3-25 所示。例如，2012 年，Rudek 等[178] 利用 LCLS 所产生的单光子能量为 1.5 千电子伏和 2.0 千电子伏（对应波长为 0.83 纳米和 0.62 纳米）、光强高达 10^{17} 瓦/厘米^2 的激光脉冲，研究 Xe 原子的非线性电离过程，获得了不同价态的氙离子的飞行时间质谱，如图 3-26 所示。实验结果意外地发现，当 X 射线激光光子能量为 2.0 千电子伏时所产生的最高离化态离子为 Xe^{32+}，然而在光子能量为 1.5 千电子伏下却观察到了高达 36 价的离子，且光子能量为 2.0 千电子伏时产生的各电荷态离子产率均低于 1.5 千电子伏光子能量时的离子产率。以顺序单光子吸收（sequential single-photon absorption）为基础的理论模型，能够很好地解释光子能量为 2.0 千电子伏时的实验结果，但当光子能量为 1.5 千电子伏时，理论计算所得的最高价态离子为 Xe^{27+}，远低于实验测量值。Rudek 等将这种现象解释为单个 X 射线激光脉冲持续时间内，Xe 原子首先由一系列顺序单光子电离过程产生最高价态离子 Xe^{26+}，然后 M 壳层上的电子瞬态的共振激发（transient resonance excitation）跃迁至较高能级激发态，最后从激发态再吸收一部分光子被电离出来，在一个脉冲持续时间内所产生的最高价态离子为 Xe^{36+}，这种增强电离的现象通常被称为共振增强 X 射线多电离（resonance-enabled X-ray multiple ionization，REXMI）。该现象普遍存在于原子序数较高的元素与超强 X 射线激光的相互作用中[7]。

　　自由电子激光自然也可以与分子碰撞，从而给科学研究摩擦产生新的火花。由于分子具有振动等更多的自由度，所以自由电子激光与分子的碰撞不仅涉及更复杂的非线性过程，还有更丰富的分子动力学过程。例如，2009 年，Jiang 等利用 FLASH 产生的光子能量为 44 电子伏的极紫外光脉冲，研究了

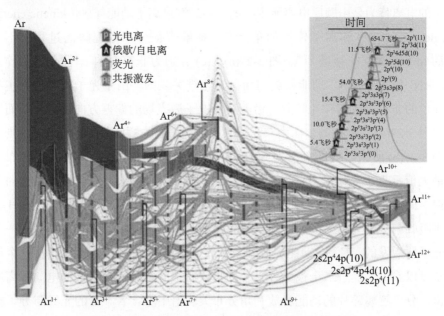

图 3-25　共振增强 X 射线多电离机制示意图[177, 178]

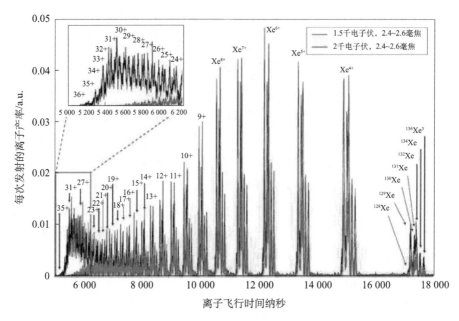

图 3-26　在 X 射线激光光子能量为 1.5 千电子伏（黑色谱线）和
2.0 千电子伏（红色谱线）下 Xe 原子电离引起的飞行时间质谱

氮气分子的多光子多电离行为，首次发现氮气分子在极紫外自由电子激光场中的电离行为是由顺序电离所主导的，通过测量离子动能释放（kinetic energy release，KER）和离子碎片的角分布，能够表征分子电离解离过程中不同的分子态和反应通道[179]。图 3-27(a)～(c) 分别为非符合 N^+、符合离子碎片 N^++N^+ 和非符合 N^{2+} 动能释放与角分布二维关联图。由单光子吸收占据主导地位的非符合解离碎片倾向于沿着自由电子激光场的偏振方向出射，从而给出图 3-27(a) 的典型谱。而由双光子吸收过程引起的解离所产生的离子，则如图 3-27(b) 所示。可见末态为 $A^1\Pi_u$ 和 $d^3\Pi_g$ 的分子态解离后离子动能分布的最大值垂直于光偏振方向，$D^1\Sigma_u^+$ 态上的解离碎片则是沿着激光电场方向出射。同时，通过对比也可以发现 $A^1\Pi_u$ 和 $d^3\Pi_g$ 末态不能由解离态 F 或 H 带再吸收第二个光子激发，在很大程度上是通过 N_2^+ 的束缚态基态再吸收一个光子所激发的。N^{2+} 的动能释放和角分布关联谱如图 3-27(c) 所示。从这个例子可以看出，经过多个极紫外光子的吸收后，分子将产生复杂的电离解离通道，分子解离碎片的动能释放和角分布关联谱中隐含着丰富的光场与分子相互作用的物理图像和反应信息。

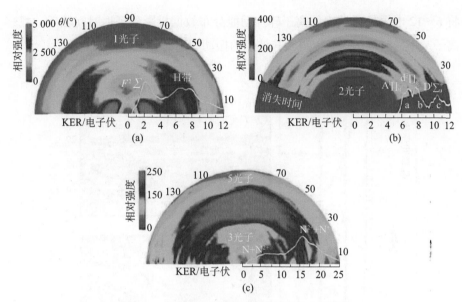

图 3-27　极坐标下的解离离子的角分布图 [179]
(a) 非符合 N+；(b) 符合离子碎片 N++N+；(c) 非符合 N2+ 的角分布；
水平方向为激光偏振方向

　　此外，由于自由电子激光的脉冲宽度可以达到几十飞秒到几个飞秒，利用这种超短特性，采用泵浦-探测技术，可以选取合适的泵浦光波长，将分子通过单光子或多光子吸收激发到氮分子某些特定的激发态上，然后再利用探测光来探测分子在这个特定激发态上的演化。例如，在自由电子激光场中采用远紫外（XUV）泵浦 XUV 探测的实验方法可以研究 $D_2^+(1s\sigma_g)$ 超快核波包运动[180]。如图 3-28(a) 所示，通过泵浦光将 D_2 分子激发到 $D_2^+(1s\sigma_g)$ 态，然后扫描泵浦-探测延迟时间，用探测光在不同时刻再次电离 D_2^{2+}，从而将分子激发到互相排斥的 D^++D^+ 解离态，引发库仑爆炸，从离子碎片的动能释放可以反推得到特定时刻分子中间态的原子核间距。用这样的方式，就可以得到不同时刻的原子核间距，反映了不同延迟时间下的分子核波包动力学过程。图 3-28(b) 为实验测得的符合离子碎片 D^++D^+ 的动能释放随延迟时间的变化，反映出 $D_2^+(1s\sigma_g)$ 态势能曲线上核波包的动力学信息。从图中可以发现，动能释放 10 电子伏和 18 电子伏处在水平方向上有较为明显的带状结构。其中 18 电子伏处的带状结构可能来源于中性 D_2 分子在同时吸收两个光子后发生的直接双电离过程，也可能是当 $D_2^+(1s\sigma_g)$ 态上的核波包运动到势能曲线最左端（核间距 R 很小）时，D_2^+ 吸收探测光后发生顺序电离所产生的。此外，将 6～12 电子伏区域内的离子碎片动能分布数据投影到延迟时间轴后，观察离子产率的时域信息可以得到核波包的振动周期为 (22 ± 4) 飞秒。

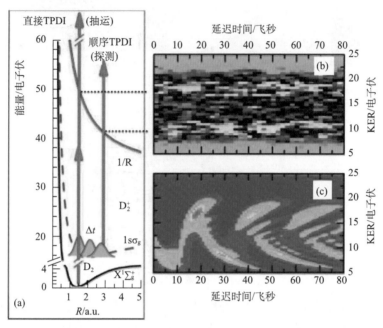

图 3-28　自由电子激光场采用 XUV 抽运和探测研究 $D_2^+(1s\sigma_g)$ 超核包波运动图 [180]

(a)D_2 由直接（direct）和顺序（sequential）双光子双电离后产生的解离通道示意图；(b) 实验测得的符合离子碎片 $D^+ + D^+$ 的动能释放随延迟时间的变化；(c) 对 $D^+ + D^+$ 动能释放随延迟时间分布的理论计算结果

图 3-28(c) 所示为通过求解含时薛定谔方程得到的离子碎片动能随延迟时间分布的理论计算结果。由于实验中脉冲持续时间和信噪比对计数统计的影响，理论计算比实验测量给出了更为清晰的时域结构图像。理论计算所得的动能较低区核波包振动周期为 23.8 飞秒，与实验测得的 (22 ± 4) 飞秒相符较好。可见，自由电子激光与分子的实验研究为研究飞秒量级的光致核波包动力学过程提供了更多可能。这也是第一个时间分辨的自由电子激光研究分子波包运动的实验。

对于更为复杂的多原子分子，自由电子激光还可以用来探索光诱导分子反应动力学中化学键的断裂与形成、电子密度的重新分布及原子迁移导致的超快异构化等过程。例如，通过观测乙炔分子异构化通道 $CH_2^+ + C^+$ 产率随延迟时间的变化，可以得到氢原子迁移过程的时间和对应的动能释放等信息[181]；通过泵浦-探测方法，Erk 等对碘甲烷的电荷转移过程进行了研究[166]；Glownia 等通过时间分辨的 X 射线衍射谱实现了量子态演化的分子结构成像[182]；最新的分子"黑洞"现象，这里 Rudenko 等[183] 利用美国 LCLS 光源，在光子能量为 8.3 千电子伏下成功观测到 I^{47+}（图 3-29）。高能光子瞬间在碘原子上电离掉很多电子（多于 47 个），在碘离子上形成空穴黑洞，周边电子迅速被这个黑洞吸收，电荷分布重新排布，这种现象只有在高亮度自由电子激光中才能观测到，隐含着丰富的电荷分布动力学过程。

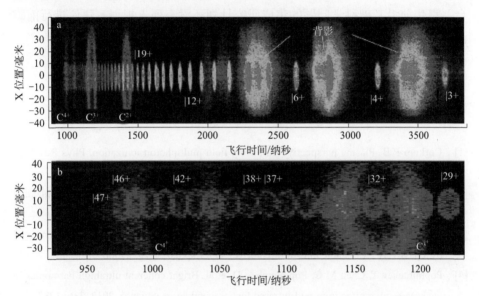

图 3-29　CH_3I 分子中离子飞行时间对应 MCP 位置的实验结果[183]
实验在美国 LCLS，光子能量为 8.3 千电子伏下完成，I^{47+} 被收集到

综上所述，自由电子激光技术在原子分子碰撞领域有着非常广泛的应用前景。内容涵盖从简单氢原子到复杂的化学生物分子，从外壳层到内壳层，从单光子到多光子过程，从单脉冲到具有时间分辨的泵浦-探测过程，从反应产物的能量谱到有时间分辨的动量谱，这些研究是飞秒时间尺度和原子空间尺度下量子规律的认知和利用的重要基础。

（三）建议和意见

自由电子激光建设已经是各科技强国优先支持建设的大型科学平台，在不同领域已经取得非常突出的成果，美国也把自由电子激光列为 10 个对人类未来产生重大影响的科技方向。在平台建设上，中国已经非常重视，启动了大连、上海、合肥等多个自由电子激光平台建设工作，并开始陆续对国内外用户开放。

现在启动的主要是自由电子激光平台建设项目，在这些项目中主要侧重的是加速器等前端的研究，虽然包含一部分用户探测装置的研发，但是在用户光子/离子先进探测技术方面还是投入不足，支持渠道单一，应该在更广泛的范围内支持研发自由电子激光用户探测器。另外，利用自由电子激光平台，聚焦前沿基础科学问题的集成研究计划还没有列入规划，建议进行前瞻的战略布局，更早地鼓励和吸引更多年轻人参与到这个领域的研究中。

本章参考文献

[1] Corkum P B. Plasma perspective on strong field multiphoton ionization. Phys Rev Lett, 1993, 71: 1994.

[2] Agostini P, Fabre F, Mainfray G, et al. Free-free transitions following six-photon ionization of xenon atoms. Phys Rev Lett, 1979, 42: 1127.

[3] Gaumnitz T, Jain A, Pertot Y, et al. Streaking of 43-attosecond soft-X-ray pulses generated by a passively CEP-stable mid-infrared driver. Opt Exp, 2017, 25: 27506.

[4] Popmintchev T, Chen M C, Popmintchev D, et al. Bright coherent ultrahigh harmonics in the keV X-ray regime from mid-infrared femtosecond lasers. Science, 2012, 336: 1287.

[5] Popmintchev D, Galloway B R, Chen M C, et al. Near- and extended-edge X-ray-absorption fine-structure spectroscopy using ultrafast coherent high-order harmonic supercontinua. Phys Rev Lett, 2018, 120: 093002.

[6] Yergeau F, Petite G, Agostini P. Above-threshold ionisation without space charge. J Phys B, 1986, 19: L663.

[7] Freeman R R, Bucksbaum P H. Investigations of above-threshold ionization using subpicosecond laser-pulses. J. Phys. B, 1991, 24: 325.

[8] Walker B, Sheehy B, Kulander K C, et al. Elastic rescattering in the strong field tunneling limit. Phys Rev Lett, 1996, 77: 5031.

[9] Hertlein M P, Bucksbaum P H, Müller H G. Evidence for resonant effects in high-order ATI spectra. J Phys B, 1997, 30: L197.

[10] Hansch P, Walker M A, van Woerkom L D. Resonant hot-electron production in above-

threshold ionization. Phys Rev A, 1997, 55: R2535.

[11] Paulus G G, Grasbon F, Walther H, et al. Absolute-phase phenomena in photoionization with few-cycle laser pulses. Nature, 2001, 414: 182.

[12] Paulus G G, Lindner F, Walther H, et al. Measurement of the phase of few-cycle laser pulses. Phys Rev Lett, 2003, 91: 253004.

[13] Blaga C I, Catoire F, Colosimo P, et al. Strong-field photoionization revisited. Nat Phys, 2009, 5: 335.

[14] Quan W, Lin Z, Wu M, et al. Classical aspects in above-threshold ionization with a midinfrared strong laser field. Phys Rev Lett, 2009, 103: 093001.

[15] Liu C, Hatsagortsyan K Z. Origin of unexpected low energy structure in photoelectron spectra induced by midinfrared strong laser fields. Phys Rev Lett, 2010, 105: 113003.

[16] Yan T, Popruzhenko S V, Vrakking M J J, et al. Low-energy structures in strong field ionization revealed by quantum orbits. Phys Rev Lett, 2010, 105: 253002.

[17] Kaestner A, Saalmann U, Rost J M. Electron-energy bunching in laser-driven soft recollisions. Phys Rev Lett, 2012, 108: 033201.

[18] Wu C Y, Yang Y D, Liu Y Q, et al. Characteristic spectrum of very low-energy photoelectron from above-threshold ionization in the tunneling regime. Phys Rev Lett, 2012, 109: 043001.

[19] Wolter B, Lemell C, Baudisch M, et al. Formation of very-low-energy states crossing the ionization threshold of argon atoms in strong mid-infrared fields. Phys Rev A, 2014, 90: 063424.

[20] Quan W, Hao X L, Chen Y J, et al. Long-range Coulomb effect in intense laser-driven photoelectron dynamics. Sci Rep, 2016, 6: 27108.

[21] Wittmann T, Horvath B, Helml W, et al. Single-shot carrier-envelope phase measurement of few-cycle laser pulses. Nat Phys, 2009, 5: 357.

[22] Rathje T, Johnson N G, Moller M, et al. Review of attosecond resolved measurement and control via carrier-envelope phase tagging with above-threshold ionization. J Phys B, 2012, 45: 074003.

[23] Zuo T, Bandrauk A D, Corkum P B, et al. Laser-induced electron diffraction: a new tool for probing ultrafast molecular dynamics. Chem Phys Lett, 1996, 259: 313.

[24] Huismans Y, Rouzee A, Gijsbertsen A, et al. Time-resolved holography with photoelectrons. Science, 2011, 331: 61.

[25] Morishita T, Le A T, Chen Z J, et al. Accurate retrieval of structural information from laser-induced photoelectron and high-order harmonic spectra by few-cycle laser pulses. Phys Rev Lett, 2008, 100: 013903.

[26] Okunishi M, Morishita T, Prümper G, et al. Experimental retrieval of target structure

information from laser-induced rescattered photoelectron momentum distributions. Phys Rev Lett, 2008, 100: 143001.

[27] Ray D, Ulrich B, Bocharova I, et al. Large-angle electron diffraction structure in laser-induced rescattering from rare gases. Phys Rev Lett, 2008, 100: 143002.

[28] Meckel M, Comtois D, Zeidler D, et al. Laser-induced electron tunneling and diffraction. Science, 2008, 320: 1478.

[29] Blaga C I, Xu J L, Dichiara A D, et al. Imaging ultrafast molecular dynamics with laser-induced electron diffraction. Nature, 2012, 483: 194.

[30] Wolter B, Pullen M G, Le A T, et al. Ultrafast electron diffraction imaging of bond breaking in di-ionized acetylene. Science, 2016, 354: 308.

[31] Becker A, Doerner R, Moshammer R. Multiple fragmentation of atoms in femtosecond laser pulses. J Phys B, 2005, 38: S753.

[32] Faria C, Liu X. Electron-electron correlation in strong laser fields. J Mod Opt, 2011, 58: 1076.

[33] Becker W, Liu X J, Ho P J, et al. Theories of photoelectron correlation in laser-driven multiple atomic ionization. Rev Mod Phys, 2012, 84: 1011.

[34] Aleksakhin I S, Zapesochnyi I P, Suran V V. Double multiphoton ionization of strontium atom. JETP Lett, 1977, 26: 11.

[35] Walker B, Sheehy B, Dimauro L F, et al. Precision measurement of strong field double ionization of Helium. Phys Rev Lett, 1994, 73: 1227.

[36] Fittinghoff D N, Bolton P R, Chang B, et al. Observation of nonsequential double ionization of helium with optical tunneling. Phys Rev Lett, 1992, 69: 2642.

[37] Eichmann U, Dorr M, Maeda H, et al. Collective multielectron tunneling ionization in strong fields. Phys Rev Lett, 2000, 84: 2550.

[38] Dietrich P, Burnett N H, Ivanov M, et al. High-harmonic generation and correlated two-electron multiphoton ionization with elliptically polarized light. Phys Rev A, 1994, 50: R3585.

[39] Witzel B, Papadogiannis N A, Charalambidis D, et al. Charge-state resolved above threshold ionization. Phys Rev Lett, 2000, 85: 2268.

[40] Lafon R, Chaloupka J L, Sheehy B, et al. Electron energy spectra from intense laser double ionization of Helium. Phys Rev Lett, 2001, 86: 2762.

[41] Weber T, Weckenbrock M, Staudte A, et al. Recoil-ion momentum distributions for single and double ionization of helium in strong laser fields. Phys Rev Lett, 2000, 84: 443.

[42] Moshammer R, Feuerstein B, Schmitt W, et al. Momentum distributions of Ne^{n+} ions created by an intense ultrashort laser pulse. Phys Rev Lett, 2000, 84: 447.

[43] Weber T, Giessen H, Weckenbrock M, et al. Correlated electron emission in multiphoton double ionization. Nature, 2000, 405: 658.

[44] Staudte A, Ruiz C, Schoffler M, et al. Binary and recoil collisions in strong field double ionization of helium. Phys Rev Lett, 2007, 99: 263002.

[45] Rudenko A, de Jesus V L B, Ergler T, et al. Correlated two-electron momentum spectra for strong-field nonsequential double ionization of He at 800nm. Phys Rev Lett, 2007, 99: 263003.

[46] Ye D F, Liu X, Liu J. Classical trajectory diagnosis of a fingerlike pattern in the correlated electron momentum distribution in strong field double ionization of helium. Phys Rev Lett, 2008, 101: 233003.

[47] Zuo W L, Ben S, Lv H, et al. Experimental and theoretical study on nonsequential double ionization of carbon disulfide in strong near-IR laser fields. Phys Rev A, 2016, 93: 053402.

[48] Zhao L, Dong J W, Lv H, et al. Ellipticity dependence of neutral Rydberg excitation of atoms in strong laser fields. Phys Rev A, 2016, 94: 053403.

[49] Lv H, Zuo W, Zhao L, et al. Comparative study on atomic and molecular Rydberg-state excitation in strong infrared laser fields. Phys Rev A, 2016, 93: 033415.

[50] Wolter B, Pullen M G, Baudisch M, et al. Strong-field physics with mid-IR fields. Phys Rev X, 2015, 5: 021034.

[51] Wang Y L, Xu S P, Quan W, et al. Recoil-ion momentum distribution for nonsequential double ionization of Xe in intense midinfrared laser fields. Phys Rev A, 2016, 94: 053412.

[52] Ackermann W, Asova G, Ayvazyan V, et al. Operation of a free-electron laser from the extreme ultraviolet to the water window. Nat Photon, 2007, 1: 336.

[53] Shintake T, Tanaka H, Hara T, et al. A compact free-electron laser for generating coherent radiation in the extreme ultraviolet region. Nat Photon, 2008, 2: 555.

[54] Richter M, Amusia M Y, Bobashev S V, et al. Extreme ultraviolet laser excites atomic giant resonance. Phys Rev Lett, 2009, 102: 163002.

[55] Liu X, de Morisson C F. Nonsequential double ionization with few-cycle laser pulses. Phys Rev Lett, 2004, 92: 133006.

[56] Liu X, Rottke H, Eremina E, et al. Nonsequential double ionization at the single-optical-cycle limit. Phys Rev Lett, 2004, 93: 263001.

[57] Bergues B, Kubel M, Johnson N G, et al. Attosecond tracing of correlated electron-emission in non-sequential double ionization. Nat Commun, 2012, 3: 813.

[58] Eremina E, Liu X, Rottke H, et al. Influence of molecular structure on double ionization of N_2 and O_2 by high intensity ultrashort laser pulses. Phys Rev Lett, 2004, 92: 173001.

[59] Zeidler D, Staudte A, Bardon A B, et al. Controlling attosecond double ionization dynamics

via molecular alignment. Phys Rev Lett, 2005, 95: 203003.

[60] Pfeiffer A N, Cirelli C, Smolarski M, et al. Timing the release in sequential double ionization. Nat Phys, 2011, 7: 428.

[61] Winney A H, Lee S K, Lin Y F, et al. Attosecond electron correlation dynamics in double ionization of benzene probed with two-electron angular streaking. Phys Rev Lett, 2017, 119: 123201.

[62] Li X K, Wang C C, Yuan Z Q, et al. Footprints of electron correlation in strong-field double ionization of Kr close to the sequential-ionization regime. Phys Rev A, 2017, 96: 033416.

[63] Fleischer A, Wörner H J, Arissian L, et al. Probing angular correlations in sequential double ionization. Phys Rev Lett, 2011, 107: 113003.

[64] Fechner L, Camus N, Ullrich J, et al. Strong-field tunneling from a coherent superposition of electronic states. Phys Rev Lett, 2014, 112: 213001.

[65] Herath T, Yan L, Lee S K, et al. Strong-field ionization rate depends on the sign of the magnetic quantum number. Phys Rev Lett, 2012, 109: 043004.

[66] Yao J P, Li G H, Jia X Y, et al. Alignment-dependent fluorescence emission induced by tunnel ionization of carbon dioxide from lower-lying orbitals. Phys Rev Lett, 2013, 111: 133001.

[67] Wu J, Schmidt L P H, Kunitski M, et al. Multiorbital tunneling ionization of the CO molecule. Phys Rev Lett, 2012, 108: 183001.

[68] Xie X H, Doblhoff-Dier K, Xu H, et al. Selective control over fragmentation reactions in polyatomic molecules using impulsive laser alignment. Phys Rev Lett, 2014, 112: 163003.

[69] Luo S Z, Zhu R H, He L H, et al. Nonadiabatic laser-induced orientation and alignment of rotational-state-selected CH_3Br molecules. Phys Rev A, 2015, 91: 053408.

[70] Luo S Z, Hu W H, Yu J Q, et al. Rotational dynamics of quantum state-selected symmetric-top molecules in nonresonant femtosecond laser fields. J Phys Chem A, 2017, 121: 777.

[71] He L H, Bulthuis J, Luo S Z, et al. Laser induced alignment of state-selected CH_3I. Phys Chem Chem Phys, 2015, 17: 24121.

[72] He L H, Pan Y, Yang Y J, et al. Ion yields of laser aligned CH_3I and CH_3Br from multiple orbitals. Chem Phys Lett, 2016, 665: 141.

[73] Luo S Z, Hu W H, Yu J Q, et al. Multielectron effects in the strong field sequential ionization of aligned CH_3I molecules. J Phys Chem A, 2017, 121: 6547.

[74] Ma P, Wang C C, Li X K, et al. Ultrafast proton migration and Coulomb explosion of methyl chloride in intense laser fields. J Chem Phys, 2017, 146: 244305.

[75] Ito Y, Wang C C, Le A T, et al. Extracting conformational structure information of benzene molecules via laser-induced electron diffraction. Struct Dyn, 2016, 3(3): 034303.

[76] Hentschel M, Kienberger R, Spielmann C, et al. Attosecond metrology. Nature, 2001, 414: 509.

[77] Zhao K, Zhang Q, Chini M, et al. Tailoring a 67 attosecond pulse through advantageous phase-mismatch. Opt Lett, 2012, 37: 3891.

[78] Dudovich N, Smirnova O, Levesque J, et al. Measuring and controlling the birth of attosecond XUV pulses. Nat Phys, 2006, 2: 781.

[79] Shafir D, Soifer H, Bruner B D, et al. Resolving the time when an electron exits a tunnelling barrier. Nature, 2012, 485: 343.

[80] Zhang D W, Lu Z H, Meng C, et al. Synchronizing terahertz wave generation with attosecond bursts. Phys Rev Lett, 2012, 109: 243002.

[81] Lv Z, Zhang D, Chao M, et al. Attosecond synchronization of terahertz wave and high-harmonics. J Phys B, 2013, 46: 155602.

[82] Huang Y D, Meng C, Wang X W, et al. Joint measurements of terahertz wave generation and high-harmonic generation from aligned nitrogen molecules reveal angle-resolved molecular structures. Phys Rev Lett, 2015, 115: 123002.

[83] Smirnova O, Mairesse Y, Patchkovskii S, et al. High harmonic interferometry of multi-electron dynamics in molecules. Nature, 2009, 460: 972.

[84] Zhang B, Yuan J M, Zhao Z X, et al. Dynamic core polarization in strong-field ionization of CO molecules. Phys Rev Lett, 2013, 111: 163001.

[85] Yao J P, Jiang S C, Chu W, et al. Population redistribution among multiple electronic states of molecular nitrogen ions in strong laser fields. Phys Rev Lett, 2016, 116: 143007.

[86] McFarland B K, Farrell J P, Bucksbaum P H, et al. High harmonic generation from multiple orbitals in N_2. Science, 2008, 322: 1232.

[87] Wöerner H J, Bertrand J B, Fabre B, et al. Conical intersection dynamics in NO_2 probed by homodyne high-harmonic spectroscopy. Science, 2011, 334: 208.

[88] Ferre A, Boguslavskiy A E, Dagan M, et al. Multi-channel electronic and vibrational dynamics in polyatomic resonant high-order harmonic generation. Nat Commun, 2015, 6: 5952.

[89] Yun H, Lee K M, Sung J H, et al. Resolving multiple molecular orbitals using two-dimensional high-harmonic spectroscopy. Phys Rev Lett, 2015, 114: 153901.

[90] Drescher M, Hentschel M, Kienberger R, et al. Time-resolved atomic inner-shell spectroscopy. Nature, 2002, 419: 803.

[91] Schultze M, Fiess M, Karpowicz N, et al. Delay in photoemission. Science, 2010, 328: 1658.

[92] Wang H, Chini M, Chen S Y, et al. Attosecond time-resolved autoionization of argon. Phys

Rev Lett, 2010, 105: 143002.

[93] Chini M, Wang X W, Cheng Y, et al. Coherent phase-matched VUV generation by field-controlled bound states. Nat Photon, 2014, 8: 437.

[94] Ott C, Kaldun A, Raith P, et al. Lorentz meets Fano in spectral line shapes: a universal phase and its laser control. Science, 2013, 340: 716.

[95] Ghimire S, Dichiara A D, Sistrunk E, et al. Observation of high-order harmonic generation in a bulk crystal. Nat Phys, 2011, 7: 138.

[96] Luu T T, Garg M, Kruchinin S Y, et al. Extreme ultraviolet high-harmonic spectroscopy of solids. Nature, 2015, 521: 498.

[97] Ndabashimiye G, Ghimire S, Wu M X, et al. Solid-state harmonics beyond the atomic limit. Nature, 2016, 534: 520.

[98] Kurz H G, Steingrube D S, Ristau D, et al. High-order-harmonic generation from dense water microdroplets. Phys Rev A, 2013, 87: 063811.

[99] Goulielmakis E, Schultze M, Hofstetter M, et al. Single-cycle nonlinear optics. Science, 2008, 320: 1614.

[100] Li J, R X M, Yin Y C. 53-attosecond X-ray pulses reach the carbon K-edge. Nat Comm, 2017, 8: 1-5.

[101] Pertot Y, Schmidt C, Matthews M, et al. Time-resolved X-ray absorption spectroscopy with a water window high-harmonic source. Science, 2017, 355: 264.

[102] Attar A R, Bhattacherjee A, Pemmaraju C D, et al. Femtosecond X-ray spectroscopy of an electrocyclic ring-opening reaction. Science, 2017, 356: 54.

[103] Schiffrin A, Paasch-Colburg T, Karpowicz N, et al. Optical-field-induced current in dielectrics. Nature, 2013, 493: 70.

[104] Schultze M, Bothschafter E M, Sommer A, et al. Controlling dielectrics with the electric field of light. Nature, 2013, 493: 75.

[105] Schultze M, Ramasesha K, Pemmaraju C D, et al. Attosecond band-gap dynamics in silicon. Science, 2014, 346: 1348.

[106] Siek F, Neb S, Bartz P, et al. Angular momentum-induced delays in solid-state photoemission enhanced by intra-atomic interactions. Science, 2017, 357: 1274.

[107] Schlaepfer F, Lucchini M, Sato S A, et al. Attosecond optical-field-enhanced carrier injection into the GaAs conduction band. Nat Phys, 2018, 14: 560.

[108] Wang C L, Lai X Y, Hu Z L, et al. Strong-field atomic ionization in elliptically polarized laser fields. Phys Rev A, 2014, 90: 013422.

[109] Lai X Y, Wang C L, Chen Y J, et al. Elliptical polarization favors long quantum orbits in high-order above-threshold ionization of noble gases. Phys Rev Lett, 2013, 110: 043002.

[110] Kang H, Quan W, Wang Y, et al. Structure effects in angle-resolved high-order above-threshold ionization of molecules. Phys Rev Lett, 2010, 104: 203001.

[111] Lin Z Y, Jia X Y, Wang C L, et al. Ionization suppression of diatomic molecules in an intense midinfrared laser field. Phys Rev Lett, 2012, 108: 223001.

[112] Sun X F, Li M, Ye D F, et al. Mechanisms of strong-field double ionization of Xe. Phys Rev Lett, 2014, 113: 103001.

[113] Liu Y Q, Ye D F, Liu J, et al. Multiphoton double ionization of Ar and Ne close to threshold. Phys Rev Lett, 2010, 104: 173002.

[114] Liu Y Q, Fu L B, Ye D F, et al. Strong-field double ionization through sequential release from double excitation with subsequent Coulomb scattering. Phys Rev Lett, 2014, 112: 013003.

[115] Zhang W B, Li Z C, Lu P F, et al. Photon energy deposition in strong-field single ionization of multielectron molecules. Phys Rev Lett, 2016, 117: 103002.

[116] Chen J, Liu J, Fu L B, et al. Interpretation of momentum distribution of recoil ions from laser-induced nonsequential double ionization by semiclassical rescattering model. Phys Rev A, 2001, 63: 011404.

[117] Fu L B, Liu J, Chen J, et al. Classical collisional trajectories as the source of strong-field double ionization of helium in the knee regime. Phys Rev A, 2001, 63: 043416.

[118] Fu L B, Liu J, Chen S G. Correlated electron emission in laser-induced nonsequence double ionization of Helium. Phys Rev A, 2002, 65: 021406.

[119] Hao X L, Wang G Q, Jia X Y, et al. Nonsequential double ionization of Ne in an elliptically polarized intense laser field. Phys Rev A, 2009, 80: 023408.

[120] Hao X L, Chen J, Li W D, et al. Quantum effects in double ionization of argon below the threshold intensity. Phys Rev Lett, 2014, 112: 073002.

[121] Zhou Y M, Huang C, Liao Q, et al. Classical simulations including electron correlations for sequential double ionization. Phys Rev Lett, 2012, 109: 053004.

[122] Lv H, Zuo W L, Zhao L, et al. Comparative study on atomic and molecular Rydberg-state excitation in strong infrared laser fields. Phys Rev A, 2016, 93: 033415.

[123] Zhang B, Yuan J M, Zhao Z X. DMTDHF: a full dimensional time-dependent Hartree-Fock program for diatomic molecules in strong laser fields. Comput Phys Commun, 2015, 194: 84.

[124] Zhang B, Zhao Z X. SLIMP: strong laser interaction model package for atoms and molecules. Comput Phys Commun, 2015, 192: 330.

[125] Zhao Z X, Yuan J M. Dynamical core polarization of two-active-electron systems in strong laser fields. Phys Rev A, 2014, 89: 023404.

[126] Majety V P, Scrinzi A. Dynamic exchange in the strong field ionization of molecules. Phys Rev Lett, 2015, 115: 103002.

[127] Pabst S, Santra R. Strong-field many-body physics and the giant enhancement in the high-harmonic spectrum of Xenon. Phys Rev Lett, 2013, 111: 233005.

[128] DiChiara A D, Sistrunk E, Miller T A, et al. An investigation of harmonic generation in liquid media with a mid-infraredlaser. Opt Exp, 2009, 17: 20959.

[129] Schubert O, Hohenleutner M, Langer F, et al. Sub-cycle control of terahertz high-harmonic generation by dynamical Bloch oscillations. Nat Photon, 2014, 8: 119.

[130] Sivis M, Taucer M, Vampa G, et al. Tailored semiconductors for high-harmonic optoelectronics. Science, 2017, 357: 303.

[131] Vampa G, Hammond T J, Thire N, et al. Linking high harmonics from gases and solids. Nature, 2015, 522: 462.

[132] Pellegrini C, Marinelli A, Reiche S, et al. The physics of X-ray free-electron lasers. Rev Mod Phys, 2016, 88: 015006.

[133] Fletcher L B, Lee H J, Doppner T, et al. Ultrabright X-ray laser scattering for dynamic warm dense matter physics. Nat Phot, 2015, 9: 274.

[134] Madden R P, Codling K. New autoionizing atomic energy levels in He, Ne, and Ar. Phys Rev Lett, 1963, 10: 516.

[135] Domke M, Remmers G, Kaindl G. Observation of the (2p, nd)$_1$P° double-excitation Rydberg series of Helium. Phys Rev Lett, 1992, 69: 1171.

[136] Schulz K, Kaindl G, Domke M, et al. Observation of new Rydberg series and resonances in doubly excited helium at ultrahigh resolution. Phys Rev Lett, 1996, 77: 3086.

[137] Liu X J, Zhu L F, Yuan Z S, et al. Dynamical correlation in double excitations of Helium studied by high-resolution and angular-resolved fast-electron energy-loss spectroscopy in absolute measurements. Phys Rev Lett, 2003, 91: 193203.

[138] Yuan Z S, Han X Y, Liu X J, et al. Theoretical investigations on the dynamical correlation in double excitations of Helium by the R-matrix method. Phys Rev A, 2004, 70: 062706.

[139] Harries J R, Sullivan J P, Sternberg J B, et al. Double photoexcitation of helium in a strong DC electric field. Phys Rev Lett, 2003, 90: 133002.

[140] Mihelic A, Zitnik M. *Ab initio* calculation of photoionization and inelastic photon scattering spectra of He below the N=2 threshold in a DC electric field. Phys Rev Lett, 2007, 98: 243002.

[141] Alagia M, Coreno M, Farrokhpour H, et al. Excitation of 1S and 3S metastable helium atoms to doubly excited states. Phys Rev Lett, 2009, 102: 153001.

[142] Bizau J M, Cubaynes D, Guilbaud S, et al. Photoelectron spectroscopy of ions: study of

the Auger decay of the 4d → nf (n=4, 5) resonances in Xe^{5+} ion. Phys Rev Lett, 2016, 116: 103001.

[143] Akoury D, Kreidi K, Jahnke T, et al. The simplest double slit: interference and entanglement in double photoionization of H$_2$. Science, 2007, 318: 949.

[144] Landers A, Weber T, Ali I, et al. Photoelectron diffraction mapping: molecules illuminated from within. Phys Rev Lett, 2001, 87: 013002.

[145] Trinter F, Schoffler M S, Kim H K, et al. Resonant Auger decay driving intermolecular Coulombic decay in molecular dimers. Nature, 2014, 505: 664.

[146] Mitio I. Inelastic collisions of fast charged particles with atoms and molecules: the Bethe theory revisited. Rev Mod Phys, 1971, 43: 297.

[147] Xie B P, Zhu L F, Yang K, et al. Inelastic X-ray scattering study of the state-resolved differential cross section of Compton excitations in Helium atoms. Phys Rev A, 2010, 82: 032501.

[148] Bradley J A, Seidler G T, Cooper G, et al. Comparative study of the valence electronic excitations of N$_2$ by inelastic X-ray and electron scattering. Phys Rev Lett, 2010, 105: 053202.

[149] Kang X, Yang K, Liu Y W, et al. Squared form factors of valence-shell excitations of atomic argon studied by high-resolution inelastic X-ray scattering. Phys Rev A, 2012, 86: 022509.

[150] Zhu L F, Xu W Q, Yang K, et al. Dynamic behavior of valence-shell excitations of atomic neon studied by high-resolution inelastic X-ray scattering. Phys Rev A, 2012, 85: 030501.

[151] Ni D D, Xu L Q, Liu Y W, et al. Comparative study of the low-lying valence electronic states of carbon dioxide by high-resolution inelastic X-ray and electron scattering. Phys Rev A, 2017, 96: 012518.

[152] Xu L Q, Liu Y W, Kang X, et al. The realization of the dipole (γ, γ) method and Its application to determine the absolute optical oscillator strengths of Helium. Sci Rep, 2015, 5: 18350.

[153] Kang X, Liu Y W, Xu L Q, et al. Oscillator strength measurement for the A(0-6)-X (0), C (0)-X(0), and E (0)-X (0) transitions of CO by the dipole (γ, γ) method. Astrophys J, 2015, 807: 96.

[154] Liu Y W, Kang X, Xu L Q, et al. Oscillator strength of vibrionic excitations of nitrogen determined by the dipole (γ, γ) method. Astrophys J, 2016, 819: 142.

[155] Xu L Q, Liu Y W, Xu X, et al. Optical oscillator strengths of the valence-shell excitations of atoms and molecules determined by the dipole (γ, γ) method. Eup Phys J D, 2017, 71: 183.

[156] Kavcic M, Zitnik M, Bucar K, et al. Separation of two-electron photoexcited atomic processes near the inner-shell threshold. Phys Rev Lett, 2009, 102: 143001.

[157] Hennies F, Pietzsch A, Berglund M, et al. Resonant inelastic scattering spectra of free molecules with vibrational resolution. Phys Rev Lett, 2010, 104: 193002.

[158] Kavcic M, Zitnik M, Bucar K, et al. Electronic state interferences in resonant X-ray emission after K-shell excitation in HCl. Phys Rev Lett, 2010, 105: 113004.

[159] Pietzsch A, Sun Y P, Hennies F, et al. Spatial quantum beats in vibrational resonant inelastic soft X-ray scattering at dissociating states in oxygen. Phys Rev Lett, 2011, 106: 153004.

[160] Marchenko T, Carniato S, Journel L, et al. Electron dynamics in the core-excited Cs_2 molecule revealed through resonant inelastic X-ray scattering spectroscopy. Phy Rev X, 2015, 5: 031021.

[161] Gaffney K J, Chapman H N. Imaging atomic structure and dynamics with ultrafast X-ray scattering. Science, 2007, 316: 1444.

[162] Seibert M M, Ekeberg T, Maia F R N C, et al. Single mimivirus particles intercepted and imaged with an X-ray laser. Nature, 2011, 470: 78.

[163] Young L, Kanter E P, Krassig B, et al. Femtosecond electronic response of atoms to ultra-intense X-rays. Nature, 2010, 466: 56.

[164] Ho P J, Bostedt C, Schorb S, et al. Theoretical tracking of resonance-enhanced multiple ionization pathways in X-ray free-electron laser pulses. Phys Rev Lett, 2014, 113: 253001.

[165] Rudek B, Son S K, Foucar L, et al. Ultra-efficient ionization of heavy atoms by intense X-ray free-electron laser pulses. Nat Phot, 2012, 6: 858.

[166] Erk B, Boll R, Trippel S, et al. Imaging charge transfer in iodomethane upon X-ray photoabsorption. Science, 2014, 345: 288.

[167] Fuchs M, Trigo M, Chen J. Anomalous nonlinear X-ray Compton scattering anomalous nonlinear X-ray. Nature Photonics, 2015, 11: 964.

[168] Chen J, Cao M Q, Wei B, et al. Vacuum ultraviolet photoionization mass spectrometric study of cyclohexene. J Mass Spectrom, 2016, 51: 169.

[169] Wang Y Y, Kang X, Liu Y W, et al. Investigations of dissociative photoionization of isooctane by synchrotron radiation. Int J Mass Spect, 2014, 359: 1.

[170] Tang X F, Zhou X G, Sun Z F, et al. Dissociation of internal energy-selected methyl bromide ion revealed from threshold photoelectron-photoion coincidence velocity imaging. J Chem Phys, 2014, 140: 044312.

[171] Ackermann W, Asova G, Ayvazyan V, et al. Operation of a free-electron laser from the extreme ultraviolet to the water window. Nat Phot, 2007, 1: 336.

[172] Shintake T, Tanaka H, Hara T, et al. A compact free-electron laser for generating coherent radiation in the extreme ultraviolet region. Nat Phot, 2008, 2: 555.

[173] IshikawaT, Aoyagi H, Asaka T, et al. A compact X-ray free-electron laser emitting in the sub-angstrom region. Nat Phot, 2012, 6: 540.

[174] Allaria E, Appio R, Badano L, et al. Highly coherent and stable pulses from the FERMI seeded free-electron laser in the extreme ultraviolet. Nat Phot, 2012, 6: 699.

[175] Kang H S, Min C K, Heo H, et al. Hard X-ray free-electron laser with femtosecond-scale timing jitter. Nat Phot, 2017, 11: 708.

[176] Rudenko A, Foucar L, Kurka M, et al. Recoil-ion momentum distributions for two-photon double ionization of He and Ne by 44eV free-electron laser radiation. Phys Rev Lett, 2008, 101: 073003.

[177] Ho P J, Bostedt C, Schorb S, et al. Theoretical tracking of resonance-enhanced multiple ionization pathways in X-ray free-electron laser pulses. Phys Rev Lett, 2014, 113: 253001.

[178] Rudek B, Son S K, Foucar L, et al. Ultra-efficient ionization of heavy atoms by intense X-ray free-electron laser pulses. Nat Phot, 2012, 6: 858.

[179] Jiang Y H, Rudenko A, Kurka M, et al. Few-photon multiple ionization of N_2 by extreme ultraviolet free-electron laser radiation. Phys Rev Lett, 2009, 102: 123002.

[180] Jiang Y H, Jahnke T, Kurka M, et al. Investigating two-photon double ionization of D_2 by XUV-pump-XUV-probe experiments. Phys Rev A, 2010, 81: 051402.

[181] Jiang Y H, Rudenko A, Herrwerth O, et al. Ultrafast extreme ultraviolet induced isomerization of acetylene cations. Phys Rev Lett, 2010, 105: 263002.

[182] Glownia J M, Natan A, Cryan J P, et al. Self-referenced coherent diffraction X-ray movie of Ångstrom- and femtosecond-scale atomic motion. Phys Rev Lett, 2016, 117: 153003.

[183] Rudenko A, Inhester L, Hanasaki K, et al. Femtosecond response of polyatomic molecules to ultra-intense hard X-rays. Nature, 2017, 546: 129.

第四章
冷原子物理及其应用

第一节　研究目的、意义和特点

冷原子物理研究冷原子（含离子、分子）的产生、冷原子的物理特性及冷原子的应用。包括：利用激光与原子的相互作用实现原子的激光冷却与磁光囚禁，利用蒸发冷却、协同冷却等冷却机制实现超冷原子，利用远失谐光偶极阱、光晶格等囚禁方法囚禁超冷原子；用费希巴赫共振方法调节原子之间的相互作用，从而产生超冷分子、三体叶菲莫夫（Efimov）态等少体束缚态，揭示少体相互作用的普适性物理规律；产生多体（态）关联和多体纠缠，为量子信息和量子计算中的应用奠定基础；利用光晶格制备低维超冷原子体系，模拟凝聚态物理、天体物理等体系中的量子磁性、自旋波等新奇量子现象；观察超冷原子的热力学和动力学行为，揭示多体物理问题中的奇异量子相和相变临界行为；产生超冷极性分子和具有磁偶极矩的原子体系，研究长程相互作用；冷原子还被应用于原子频标、原子光学与原子干涉等多个与精密测量相关的研究领域，如图4-1所示。

冷原子是指温度很低的单个原子或者气态原子云团。气态原子的运动速率服从麦克斯韦-玻尔兹曼分布（图4-2），温度 T 是热运动的表征，最可几速率、平均速度、均方根速率、速率分布的宽度（半高全宽）都与 $\sqrt{T}$ 成正比。T 越大，原子系综的最可几速率和速率分布的宽度也越大，说明原子越热；反之，如果 T 很小，原子很冷，则原子团的速度分布很窄、平均速度也低。单个原子的温度同样是一个表征统计的量，是一个原子多次实验重复测量结果的分布。

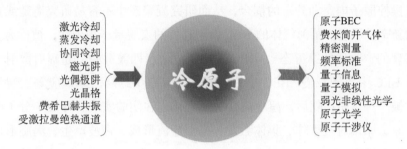

图 4-1　冷原子的产生与应用

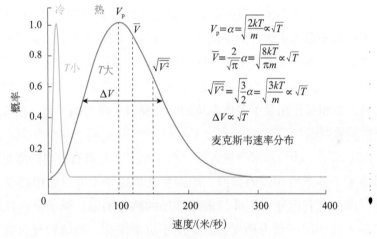

图 4-2　气体原子的速率分布，冷与热的定义

冷原子速度低、动能小，因而具有独特的性质。例如，原子之间的碰撞少，因而具有较长的相干时间；原子运动慢，因而可以有较长的相互作用时间；多普勒效应小，有利于精密光谱测量；动能小，有利于使用弱的外场（射频电磁场、光场）进行调控；动量小，德布罗意波波长长，物质波波动明显，有利于原子干涉研究；超冷的原子可形成物质的量子简并态，使丰富多彩的新物态、新物性研究成为可能。

在超冷原子研究方面，温度低于 1 微开的超冷原子体系具有极好的操控性。在实验中，利用磁场费希巴赫共振，可以调节原子间散射长度的大小和符号，从而揭示 BEC-BCS 交叉区间丰富的量子行为；利用光晶格来操控原子间的相互作用和原子运动方向，从而揭示低维物理中的新奇量子现象；通过控制外部囚禁势，可以控制超冷原子的温度和密度；通过光场或者射频场，可以操控原子内态和外态的耦合，从而研究凝聚态中不容易研究清楚或者没有的新奇量子态。稀薄气体的 BEC 由于独特的宏观量子相干性，被称为实验室实现的"物质的第五态"，BEC 的相干放大、四波混频、超辐射散射、光速在 BEC 中急剧减慢、BEC 中的压缩态、BEC 中约瑟夫森效应等宏观量子特性被一一揭示；随后，超冷简并费米气体也在实验实现，开展了分子凝聚体、原子库珀对凝聚体、集体激发、高温超流形成、声波产生、涡旋形成和铁磁性等研究。

超冷原子实验的突破极大地推动了量子少体到量子多体物理理论的研究。尤其是，量子多体问题的研究一直是物理科学中的难题。特别是对强相互作用的量子多体系统，由于微扰论的失效，阻滞了人们对量子多体问题的深入理解并限制了原子分子物理在量子精密测量技术中的进一步应用。正是由于超冷原子操控技术的发展，超冷原子气体成为理论研究和实验模拟的有力工具，为相互作用量子多体系统的研究提供了理想的平台、独特的视角和基准性检验判据。

在冷原子干涉与精密测量方面，由于原子本身具有内禀的静止质量，通过对原子干涉条纹相位的提取，能间接获得原子干涉过程中感受到的外场信息，因而可利用原子干涉仪进行外场的精密测量。原子干涉仪可研制成原子重力仪和原子重力梯度仪，应用于资源勘探、地球物理研究、地震监测等领域。原子干涉仪也是一种惯性敏感器，利用原子干涉环路的萨尼亚克（Sagnac）效应可制成高精度原子陀螺仪，用于导航、地震预报和高精度转动测量等。原子干涉仪可以用于基本物理常数和基本物理参量，如万有引力常数、精细结构常数的精密测量，还可用于基本物理定律的实验检验。自从 1991 年实现第一个原子干涉仪以来，原子干涉仪作为一种有力的工具已应用于重力、重力梯度、转动的精密测量，牛顿引力常数、精细结构常数的确定，引力红移、后牛顿引力的精密测量，以及弱等效原理的检验。

在基于离子阱量子信息与精密测量方面，基于保罗（Paul）阱改进的线性离子阱和多电极的离子芯片阱（包括线型、Y 型等平面离子芯片阱和多层离子芯片阱）利用激光冷却的方式，将离子冷却至其振动状态的量子基态，形成超冷离子。超冷离子被束缚在特定的孤立环境中，因而能长时间、最大限度地保持量子特性，具有足够长的相干时间。基于离子阱的量子计算，相比其他的候选者，纠缠量子比特的数目更多，计算的结果也更准确，能够对量子力学的多个模型或方程、各种自旋耦合模型、量子相变等做很好的量子模拟。超冷离子体系也是公认的工作最稳定的物理系统，能产生稳定的量子关联，实现量子精密测量，能显现出突破测量的标准量子极限。目前，最大的确定性的纠缠态就是在离子阱中实现的，即 20 个 $^{40}Ca^+$ 的纠缠；利用量子相变也可以产生多达 53 个离子的量子关联。人们早在 2004 年就观察到三个纠缠的超冷离子所呈现的更精确的谱线，但由于纠缠态极易受外界环境的干扰，目前大多数与精密测量相关的工作仍是基于单个超冷离子。

在中性原子量子计算方面，相互作用可控、相干时间较长且具备一定集成优势的中性原子体系是实现量子计算机的有力候选者之一。目前，中性原子体系的相干时间可达到秒量级，相比于原子量子比特操控需要的微秒量级时间，比率达到 10^6，这一指标超过了目前大多数量子计算的候选体系。中性原子可控的相互作用不仅可以有效减少多原子比特纠缠时相互作用带来的退相干，而且可以避免相互作用在大规模扩展量子比特时对比特数目的限制。中性单原子体系通过光晶格可以实现在 1 平方毫米的面积上集成数千个单原子，由于相互作用可控，理论上操作的保真度不会受到扩展的原子数目的影响。另外，原子阵列的构型灵活可变，利用最近发展的可移动光阱单原子装配技术，可以得到任意构型的原子比特阵列。

在原子离子光频标方面，由于原子（离子）囚禁和激光冷却原子（离子）及精密光谱等新概念、新技术在原子频标领域内的应用，该领域正处于飞速发展阶段。特别是 21 世纪初，产生了一种新的原子频标技术，即冷原子光频标，使得人们对自然界的认识与理解有可能产生新的飞跃。冷原子光频标的精度理论上可超过 10^{-18}，使得一些原本难以观察的物理现象就有可能被观察到，一些难解的物理之谜就有可能被解开。开展基于冷原子/离子的精密调控和光频精密测量实验技术，开展新一代光频标关键物理问题的深入研究，实现高精度的光频标，对于建立新的时间标准和基于精密光频测量的基本物理规律的检验及更高精度的卫星导航系统应用具有重要意义。

在冷分子研究方面，人们将超低温原子的研究拓展到冷分子的制备、俘获、操控及应用等前沿研究领域。与原子相比，分子具有丰富的内态能级，如振动态、转动态、超精细态及磁场下的自旋极化态，极性分子有电偶（或更高）极矩及各向异性的长程偶极-偶极相互作用，因而引起了物理和化学领域的研究兴趣。以超冷原子为基础制备的超冷分子物理涉及光学、原子分子物理、凝聚态物理、量子信息科学等领域，是当前原子分子物理研究的一个重要方向。基于激光冷却原子的超冷分子制备技术和分子量子态的相干调控技术的发展，使得超冷分子在高分辨光谱、超冷化学、精密测量、多体物理、量子模拟和量子计算等方面受到越来越多的关注。

第二节 国内外研究现状、特色、优势及不足

一、超冷原子分子实验

（一）研究意义和特点

超冷原子、分子体系由于其宏观量子特性和高度可调控性为人们提供了一种全新的量子体系。由于其密度稀薄，对该体系的研究可以和理论预言进行精确对比，从而揭示以前不能研究或者难以观察的新奇量子现象。由于超冷原子系统具有高度的可实验性和可操控性，该体系已成为研究原子分子物理、量子信息、凝聚态物理、高能粒子物理和天体物理中一些基本问题的实验平台，对该体系的研究已成为当前原子分子和光物理、量子信息、量子调控、量子光学的一个国际前沿课题。这不仅体现在短短的 15 年间就有四次诺贝尔物理学奖（1997 年、2001 年、2005 年、2012 年）授予了与冷原子相关的科学家，而且冷原子的研究正与光晶格、强关联、低维气体和固体物理的现象紧密结合起来；与量子涨落、空间、时间的无序影响和控制的非平衡统计联系起来；与费米子的关联特性、HBT（Handury Brown-Twess）实验、腔中凝聚体的特性和量子光学、腔电动力学、精密测量等结合起来，使得这个领域的发展充满了勃勃生机，以德国的 Bloch、Sengstock，美国的 Ketterle、Hulet、Demler、Spielman，法国的 Dalibard、Salomon，奥地利的 Grimm 等新一代实验和理论科学家为代表，正将这个领域的研究推进到一个更深和更

广的层次。

在高温或常温气体中，气态原子服从经典的麦克斯韦-玻尔兹曼分布，体系中的原子运动杂乱无章，缺少量子关联特性。在超冷原子中，不同粒子的量子统计特性就会显现出来，从而可以在实验中揭示由于量子相干性导致的新奇量子态。稀薄气体的 BEC 于 1924 年由玻色和爱因斯坦理论预言[1,2]，经过 70 多年的艰难探索最后在美国的三个实验室获得[3-5]。由于其独特的宏观量子相干性，BEC 被称为实验室实现的"物质的第五态"，并且在紧接着的时间内，对其特性、操控、应用的研究获得了蓬勃发展，如 BEC 的相干放大、四波混频、超辐射散射、光速在 BEC 中急剧减慢、BEC 中的压缩态、BEC 中的约瑟夫森效应等宏观量子特性[6,7]；费米气体是自旋为半整数且与玻色气体具有截然不同量子统计特性的气体，其量子行为和自然界中的电子、质子和中子等基本费米粒子具有统一性，所以其可以用来研究原子分子物理中的电子行为、凝聚态物理中的超导和超流及粒子物理和天体物理中的强关联行为。在气体原子的 BEC 实现后不久，超冷简并费米气体也由美国 JILA 研究所实验实现[8]，随后，对该体系的研究很快取得了飞速发展，如分子凝聚体、原子库珀对凝聚体、集体激发、高温超流形成、声波产生、涡旋形成和铁磁性的研究等[9,10]。对超冷量子气体的研究，已经成为原子分子物理领域揭示新奇量子态的一个至关重要的研究方向。

和固体物理相比，超冷原子体系的一个重要特色是具有高度的可操控性。例如，利用磁场费希巴赫共振，可以调节原子间散射长度的大小和符号，从而揭示 BEC-BCS 交叉区间丰富的量子行为[11]；利用光晶格来操控原子间的相互作用和原子运动方向，从而揭示低维物理中的新奇量子现象[12]；通过控制外部囚禁势，可以控制超冷原子的温度和密度；通过光场或者射频场，可以操控原子内态和外态的耦合，从而研究凝聚态中不容易研究清楚或者没有的新奇量子态[13-17]。随着实验操控手段和探测方法的逐步提高，人们对超冷原子的研究对象也可以进一步深入。相对于单组分的超冷原子气体，多组分混合气体具有更加丰富的内部结构和相互作用构型，特别对于玻色-费米混合气体，两种组分具有截然不同的量子统计特性，在超冷温度下两种量子统计特性势必会相互影响，并且在不同的相互作用构型下，体系呈现极其丰富的量子现象。

（二）国际研究现状、发展趋势和前沿问题

1.国际研究现状

超冷量子气体的研究是建立在激光冷却的基础之上的，以超冷玻色气体和费米气体为研究对象，来研究原子分子物理、凝聚态物理、高能粒子物理和天体物理中的一些基本问题，对该体系的研究已成为当前原子分子和光物理、量子信息、量子调控、量子光学的一个国际前沿课题。超冷原子气体的研究发展主要体现在实验操控方法的发展和实验体系的选择上。一方面，人们可以利用磁场费希巴赫共振来调节原子散射长度的大小和符号[11]，来揭示BEC-BCS交叉区间丰富的量子行为，这方面的代表有芝加哥大学的Chen小组、莱斯大学的Hulet小组、北卡罗来纳大学（原来在杜克大学）的Thomas小组和法国巴黎高师的Salomon小组等[18-25]；并且可以利用光晶格技术来束缚原子的运动方向，来揭示低维物理中奇妙的多体和少体相互作用，这方面的代表有德国马克斯·普朗克核物理研究所（原来在美因茨应用技术大学）的Bloch小组、瑞士苏黎世联邦理工学院的Esslinger小组和哈佛大学的Greiner小组等[26-31]。另一方面，在超冷温度条件下，不同原子的量子统计特性不同，体系呈现的宏观量子特性也具有多样性。自从1995年美国的三个实验室实现稀薄气体中的BEC后[3-5]，超冷量子气体的研究吸引了一大批物理学家的注意，对其特性、操控、应用的研究获得了蓬勃发展，如BEC的相干放大、四波混频、超辐射散射、光速在BEC中急剧减慢、BEC中的压缩态、BEC中约瑟夫森效应等宏观量子特性。这方面的工作主要以2001年三位诺贝尔物理学奖获得者为代表（Ketteler、Cornell和Wieman）。在玻色气体的BEC实现后，1999年，JILA研究所实现了具有不同量子统计特性的费米原子简并现象[8]。由于费米原子和自然界中的电子、质子和中子等基本费米粒子的行为具有统一性，因此该体系被广泛地用来模拟固体物理中高温超导和液氦超流等强关联现象，并且取得了一系列重大研究进展，如分子凝聚体[32,33]、原子库珀对凝聚体[34]、集体激发[24,35]、高温超流形成[25]、声波产生[36]、涡旋形成[37,38]和铁磁性[29,39]的研究等。这方面的代表有JILA研究所的Jin小组、Rice大学的Hulet小组、美国麻省理工学院（MIT）的Ketteler和奥地利因斯布鲁克大学的Grimm小组等。近些年来，随着实验操控精度

和探测方法的进一步提高，多组分原子体系开始进入人们的研究对象。相对于单组分体系，多组分原子体系具有更加丰富的内部结构和相互作用构型，为揭示更加广泛的新奇量子态提供了物质基础和实验平台（更多细节参考文献[40]及其参考文献）。特别对于玻色-费米混合体系，具有截然不同的量子统计特性的两组分原子同时存在于一个体系中，在超低温度区间，玻色（或者费米）原子的低能散射行为必然受到玻色-费米原子之间相互作用的影响，体系的宏观量子行为必将呈现出新奇的现象。实验中，同种元素的玻色-费米体系（^{6}Li^{7}Li）2001年在法国的 Salomon 小组实现，他们主要利用玻色-费米的协同冷却来获得费米简并气体[41]。2011年，美国麻省理工学院的 Zwierlein 小组也在实验中研究另外一种元素的玻色-费米（^{40}K^{41}K）强相互作用[42]。对玻色-费米混合体系的研究主要集中在异核原子体系 ^{40}K^{87}Rb 上，此体系最早由美国、德国和意大利的三个小组实现[43-45]，基于此体系研究的一个主要方向是制备超冷基态分子。例如，美国 Jin 和叶军小组利用绝热拉曼过程获得转动振动基态的超冷分子，并在此基础上研究了超冷化学反应对分子内态和碰撞构型的依赖关系[46-48]；德国的 Sengstock 小组在三维光晶格中形成超冷分子，抑制分子碰撞加热效应来提高分子的寿命[49]。同时，对此玻色-费米体系强相互作用区间的研究也揭示了三体损失、量子遂穿和能带激发等和其他体系完全不同的物理现象[50-53]，预示着此体系中蕴含着丰富的量子现象。当然，还有一些小组选择更加复杂的玻色-费米混合体系作为研究对象。例如，新加坡国立大学的 Dieckmann 小组（原来在德国马克斯·普朗克核物理研究所）选用 ^{40}K^{6}Li^{87}Rb 费米-费米-玻色体系[54]；美国麻省理工学院的 Zwierlein 小组选用 ^{40}K^{6}Li^{41}K（费米-费米-玻色混合）体系[42]。

2. 发展趋势和前沿问题

超冷量子气体的研究是建立在激光冷却的基础之上的，以超冷玻色气体和费米气体为研究对象，由于其密度稀薄，对该体系的研究可以和理论预言进行精确对比，从而揭示以前不能研究或者难以观察的新奇量子现象。由于超冷原子系统具有高度的可实验性和可操控性，来研究原子分子物理、凝聚态物理、高能粒子物理和天体物理等交叉领域的热点问题，对该体系的研究已成为当前原子分子和光物理、量子信息、量子调控、量子光学的一个国际前沿课题。超冷原子研究当今关注的前沿问题如下。

（1）少体相互作用的普适性质。利用磁场费希巴赫技术制备超冷分子，利用光场和射频场制备基态超冷分子，发展超冷分子内态和外态的操控技术，研究基态分子形成的微观机理，揭示超冷分子之间的碰撞化学反应；利用磁场费希巴赫技术产生三体 Efimov 态，获得不同原子体系形成 Efimov 态的标度规律，研究质量、维度等物理参数对 Efimov 态的影响，揭示 Efimov 三体束缚态形成的普适性物理规律，并进一步研究四体束缚态的形成机理。

（2）基于超冷原子的量子模拟和拓扑量子态。在玻色和费米原子气体中利用双光子拉曼跃迁、轨道杂化、晃动光晶格、空间梯度磁场等方法产生人造规范势，实现马约拉纳（Majorana）费米子、外尔（Weyl）费米子、手征边缘态和自旋霍尔效应等新物态和拓扑量子相变，为制备高保真、容错性拓扑量子态奠定基础；在超冷玻色、费米量子气体中设计新的拓扑系统，探测其独特的量子性质，动态操控拓扑量子态，产生并探测量子多体纠缠，为各类量子霍尔态和 Majorana 费米子等新奇量子态在拓扑量子信息与量子计算方面的应用奠定基础。

（3）非平衡动力学行为。利用超冷原子的高度可操控性研究体系非平衡过程的热力学和动力学行为，迅速改变超冷原子气体某个物理量，使体系脱离平衡状态，改变速度大于体系微观性质的响应速度，这种突变过程在自然界中普遍存在，包括早期宇宙。研究体系在突变过程中的动力学演化规律，体系是如何再次恢复到平衡状态，此过程中有哪些量子现象等，实验验证非平衡动力学过程的理论模型（如基布尔-楚雷克理论），并且将这些非平衡理论扩展到不同物理体系中。观察突变过程中的奇异量子相和相变临界行为，理解非平衡过程的多体物理。

（4）长程相互作用。利用绝热拉曼过程获得转动振动基态的异核极性分子（RbK、NaK 等），获得长程偶极相互作用，并在此基础上研究了超冷化学反应对分子内态和碰撞构型的依赖关系，在三维光晶格中形成超冷分子，抑制分子碰撞加热效应来提高分子的寿命；利用激光冷却和协同冷却技术制备具有磁偶极矩的简并原子体系（Cr、Er、Dy 等），研究体系中的长程关联效应，揭示长程相互作用产生的新物态和多体纠缠。

（5）原位探测多体关联效应。将超冷原子装载到单层的二维光晶格中，每个格点上只有一个原子，通过发展空间高分辨的成像探测技术，可以原位探测每个格点上原子的外态和内态参数，从微观上观察原子和周围多个原子之间的关联信息。探测光晶格格点上原子的填充率和空穴数目，提取多体系统的温度和熵，研究两体和多体关联效应在原子体系中的传播效应，揭示磁性、莫特（Mott）绝缘体相变等量子现象的微观机理；同时探测成千上万个原子之间的强关联效应，通过高分辨原位探测技术，从细节上观察和操控大数目原子之间的相干特性，为建立多位量子纠缠建立基础。

（三）国内研究现状、特色、优势及不足之处

我国的原子分子研究领域较早地开始关注超冷原子物理的研究，经过多年的努力，发展迅速，建立了一系列超冷原子实验平台，积累了一定的科研力量与研究基础。目前有多个实验室已经获得了超冷玻色-爱因斯坦凝聚，分别有中国科学院上海光学精密机械研究所、北京大学、清华大学、中国科学院武汉物理与数学研究所、中国科学院物理研究所、山西大学、中国科学技术大学和华东师范大学等单位[55-59]。山西大学在2007年成功实现了钾原子的费米简并，获得了超冷玻色-费米混合量子体系，并依托此实验平台研究了费米体系的自旋-轨道耦合效应[15,16]，中国科学院武汉物理与数学研究所获得了超冷玻色-费米（^{87}Rb和^{40}K）混合原子体系，实现了铷原子的玻色-爱因斯坦凝聚[60-62]，华东师范大学在2015年也实现了费米简并气体[63]，并研究了强相互作用费米气体膨胀过程中的非平衡动力学行为。随着我国对中国科学院"百人计划"等青年科研人才的大力引进，浙江大学、华南师范大学、中山大学和华中科技大学等单位都在积极筹备建立超冷原子实验平台。

中国的超冷原子物理研究近几年发展迅速，实验和理论研究相结合产生了一批创新性研究成果，一些方向的研究水平处在世界前列。具体表现在以下几个方面。

1. 超冷原子的自旋-轨道耦合研究处在先进水平

中国科学技术大学和北京大学合作，在超冷玻色气体中实现了一维和二维自旋-轨道耦合，并研究了体系的能带拓扑特性[64,65]，山西大学、清华大学和中国人民大学合作利用自旋-轨道耦合效应相干产生了超冷分子[66]；山西大学、清华大学和香港中文大学合作，首次在超冷费米气体中实现一维和二维自旋-轨道耦合[15,67]；中国科学院武汉物理与数学研究所将檀接触理论模型

扩展到自旋-轨道耦合超冷费米体系,利用新的檀接触量来刻画体系的能量绝热变化和大动量分布的渐进行为[68]。

2. 揭示了超冷费米气体非平衡动力学行为的量子特性

华东师范大学、清华大学和中国人民大学合作,研究了超冷费米气体的埃非莫维安(Efimovian)膨胀行为,揭示了强相互作用费米气体标度不变的特性[69,70]。

3. 研究了超冷玻色气体的非线性效应

中国科学院武汉物理与数学研究所、中国科学院物理研究所和北京大学合作,研究了由于玻色-爱因斯坦凝聚体质心运动干涉导致的物质波自成像效应,观察到物质波超辐射的非对称性行为[56,71]。

4. 研究了超冷原子的多粒子纠缠

清华大学通过驱动玻色-爱因斯坦凝聚体的量子相变获得确定性多粒子纠缠,在玻色-爱因斯坦凝聚体中产生双数态,纠缠粒子数高达 910[72]。

5. 研究了超冷原子中高阶分波的散射行为

气体原子间的相互作用是多阶分波相互作用的总和,因而定量地研究这个过程是非常困难的。超冷原子气体温度低,相互作用可以分解为 s 波和 p 波等低阶分波相互作用,进而研究单一分波间的相互作用。实验结果可以和理论进行定量的对比,以精确地研究量子气体中的少体和多体问题。中国科学院武汉物理与数学研究所提出了不仅可以利用磁场大小,还可以利用磁场方向来调节极化费米原子间的 p 波相互作用(类似两个小磁体的碰撞),揭示了 p 波相互作用各向异性的特性[73]。清华大学在实验中观察到铷原子体系中的 d 波散射共振行为,这种共振是一种宽共振,具有三重分立结构[74],为研究高阶分波相互作用的独特行为开启道路。

中国的超冷原子研究经过前期科研人才和实验设备的积累,具备了比较好的基础,为产生创新性科研成果提供了资源和动力,特别是近几年发表了一系列高水平的科研成果,在国际上我国超冷原子研究领域的地位显著提升。但是也存在一些不足,如从事超冷原子研究的各个单位之间的交流融合有待于进一步提高,处在世界领先水平的科研方向不多,属于原创性的超冷原子体系和原创性的科学问题不多。

（四）本学科发展的挑战与瓶颈

超冷原子体系由于其宏观量子特性和高度可调控性为人们提供了一种全新的量子体系，其新颖量子态和奇异物性的研究是国际上具有前瞻性和挑战性的前沿领域。随着原子操控技术的发展，该体系已成为研究原子分子物理、量子信息、凝聚态物理、高能粒子物理和天体物理等交叉领域关注的前沿热点，对该体系的研究已成为当前原子分子和光物理、量子信息、量子调控、量子光学的一个国际前沿课题。未来冷原子物理研究将沿着极低温、易调控、超精密、强关联的方向发展，观察多体系统的新奇量子态，发展量子比特和量子纠缠的探测和操控技术。

1. 高阶分波相互作用

前期大家主要研究了各向同性的 s 波相互作用，已经观察到玻色-爱因斯坦凝聚和库珀对超流（BCS）等一系列重要的量子现象。而 p 波等高阶分波相互作用具有各向异性的特性，导致超冷原子体系具有新奇而丰富的量子现象，所以精确地探测这种相互作用具有重大的研究前景。例如，p 波配对具有时间反演对称破缺，p 波相互作用的相变过程具有拓扑性质等[75]；各向异性的 p 波和 d 波相互作用可以用来解释凝聚态物理中超导和超流等许多量子现象[76,77]。在后期研究中，重点解决高阶分波的三体复合加热效应，提高超冷原子体系的寿命，寻找合适的超冷原子体系来获得宽的高阶分波共振，发展磁场矢量操控原子散射强度等冷原子调控手段，揭示高阶分波相互作用的相变和普适规律。

2. 具有特殊对称性的量子气体的量子行为

通常超冷原子体系被囚禁在谐振势中，实验探测的物理性质是整个原子体系的平均效应，或者利用局域密度近似方法来近似地研究超冷原子体系的局域行为，体系的囚禁效应和各向异性导致理论精确计算体系的量子特性比较困难。在后期研究中，将利用方势阱（box trapping）获得空间分布均匀的超冷原子体系，测量体系的物态方程，获取体系的化学势和熵等物理量并和理论计算进行对比，提取体系中的少体和多体相互作用特性；或者利用光场和磁场获得具有旋转对称性的凝聚体，研究超冷原子气体的宏观量子行为。

3. 光晶格和自旋-轨道耦合超冷原子气体的量子模拟

在玻色和费米原子气体中结合双光子拉曼过程，发展轨道杂化、晃动光晶格、空间梯度磁场等新方法产生人造规范势，实现 Majorana 费米子、Weyl费米子、手征边缘态和自旋霍尔效应等新物态和拓扑量子相变，产生并探测量子多体纠缠，为制备高保真、容错性拓扑量子态奠定基础，为各类量子霍尔态和 Majorana 费米子等新奇量子态在拓扑量子信息与量子计算方面的应用奠定基础；利用玻色-费米原子的相对粒子数控制非阿贝尔规范势，测量费米原子手征自旋流来探测非阿贝尔规范势，在阿贝尔与非阿贝尔过渡区域观察自旋霍尔效应等量子多体效应；克服人造规范势中原子气体仅有短程相互作用的局限，利用光激发实现超冷里德伯原子体系中的长程相互作用，探测密度波、量子霍尔态等。

4. 长程相互作用

通常研究的超冷原子体系以短程接触相互作用为主导，后期将利用绝热拉曼过程获得具有电偶极矩的异核极性分子（RbK、NaK 等），利用激光冷却和协同冷却技术制备具有磁偶极矩的简并原子体系（Cr、Er、Dy 等），获得有别于赝势模型的长程相互作用，研究体系中的长程关联效应，揭示长程相互作用产生的新物态和多体纠缠。

5. 超冷极性分子

利用磁场费希巴赫技术制备超冷分子，利用光场和射频场制备基态超冷分子，发展超冷分子内态和外态的操控技术，研究基态分子形成的微观机理，揭示超冷化学反应的机理；利用激光冷却和磁场塞曼减速等技术囚禁和冷却自然分子，利用协同冷却和缓冲气体冷却等方法进一步降低体系温度，获得自然分子的简并，研究基态分子间的碰撞化学反应。

6. 超冷玻色-费米混合气体的物性

近些年来，随着实验操控精度和探测方法的进一步提高，多组分原子体系开始成为人们的研究对象。相对于单组分体系，多组分原子体系具有更加丰富的内部结构和相互作用构型，为揭示更加广泛的新奇量子态提供了物质基础和实验平台。特别对于玻色-费米混合体系，具有截然不同的量子统计特性的两组分原子同时存在于一个体系中，在超低温度区间，玻色（或者费米）原子的低能散射行为必然受到玻色-费米原子之间相互作用的影响，体系的宏观量子行为必将呈现出新奇的现象。利用磁场费希巴赫共振方法操控原子间的相互作用，研究三体 Efimov 态等具有普适规律的少体束缚态；通过操控玻色-费米原子的相对粒子数，研究玻色（费米）极化子等准单粒子行为；利用光晶格囚禁混合气体，研究玻色-费米混合气体的超流和局域化。

　　总之，在后期研究工作中，将在传统的自旋-轨道耦合、非平衡动力学行为和宏观量子特性研究方向获得重要的研究成果，同时建立超冷玻色-费米混合气体、超冷极性分子和具有磁偶极矩的超冷原子体系，结合高精度光钟、高精度原位成像等操控技术，在长程相互作用等研究方向取得突破性研究成果，观察一些具有拓扑特性的新物态，揭示多体问题中的普适性物理规律，为超冷原子在量子信息、量子模拟和精密测量物理中的应用奠定基础。

二、超冷原子分子理论

（一）研究目的、意义和特点

　　超冷原子分子物理的研究涉及量子物理、固体物理、统计物理、凝聚态物理、数学物理等众多学科，是现代物理科学重要的研究领域，并在量子信息、量子度量和量子精密测量技术中得到广泛的应用。特别是，近二十年来简并冷原子气体的实验制备和调控技术的发展为研究量子多体现象提供了具有里程碑意义的平台。实验成功制备了简并玻色、费米及玻色-费米混合系统并在其中观测到许多新奇的物理现象，如超流现象、量子统计效应、玻色和费米系统的量子相变、非平衡动力学行为、人造规范势等。

　　超冷原子分子物理理论包含从量子少体问题到量子多体物理的研究，尤其是量子多体问题的研究一直是物理科学中的难题。从理论研究方法上讲，现有的平均场理论、微扰理论及数值计算等方法都存在严重的技术缺陷。特别是对于强相互作用的量子多体系统，由于微扰论的失效，对其的理论理解一直是一个难题，从而阻滞了人们对量子多体问题的深入理解并限制了原子分子物理在量子精密测量技术中的进一步应用。可喜的是，近十多年来由于超冷原子操控技术的发展，超冷原子气体成为理论研究和实验模拟的有力工具，为相互作用量子多体系统的研究提供了理想的平台和独特的视角。另外，在低维量子体系的理论研究中，人们可以通过严格可解方法和量子场论方法来精确理解体系的少体和多体物理性质，从而为量子多体物理和冷原子物理实验提供从理论到实验的基准性判据。

超冷原子分子物理的理论团队近几年来已获得国家自然科学基金重点项目和科技部重点研发计划项目的支持。基于世界性前沿课题发展的需要，将精确可解理论方法应用到重要基础物理问题和实际的量子度量和精密测量技术中是超冷原子分子物理理论团队的特色。具体的研究特点有如下几点。

1. 重要基础物理问题的严格解

利用严格解方法不仅可以得到基态和热力学平衡态的精确结果，而且能够严格地得到系统的完备能谱。这些解析的结论更加有利于深刻把握多体物理现象背后的物理本质，发现普适现象背后的物理规律。这使得严格解方法在精确、解析地研究量子多体系统的各种普适规律上有着不可比拟的优势。

2. 可以为超冷原子分子实验提供理论指导

随着冷原子分子操控技术的发展，很多低维可积量子多体系统得以在实验室中实现，这为量子多体物理现象的研究提供了重要的理论和实验相结合的研究手段。

3. 将量子少体和多体物理模型应用于量子精密测量

尤其是通过对严格可解多体系统的理论研究，可突破处理量子长程关联体系的理论瓶颈，在量子多体纠缠、自旋体系的弛豫、量子热化、量子纠缠熵、费希尔（Fisher）信息等方面的研究中做出具有实际应用价值的开创性理论工作。

（二）国际研究现状、发展趋势和前沿问题

1. 国际研究现状

冷原子分子的研究起始于 20 世纪初期，随着超流现象的发现和量子理论的建立，逐步受到物理学家的广泛关注。20 世纪 90 年代，激光冷却技术发展起来，人们对冷原子分子的研究跨入了超冷原子时代。由于冷原子平台十分干净且调控手段多样，越来越多的实际应用得到发展，例如，传统固态物

理系统中难以解决的高温超导费米子配对机制问题很可能在冷原子研究中得到突破，这也使得凝聚态物理中的一部分物理学家开始在超冷原子领域中投入更大的精力。目前，国际上的超冷原子分子研究规模已经巨大，围绕着量子多体、量子信息、精密测量、原子碰撞操控、精密光谱等诸多应用前景广泛的研究领域，实验和理论研究均取得了一系列重大的突破性进展。

量子多体物理学是超冷原子分子理论的核心研究领域，量子模拟、量子信息、精密测量等诸多问题无不与量子多体问题密切相关。量子多体物理中，首先引起广泛关注的是玻色子超流及其相关的问题。平均场理论所得到的超冷原子气体密度分布、拓扑激发、临界动力学等诸多物理现象随即得到了广泛的研究。实验表明，博戈留波夫平均场近似方法在研究超冷原子凝聚和凝聚体的激发等诸多方面是十分有效的。结合朗道二流体理论、GP 方程等多体物理处理手段，人们对凝聚体的激发和动力学性质有了更加深入的理解。费米子凝聚体其实是量子多体物理中更加令人兴奋的研究课题，因为困扰物理学家多年的高温超导机制有望在费米哈伯德（Hubbard）模型中找到突破契机。BEC-BCS 过渡是超冷费米子凝聚体中特别有意思的课题，因为其涉及的集中区域与原子操控、量子临界、量子流体理论等研究方向密切相关。由于平均场等理论手段的失效，该区域的理论研究引发了一波研究热潮，但目前仍未得到很好的解决，使得临界普适性质和临界区动力学问题成为亟须研究突破的重要国际前沿。上述玻色和费米冷原子凝聚问题大多可以划归量子模拟范畴。由于多数相互作用问题都是没有严格解的，而且无法使用平均场手段，因此该领域的理论研究可以认为处于起步阶段。目前数值方法可以研究部分少体动力学问题，而解析的研究大多限于某些极限情况。

在量子多体物理中，多数严格可解的物理模型是一维量子可积多体系统，满足杨-巴克斯特可积理论。然而量子可积系统理论建立后的几十年，由于实验技术很难实现理想的一维量子体系，在实际物理问题的应用极其少。20 世纪八九十年代人们逐渐认识到量子可积系统在固体物理中的重要性，尤其是一维量子多体系统。随着超冷原子时代的到来，越来越多的量子可积模型被用来探索基础物理的本质现象。近期，一维冷原子量子多体系统在实验上被实现，使得量子可积模型成为理解和应用量子多体物理现象的重要手段。在这方面具有代表性的可用一维可积系统描述的实验有：利伯·利尼格尔（Lieb-Liniger）玻色气体、杨-高丁费米气体、量子热化问题、量子临界和量子液体等。

超冷原子分子理论在实际应用中极具研究价值，相应地，在国际前沿科研中也得到理论物理学家的高度重视，量子精密测量和量子信息就是典型的例子。利用超冷原子系统制备具有高度纠缠的初态，通过原子干涉仪，有望突破精密测量的标准量子极限。近年来，随着冷原子实验技术的进步，人们可以利用冷原子实现包含几个原子或者自旋的量子模型，精确调控不同形式的相互作用，如近邻相互作用、长程相互作用等，用来实现更高程度的量子纠缠。理论上，典型的与精密测量相关的严格可解模型是中心自旋模型，它描述了中心位置的自旋与库自旋的超精细耦合作用，并可以在人工量子系统中实现。目前，对中心自旋模型的研究主要包含以下内容：Coish、Fischer 和 Loss 利用微扰论研究了强磁场情况下中心自旋的拉莫尔（Larmor）进动衰减过程；Bortz 利用量子可积理论，研究了初始态自旋翻转数为 1 的特殊情况下的动力学演化，得到中心自旋任意时刻期待值的解析结果；Faribault 及其合作者利用蒙特卡罗和代数贝特拟设（Bethe ansatz）方法，研究了相干因子的非衰减行为。然而，非解析的方法都存在局限性，如仅适用于强磁场或者弱磁场的极限情况，而且大多只能研究短时间的演化。关于中心自旋体系的研究，Dooley 等研究了耦合系数相同的 ×× 类型中心自旋模型，人们还讨论了使用 ×× 类型中心自旋模型演化去制备自旋猫态，并研究了 Fisher 信息，讨论了利用自旋猫态提高磁场的量子测量精度。针对 NV 色心自旋系综的中心磁场无序引起的弛豫和热化问题的研究也已经开展。近期，哈佛大学实验小组在实验中观测到 NV 色心自旋系综外场无序诱导的幂指数形式的弛豫标度律。

2. 发展趋势和前沿问题

超冷原子分子理论的发展伴随着超冷技术的深入发展。从理论的发展趋势来说，总体上体现为物理问题的细致化、研究系统的复杂化和研究手段的多样化。在冷原子发展前期，主要工作致力于原子分子光谱等领域；在超冷原子时代初期，理论工作的核心领域开始向原子光相互作用、碰撞散射等问题转移。由于堪称完美的超冷原子实验平台的搭建成型，理论工作越来越细致了。核心讨论的物理问题开始向费米子配对机制、少体原子精确操控、量子临界乃至精密测量、量子信息等实用前景相对明朗的领域转移。研究的量子系统日趋复杂，量子多体、玻色费米混合、高对称性多组分原子系统、p波配对、自旋轨道耦合、量子纠缠、量子拓扑等都是目前研究的重要物理系统。从研究手段来讲，随着计算机运算性能的增加，严格对角化、密度矩阵重整化群（density matrix renormalization group，DMRG）、时间演化块消减（time-evolving block decimation，TEBD）算法、矩阵乘积态（matrix product state，MPS）、量子蒙特卡罗等数值计算方法相继被提出和发展起来；量子场论方法、变分波函数、半经典近似手段在不断地进步中；严格解中的量子可积理论也被开始用来研究超冷原子分子多体系统的多体现象、量子信息和量子模拟等重要问题，这方面的研究已成为新的前沿研究课题。

量子临界性质、量子多体关联和非平衡动力学的计算，也是超冷原子理论和量子多体理论中的前沿问题。特别是，冷原子系统中量子临界物质的非平衡动力学是当前这一领域中理论和实验研究的重要课题。不可思议的是，经典和量子系统经过连续相变点的非平衡动力学行为都可以用 Kibble-Zurek 机制描述。这一机制是在研究早期宇宙形成中首先被发现的，进而应用到凝聚态物理及生命科学等领域中。经典和量子体系的 Kibble-Zurek 临界动力学都有实验验证，这种由对称破缺诱导的临界动力学在冷原子实验中引起了广泛兴趣。由于在临界点附近体系的弛豫时间趋于无穷长，系统可能无法达到全面的热平衡，从而导致系统中出现很多小的局域平衡区，局域平衡区的尺寸与对称性破缺速率相关。为什么从生命科学到物理科学，从宏观的宇宙演化到微观冷原子气体的连续相变，这些非平衡动力学都遵从 Kibble-Zurek 机制，是一个有待研究的重要问题。量子可积系统具有足够多的局域守恒量，非平衡动力学也有独特的性质。关于量子牛顿单摆的研究说明量子可积系统本身就具有许多局域序参量，以至于无法达到热化状态。研究热化过程需要推广的吉布斯热力学理论，最新的冷原子实验提供了有关这一理论的初步理解。在这方面，关于量子可积系统与非可积系统的动力学研究将为新的非平衡热力学理论的建立奠定基础。

另外，超冷原子中高对称费米体系的研究提供了研究多分量量子流体的新方法。相关研究也是当前重要的前沿领域之一。随着冷原子实验中 SU(N) 费米子系统的成功制备，有关高自旋系统 SU(N) 费米气体的普适规律、量子临界性、极化子、巡游铁磁性、关联函数、动力学及在原子钟方面应用的研究已引起人们密切的关注。事实上，量子可积模型为高对称量子多体物理和冷原子物理实验提供了从理论到实验的基准性判据。

（三）国内研究现状、特色、优势及不足之处

1. 国内研究现状

超冷原子物理学是新兴的基础量子物理研究领域，相关的理论和实验研究在国内都十分活跃，在一些研究方向上处于世界先进水平。在超冷原子理论的研究中，我国的研究团队在量子少体和多体理论、自旋-轨道耦合、量子液体和量子临界性、量子精确可解体系等方面都有创新性贡献。

中国科学院武汉物理与数学研究所的冷原子分子物理理论研究包括量子精确可解系统、少电子原子体系的精密谱、强场超快动力学、超导超流理论和量子信息等方面。其中，量子可积系统团队已发展成初具国际先进水平的研究组，从事冷原子少体、多体物理系统和自旋系统的严格解研究，取得了一系列在国际上颇具影响力的研究成果。2017 年，我国科学家在量子液体及临界性的理论和实验研究方面做出创新性工作[78]。目前正承担科技部重点研发计划"基于原子、离子与光子的少体关联精密测量"及国家自然科学基金重点项目"超冷原子气体的普适规律及非平衡动力学"。

量子可积理论有很长的研究历史，在数学物理、凝聚态物理、介观物理、高能物理和冷原子物理等很多研究领域中发挥着重要作用。国内在量子多体物理的严格解方面一直处于国际先进水平。近些年，中国科学院物理研究所、南开大学、西北大学、东北师范大学、浙江大学等研究单位在可积系统的物理性质和数学结构方面做出很多重要的工作。中国科学院物理研究所与西北大学发展了非对角可积模型的严格求解方法并取得了突破性的研究成果。非 U(1) 对称性的可积模型虽然早已严格证明其可积性质，但是一直苦于无法得到系统的严格解，非对角贝特拟设方法给出了其严格解法。非 U(1) 对称性往往是由于边界条件导致的，在某些情况下会导致拓扑边界效应[79]，因此在通过冷原子探索拓扑和边界态相关的前沿问题中具有重要的研究意义。

从理论上研究和理解量子多体系统一直是一个难题。除一维量子可积系统以外，从理论上精确求解量子多体系统一般来说是不可能的，因而必须引

入近似方法。其中平均场方法是一种重要的近似方法，它忽略了体系中次要的量子涨落，大大简化了理论分析复杂度，同时具有可行性高和物理图像清晰的特点。在理解固体超导电性中取得巨大成功的 BCS 理论就是一个很好的例子。平均场理论的这些优势使其通常成为从理论上研究量子多体系统的起点，许多理论方法都与平均场有关。目前，国内在这方面有着良好充分的发展，研究者们运用平均场方法详细研究了超冷玻色、费米及玻色-费米混合体系中可能存在的新奇超流态。研究分析了自旋-轨道耦合、不同类型的相互作用等对体系物态的影响。清华大学高等研究院、北京大学、中国科学院理论物理研究所、中国科学技术大学等单位在冷原子理论方面都有创新性研究工作。尤其是在自旋轨道耦合量子气体的研究方面，通过将理论与实验紧密结合，在国际上做出了代表性的工作；中国科学院物理研究所在量子严格解方法、共振散射及自旋轨道耦合的少体和多体物理方面做出了一系列开创性工作，并对多体系统中强相互作用的普适性，自旋轨道耦合的玻色子及费米子等诸多课题展开了充分的研究并取得了丰硕的成果。中国科学院武汉物理与数学研究所在高维量子多体系统的非微扰理论计算方面有丰富的研究经验，运用量子场论方法研究了共振量子气体并取得了一系列成果。除了超冷原子体系中的物态研究，平均场方法在超流动力学的研究上也有很好的应用，通过这些研究工作，我国的研究团队得到了许多可以和冷原子实验相互佐证的重要结果，在国际上引起了广泛关注。

超冷原子分子物理的理论研究会涉及多种数值计算方法。解决（准）一维量子多体的数值计算方法主要有以下几种，对非常小的格点体系，可以通过严格对角化，得到体系的所有本征态和能量，从而得到体系的所有性质。这个方法能计算所有的激发态，但是只计算非常小的体系，因而具有比较大的有限尺寸效应，主要用于求解量子多体局域化问题。如果只关注几个低能的本征态，可在严格对角化方法的基础上加入兰乔斯（Lanczos）方法。对于格点数为一百左右的格点体系，数值上可以用密度矩阵重整化群（DMRG）和量子蒙特卡罗（QMC）来求解及类似于 DMRG 的矩阵时间演化方法（TEBD）。由于费米子体系中潜在的符号问题，QMC 只能应用于求解特定的费米子体系，因此 DMRG 的应用更加广泛些。目前 DMRG 可以用于计算体系的零温基态和少数低能激发态性质及有限温体系的性质和短时间内非平衡演化的性质，并能给出非常精确的结果，但精度、体系大小和演化时间长度会受内存大小的限制。以上方法国内都有研究组熟练掌握，也被广泛地应用到理论物理研究中。近些年，国际上有人把矩阵乘积态（MPS）推广到一维连续体系（cMPS），cMPS 方法已成功地计算了一维 Lieb-Liniger 模型的基态和激发的性质，方法的收敛性和结果的精度都非常好。这将解决目前的数值计算方法基本不能处理连续体系的问题，国内目前还几乎没有与 cMPS 相关的工作。

张量网络方法是近年来迅速兴起的一种数值计算方法。目前，该方法已将之前低维量子物理中的主流计算方法 DMRG 等纳入自身框架中。在国内从事张量网络方法研究的主要有中国科学院物理研究所的凝聚态理论与计算重点实验室，他们研究并发展了张量重正化群方法，重庆大学现代物理中心在这方面也做出了一些重要工作。数值计算在国内被广泛地应用于探索与解决一些强关联量子物理和统计物理中用其他方法无法解决的问题，国内的很多研究单位在这方面处于世界先进水平。

2. 研究特色、优势及研究的不足之处

国内低维超冷原子分子理论研究的发展是很有特色的，在很多方向都有优秀的科研团队和杰出的科学家。中国科学院武汉物理与数学研究所超冷原子分子理论团队在低维量子可积系统的热力学性质及普适规律的研究方面独具特色，通过与北京计算科学研究中心、中国科学技术大学等进行合作，完成了许多有意义的工作，具体可参考综述文章[80]。虽然严格解方法可以精确给出量子可积系统的能谱，但是在实际物理量的计算方面一直有一些局限。人们努力探索可积模型的物理，但是很难在其背后的物理研究方面有重大突破。在量子多体系统的普适规律的研究中，中国科学院武汉物理与数学研究所的研究团队在国际上首次得到一些一维量子可积系统的普适标度规律的严格解析形式，开辟了运用量子可积模型研究量子相变临界区标度规律的新研究方向。他们发现无量纲常数威尔逊比率在一维量子系统中可以很好地描述量子相变[2]，并发现了檀接解（Tan contact）的量子临界标度性质[81]。通过和实验研究组的密切合作，他们在国际上首次得到一维有限温多体系统在经典气体和量子液体之间转变的量子临界性质，并观测到了拉廷格（Luttinger）液体的幂指数关联特性[1]，美国物理学会网刊 *Physics* 邀请该领域专家 Giamarchi（日内瓦大学），以"一维量子材料理论在冷原子和超导体实验中得以验证"为题对这一研究成果做了评述；欧洲物理学会网站 Physicsworld 以"原子体系和约瑟夫森节模拟一维量子液体"为题报道了该成果。

低维超冷原子理论的研究特色是通过发展新的解析方法，突破现有的理论难题，完成具有重要物理意义的工作。将精确解模型应用于低维冷原子系统，有助于从量子多体系统的复杂数学方程得到简单和优美的物理图像。精确解模型的严格解可以给出量子流体重要的普适规律及非平衡动力学标度函数，进而帮助理解高维量子流体的普适性质。另外，利用精确可解的高丁（Gaudin）长程相互作用体系研究在量子度量学和量子精密测量中的实际物理问题，包括量子多体纠缠问题、多体相互作用无序问题、中心自旋退相干问题等。这方面的研究现在还是相当初步的，关于动力学演化、纠缠熵、密度矩阵及关联函数的精确结果将能为未来的量子精密测量实验提供具有实际意义的理论指导。

目前低维超冷原子分子理论中的世界性难题是关于关联函数、量子多体纠缠、热化问题、自旋和电荷输运及非平衡动力学的研究。在这些方面，欧洲和美国处于世界领先水平，如英国、荷兰、法国、德国及美国都有非常强大的理论团队。整体上讲，国内在一些基础物理研究方面缺乏长久持续的研究兴趣，因而不能通过长久的科研积累做出真正的世界性、开创性的工作。中国科学院武汉物理与数学研究所超冷原子分子理论团队将借助他们自己在量子可积系统的研究优势，通过发展新的低维量子精确可解理论，突破理论瓶颈，发展计算量子多体关联函数、动力学演化、强关联体系的拓扑性质和量子无序的解析方法，进而做出具有实际应用性的开创性的理论工作，并进一步将其应用于量子度量学和量子精密测量。

（四）本学科发展的挑战与瓶颈

超冷原子分子物理理论的主要瓶颈在于求解量子多体问题。量子多体系统所表现出的物理现象及浮现出的普适规律往往是粒子数无穷大、强相互作用和强关联条件下的集体效应，无论是数值方法还是解析方法都无法得到体系能谱的全部信息，因而不能通过热力学来研究体系的宏观物理行为。同时，冷原子分子物理在实际的应用方面也存在很多困难和挑战，这些世界性难题成为制约原子分子理论发展的瓶颈。具体来说，与冷原子分子相关的理论挑战有以下几个方面。

1. 冷原子分子体系中的量子流体和分数准粒子

在低温量子多体系统中，量子统计相互作用和动力学相互作用驱动系统进入不同的物相，如超流现象、临界现象、费米液体等。然而，除了重整化群，微扰理论及数值方法，很少有解析方法适于研究量子多体系统，因而亟须发展一些有效的解析方法用于研究量子多体系统中涌现出的新奇物相，如拓扑绝缘体、非费米流体、自旋流体、分数准粒子等。在这方面的研究中，量子多体关联函数的计算一直是一个难题，借助先进的数学方法，如随机矩阵理论、共形场理论等将有助于突破现有的关于量子多体关联计算的理论瓶颈。

2. 量子多体系统的非热平衡动力学

量子体系的热化问题及非平衡态的演化问题中存在严重的争议，各态历经假说及玻尔兹曼运动方程如何在非平衡体系中应用缺乏可信的理论。寻找和探索这些现象背后的物理规律，也是目前超冷原子理论面临的重大挑战。在这些方面，可积系统的严格可解理论具有独特的优势。由于可积系统存在很多守恒量，可以通过更加广义的吉布斯（Gibbs）系综研究量子多体系统的非平衡态动力学问题，发现量子多体系统的动力学普适规律。运用精确可解模型及流体力学方程，我们可以探索自旋和电荷流中的分数准粒子行为。稳定的准粒子可以用来制备准粒子干涉仪，为量子精密测量提供优质量子资源。

3. 无量纲参数与量子流体和量子相变

在发生量子相变时，尽管物理体系的第一性性质，如粒子的质量及粒子之间相互作用势的细节都不会发生变化，但是体系的整体行为却会因为外部环境（如磁场、温度、化学势等）的变化而大相径庭。在这种情况下体系的各种无量纲参数，如卡多瓦基（Kadowaki）比率，威尔逊系数，维德曼-弗兰兹（Wiedemann-Franz）律等，就会显示出其重要的理论意义和实验价值，因为它们通常定义为两个可测量量的比值，消去了能态密度等不可直接观测的效应。Grüneisen 系数的提出是基于晶格量子论的，可以给出能谱结构信息。后来这个比率被广泛应用到物理学的各个领域。对于量子拓扑物质，在零温下陈（Chern）数可以刻画不同的拓扑物态，然而 Chern 数这种无量纲参数不适合标度有限温度量子拓扑物质的行为。对于许多新奇拓扑物质及量子流体态，发现合适的无量纲参数将有助于我们更好地理解新物性。无量纲参数有可能是基于量子多体精密测量的标度性参量。这方面的研究不仅对于冷原子和低温物理领域，而且对于众多其他物理分支都是很重要的。

4. 冷原子分子多体量子纠缠与量子度量

由于当代量子测量技术的发展，量子度量和量子精密测量已成为世界性的重要研究领域。如何利用量子多体关联特性开发可用于精密测量的量子资源已成为量子度量学和精密测量技术研究的中心问题。然而，在与精密测量相关的超冷原子分子理论研究中，如何加强量子纠缠仍是亟须解决的问题。目前为止，人们对多粒子量子纠缠的度量没有很好的定义，对于量子多体纠缠的计算都是通过计算定义在两部分之间的纠缠熵。在量子多体系统中相互作用是驱动量子纠缠的重要因素，而求解具有长程相互作用的量子体系是目前超冷原子分子理论的重要挑战。严格可解模型包含一类长程相互作用体系，称为 Gaudin 磁体。人们可以通过精确解方法计算其量子纠缠熵及动力学演化，进而深入研究量子纠缠的演化及退相干问题，从而有望在量子度量学中获得突破性的研究成果。

三、冷原子干涉与精密测量

（一）研究目的、意义和特点

根据量子理论，微观粒子（如光子、电子、中子、原子、分子等）具有波粒二象性，可以看成是物质波（或德布罗意波）。原子与光子一样具有干涉特性，两个不同相位的原子波包会形成干涉、呈现干涉条纹。原子干涉仪[82-84]是通过对原子波包相干操作而实现的。目前常见的拉曼（Raman）跃迁型原子干涉仪，是通过受激拉曼过程实现对原子波包的内态和外态（动量）相干操作的。通过对原子干涉条纹相位的提取，就能够间接获得原子干涉过程中感受到的外场信息。

由于原子本身具有内禀的静止质量，所以原子干涉仪的最大特点就是对重力场敏感。在原子干涉过程中，原子在重力场中的自由落体运动与原子沿不同干涉路径的匀速运动叠加，造成原子外态干涉路径的差异，这种路径差在原子干涉条纹信号中呈现为相位差。通过路径积分可以求解出重力场中原子干涉条纹的最终相位差（$\Delta\phi$），用公式可表示为

$$\Delta\phi = k_{eff} \cdot gT^2 \tag{4-1}$$

其中，g 为原子的重力加速度，k_{eff} 为操控原子波包的拉曼光的等效波矢，T 为两个拉曼脉冲之间的时间间隔。原子干涉仪的相位移动只与 g、k_{eff} 及 T 有关。k_{eff} 和 T 是实验设定参数，可以精确控制，只要精确测出原子干涉条纹在重力场中的相位 $\Delta\phi$，就能够实现重力加速度绝对值的精确测量。

类似于环形光学干涉仪，马赫-曾德尔（Mach-Zehnder）型原子干涉环路具有萨尼亚克效应[85]，可以用于测量转动、构建原子陀螺仪。原子陀螺仪的环路面积主要由原子的速度 v 和拉曼光脉冲间隔 T 决定，在转速为 Ω 的原子干涉环路中，由于萨尼亚克效应，沿不同路径运动的原子波包具有路径差，由转动引起的原子干涉条纹信号的相位差 $\Delta\phi_\Omega$ 可表示为

$$\Delta\phi_\Omega = 2k_{eff} \cdot (\Omega \cdot v)\frac{L^2}{v^2} \tag{4-2}$$

其中，L 是两个脉冲的间隔，v 是原子运动速度。

原子的干涉过程依赖于拉曼光与原子的动量交换，利用原子干涉仪可测量原子在干涉过程中的反冲速度 v，v 正比于普朗克常量与原子质量的比值 $\frac{h}{m}$，$v = \dfrac{\left(\dfrac{h}{m}\right)k}{2\pi}$，即 $\dfrac{h}{m}$ 的值可用原子干涉仪来测定。

基于上述特点，原子干涉仪可研制成原子重力仪和原子重力梯度仪，应用于资源勘探、地球物理研究、地震监测等领域。原子干涉仪也是一种惯性敏感器，利用原子干涉环路的萨尼亚克效应可制成高精度原子陀螺仪，用于导航、地震预报和高精度转动测量等。原子干涉仪可以用于基本物理常数和参量，如引力常数、精细结构常数的精密测量，还可用于基本物理定律的实验检验。自从1991年朱棣文小组实现第一个原子干涉仪[86]以来，原子干涉仪作为一种有力的工具已广泛应用于重力[87-90]、重力梯度[91]、转动[92-94]的精密测量，牛顿引力常数[95-99]、精细结构常数[100]的确定，引力红移[101]、后牛

顿引力[99]的精密测量及弱等效原理的检验[102-109]。

（二）国际研究现状、发展趋势和前沿问题

原子干涉仪作为一种精密测量仪器，不仅在基本物理定律检验、基本物理常数测量等基础科学研究方面有着广泛的应用，而且在重力及重力梯度测量、转动测量、惯性导航等领域即将发挥重要作用。

1. 基本物理定律检验

1）微观粒子弱等效原理的高精度检验

基于原子干涉法检验弱等效原理（weak equivalence principle，WEP）的实验研究具有重要的科学意义，原子干涉仪用量子体系（原子）测量引力，将量子力学与广义相对论直接联系在一起，可为促进两大理论的协调提供线索。经过近十几年的发展，基于原子干涉仪的 WEP 实验检验有了新的进展[102-109]。周林等[106]利用 ^{85}Rb-^{87}Rb 双组分冷原子干涉仪，取得了不同质量微观粒子 WEP 检验的最好结果 $\eta=(2.8 \pm 3.0) \times 10^{-8}$。段小春等[108]完成了这种不同自旋取向原子（^{87}Rb，$m_F= \pm 1$）的实验，实验结果为 $\eta = (0.2 \pm 1.2) \times 10^{-7}$。Rosi 等[28]利用叠加态原子进行了实验，实验结果为 $\eta = (3.3 \pm 2.9) \times 10^{-9}$。由于 WEP 对物理学的重要性，人们对 WEP 检验精度的追求是没有止境的。为了进一步提高原子干涉仪 WEP 检验的精度，美国斯坦福大学的 Kasevich 等提出了建造 100 米量级的大型原子干涉仪的设想[110]。按照该设想，100 米量级的原子干涉仪有能力将 WEP 检验精度提高到 10^{-17} 量级。

2）引力红移效应的高精度检验

1976 年，NASA 开展了 Gravity Probe A（GPA）空间计划，目的是更好地检验广义相对论。GPA 实验在 7×10^{-5} 水平上验证了广义相对论的引力红移效应[111]，这是当时最好的结果。2010 年，Wineland 研究组通过对铝离子光钟的对比[112]开展了引力红移效应实验，他们将光钟抬高 30 厘米后，发现光钟的频率变化了 0.5×10^{-16}[113]，在实验室验证了引力红移效应。Müller 等[20]分析了以往原子干涉仪测量绝对重力加速度 g 的实验结果，认为原子干涉仪可测量引力红移，引力红移的实验测量值与理论值的差异不超过 7×10^{-9}，比利用原子钟测量引力红移的精度提高了 4 个数量级。这一结果的发表引起了一些争论[114-117]。Schleich 等[118]提出了基于算子代数的 Kasevich-Chu 干涉仪

方案。

3）用原子干涉仪探测暗物质的探索性研究

暗物质是一种为了从理论上解释现代天文学和宇宙学的实验观测结果而提出的假想物质。目前，人们只知道暗物质不带电荷，与普通物质的相互作用极其微弱，在实验中直接探测暗物质粒子是非常困难的。暗物质探测实验主要集中在质量很大的粒子（$1\sim10^3$ 吉电子伏）上，如弱相互作用大质量粒子（weakly interacting massive particle，WIMP）。近年来，人们开始探讨利用原子干涉仪来直接探测质量极轻的暗物质粒子（10^{-24} 电子伏 ≤ 质量 ≤ 10^0 电子伏）的实验可行性[119,120]。质量极轻的暗物质粒子主要表现出波动性，假设暗物质粒子和普通物质粒子之间存在线性或其他高阶相互作用，那么地球的重力加速度和原子的质量都将被相应地修正，处于地球重力场中的 M-Z 原子干涉仪将会给出干涉相位差。如果在单个 M-Z 原子干涉仪中，同时操纵两种不同的原子（如 ^{85}Rb-^{87}Rb），就可以直接探测质量极轻的暗物质粒子。

4）原子干涉引力波探测

中频段（$0.1\sim10$ 赫）的引力波来源于致密双星系统（黑洞或中子星）、太阳的日震及脉动模式、超新星及宇宙原初随机背景。中频段引力波探测能够提供其他频段引力波探测所不能提供的物理信息，有重要的科学意义。

引力波的振幅正比于频率、反比于传播距离，引力波源的剩余寿命反比于频率。激光干涉引力波天文台（Laser Interferometer Gravitational Wave Observatory，LIGO）所能探测到的致密双星系统引力波源，中频段引力波探测器也能探测到，并且引力波源在该频段的持续时间要远大于在 LIGO 高频段的持续时间。对于中等质量黑洞双星系统（$10^2\sim10^4$ 太阳质量）来说，由于其辐射出的引力波的截止频率就在中频段，以 LIGO 为代表的高频段引力波探测器是探测不到它们的，所以 LIGO 也就不能回答中等质量黑洞到底存在不存在的问题，而中频段引力波探测器则可能回答此科学问题。

近十多年来，人们提出了不少基于原子干涉仪的中频段引力波探测方案。这些方案可以分为两大类：一类是利用激光连接多个原子干涉仪进行引力波探测[121-124]，另一类是直接利用单个原子干涉仪进行引力波探测[125-127]。Kasevich 研究组[121,122]提出将两个原子干涉仪由一个共同的激光器联系起来，当引力波沿着垂直于真空腔体的方向传播过来时，它会引起真空腔长度的伸缩，这个伸缩效应会被传播于其间的激光感应到，两个原子干涉仪的作用就是把激光感应到的伸缩效应给记录下来。Harms 等[123] 提出了激光原子干涉仪引力波探测方案，该方案填补了 LIGO 与激光干涉空间天线（LISA）方案的空白频段，也是一个中频段引力波探测的候选方案。

2. 基本物理常数测量

1）万有引力常数测量

原子干涉仪的发展为利用微观原子测量万有引力常数 G 开辟了新的途径。Tino 研究组在国际上率先开展了基于原子干涉仪测量 G 的研究[128]，2006 年获得了 G 的初步测量结果[97]，测量的相对不确定度为 1%。2007 年，Kasevich 研究组报道了利用原子干涉仪测量 G 的新结果[96]，他们测得 G 值的相对不确定度为 4.0×10^{-3}。2008 年，Tino 研究组重新做了 G 的测量实验[98]，相对统计不确定度为 1.6×10^{-3}，相对系统不确定度为 4.5×10^{-4}。2014 年，他们获得 G 的相对不确定度为 1.5×10^{-4}[94]。

2）精细结构常数测量

利用原子干涉仪测量 $\dfrac{h}{m}$ 的值可用于确定精细结构常数 α。1994 年，Chu 研究组利用原子干涉仪测量了铯原子的反冲速度及 $\dfrac{h}{m_{Cs}}$，初步测量了 α 的值，不确定度为 1×10^{-7}[100]。他们于 2002 年重新测量了 α，相对不确定度为 7.4×10^{-9}[129]。2006 年，Clade 等[130] 用铷原子干涉仪测量了 α，相对不确定度为 6.7×10^{-9}。2008 年，Cadoret 等[131] 同类实验的测量精度提高到 4.6×10^{-9}；2011 年，Bouchendira 等[132] 利用原子干涉仪测量 α 的不确定度已达到 6.6×10^{-10}。

3. 精密测量仪器

1）原子重力仪

1991 年，Kasevich 和 Chu[86] 运用原子干涉仪演示重力测量，测量分辨率为 $\dfrac{\Delta g}{g} = 3 \times 10^{-6}$。1999 年，Peters 等[88] 报道了用喷泉式铯原子干涉仪精密测量重力加速度的实验结果，相对测量精度为 $\dfrac{\Delta g}{g} = 3 \times 10^{-9}$。2001 年，他们改进实验后[133] 两天积分测量的分辨率为 $\dfrac{\Delta g}{g} = 1 \times 10^{-10}$。2011 年，Zhou 等[134] 利用小型冷铷原子重力仪（WIPM-2010）进行了重力的测量和地球潮汐现象的观测，测量分辨率为 7×10^{-8} 米/秒^2。通过改进技术提高原子重力仪的测量灵敏度，是原子重力仪的发展方向之一。2013 年，Kasevich 研究组在大型喷泉原子干涉仪上通过增大拉曼光的时间间隔，将重力测量的分辨率提高到 $\frac{\Delta g}{g}=$ 6.7×10^{-12} [135]；Hu 等[136] 通过改进拉曼激光的相位噪声，采取主动隔振措施，将原子重力仪的短期灵敏度提高到 4.2×10^{-8} 克/赫$^{\frac{1}{2}}$。2014 年，Tino 研究组[91] 通过研究参数对测量噪声和长期漂移的影响，将重力测量的短期灵敏度提高到 3×10^{-9} 克/赫$^{\frac{1}{2}}$，测量分辨率为 $\frac{\Delta g}{g}=5\times10^{-11}$。如何实现原子重力仪的整体小型化，将是原子重力仪走向实际应用的关键。2008 年，Le Gouët 等[137] 通过缩短拉曼光的时间间隔提高原子重力仪的采样率。2010 年，Landragin 研究组[138,139] 用一束激光就实现了小型原子重力仪。2013 年，Bidel 等[87] 实现了适于现场应用的冷原子重力仪；Andia 等[140] 采用 Bloch 振荡相干加速技术实现了小型原子重力仪。

2）原子重力梯度仪

原子干涉仪可用于重力梯度测量，是新型的重力梯度仪。在绝对重力测量中，原子重力仪和经典重力仪测量水平都达到了外界振动噪声的极限水平，振动噪声已经成为限制重力仪测量灵敏度和准确度的主要原因。而测量重力梯度时，可采取共模噪声抑制技术，将共模振动噪声降低，从而提高重力梯度测量的灵敏度。

Kasevich 研究小组于 1998 年实现了第一个原子重力梯度仪[141]；2002 年，他们优化原子重力梯度仪的参数后实现了灵敏度为 4×10^{-8}(米/秒^2)/赫$^{\frac{1}{2}}$ [8] 的重力加速度差分测量，重力梯度的测量灵敏度为 4E①/赫$^{\frac{1}{2}}$。2006 年，Yu 等[142] 开始了星载原子重力梯度仪的研制。Tino 研究组则采用与 Kasevich 的双重力仪方案不同的单重力仪双喷泉的测量方案，建立了一套可用于测量万有引力常数的原子重力梯度仪[91,97,98,143,144]。2013 年，Bidel 等[87] 将小型化原子重力仪置于电梯中测量了竖直方向的重力梯度，梯度测量的分辨率达到 4E。

3）原子陀螺仪

1997 年，Pritchard 研究组演示了原子束干涉仪的萨尼亚克效应，测量了

---

① 1E=10^{-9} 秒$^{-2}$。

地球的转动速度[145]；Kasevich 研究组[146] 实现了受激拉曼跃迁原子束陀螺仪，短期角随机游走达到 2×10^{-8} (弧度/秒)/赫$^{\frac{1}{2}}$。2000 年，Kasevich 研究组将原子束陀螺仪 1s 积分测量的分辨率提高到 6×10^{-10} 弧度/ 秒[92]；2006 年，他们将原子束陀螺仪的指标进一步提高，角随机游走为 3×10^{-6} 度/小时$^{\frac{1}{2}}$、零偏稳定性为 6×10^{-5} 度/小时[94]，成为第一个真正意义上具有高精度惯性导航能力的原子陀螺仪，这是截至目前原子陀螺仪能达到的最好指标。

　　原子束陀螺仪灵敏度高，但系统体积过于庞大，使其实际应用受到限制。用慢速冷原子团取代快速热原子束，可将干涉仪空间间距缩短，是解决原子束陀螺仪体积庞大问题的可行办法。冷原子陀螺仪用冷原子团作为物质波源进行干涉，具有短期稳定性好和系统体积较小等优点。2006 年，Canuel 等[93] 设计实现了冷原子陀螺仪，采用了两个对抛的冷原子团取代了热原子束，用三维的拉曼光操控原子，在相互垂直的三个方向上形成干涉环路。实验可以分时测量三维的加速度和转动角速度，短期零偏稳定性为 2.2×10^{-6} 弧度/秒，积分 10 分钟的零偏稳定性为 1.4×10^{-7} 弧度/秒，他们用这台仪器测得巴黎所处纬度的地球自转角速度为 5.49×10^{-5} 弧度/秒。冷原子陀螺仪中，改善信噪比的优选途径之一是增加原子数目。2007 年，Mueller 等[147] 实现了用于冷原子陀螺仪的高束流冷原子束，采用二维磁光阱来为三维磁光阱提供连续、低速原子束，从而大大提高了三维磁光阱的装载速率，束流密度可达 10^{10} 秒$^{-1}$；2009 年，他们在二维-三维磁光阱的基础上实现了小型双环路冷原子陀螺仪[148]，真空腔的尺寸为 120 厘米 ×90 厘米，这种紧凑的结构适于搬运、现场测量，预期测量角随机游走指标优于 10^{-8} (弧度/秒)/赫$^{\frac{1}{2}}$。2011 年，Butts 等[149] 实现了一种小型实用的冷原子陀螺仪，将采样时间缩短至毫秒量级。他们进一步研究了拉曼光脉冲宽度、频率失谐、原子干涉时序等对原子陀螺仪测量信号的影响[150]；Kasevich 研究组[151] 设计实现了小型冷原子陀螺仪，采用 π/2-π-π-π/2 四拉曼脉冲构型，获得干涉条纹的相位分辨率为 14.4 毫弧度，单次采样时间为 0.5 秒，角随机游走为 8.5×10^{-8} (弧度/秒)/赫$^{\frac{1}{2}}$。2012 年，Tackmann 等[152] 实现了小型自准直大环路面积冷原子陀螺仪，陀螺仪长 13.7 厘米，原子干涉环路面积为 19 平方毫米，与前期大型热原子束陀螺仪的环路面积相当,角随机游走为 6.1×10^{-7}(弧度/秒)/赫$^{\frac{1}{2}}$。2013 年,Kasevich 研究组在大型喷泉原子干涉仪上[135]通过增大拉曼光的时间间隔将原子干涉仪测量的标度因子提高,当拉曼光的时间间隔为 T=1.15 秒时,测量地球转动速度的分辨率达到了 2×10^{-7} 弧度/秒。

4. 基于原子干涉仪的其他精密测量

原子干涉仪还可以用于其他物理量的测量。2010 年,Müller 等[101]提出用原子的康普顿频率来定义质量单位"千克"。2013 年,Müller 等在实验中演示了康普顿钟[153],康普顿钟用光学频率梳校准原子干涉仪,用反冲原子的脉冲光谱同步振荡器,将粒子的质量与时间直接联系起来。借助于阿伏伽德罗常量,康普顿钟可以实现对"千克"的标定,换句话说,可以将"千克"用"秒"来测量[154],这对于基础物理和精密测量具有重要意义,对"千克"的新定义起到推动作用。原子干涉仪对加速度非常敏感,可用于微弱力的精密测量。2011 年,Lepoutre 等[155]利用原子干涉仪测量了原子与表面之间的范德瓦耳斯作用力。原子干涉仪是在中等距离检验牛顿反平方定律的理想工具[156]。2012 年,Parazzoli 等[157]实现了单原子干涉仪测量微弱力的演示。单原子干涉仪能以微米尺度的空间分辨率探测 3.2×10^{-27} 牛顿量级的力,这种测量灵敏度可用于卡西米尔-波尔德势的测量。

5. 发展趋势和前沿问题

原子干涉仪的灵敏度取决于参与干涉过程的原子数目和原子自由演化时间。提高原子干涉仪精度有三种措施:①利用长基线原子干涉仪或空间微重力环境提高原子的自由演化时间;②降低原子的温度、减小原子团的发散,以此来增加参与干涉测量过程的原子数目;③制备纠缠态原子源、克服标准量子极限,提高测量精度。

长基线干涉测量无疑代表着精密测量的精度和难度。从用于天文观测的射电甚长基线干涉仪(very long baseline interferometer,VLBI)到用于引力波探测的激光干涉引力波观测台,都经过了若干年的技术积累与发展,也极大地推动了科学的进展。长基线原子干涉引力天线是一类新型的长基线干涉仪,是增加原子自由演化时间的一种有效途径。原子的自由下落时间是限制原子干涉仪测量精度的重要因素之一,原子喷泉的高度越高,原子的自由演化时间也就越长。2015 年，美国斯坦福大学实现大型原子喷泉[158]，原子的最大上抛高度可达 9 米，磁屏蔽内的干涉区为 8.2 米。在理想条件下，T=1.34 秒。在德国也有另外一个设计高度为 10 米、磁屏蔽内的干涉区为 9 米的大型原子干涉仪[159]处于建设之中。法国波尔多大学的 Bouyer 研究组也正在建设原子干涉仪阵列[128]，拟开展引力波探测研究。

微重力环境可延长原子自由演化时间[160-163]。2016 年，Barrett 等[107]利用飞机在抛物线飞行过程中的微重力条件开展了检验 WEP 的演示实验，采用 ^{87}Rb 和 ^{39}K 原子干涉仪测得的厄缶系数为 $\eta=(0.9 \pm 3.0) \times 10^{-4}$。

原子的温度是影响原子干涉仪测量不确定度的重要因素之一。在温度更低的气体中，不同原子间的速度涨落更小，原子团在自由飞行过程中的膨胀也更慢，原子的自由演化时间更长、原子干涉仪的测量灵敏度更高。董屾等[164]从理论上和在实验中研究了 ^{85}Rb 和 ^{87}Rb 原子在不同散射通道内的费希巴赫共振，这一研究结果有助于制备超冷高密度的 ^{85}Rb 和 ^{87}Rb 混合气体。

原子干涉仪测量精度也受限于标准量子极限。如果能制备纠缠态原子并将其用于原子干涉精密测量，可望突破标准量子极限、提高测量精度。曾勇等[165]通过里德伯阻塞实现了异核单原子的纠缠态制备。罗鑫宇等[166]通过调控量子相变过程制备了大粒子数双数态原子玻色-爱因斯坦凝聚体，这是一种原子在两个模式上具有同等粒子数的多体纠缠狄克（Dicke）态。这些工作为利用纠缠资源提高原子干涉仪的精度奠定了基础。

（三）国内研究现状、特色、优势及不足之处

1. 国内研究现状、特色和优势

中国科学院武汉物理与数学研究所是国内最早开展原子干涉仪精密测量的研究单位。目前，国内从事原子干涉仪精密测量的单位越来越多，主要有华中科技大学、中国科学技术大学、清华大学、浙江大学、浙江工业大学、北京航空航天大学、中国计量科学研究院及与航天、船舶相关的一些研究机构。这些单位的相关研究组在基于原子干涉仪的等效原理检验、地球自转测量、原子干涉仪引力波探测方案研究方面都开展了系统的研究工作，部分研究成果处于国际领先水平，在原子重力仪、原子重力梯度仪、原子陀螺仪技术应用方面也有一定的工作基础，在长基线原子干涉仪研究方面处于国际领

先水平，在空间原子干涉仪预研方面也开展部分工作。

在微观粒子弱等效原理检验方面，周林等[106]提出并实现了一种四波双衍射拉曼跃迁方案并用于双组分原子干涉仪弱等效原理检验，利用 ^{85}Rb-^{87}Rb 原子完成的弱等效原理实验检验的统计不确定度为 0.8×10^{-8}，最终确定的厄缶系数为 $\eta = (2.8 \pm 3.0) \times 10^{-8}$，从而刷新了国际上十余年来微观粒子弱等效原理检验 10^{-7} 的精度，实现了微观粒子弱等效原理迄今最精确的实验检验，研究结果仍处于国际领先水平，引起了国际同行的关注。周敏康等[108]利用不同自旋取向原子（^{87}Rb，$m_F = \pm 1$）完成的实验检验，结果为 $\eta = (0.2 \pm 1.2) \times 10^{-7}$。

在原子干涉引力波探测方案研究方面，高东峰等[167]提出了一个物质波干涉仪探测引力波的新方案。采用超声原子束技术来产生速度为 1000 米/秒的原子束流，用四束激光驻波场操控原子束合成干涉环路。原子束流在经过二维激光准直后进入干涉区。在没有引力波时，当引力波沿着垂直于干涉仪所在平面的方向传播过来时，就会在原子干涉仪中产生一个干涉相位差。通过测量干涉相位差，就可以达到探测引力波的目的。Gao 等又提出了基于原子干涉仪的空间引力波探测方案[168]，命名为"原子重力波空间观测仪"（Atom Interferometric Gravitational-wave Space Observatory，AIGSO），可以填补地面与空间激光干涉仪引力波探测器方案之间的空白区域。

在原子重力仪研制方面，周林等[134]于 2011 年利用小型冷铷原子重力仪（WIPM-2010）进行了重力的测量和地球潮汐现象的观测，测量分辨率为 $\frac{\Delta g}{7} \times 10^{-8}$ 米/秒^2。胡忠坤等[136]通过改进拉曼激光的相位噪声、采取主动隔振措施，将原子重力仪的短期灵敏度提高到 4.2×10^{-8}（米/秒^2）/赫$^{\frac{1}{2}}$。在原子重力梯度仪研究方面，段小春等[169]于 2014 年通过双条纹锁定法演示了原子重力梯度测量，短期灵敏度为 670 E/赫$^{\frac{1}{2}}$。王玉平等[170]优化了两个原子重力仪的拉曼激光脉冲的作用位置，得到两个原子重力仪的差分重力测量分辨率为 $5 \times 10^{-10}g$。在两个原子重力仪垂向基线长度为 66.5 厘米的情况下，对应重力梯度测量分辨率为 7.4 E。2017 年 10～11 月，中国计量科学研究院组织承办了"第十届全球绝对重力仪国际比对"，来自全球 17 个国家的 29 台绝对重力仪（FG-5）参加了关键比对，由中国科学院武汉物理与数学研究所、中国计量科学研究院、华中科技大学、浙江工业大学、中国科学技术大学分别研制的 6 台原子重力仪参加研究性比对，并圆满完成了所有比对测量。

在原子陀螺仪研制方面，姚战伟等[171] 于 2016 年采用双向对射的冷原子干涉环路，开展了冷原子陀螺仪的实验研究。利用三束对射拉曼激光对两束相向运动的原子相干操作，实现分束、反射和合束，完成双环路原子干涉，采用激光诱导荧光的方法探测原子干涉条纹，测量地球自转引起的两个原子干涉条纹（红色和黑色）的相位差，使冷原子陀螺仪长期稳定度达到8.5×1^{-6}弧度/秒@1000 秒。姚战伟等[90] 提出了一种在大面积原子干涉仪中标定原子运动轨迹的方法，采用分离拉曼激光相干操作原子，实现了大面积干涉环路，利用拉曼激光与原子相互作用中的强度依赖关系，通过精确调节激光方向和偏置磁场，实现了双环路大面积原子干涉环路中原子轨迹的精确标定，进而进一步抑制共模相位噪声，完成了高精度转动测量，其指标达到6×10^{-8}弧度/秒@2000 秒。

在长基线原子干涉仪研究方面，中国科学院武汉物理与数学研究所于 2010 年研制成功了 10 米原子干涉仪，先后在该装置上获得了铷原子的囚禁信号、上抛高度为 6 米的原子喷泉信号[172]，磁屏蔽区内原子自由下落的有效高度为 10 米，获得了上抛高度为 12 米的原子喷泉飞行时间信号。

2. 不足之处

我国从事原子干涉仪精密测量的单位虽然较多，但与美国、欧洲发达国家相比，我国的原子干涉仪研究工作起步较晚，涉及的具体研究方向也不够全面，在原子干涉仪测量基本物理常数（引力常数、精细结构常数）、引力红移效应、引力磁效应、暗物质探测研究方面尚未开展研究工作。在原子干涉仪精密测量基础性研究方面，缺少原创性的研究成果。原子重力仪的产业化落后于美国和法国，原子陀螺仪的研究水平与国际水平有一定的差距。总体而言，我国原子干涉仪精密测量基础与应用研究要赶超国际水平仍需付出努力。

（四）本学科发展的挑战与瓶颈

原子干涉仪精密测量在长基线设施建设、空间基础科学研究、超越标准量子噪声极限探测等方面面临极大的技术挑战。基于我国在原子干涉仪精密测量的研究现状、优势及不足，未来 5~10 年，建议继续开展基于原子干涉仪的微观粒子弱等效原理的检验研究，进一步提高检验精度，保持国际领先水平。加快原子干涉仪应用研究的步伐，积极推进原子重力仪、原子重力梯度仪和原子陀螺仪技术成果的转化，尽快实现产业化，满足具有自主知识产权的精密测量仪器的国家需求。未来 15~20 年，适时布局开展长基线原子干涉精密测量基础设施的建设，有计划、有步骤地开展引力红移效应的观测和验证、原子干涉仪探测引力波、引力磁效应及暗物质探测等重要前沿科学问题。

百米级长基线高精度原子干涉仪平台，可以为高度相差百米级的不同频率光信号的引力红移效应的观测提供良好的条件。

基本物理常数的精密测量涉及基础理论检验、基本物理量的重新定义、时空定位精度的提高等诸多方面。目前引力常数的测量精度在 10^{-4} 水平，精细结构常数的测量精度均在 10^{-10} 水平。长基线原子干涉仪可以用于更高精度的引力常数、精细结构参数的测量。

引力相关理论的深入研究对于认识物质世界的引力物理规律有着重要的科学意义。即使希格斯粒子和引力波被依次发现，关于相互作用统一的量子引力问题依然是有待突破的重大科学前沿问题。例如，解决中等质量黑洞是否存在的问题，依赖于中频段（0.1~10 赫）引力波的探测。国际上现有的地基引力波探测器（如 LIGO）只能探测高频（10 ~10^4 赫）段引力波。利用长基线激光-原子干涉仪则有望探测中频段引力波、回答中等质量黑洞是否存在的问题。

1918 年，Lense 和 Thirring 发现，一个大质量的旋转物体（如地球）会引起周围时空的度规扭曲，从而使附近测试物体的运动轨道（如陀螺仪）产生进动效应[173]。这个效应后来被称为冷泽-提尔苓（Lense-Thirring）效应。美国的空间 GP-B（Gravity Probe B）计划测量 Lense-Thirring 效应，取得了非常好的结果[174]。欧洲的研究人员提出了 GINGER（Gyroscopes in General Relativity）设想[175]。他们计划利用高精度的光纤激光陀螺仪，在地面上进行 Lense-Thirring 效应的探测。近二十年来，原子干涉仪在测量转动方面取得了非常大的进展。这就使得利用大型高精度原子干涉仪进行 Lense-Thirring 效应的测量成为可能。大型原子陀螺仪也可以用于探测地球 Lense-Thirring 效应，为高精度验证广义相对论做出贡献。

利用原子干涉仪进行极轻质量暗物质粒子实验探测是一个创新性的方法，与目前世界范围内进行的大质量暗物质粒子探测实验形成互补。该方案的另一个优点是它可以和原子干涉仪弱等效原理验证实验或原子干涉仪引力波探测实验同时进行。这样就可以在同一个实验计划里，实现两个科学探测目标。它将促使人们去探索新的实验技术，从而推动精密测量物理的发展。它还能与其他的暗物质探测实验一起为人们提供更多的实验结果，从而有助于现代天文学和宇宙学的更大进展。

四、离子阱量子信息与精密测量

（一）研究目的、意义和特点

离子阱是一种利用电场或磁场将离子（即带电原子或分子）俘获和囚禁在一定范围内的装置，离子的囚禁在真空中实现，离子与装置表面不接触。传统上应用最多的离子阱有 Paul 阱和彭宁（Penning）阱。目前，用于量子计算和量子精密测量的离子阱是基于 Paul 阱改进的线性离子阱和多电极的离子芯片阱（包括线型、Y 型等平面离子芯片阱和多层离子芯片阱）。

囚禁在离子阱中的超冷的 $^9Be^+$、$^{24}Mg^+$、$^{40}Ca^+$、$^{171}Yb^+$ 等一直是量子计算的重要候选者。在电磁场的作用下，利用激光冷却的方式，这些离子被冷却至其振动状态的量子基态，称为超冷离子。超冷离子被束缚在特定的孤立环境中，因而能长时间、最大限度地保持量子特性，具有足够长的相干时间。量子比特通常编码在离子的内态上，通过聚焦到几微米的激光与离子的相互作用可以精确制备特定的量子态；两个离子之间的相互作用通过每个离子的内态和离子的简谐振动态（外态）的耦合来实现。单个比特的旋转和普适的两比特逻辑操作的组合可以完成任意一个量子算法。初态的制备可以通过激光冷却和光泵浦来实现。量子态的读出可以通过共振荧光和电子搁置放大的方法来完成。总之，所有基本的普适量子门操作都已在超冷囚禁离子上实现。基于超冷离子的量子计算模型最初于 1996 年提出[176]。随着实验的进展，基于热离子的量子计算模型和基于离子芯片阱的量子计算模型（即离子的自旋和位置同时可控）相继提出。最新的成果显示，基于离子阱的量子计算相比其他的候选者（如超导型量子计算），其纠缠量子比特的数目更多，计算的结果也更准确,能够对量子力学的多个模型或方程(如薛定谔猫、量子随机行走、狄拉克相对论量子方程)、各种自旋耦合模型(XY 型、海森伯型、铁磁或反铁磁型)、量子相变等做很好的量子模拟。

超冷离子体系是公认的工作最稳定的物理系统,能产生稳定的量子关联,实现量子精密测量。量子精密测量是基于量子关联或量子压缩态等的测量,能显现出突破测量的标准量子极限[177]。目前,最大的确定性的纠缠态就是实现在离子阱中,即奥地利因斯布鲁克大学的 Blatt 小组实现了的 20 个 $^{40}Ca^+$ 的纠缠[178];利用量子相变可以产生多达 53 个离子的量子关联[179]。但这些纠缠或关联的离子并不能稳定地长时间存在并可控地用于精密测量,而且对于文献中所声称的纠缠离子的数目现在也存在质疑[180]。就精密测量这个方向而言,美国标准技术研究所早在 2004 年就观察到三个纠缠的超冷离子所呈现的更精确的谱线,这是利用超冷离子体系做量子精密测量的最直接的实验证据[181]。但是,由于纠缠态极易受外界环境的干扰,目前大多数与精密测量相关的工作仍是基于单个超冷离子。

(二)国际研究现状、发展趋势和前沿问题

量子计算和量子精密测量都是量子信息学的一部分。无论是实施量子计算还是量子精密测量,都需要产生多个超冷离子的纠缠和长时间稳定地维持这种纠缠。目前能够高精度地产生和稳定维持的纠缠只是 4~5 个离子的尺度。基于 5 个离子已经可以很好地完成量子模拟和实施量子算法。例如,基于 5 个超冷离子完成了可扩展型的肖尔(Shor)大数因子分解算法[182]。虽然实验只是演示了 15=5 × 3 这样一个简单的因子分解,但由于所运用的操作采取的是通用型量子计算的方式,可以扩展至无穷多个量子比特,所以这个实验原则上展现了离子阱发展成为通用型量子计算机的巨大应用潜力。利用超冷离子的某些特殊性质,可以解决一些长期困扰人们的奇特问题,如狄拉克的相对论量子方程。长期以来,科学界一直在争论这个方程的某一个解是否合理。这个解中含有的所谓颤动模式(Zitterbewegung),在大型电子对撞机的实验中也未能测量出来。但是利用超冷离子的量子模拟却可以清晰地看出这个颤动模式,这是第一次通过实验测量的方式证明了狄拉克的相对论量子方程的正确性和合理性[183]。另外,通过精巧设计的量子环境,可以利用

超冷离子模拟退相干的行为，展现量子性质逐步退化的过程和探讨其物理机制[184]。

但随着囚禁势阱中离子数目的增多，量子态操作变得越来越复杂，对每个离子的精确操控越来越不容易。因为 N 个离子组成的体系中有 $3N$ 个振动模式。当 N 比较大时，振动模式的分布变得很密集，使得对某一个振动模式的单独操作变得极其困难。为了解决这个问题，有人提出采用分区操作的方式实现多离子的量子逻辑操作，即制造拥有多个微型电极的芯片阱来囚禁离子：在离子芯片阱上分出存储区域和操作区域。离子在操作区域中完成关联操作，然后逐个地移动到存储区域，最后使不同存储区域内的离子全部关联起来。因此，这种方案既要操纵离子的自旋，又要控制离子的空间位置。最初的芯片阱方案是基于将已有的宏观尺度的离子阱进行微型化[185]，但是该结构无法用现有的微加工工艺加工更加复杂的电极结构。为了充分利用现有的微加工工艺实现复杂的二维离子阱芯片加工，2005 年有人提出平面电极结构的离子阱芯片[186]。此后，平面离子阱芯片不仅推动了可扩展型离子阱量子计算的迅速发展，同时逐步发展出更为复杂的多层离子芯片阱[187]。这方面研究的指导思想是，将离子阱固体化和微型化；将囚禁离子分区束缚，按指令移动到指定位置，完成逻辑运算或储存。例如，密歇根大学已经制造出世界上第一块可升级且可大规模生产的实施量子计算的离子芯片，是多层的半导体超晶格结构，通过刻蚀形成线性离子阱结构。目前，离子芯片阱在量子网络[188]、量子腔 QED[189] 和精密测量[190] 等方面都已经得到了广泛应用。目前操纵离子的技术水平已经可以保证离子在芯片阱中来回地相干移动（即位置的变化不影响自旋量子态的保真度）[191]，可以完成多个离子的分离和结合及三个离子的容错编码[192]，在多层型离子芯片阱上可以实现十几个到几十个离子的量子模拟[193]。

目前在线型离子阱中可以最多纠缠 20 个 $^{40}Ca^+$；而在离子芯片阱中可以利用量子相变等方式产生 53 个离子的量子关联。这两种离子阱相比，线型离子阱具有对称的结构，势阱更深，操纵相对更简单，但由于不能改变离子的位置，因而不可能发展成需要更多量子比特的量子计算机。线型离子阱应该是今后完成量子模拟的最佳候选者。而离子芯片阱的尺寸小，可以利用电极上电压的变化来改变离子的位置，原则上可以实施成千上万个量子比特的相干操纵，因此，离子芯片阱是量子计算机的最佳候选者。但制作芯片阱在材料、加工方面的要求苛刻，且现有的离子芯片阱普遍存在反常加热现象（该问题从物理机制上尚未弄清楚），严重影响到离子的相干性的保持，而且在操纵离子的技术水平上也稍逊于线型离子阱。

多年以来，超冷离子体系量子计算机的研制一直引人瞩目。量子计算机的想法起始于20世纪60年代，在90年代开始为量子物理界所关注，逐步进入实验室研究的主流。经过20余年的技术攻关，目前最被看好的物理体系是超导体系和超冷离子体系，其纠缠的量子比特已经超过了10个，并且有较为成熟的技术和稳定的团队。在超冷离子体系量子计算机的研制方面，典型的代表是马里兰大学的Monroe团队，他们以技术入股方式加入IonQ公司，研究工作也是按照工程模式管理和运作，目前已经展示了53个量子比特的量子模拟技术。2016年他们发表在PNAS上的一篇论文比较了5个超冷离子量子比特与5个超导型量子比特在执行相同的几项任务时的准确性和运算速度[194]。结果显示，超冷离子量子计算的运算速度略慢于超导型量子计算（但在同一数量级），而在准确性上超冷离子量子计算却是极大地优于超导型量子计算。

量子计算机要想显示出量子霸权，应该具有相干操控至少50个量子比特的能力。从目前的发展态势看，已经在中性冷原子[195]和超冷离子的体系[196]中分别出现了51个和53个量子比特的相干操控及相关的量子模拟实验。预计在今后几年内，相关技术应该会更加成熟，更多的量子模拟实验将显示出对经典物理体系的优势。随着Google、IBM、微软、阿里巴巴等大公司介入量子计算的研究，预计在未来几年内，量子模拟、量子优化和量子采样等将会成为量子计算机原型机可能超越经典计算机的三个优势方向。但这种基于特定算法和量子模拟的量子计算机只能完成特定的任务，并非通用型的量子计算机。通用型的量子计算机仍然存在着技术上的挑战，其涉及的多比特的相干保持、容错、纠错等技术障碍，短时间内难以取得重大突破。因此如何实现通用型的量子计算将作为一个应用型基础研究的方向长期存在，短期内不可能成为一种商业行为。

在基于超冷离子体系的量子计算的研究方面，美国马里兰大学的Monroe小组和奥地利因斯布鲁克大学的Blatt小组走在最前面。前者正是利用多层离子芯片阱努力实现包含更多量子比特的量子模拟；后者则致力于产生更多离子的确定性纠缠，并且尝试实施数字（digital）型量子模拟（这是一种更为普适的量子模拟）。但从总体态势看，美国不仅在离子阱物理的研究方面，而且在量子计算的研究上都拥有极大的优势。这得益于圣地亚国家实验室对芯片的研制。美国的科研院所中凡是有离子阱实验团队的无一不是与圣地亚国家实验室开展合作研究。由于超冷离子量子计算机的构造主体是基于硅基的多层型芯片，所以这方面的研究进展在很大程度上取决于材料物理、纳米刻蚀的技术水平。圣地亚国家实验室研制的芯片加热率极低、形式多样（直线形、L形、双层、三明治形等）且可以升级，这使美国的超冷离子体系量子计算机的研制走在世界最前列。

基于超冷离子的量子计算的研究还有其他一些非主流的研究方向。以下这两个方向虽然只有个别小组致力于研究，但颇具特色，有可能在今后成为研究的焦点。

1. 分布式量子计算

将囚禁离子作为节点，借助于离子自发辐射发出的光子，可以构成一个量子网络。这种设想的初步实验工作早已完成[197]。其主要优势在于避免了多离子囚禁带来的离子加热和难以个别寻址的困难。但由于这种办法具有内秉的概率性，且作为信息载体的光子容易被损耗、损坏，因此这种方法的成功概率非常低。一种可能的解决办法是将离子阱与微型光学腔相结合，光子通过高品质光纤传递[198]。由于囚禁离子体系中的信息能够以100%的概率被读出，一旦各个节点的离子相互纠缠，我们就可以用测量的办法实现量子计算。利用分布式量子计算的思路已经实现了空间上相距1米的两个离子阱中离子的决定性纠缠[199]。要高效率地完成这种量子网络型的操作需要用到多束光纤集成的矩阵式的光学分束器[200]。马里兰大学的Monroe小组一直致力于这方面的工作。

2. 磁场梯度下的基于微波的量子计算

在磁场梯度下，离子之间会形成类似伊辛（Ising）耦合的相互作用[201]。因此，可以将核磁共振量子计算的脉冲方法应用到离子阱量子计算。这种方案的另一个突出特点是可以在离子阱中模拟固态量子计算。不过，这个方案要求有较强的且稳定的磁场梯度，否则无法产生足够强的 Ising 耦合。另外，如何将多余的耦合解除也是一个难题。不过，微波技术相对激光技术更为成熟，成本更低，而且这种基于微波的量子计算在离子阱中可以与基于激光的量子计算共存，$^{9}Be^{+}$、$^{25}Mg^{+}$、$^{43}Ca^{+}$、$^{87}Sr^{+}$、$^{137}Ba^{+}$、$^{111}Cd^{+}$、$^{171}Yb^{+}$ 等离子都可以用微波来操纵。已经有实验演示了用微波操纵 $^{9}Be^{+}$ 和 $^{171}Yb^{+}$ 完美地实现了逻辑门[202]，也有人设计了这种模式的量子计算机的蓝图[203]。

在精密测量方面，单个超冷离子已经达到了 10^{-18} 的时间测量精度[204]，可以显示出广义相对论的效应。在 Penning 离子阱中同时测量几千个冷离子，可以将力和位置的测量达到 10^{-16} 的精度[205]。但这些工作都没有用到离子的纠缠特性，不能算作严格意义上的量子精密测量。从量子力学原理上讲，利用纠缠或者量子非线性特征才能突破测量的标准量子极限，将测量的精度显著提高。因此，量子精密测量应该是基于量子关联或量子压缩态等的测量，并能显现出突破测量的标准量子极限[206]。但目前在超冷离子体系的实验证据只有观察到的基于三个纠缠超冷离子所呈现的更精确的谱线[207]。这是由于多粒子系统中保持量子关联态十分困难，退相干效应的影响远大于单粒子的情形。如何突破标准量子极限并展现量子关联在量子精密测量方面的实用价值仍然是一个需要探索的问题。

（三）国内研究现状、特色、优势及不足之处

国内目前从事囚禁离子量子信息实验研究的有中国科学院武汉物理与数学研究所、清华大学、中国科学技术大学和国防科技大学等单位。其中从事量子计算的有中国科学院武汉物理与数学研究所（$^{40}Ca^{+}$）、清华大学（$^{171}Yb^{+}$）、中国科学技术大学（$^{171}Yb^{+}$）和国防科技大学（$^{40}Ca^{+}$）。从事量子精密测量的主要是中国科学院武汉物理与数学研究所（$^{40}Ca^{+}$ 和 $^{43}Ca^{+}$）。目前这些课题组的实验工作主要集中在提高实验操控离子自旋态的技术水平和探索量子物理的基础性问题。

中国科学院武汉物理与数学研究所不仅在囚禁离子物理研究方面有着多年的积累，而且也是国内最早开展量子信息实验研究的单位。其研究团队目前拥有专门研究量子信息的线型离子阱系统和离子芯片阱系统，已经完全掌握了边带冷却技术，在线型离子阱中成功地将 $^{40}Ca^{+}$ 冷却到轴向振动的基态，

平均振动量子数为$\langle n \rangle$=0.056，离子处于振动基态的布局数达到95%以上；可以很好地完成对离子内态的相干操控，得到高质量的离子四级跃迁的拉比（Rabi）振荡和拉姆齐（Ramsey）干涉条纹；也通过自旋回波技术延长了离子叠加态的相干时间，并展现了两个量子比特的纠缠。基于这些技术水平，2016年研究团队利用单个离子这样一个纯粹的基本量子体系实验检测了不确定关系的测量下限，这是与量子精密测量的测量极限相关的一项研究[208]。2017年，在单原子层面上精确检验了量子热力学过程中的信息理论等式[209]，这是对少粒子体系中热力学非平衡过程的一次有益的探讨，关系到量子计算的运算过程中的功与热的关系。与此同时，还开展了一系列针对冷离子的非线性物理和结构性相变的实验工作及系统探讨了退相干机理和抑制退相干的方案。他们在自主研制的表面电极型平面离子芯片上展现了6～16个冷离子在库仑场和囚禁势场的联合作用下的不同结构和构型相变，该实验结果不仅能从细节上把握多体体系丰富的物理特征，而且能为量子信息处理中量子比特的操控提供有效的物理机理[210]。除此之外，其研究团队也致力于开展基于纠缠和非线性的量子精密测量的探讨。其主要思路是基于超冷的$^{40}Ca^+$或$^{43}Ca^+$，产生量子关联或压缩态，展现量子测量过程中对测量极限的突破。也希望借助于$^{43}Ca^+$的核自旋的超长相干时间，利用相关的磁不敏感态或者超精细相互作用，实现稳定的多体量子关联，展现测量对标准量子极限的突破。

国内从事$^{40}Ca^+$量子信息实验研究的还有国防科技大学，他们拥有线型离子阱和离子芯片阱各一套，主要工作集中在实现基本逻辑门，演示量子算法。清华大学和中国科学技术大学主要从事基于$^{171}Yb^+$的量子信息实验研究，其中清华大学的课题组拥有多套线型离子阱和离子芯片阱。$^{171}Yb^+$相比$^{40}Ca^+$，拥有一个S=1/2的核自旋，因此既可以在非超冷状态下通过微波操作其量子态，也可以在超冷状态下通过激光操作其量子态。目前清华大学的课题组在单个$^{171}Yb^+$上完成了一系列与量子信息相关的实验工作。他们运用动力学退耦的方式成功抑制了各类噪声，实现了$^{171}Yb^+$上的量子态相干时间保持长达10分钟[211]；他们利用量子模拟的方式在单个$^{171}Yb^+$上展现了费米子-反费米子发散的过程[212]。

相比国际上的最前列的工作，国内的离子阱物理的实验水平差距较大。一方面，由于前期的投入不足，导致基本技术（激光冷却、离子操控）跟不上。虽然这几年国家在离子阱物理方向的投入有所增加，但短时间内难以弥补差距。另一方面，国内的材料物理、纳米刻蚀的技术水平不高，更缺乏像圣地亚国家实验室这样的专门从事离子芯片研制的专业机构，所以基于离子芯片阱的量子信息研究工作严重滞后。超冷离子量子计算机的构造主体是基于硅基或者二氧化铝材料的多层型芯片，没有成型的商业化产品，必须由专业机构根据特定需求来研制开发。例如，中国科学院武汉物理与数学研究所的研究团队曾设计加工了几套离子芯片阱，但因为芯片阱的加热率高，所以无法完成离子的边带冷却，至今不能得到超冷状态的离子。因此，成立类似圣地亚国家实验室这样的专门从事芯片研制的专业机构势在必行。

目前，国内从事离子量子信息研究的课题组更多的是以理论研究为主。最近一段时期，随着国内实验技术的提高，相关理论与实验的结合有所增强。例如，上海大学的陈玺提出的快速准绝热（shortcuts to adiabaticity，STA）方法[213]，在设定的量子态的初态和末态之间，通过不同的快速绝热操作完成逻辑操作，而不会产生退相干激发。清华大学的课题组在线型离子阱中基于单个离子实现了相空间的 STA 操作，发现该方案对退相干效应具有非常好的抑制作用[214]。中国科学院武汉物理与数学研究所的研究团队与上海交通大学从事量子力学基础理论研究的麻志浩合作，通过精确操纵超冷的 $^{40}Ca^+$ 的自旋态，确定了海森伯不确定关系的测量下限[208]。2017 年，该团队利用中国科学技术大学郁思夏提出的最优化测量方案再一次确定了海森伯不确定关系的测量下限[215]。由于实验操作的保真度达到 99.8%，这些实验结果精确可信地验证了误差-扰动不等式，可为基于原子分子光物理的精密测量研究，如光学频率标准、基本物理常数测量等，提供误差的校准，也可为量子密钥分配中的信息安全性提供物理机制上的保障，还可为引力波测量等大尺度精密测量提供精度方面的参考。

不过，当量子信息这门学科刚刚兴起之时，中国的物理学界就开始了相关研究。因此，目前国内储备有大量的从事量子信息学研究的人才，多年来一直在系统地开展量子计算和量子模拟，纠缠与消相干等研究。另外，在量子计算的实验方面，几乎每一种量子比特的候选体系都有中国的研究团队在探索，个别体系的进展甚至走在世界前列。这些都是中国具有的优势。但相比美国、欧洲，中国的量子计算的实验研究主要以探索基础理论为主，其主要原因是量子计算机的研制难度大。相比量子通信，量子计算机的研制涉及的问题更多需要更大的投入和更长的周期。而中国的大公司对量子信息学的介入程度不高，目前只有阿里巴巴公司与中国科学技术大学潘建伟团队建立了联合实验室，正联合浙江大学的研究团队重点攻关超导型量子计算机技术。在国内，离子阱量子计算方面尚未有大公司介入。从马里兰大学 Monroe 团队这几年的发展来看，他们与大公司的合作不仅没有影响他们在基础研究方面的进展，相反还起到了促进作用。例如，Monroe 团队这几年在多离子操控方面的技术水平突飞猛进，从 2011 年对 19 个量子比特的相干操控水平提升至 2017 年对 53 个量子比特的相干操控水平。

但从更普遍和深远的角度来看，无论是研究量子计算还是量子精密测量，都是基于多体体系的量子关联和对退相干的抑制。这是量子信息学的基础性问题，也是多年来一直困扰量子物理界的难题。这几年，国内在这些方面做出了相当不错的理论研究。例如，山西大学的李卫东小组针对多体纠缠的产生和判定做了一系列的理论研究[194,216]，并结合具体实验体系开展了讨论。这使得他们的方案具有可操作性。浙江大学的景俊在抑制退相干方面也做了一些很好的理论研究[217]，希望从物理机制上理解动力学退耦的脉冲操作是如何有效地抑制退相干的影响的。如何将这些最新理论研究与现有实验技术有效结合，真正原创性地解决量子信息学的基础性和应用性问题，不仅是离子阱量子信息处理研究中亟待解决的问题，也是国内科学界与世界先进水平的差距所在。

（四）本学科发展的挑战与瓶颈

从量子信息这门学科的发展态势看，最被看好的实施量子计算的物理体系是超导体系和超冷离子体系。相比超导量子比特，超冷离子体系处于更为干净的真空体系，量子比特的相干时间要长几个数量级。但是，国内外几家大公司看好的都是超导体系的量子计算。原加利福尼亚大学圣巴巴拉分校的 Martinis 团队加入 Google 的研制项目，研究工作按照工程模式管理和运作，目前正在朝着 20 个超导量子比特的量子信息处理努力。IBM 等公司在网络上提供基于超导型量子计算机的云计算服务，取得了极好的宣传效果，目前号称正在研制 16 个量子比特的计算机。这些公司的介入使得研究工作迅速步入实用化和商业化，其中一个重要的原因就是目前的技术已经可以实现一些特殊用途的量子计算机，如求解玻色采样问题、基于退火法的搜索引擎等。另有类似 D-wave 公司这样的研发机构，采用半经典-半量子的方式，基于超导物质来演示量子算法，号称可以完成 2000 个量子比特的操作；尽管其产品可能并非真正意义上的量子计算机，但其产品在商业上已经取得巨大的成功。然而，从事超冷离子量子计算的公司只有 IonQ 一家。其中的主要原因是超导体系是固体系统，更接近于目前半导体电子计算机的技术特征。其实，离子芯片阱的构造主体是硅基或者二氧化铝材料，通过微型电极来操控离子的位置，利用光纤控制激光来操控离子的自旋，这已经与固体体系的情形非常相似。而相比超导体系，超冷离子的工作环境干净、简单，更适合保持量子相干特性；且量子比特的操纵和信息读取都是基于光学操作，不仅准确灵活，工作效率还有极大的提升空间。

要想让量子计算走向应用，必须有工程技术人员和管理人员加入，有公司的参与，按照做工程的步骤和规范进行，按照研发的商业模式发展。中国应当有专门机构（如研究中心）或重大研究专项来统筹超冷离子量子计算机的研制，并成立类似圣地亚国家实验室这样从事技术支撑的研发团队。应当建立由从事基础物理（量子关联、纠错、抑制退相干等）、算法论（量子算法、机器学习、深度学习等）、信息论（逻辑编码、误码失真的控制等）、光学（集成光学、微型激光技术、特制光纤等）、纳米材料（高品质硅或二氧化铝晶体材料、表面刻蚀等）和其他实验技术（电子线路、超高真空技术、数据处理等）等专家组成的联合团队。

量子精密测量技术与量子计算的技术息息相关。如果后者取得长足的进展，前者必将受益。但无论是从事量子信息的基础性研究，还是发展量子计算机或量子精密测量技术，都应该坚持有所为有所不为的原则。以发展量子计算机为例，应当以研制某种特殊的量子模拟器为突破口，尽快突出研究工作的应用性，这部分工作应该按照做工程的规范，参照研发的商业模式进行。同时，研制通用型的量子计算机的工作不能放弃。目前完成 5 个量子比特水平的通用型量子计算就是离子阱量子计算的最高水平。通用型的量子计算机的研制涉及基础理论本身的发展，也与多比特的相干保持、容错、纠错等技术的突破有关，应该作为一项基础研究长期给予经费支持。

五、中性原子量子计算

（一）研究目的、意义和特点

量子计算是指以量子态作为信息载体，利用量子态的线性叠加和量子纠缠等量子力学基本原理进行信息并行计算的方案；以量子计算为基础的信息处理技术的发展有望引发新的技术革命，为密码学、催化化学反应计算、新材料设计、药物合成等诸多领域的研究提供前所未有的强力手段，对未来社会的科技、经济、金融，以及国防安全等产生革命性的影响。当前各国政府和大公司纷纷投入巨资来开展量子计算的研究，探索实现量子计算机的各种可能体系，包括离子阱中囚禁的离子、超导线路、核磁共振中的核自旋、线性光学中的光子、量子点、光阱中的中性原子、拓扑量子计算中的任意子等。但由于不同量子体系的操控技术难度和发展应用前景不同，面临的挑战也不一样，目前哪种体系是最优体系还没有尘埃落定。其中，相互作用可控、相干时间较长且具备一定集成优势的中性原子体系是实现量子计算机的有力候选者之一。

基于中性原子的量子计算，一般采用在超高真空腔中，利用远失谐光偶极阱阵列或光晶格从磁光阱或玻色-爱因斯坦凝聚（BEC）体中捕获并囚禁超冷的单原子，并将原子基态超精细能级的两个磁子能级编码为一个量子比特的0态和1态。原子量子比特的初始化和探测一般利用与原子能级共振的激光完成，单比特量子逻辑门采用拉曼激光或微波脉冲对单个格点中的原子进行寻址和操控来完成，而两比特逻辑门则是利用原子的基态碰撞或原子里德伯态的偶极-偶极相互作用来实现。在进行量子计算时，中性原子体系将根据不同的量子算法，采用经过优化后所需逻辑操作数最少的原子阵列构型，执行一系列高保真的单比特门和两比特受控非门来完成相应的量子算法。

中性原子量子计算相比于其他量子计算的候选体系具备如下几个显著的特点。

1.相干时间较长

相干时间是量子计算候选体系的一个重要指标，中性原子体系与离子体系类似，都是采用的原子基态超精细能级的磁子能级来编码的量子比特，因此理论上相干时间应与囚禁离子体系在同一量级。即使受限于原子在光阱中的囚禁时间，目前中性原子体系的相干时间仍可达到秒量级，相比于原子量子比特操控需要的微秒量级时间，比率达到 10^6，这一指标超过了目前大多数量子计算的候选体系。

2. 相互作用可控

相互作用的强度不仅决定了两比特相位门的操作时间，而且大小的控制对于减少量子算法执行过程中的退相，提高操作的保真度具有重要的作用。中性原子体系中的相互作用一般通过基态原子的受控碰撞或利用激发到里德伯态原子的偶极-偶极相互作用来实现。受控碰撞的相互作用可以通过调节同一个阱中两个原子的振动态、电子态来控制，也可以通过精确调制两个阱的间距来控制隧穿进而控制两个原子自旋碰撞交换的相互作用。另外，基于里德伯态的原子的偶极-偶极相互作用是一个长程的、强度比基态相互作用大 12 个量级的相互作用。该作用不仅可以通过相干激发到里德伯态或从里德伯态相干退激发来开关，还可以通过电场、磁场和原子的空间排列来调整大小。中性原子体系可控的相互作用不仅可以有效减少多原子比特纠缠时相互作用带来的退相干，也可以避免相互作用在大规模扩展量子比特时对比特数目的限制。

3. 具备一定的可扩展性

量子计算在编码逻辑比特执行纠错算法和进行复杂量子算法时，对于物理比特数目的要求通常达到数千以上。目前量子计算体系中已报道得最多的物理比特数目大多集中在 50～100，进一步扩展物理比特数目而不影响操作的保真度对于大多数体系都是很大的挑战。中性单原子体系通过光晶格可以实现在 1 毫米² 的面积上集成数千个单原子，并且在光偶极阱阵列中已经实现了包含 72 个单原子且构型可变的阵列。由于中性原子体系可控的相互作用，理论上操作的保真度不会受到扩展的原子数目的影响。这一特性是中性单原子体系量子计算的一大优势。

4. 原子阵列的构型灵活可变

比特阵列的排列方式对于减少算法中逻辑门的操作数、提高算法的执行效率具有至关重要的影响。例如，在超导线路量子计算中，要求量子算法与比特的排列和连线协同设计，以获得最优的执行效果。在中性原子体系中，利用最近发展的可移动光阱单原子装配技术，可以得到任意构型的原子比特阵列。目前在实验中已经演示了二维和三维的最多包含72个原子的任意构型原子阵列，这种灵活可变的中性原子阵列构型，结合里德伯态原子长程相互作用基础上的多比特逻辑门，将会有效优化算法的适应性。

（二）国际研究现状、发展趋势和前沿问题

迪温琴佐（DiVincenzo）总结了一个量子力学系统作为量子计算的候选者，必须满足的5个主要条件，即DiVincenzo判据[218]，目前被认为是实现量子计算机的基本条件。瞄准这一判据，中性原子体系经过近20年的技术积累和发展，在可扩展的量子比特系统、比特初始化、比特相干性、通用逻辑门组和比特测量方面都已满足判据的要求。

1. 实现了可扩展的有良好量子比特的系统

中性原子体系通常采用一个碱金属原子（如铷原子和铯原子）的基态超精细能级的磁子能级作为一个量子比特的0态和1态。这样的量子态具有纯净和易操控的特点，是理想的量子比特。单个原子捕获和囚禁则一般用光阱来实现，主要有两种方法，一是在光晶格中，利用Mott绝缘态在每个格点制备一个原子[219]，但由于BEC和光场的空间不均匀性，只有光晶格中心的部分会均匀装载；二是利用碰撞阻塞效应[220]，当一个光镊型光偶极阱足够小时，阱中两个以上的原子在共振光的作用下会很快损失掉，只有一个原子能保存在阱中，从而获得单个原子，但该装载是随机的，扩展到多个原子阵列时，无法实现确定性的制备。2016年，法国Browaeys小组发展了一种用可移动光阱实现单原子逐个装配（assemble）的技术[221]。他们分别在二维的包含100个光偶极阱的阵列中采用碰撞阻塞的原理随机装载单原子，随后对光阱阵列进行成像，判断出哪些阱中有单原子，然后用一个可移动的光阱将单原子逐个转移到所需的光阱中，从而确定性地制备包含了50个单原子的不同构型的单原子阵列，随后他们还演示了三维的包含72个单原子的任意构型的确定性制备[222]。类似的工作还包括美国Lukin小组在一维的包含50个单原子的阵列制备演示[223]，以及韩国Ahn小组在二维阵列中对转移算法的优化

和对格点中单原子的实时反馈装载来提高制备效率[224]。这一方法在理论上可以扩展到包含更多单原子的阵列的确定性制备，从而基本解决了中性原子体系扩展性的问题。

2. 实现了高精度的态初始化

利用冷原子物理里非常成熟的光泵技术可以实现 99.9% 以上的效率将原子制备到量子比特的 0 态或 1 态[225]。例如，将铷原子制备到编码量子比特的 1 态的 $F=2$，$m_F=0$ 态时，一般采用高斯量级的磁场将不同的磁子能级区分开，然后用 π 偏振的 $F=2 \rightarrow F'=2$ 的共振光配合 $F=1 \rightarrow F'=2$ 的回泵光，由于跃迁选择定则，$F=2$，$m_F=0$ 是暗态，经过一段时间的激光作用后，原子会全部布居到暗态上。而且由于相同种类的原子能级结构都是一致的，因此采用同样的光泵光可以同时实现阵列中所有原子的态初始化。

3. 实现了足够长的比特相干时间

为保证量子计算执行时，量子信息不丢失，DiVincenzo 提出量子比特的相干时间需要达到基本量子门操作时间的 10^4 倍以上。在中性原子体系中，量子比特的相干时间主要由三个因素决定[226]：一是原子在光阱中的囚禁时间，由于光阱的束缚无法达到离子阱中的势阱深度，一般只有毫开量级，在室温条件下，背景气体的碰撞会导致原子的直接损失，因此即使不考虑光阱本身功率起伏和散射造成的加热，原子在光阱的寿命也只有百秒量级。二是量子比特反转。自旋弛豫时间（spin-relaxation time T_1）主要是由囚禁原子的偶极光引起的拉曼散射造成的，散射率正比于原子所感受到的光强，反比于失谐的平方。对于 Rb 原子，1 毫开阱深的 830 纳米光阱中，T_1 时间在秒量级。三是两基态相对相位丢失时间（dephasing time T_2）；任何改变两基态能级间隔的因素都会对 T_2 时间造成影响，包括原子的热分布、偶极阱功率的起伏、偶极阱位置的抖动、磁场的起伏等。德国 Meschede 小组对光阱中原子退相的三个因素进行了详细的研究，在 40 微开阱深下没有加任何回波脉冲时，获得了单个原子和少数几个原子的 20 毫秒的相干时间[9]。美国 Saffman 小组建立了中空的蓝失谐光阱，将单个原子囚禁在光强最弱的地方，从而避免偶极光引起的退相，在没有回波脉冲作用时，单个原子的相干时间达到 43 毫秒[227]。国内詹明生研究组对相干时间进行了更深入的研究，获得了微型光偶极阱中无回波脉冲条件下最长的相干时间。但即使是 43 毫秒的相干时间，相对于单原子微秒量级的操作时间，其比值也达到了 10^4 倍，满足了判据对相干时间的要求。

4. 实现了单比特门操作和两比特受控非门的操作

中性原子体系中，单比特门操作一般利用与 0 态和 1 态能级间隔共振的微波[226] 或者一对拉曼光[228] 进行操控，通过控制作用的时间和相位分别控制量子态的布居和相位。对于单独一个原子操控可以非常简单地采用上述方案进行操控，对于原子阵列，则需要保证对其中一个原子的操控不会影响到其他原子。2004 年，德国 Meschede 小组在一维光晶格中，利用梯度为 15 高斯/厘米的磁场产生位置依赖的频率移动，从而用不同频率的微波脉冲实现了每个格点中单原子的寻址和操控[229]。在二维光晶格中，美国 Greiner 小组、德国 Bloch 小组和英国 Kuhr 小组分别采用超高数值孔径的透镜组（NA 大于 0.68）实现了光晶格中单个格点的分辨[230-232]。其中，Bloch 小组用该透镜组将远失谐的光聚焦到单个格点从而诱导该格点原子的能级发生偏移，进而用微波脉冲对该原子进行操控而不影响周围的原子[233]。Saffman 小组在二维的 7×7 的单原子阵列中，采用类似的方法实现单比特的寻址和操控，并使用随机基准测试（randomized benchmarking）[234] 的方法详细研究并优化了操控的保真度，实现了原子阵列中任意一个原子单比特操控的保真度达到 0.99 以上，而且平均的串扰只有 0.002(9)[235]。美国 Weiss 小组进一步将该方法扩展到三维的光晶格，采用两束交叉的寻址光来使目标原子的能级发生偏移，然后用共振的微波来操作，操作的串扰小于 0.003[236]。随后，他们采用类似的寻址光，但利用寻址光累积的相位结合一系列微波脉冲，从而实现了一种对寻址光的不稳定非常不敏感并且具备很低串扰的新的寻址和操作方法，操作的保真度达到 0.9962(16)，串扰小于 0.002[237]。

两比特纠缠门的实现是中性原子量子计算的核心。受限于中性原子间微弱的相互作用，目前实现两原子比特纠缠的方案主要有三种：一是将与原子纠缠的光子进行贝尔态测量来制备纠缠的原子。代表性工作是 2006 年 Weinfurter 小组将单原子激发后，利用自发辐射实现了辐射单光子的偏振与单原子磁子能级的纠缠[238]，在此基础上制备两组纠缠的单光子和单原子，然后对两个光子进行贝尔态测量，获得纠缠光子对的同时，通过纠缠交换实现两个原子的纠缠[239]。但该方法产生纠缠的过程不可控且效率较低，并不适合作为量子计算中的逻辑门。二是基于原子基态受控碰撞的方案[240,241]，通过调节同一个阱中两个原子的振动态、电子态，或者通过精确调制两个阱的间距来控制隧穿进而控制两个原子自旋碰撞交换相互作用，实现两比特纠缠门。目前，已经在光晶格中实现了两团原子间的基于碰撞的纠缠和受控相位门[242,243]。对于两个原子间的纠缠，美国 Regal 小组和美国 Lukin 小组分别在强聚焦光偶极阱中，通过拉曼边带冷却将原子冷却到振动基态[244,245]。随后，Regal 小组精确控制两阱的相对位置，基于自旋交换实现了保真度为 0.44 的两原子纠缠，扣除原子损失后，纠缠的保真度达到 0.63[246]。但该实验受限于原子在光阱中三个维度的冷却效率和两原子间距的控制精度，进一步提高保真度面临很大的挑战。三是基于原子里德伯态的偶极-偶极相互作用实现受控非门。美国 Saffman 小组在相距 8 微米的两个微型光偶极阱中分别囚禁了单个铷原子，然后将其中一个原子相干激发到 97 维的里德伯态，此时另一个原子的里德伯能级由于偶极-偶极相互作用，能级发生偏移，从而无法实现里德伯态的激发[247]。利用该效应，他们首次实现了两个中性原子间的受控非门，保真度达到 0.73，并进一步实现了两原子纠缠，纠正原子损失后保真度为 0.58[248]。法国 Browaeys 小组将单原子囚禁在两个相距 4 微米的偶极阱中，将两个铷原子的初始态制备为，在 58 维的里德伯态激发光的作用下，利用相同的里德伯态相互作用实现里德伯阻塞，只有一个原子被激发，于是两原子被制备到基于里德伯态的两原子纠缠，随后将里德伯原子耦合到激发光，相干转移到基态，获得基态两原子的最大纠缠态，保真度在纠正原子损失后达到 0.75[249,250]。采用原子里德伯态偶极-偶极相互作用实现两比特纠缠门对于原子热运动并不敏感，而且门操作时间在微米量级，是目前最适合中性原子体系的两比特门方案。Saffman 小组从理论上对该方案进行了细致的分析和模拟，并在实验中对相关技术噪声进行了进一步的优化[251,252]，目前得到的保真度为 0.82，但距离实现纠错的 0.99 的阈值还有很大差距，需要进一步地研究和优化。

5. 实现量子态的测量

为获取量子计算的结果或执行纠错算法，必须对量子态进行方便而快速的测量。中性原子体系对原子 0 态和 1 态的测量普遍采用的方法是用共振激光将 1 态的原子加热从阱中损失掉。由于加热所需的散射光子数依赖于阱深，因此可以通过降低阱深减少散射的光子，从而避免在探测过程中由于共振光的拉曼跃迁改变原子的状态，提高探测的保真度[253]。但该方法的缺陷在于每次探测导致原子损失后需要重新装载单原子，不利于提高实验速率。随后，美国 Chapman 小组和法国 Browaeys 小组同时实现了用高数值孔径透镜提高原子荧光收集效率，并仔细优化探测光频率与闭合跃迁能级的共振来抑制拉曼跃迁，实现了 95% 以上的态探测效率，同时原子的损失只有 1%[254,255]。德国 Meschede 小组和美国 Saffman 小组进一步将该方法拓展到二维的原子阵列，用共振光同时激发原子阵列中所有原子，并用电子倍增 CCD（electron-multiplying CCD）收集荧光进行态的探测，态的探测效率都大于 97%，且原子损失小于 2%[256,257]。

综上所述，中性原子体系在实验中实现了量子计算的基本条件——DiVincenzo 判据，具备了建立量子计算机的基础条件，但在实现容错的、通用量子计算机方面才刚刚起步。实际可用的量子计算机为避免各种噪声引起的错误，必须要引入纠错算法[258]，因此对单比特和两比特逻辑门操作的保真度提出了更高的要求。通常情况下，纠错的阈值对于单比特操作的保真度要求是大于 0.9999，对于两比特逻辑门是大于 0.99[259]，即使是针对中性单原子体系优化过的纠错操作，两比特逻辑门的保真度也要求达到 0.9875 以上[260]。然而，目前两比特逻辑门最高的保真度只有 0.8 左右，已成为目前中性原子体系进行量子计算的瓶颈，因而提高两比特量子逻辑门的保真度是当前中性原子量子计算最重要的任务[261,262]。此外，编码逻辑比特和进行复杂量子算法的任务都对原子比特的数目提出了更高的要求，目前 72 个原子的数目距离数千原子的要求还有量级上的差别，因此中性原子量子计算下一阶段面临的问题除了提高两比特操作的保真度外，还包括：如何将原子数目扩展到数千，如何通过"重新装载"减少原子的损失、如何实现原子态的量子无损测量（quantum nondemolition measurement）、如何减少原子操作和测量时的串扰等。

（三）国内研究现状、特色、优势及不足之处

目前国内开展中性原子量子计算的小组主要包括：山西大学张天才小组和王军民小组、中国科学技术大学潘建伟和苑震生小组、中国科学院武汉物

理与数学研究所詹明生小组等。

山西大学张天才小组和王军民小组在国内率先实现了大梯度磁场 MOT（磁光阱）中单原子的制备，轴向磁场梯度达到 350 高斯/厘米，在采用数值孔径为 0.29 的透镜组收集并用单光子探测器探测后，得到 MOT 中单个铯原子的典型荧光计数为 700 个/50 毫秒[263]。随后，他们采用 1064 纳米的激光强聚焦形成束腰半径 2.3 微米、阱深 1.5 毫开的光偶极阱，并将单个铯原子从 MOT 中高效转移到微型光偶极阱中[264]。在经过 10 毫秒的偏振梯度冷却后，单个铯原子在偶极阱中的捕获时间可达 130 秒[265]。在此基础上，他们主要开展了两方面与量子计算相关的研究工作，一是利用单原子制备单光子源，二是研究单原子与高细度微腔的耦合。

可控的单光子源在基于线性光学的量子计算和量子信息处理、量子通信方面具有重要的应用。山西大学的研究小组在单原子囚禁的基础上，为实现高效、均匀的单光子源，先后提出并实现了双波长的光偶极阱，用 784.3 纳米 +1568.6 纳米的两个波长的线偏振激光补偿铷原子 $5S_{1/2}$ 到 $5P_{3/2}$ 由于偶极阱光引起的光频移[266]；为减少生成单光子时对原子的加热，发展了一种脉冲式的快速冷却的方法，使单个原子产生单光子的数目从原来的 108 个提高到约 360 000 个[267]；并发展了相应的激光调制技术，如高对比度的纳秒量级的光脉冲开关[268]、产生高功率的 780 纳米激光[269]、实现 780 纳米激光的高效倍频[270]、纳秒量级激发光脉冲串的放大[271]等。单原子与高细度微腔的强耦合不仅提供了一种量子态的快速探测和读出的方法，而且是实现单光子光开关的有效方案。山西大学的研究小组在单原子与微腔强耦合的基础上，创造性地利用原子与腔高阶模式的耦合，实现了单个原子位置最小到 0.1 微米的分辨[272]。在进一步利用单原子里德伯态相互作用时，为减少双光子激发过程中原子布居到中间态的损失，且提高激发速度，他们实现了高功率、窄线宽的用于铯原子里德伯态单光子激发的激光。他们采用 1560.5 纳米 +1076.9 纳米的激光和频产生 637.2 纳米的激光，然后再倍频产生了 2.26 瓦的 318.6 纳米的激光，线宽为 10 千赫[273]。该激光波长可调范围覆盖了铯原子从 $n=70$ 到电离态的所有能级，为下一步单原子的里德伯态单光子相干激发打下了基础[274]。

中国科学技术大学潘建伟和苑震生小组主要是采用光晶格来囚禁和操控

铷原子的 BEC，利用光极化势形成了有效磁场梯度，来调控原子间的相互作用，进而开展拓扑量子计算方面的研究工作。2016 年，他们首次通过量子调控的方法在超冷原子体系中发现了拓扑量子物态中的准粒子-任意子，并通过主动控制两类任意子之间的交换和编织，证实了任意子的分数统计特性，向着实现拓扑量子计算的方向迈出了重要一步[275]。他们建立了自旋依赖的光晶格来囚禁和操控铷原子的 BEC，并用光极化势形成了有效磁场梯度，抑制了晶格中存在的两体相互作用，使四体相互作用凸显并成为主导该物理系统的主要相互作用，从而成功操控光晶格中约 800 个超冷原子同时产生了约200 个四原子自旋纠缠态；他们还发展了高分辨的原位光吸收成像技术，并构建了基塔耶夫（Kitaev）模型的最基本单元哈密顿量，通过微波反转原子自旋的方法，实现了任意子之间的编织交换过程，首次在光晶格体系中直接观测到任意子交换产生的分数拓扑相位，是 Kitaev 理论模型提出 20 年后该体系中任意子分数统计特性的最直接的实验证明。该工作为人们进一步研究任意子的拓扑性质提供了新的实验平台和手段，将推动拓扑量子计算和晶格规范场量子模拟领域的研究进展。

中国科学院武汉物理与数学研究所詹明生小组自 2009 年利用强聚焦光偶极阱实现了单个铷原子的囚禁以来，围绕中性原子量子计算，先后实现了单原子比特的精确操控、两原子比特相互作用的有效调控和多量子比特阵列的制备，不仅在中国科学院武汉物理与数学研究所建立了基本满足 DiVincenzo 判据的中性单原子量子计算平台，而且在原子的退相干问题、异核中性原子量子计算等方面取得了实质性的进展。

在光阱中原子的退相干问题上，中性单原子理论上相干时间应与离子阱中的单离子退相干时间相当，达到秒量级。但实际在光偶极阱中，由偶极光引起的散射和光频移会导致原子的退相，使得原子的相干时间限制在毫秒量级，远低于预期。因此采用蓝失谐光构建中空的光阱囚禁单原子是避免退相干的有效方法。詹明生小组采用空间光调制器调制偶极光相位构建了中空的瓶状蓝失谐光阱，首次实现了行波蓝失谐光偶极阱中单原子的囚禁[276]，为后续研究蓝失谐光阱中的退相干打下了基础。但即使在蓝失谐阱中，由于中空区域在实验中还有一定的偶极光，同时原子由于热运动不会完全处于中空区域，所以由拉姆齐条纹测得的原子的相干时间仍然只有数十毫秒。与此同时，在针对红失谐光阱中的单原子的退相干实验中，他们引入了动态去耦的方法，将单原子量子比特的均匀退相干时间延长 3 倍[277]。在综合红、蓝失谐光阱中原子退相干的研究后，他们发现光偶极阱中单原子退相干的最主要因素来源于偶极光对量子比特的上下能级产生的微分光频移[278]。由此，他们发展一种"魔幻强度光阱"的技术，利用圆偏振偶极光配合磁场抵消了偶极光引起的一阶微分光频移，从而将光阱中单原子的相干时间从原来的 2 毫秒延长到 225 毫秒[279]，将 Saffman 小组保持的行波光偶极阱中单原子 40 毫秒的最长相干时间的记录[227]提升了 5 倍，从而使得中性单原子体系中比特相干时间与比特操作时间的比值提高到 10^5，超越了 DiVincenzo 判据中 10^4 的要求[218]。在此基础上，他们实现了用一个可移动的深阱将单原子高效、相干地转移到特定偶极阱中的实验。大规模的单原子阵列里，受限于中性原子间微弱的相互作用，要实现任意两个原子间的量子算法来实现量子计算和量子模拟，需要将单原子相干地转移到相互作用区，但之前国际上并没有很好的解决方案。他们采用锆钛酸铅压电陶瓷控制可移动阱的位置，用声光调制器控制偶极光的光强，简单易行地解决了这一问题，从而极大地提高了原子比特间的互联性。该方法与原子比特阵列灵活的构型互相结合，将有效地降低中性原子量子计算算法的复杂性。

詹明生小组还建立了异核单原子体系，并实现了异核双原子间高效的相互作用。正如中性原子量子计算先驱 Saffman 在最新综述[261]中所指出的，该体系距离实现量子计算机还有诸多难题，目前面临的主要挑战包括"更高保真度的纠缠门操作、原子的再装载、原子态的无损读出、比特间距在微米量级的阵列中低串扰的测量和初始化及表面附近电场噪声的控制"。詹明生小组的异核原子相关工作正是瞄准解决"原子态的无损读出、比特间距在微米量级的阵列中低串扰的测量"等问题。他们在光偶极阱囚禁单原子的基础上，创造性地发展了一种蓝失谐势垒保护加后选择的反馈控制方法，高效地实现了一个铷-87 原子和一个异核铷-85 原子的单独囚禁和操控。在实验中，他们充分利用异核原子在光谱频率上的差别，在原子间距为 3.8 微米时依然实现了对单个原子的寻址及完备操控，并通过原子拉比振荡对比度的比较，展示了异核体系极高的串扰抑制能力。在此基础上，他们为了利用里德伯态原子的偶极相互作用，发展了超高细度的传输腔稳频技术，将用于里德伯态激发的两个激光的线宽和长漂同时稳定到 20 千赫水平[280]，从而实现了里德伯原子基态到 79 维里德伯态的高效相干激发，激发效率达到 96%。并在合作者理论计算的支持下，进一步实现了铷-85 和铷-87 原子在间距 3.8 微米时百兆赫兹量级的相互作用，展示了异核里德伯阻塞效应。进一步地，他们结合单原子量子比特的阿达马（Hadamard）门操控，在国际上首次实现了异核两原子间的量子受控非门，在未纠正任何原子损失的情况下，保真度达到 0.73(1)，并进一步实现了保真度为 0.59(3) 的异核两原子的量子纠缠[281]，在利用异核原子间纠缠来解决"原子态的无损读出和低串扰的测量"的方案中迈出了关键一步。

目前，实现中性原子的相互作用除了里德伯态原子的偶极-偶极相互作用，还可以通过受控碰撞实现。因此，对基于碰撞的中性单原子量子计算，碰撞损失速率是一项关键的参数，而且原子间碰撞问题的研究对于制备超冷量子气体的蒸发冷却、冷原子形成分子的超冷化学过程都有着不可或缺的作用。然而，之前的实验研究通常在一个含有成千上万个原子的多组分冷原子团中进行，原子数目的不确定性和同组分原子之间的碰撞等因素导致了碰撞截面测量的不准确。詹明生小组在异核单原子囚禁的基础上，发展了一种"超级纯净"的研究异核碰撞的方法，采用一个光阱确定性地囚禁了一个铷-87 原子和一个异核的铷-85 原子，然后用激光来控制原子的内态并观察原子间的碰撞。由于光阱中始终只有一个铷-87 原子和一个铷-85 原子，且没有共振光的干扰，任何碰撞相互作用都发生在这两个异核原子之间，从而精确而纯净地提取了异核冷原子在不同超精细能级下的碰撞损失速率[282]。实验的结果与合作者采用通道耦合理论计算结果相吻合，不仅为基于碰撞的中性单原子量子计算提供了关键的参数，而且这种"超级纯净"的研究异核碰撞的方法为其他复合体系中原子碰撞过程的研究提供了新的途径和方法，在粒子数目确定的化学反应研究、单原子与单分子的碰撞研究等方面都有重要的应用价值。

除了上述的研究组外，中国科学院上海光学精密机械研究所周蜀渝研究组也于 2010 年采用大梯度磁场实现了单原子的 MOT，并用达曼（Dammann）光栅实现了一维的光偶极阱阵列[283]。综合国内中性原子量子计算的进展，可以看到各个研究小组都有自身明确的研究方向，并都取得了一定的进展，其中一些成果还处于国际领先地位。但相比于国外研究的研究小组，目前还存在研究队伍偏少、突破性成果偏少的问题。

（四）本学科发展的挑战与瓶颈

在科学界持续而深入地对量子计算的实现条件、计算能力进行研究的过程中，如何清晰地确定并展示量子计算机相对于传统设备的优势将是量子计算的一个具有里程碑意义的目标。例如，"量子霸权"（quantum supremacy）[284]认为，对某些特定的问题，并不需要量子编码过程，只需要 50 个物理比特量子计算机（准确地说是专为解决具体问题而构建的量子模拟器，而不是普适的量子计算机）就可以超越现在的超级计算机的能力。随后，这一数目的要求通过优化经典算法又进一步提高到 64 位[285]。但单单提高比特数目，而使用较差保真度的量子逻辑门，并不会有效提高体系的量子计算能力，因此 IBM 的科学家进一步提出了"量子容积"的概念。由此可见，明确量子计算相对于传统设备的优势，在理论方面的研究将是量子算法研究者和经典算法优化的相互竞争和不断迭代的过程，而在实验中提高物理比特的数目、提高逻辑门操作保真度，进而实现优化的特定目的的量子算法，将是下一阶段量子计算实验体系追求的主要目标。

针对这一目标，中性原子体系需要克服的最主要的挑战在于提高两比特逻辑门的保真度，减少并控制实验过程中原子的损失及在操控和测量过程中对串扰的抑制。采用里德伯阻塞实现的受控非门保真度目前只有 0.82 左右，纠缠的保真度只有 0.7 左右，距离实现纠错的 0.99 还有很大的差距。而且中性原子体系中原子的囚禁依赖于光偶极阱，但光偶极阱受限于光强和光子散射率，无法达到 300 开的阱深，背景气体带来的原子碰撞损失及实验时较浅的势阱中加热或阱关闭导致原子损失，将会极大地影响量子算法的执行。同时中性原子体系中原子能级相同带来了操作一致性的便利，但同时也会带来操作串扰的问题。如何解决上述难题，一方面依赖于新的理论和实验方案的提出，另一方面也需要对实验条件实现更为严格和精确的操控，包括对背景电场和磁场的屏蔽和控制、亚微秒量级激光脉冲波形和频率的同步精确调制技术、对偶极光光强的精确控制、激发光相位的保持等。

中性原子体系若能率先突破上述的困难，不仅可以推动该体系在量子计算方面的发展，而且可以极大地提高该体系量子模拟的能力。量子模拟是指在一个人工构建的量子多体系统的实验平台上去模拟在当前实验条件下难以操控和研究的物理系统，获得对一些未知现象的定性或定量的信息，其在操控难度和保真度上的要求比量子计算低很多。光晶格中的超冷原子是量子模拟的理想平台，在实验中可以通过人造规范势来调控超冷原子的哈密顿量的动能项，通过光晶格来调控势能项，通过费希巴赫共振技术、缀饰态的里德伯态偶极-偶极相互作用来调控相互作用，从而实现对体系的完备操控。中性原子体系中操控技术的进步，将很可能使中性原子量子模拟机在实现大规模的量子计算之前而获得实际的应用，有可能对物理学、化学、材料化学等学科产生重要的影响，甚至有可能促成材料科学、能源等重要问题的解决。

短期内，量子计算的研究还将限制在数十个乃至一百个量子比特位的操控上，但大规模的通用量子计算需要面对成千上万的量子比特，由此带来的更复杂的系统操控将是一个需要花费数年乃至数十年不断研究的长期课题。未来通用量子计算极有可能采用混合体系，综合各个体系的优势并避免各自的不足，实现可靠性、容错性和纠错性于一体的量子计算机，并开展适用于量子计算机的接口及网络技术，研究并发展量子算法和量子协议，将处于实验室阶段的关于量子系统的控制和测量技术转化到工业化生产，以期获得工业上的兴趣及支持来推广发展量子系统等工作。

六、原子离子光频标

（一）研究意义和特点

现代科学技术的发展是建立在精密实验测量基础之上的。迄今，时间频率作为目前人们所涉及的物理量及物理常数中最精密、最准确的计量单位，决定着其他许多物理量及基本物理常数的定义及精度。计量精度的提高，不仅为人们在更精确的意义上认识物质世界提供着新发现的机会，而且也是反映一个国家战略竞争力的重要标志之一。物理学中的基本物理量的精确测量和物理规律的检验是物理学的前沿科学问题之一。对时间频率基本性质的更加深入的研究是关键的科学问题之一。

原子频标（原子频率标准的简称）是利用量子力学原理制成的高稳定度

和高准确度的频率、时间信号产生系统（组装成为一个整体装置时又称为原子钟）。时间频率标准是人类生产和科学活动的基本条件。在人们目前所涉及的物理常数中，时间频率作为最精密、最准确的计量单位，决定着其他许多物理量和基本物理常数的定义和精度，每一次时频精度的提高，都使人们在更深的层面上对物质世界的认识得到新的发展。

原子频标研究对精密和准确的不断追求，是推动物理科学发展的动力。精密测量不但可以为基础科学研究（如物理、化学、生物）和先进技术应用（如原子分子、等离子体诊断、天文学观测、激光通信、量子信息）等领域的发展提供所需的高精度原子分子数据，而且也可以为检验物理学基本理论和定律（如量子力学、相对论、宇宙学等）、测量物理常数（如精细结构常数 α、朗德因子 g 等）提供精密的实验手段。在诺贝尔物理学奖的历史名单中，迄今已有 11 位获奖者的贡献与频率的计量有关，而且在过去的二十多年间就有 5 次（1989 年、1997 年、2001 年、2005 年和 2012 年）诺贝尔物理学奖授予与原子频标研究相关的科学发现。

原子频标已广泛应用于国民经济各个领域，如国际时间基准、全球导航卫星系统（global navigation satellite system，GNSS）、卫星的发射及信息高速公路（通信、网络）和城市交通管理等方面。原子频标在国防和国民经济中起着至关重要的作用。随着原子频标的准确度和稳定度的提高，以此为基础的卫星导航、精确定位武器及高码率通信同步系统等的性能都将得到提高，并为常规武器提供了前所未有的精确打击能力。因此，原子频标的发展关系到国家计量标准、国家信息和国防建设等重大国家需求。

由于原子（离子）囚禁和激光冷却原子（离子）及精密光谱等新概念、新技术在原子频标领域内的应用，现在这个领域正处于飞速发展阶段。特别是 21 世纪初，产生了一种新的原子频标技术，即冷原子光频标[286]，使得人们对自然界的认识与理解有可能产生新的飞跃。冷原子光频标的精度理论上可达到 10^{-18}，使得一些原本难以观察的物理现象就有可能被观察到，一些难解的物理之谜，就有可能被解开。

为此开展基于冷原子/离子的精密调控和光频精密测量实验技术，开展新一代光频标关键物理问题的深入研究，实现高精度的光频标，对于建立新的时间标准和基于精密光频测量的基本物理规律的检验和更高精度的卫星导航系统具有重要意义。

（二）国际研究现状、发展趋势和前沿问题

原子频标的研究已有五十多年的发展历史。由于科学研究和应用技术发展的需求，原子频标已发展成一个种类很多、相关技术覆盖面很广的集基础研究和应用技术研究于一体的领域。

1967 年，第 13 届国际计量大会把铯原子 133 同位素基态的两个超精细能级之间跃迁（其跃迁频率在微波波段）所对应辐射周期的 9 192 631 770 倍的时间定义为"秒"——原子时间。作为目前各国的时间和频率基准（实验室型原子钟）的原子频标有冷铯原子喷泉频率标准［准确度为 $(2\sim4)\times10^{-16}$］、光抽运铯原子频标［准确度优于 1×10^{-14}］和磁选态铯原子频标（准确度优于 1×10^{-14}），它们的主要作用是作为守时和授时用钟，并可对其他频标的准确度和稳定度进行校准和控制。常用的商品原子钟有铷钟、氢钟和铯钟，分别用于钟组守时、卫星导航、导弹发射、舰船同步和通信同步等方面，以上频标的工作频率皆在微波波段，因此很容易通过电子学的方法将其准确度和稳定度传递给被控的电子设备。而新型原子频标主要指冷原子/离子光频标等，它们是目前和未来精度更高的频标。

随着科学的发展和频标应用的扩大，对时间、频率计量从不同角度提出了比现有频标更高的要求。例如，超高频和极高频通信要求频标有更高的频率稳定度和通信网的同步精度，以保证在增大容量和提高速度的同时减少误码率；光通信要求频标从微波段扩展到光波段；深空跟踪和星座定位精度的提高，也转换为对频标稳定度更高的要求；其中，高精度的深空跟踪、全球高精度时间同步及相对论重力测量等都要求频标的准确度和稳定度优于 1×10^{-15}。例如，频标的准确度优于 1×10^{-16}，在相对论效应的进一步验证时，对引力红移的测量精度比目前的水平可提高 25 倍，精细结构常数随时间变化的测量精度可达到 1×10^{-16}/年，比现在提高了 100 倍，而光速的各向异性的测量精度也提高了 10 倍。这些科学与技术的需求推动了新型高性能频标的研究。

近年来，激光技术、冷原子物理和锁相飞秒激光技术的突破，使得进一步提高测量原子分子光谱的精度和原子频率标准的精度成为可能。利用激光

的窄线宽特性，可用选择性很好的能级激发使光抽运制备原子态的方法达到更高的效率，从而大大提高原子鉴频信号的信噪比，改善短期稳定度；利用激光冷却和原子囚禁可降低原子的速度并控制其运动，由此最大可能地减小二级多普勒效应和腔相位差频移等，使频率基准的准确度大为提高。

频标的相对频率准确度和稳定度都和标称频率成反比，光波频率比微波频率高出 4～5 个量级，如果其对应的参考谱线的线宽 Δf 与工作在微波波段的传统频标（铷、氢、铯钟）相同，那么用于稳频谱线的品质因子 $Q\left(\dfrac{f}{\Delta f}\right)$ 值则为微波频标的几万到几十万倍，即从理论上预言光频标的稳定度和准确度比微波频标高出 4～5 个量级。这也是目前光频标发展十分迅速的原因。早期的光频标是稳频激光器，主要采用饱和吸收或双光子吸收等技术，所达到的稳定度和准确度一般在 10^{-11} 和 10^{-12} 量级，比不上好的微波频标。

光频标的发展还依赖如何实现光波与微波的连接和传递。人们做了许多尝试，将光频率和微波频率连接起来。光频链技术是其中的方案之一，但所需设备极其复杂而庞大，不可能应用。1998 年德国马克斯·普朗克量子光学研究所（Max Planck Institute of Quantum Optics，MPQ）和美国天体物理学联合实验研究所（Joint Institute for Laboratory Astrophysics，JILA）利用飞秒激光锁模技术，得到覆盖范围很宽的等间隔梳状标准频率信号（称为飞秒激光梳状频率发生器，简称飞秒光梳），用简单的装置实现了微波与光频的连接。飞秒光梳在相当程度上解决了光波的频率计量问题，大大推进了光频标的实用化进程，因而被认为是频率计量领域的革命性事件，许多科学家认为光频标时代已经到来。

光频标的突破性进展是囚禁冷离子光频标和冷原子光频标的出现。囚禁冷却离子量子体系，目前主要应用于量子信息和精密测量。其中的精密谱测量的重点在于光学频率的精确测量。在众多的光频标的候选离子（Ba^+、Sr^+、Ca^+、Hg^+、Yb^+、In^+、Tl^+、Ga^+、Al^+ 等）中，Hg^+、Sr^+、Yb^+、In^+、Al^+ 和 Ca^+ 作为光频标的窄光学跃迁的测量已取得了很好的进展。美国国家标准与技术研究院（National Institute of Standards and Technology，NIST）的单个 Al^+ 光频跃迁测量的不确定度达到 8.6×10^{-18} 的水平[287]。德国联邦物理技术研究院（Physikalisch-Technische Bundesanstalt，PTB）的单个 Yb^+ 光频跃迁测量的不确定度达到 3×10^{-18} 的水平[288]。这是目前已知可以实现的最高的频率准确度。有了如此好的光频标，NIST 利用两个不同的囚禁离子（Hg^+/Al^+）光频的连接和比对在 10^{-17} 量级测量了基本物理常数随时间的变化[289]。新近 NIST 利用两台 Al^+ 光钟验证相对论效应[290]。

而冷中性原子体系中选择了 Sr、Yb、Ca、Mg 和 Hg。目前美国 JILA 和 NIST、德国 MPQ、英国国家物理实验室（National Physical Laboratory，NPL）、加拿大国家研究委员会（National Research Council Canada，NRC）、法国巴黎天文台、日本东京大学和情报通信研究机构（National Institute of Information and Communications Technology，NICT）等都在开展激光冷却的 Sr 原子光频标的探索。美国 JILA 和日本东京大学的 Sr 光钟的不确定度和稳定度同时推进到 10^{-18} 量级[291]。NIST 的 Yb 光钟达到 1.6×10^{-18} 稳定度（2000 s）[292]。同时，德国 PTB 实现了不确定度为 7.4×10^{-17} 的可搬运 Sr 原子光钟[293]。

综上所述，由于基础研究和信息技术的推进，近年来原子频标发生了飞跃发展。以国际频率基准的准确度为例，在 1975 年以前，差不多以每五年提高一个数量级的速度进步，到 1975 年达到 1×10^{-13} 左右，此后相对长的时间内发展比较缓慢，直到 20 世纪 90 年代初才进入 1×10^{-14}，但是由于冷原子原理的突破和技术的发展，很快达到了接近 1×10^{-15} 的水平，并且还在迅速发展，目前已进入 10^{-18} 量级。

光频标精度的提升得益于科学技术的不断突破和人们对各种系统频移的物理机制更加深入和细致的研究。在不远的将来，光频标的精度将推进到更高量级。同时，开展高精度光频标之间的直接比对也是光频标的一个重要发展方向。由此导致时间标准秒的重新定义，基本物理规律更高精度的检验及更高精度的定位导航和测量系统。

（三）国内研究现状、特色、优势及不足之处

我国原子频标研究始于 20 世纪 50 年代末，先后组织研制了实用型的铯基准和小铯束频标（中国计量科学研究院、北京大学、中国电子科技集团公司第十二研究所和第二十七研究所）、铷频标（中国科学院上海光学精密机械研究所、中国科学院武汉物理与数学研究所、北京大学）、铷激射器频标（中国科学院武汉物理与数学研究所、中国航天科工集团有限公司二院 203 所）及氢频标（中国科学院上海天文台、中国科学院武汉物理与数学

研究所、上海市计量测试技术研究院、中国航天科工集团有限公司二院 203 所）。其中，1965 年光抽运铯频标的三台样机的两两比对的稳定度为 5×10^{-11}，1979 年 Cs-Ⅲ 的准确度为 4.5×10^{-13}，铷激射器频标得到了实际应用，氢激射器频标的准确度为 5×10^{-13}，1000 秒的稳定度约为 5×10^{-15}。近年来，中国计量科学研究院原子喷泉频标的准确度达到 2×10^{-15}，改进了国家的频率基准。中国科学院武汉物理与数学研究所、中国航天科工集团有限公司二院 203 所和中国航天科技集团公司五院西安分院研制的铷原子频标的长期稳定度达到 10^{-14} 年$^{-1}$ 量级，实现铷原子频标的上天应用。中国科学院上海光学精密机械研究所实现空间冷原子钟上天验证。这些工作为我国的科学和经济建设等做出了贡献。

在原子光频标的研究中，我国开展了相关机理的研究和技术积累工作：如中国科学院武汉物理与数学研究所、中国科学院上海光学精密机械研究所、北京大学、中国计量科学研究院、华东师范大学、中国科学院国家授时中心、华中科技大学、国防科技大学、清华大学和中国科学院物理研究所开展了原子光频标的研究。目前，中国科学院武汉物理与数学研究所已实现了不确定和稳定度都进入 10^{-17} 的 Ca$^+$ 光钟[294]；中国计量科学研究院实现了不确定度为 10^{-16} 的 Sr 原子光钟，稳定度也进入 10^{-18} 量级。华东师范大学和中国科学院武汉物理与数学研究所实现了 Yb 原子光钟的闭环运转，稳定度达到了 10^{-17} 量级。中国科学院武汉物理与数学研究所实现了不确定度为 7.7×10^{-17} 的可搬运 Ca$^+$ 离子光钟。华东师范大学的频率比值测量系统的噪声进入 10^{-19} 量级（1 秒），绝对频率测量精度在 10^{-21} 量级。

原子光频标和相关原子精密谱的测量正越来越受到我国各方面的重视。科技部、国家自然科学基金委员会、中国科学院等单位都在不同的方面支持原子频标的研究。2004 年国家自然科学基金委员会立项支持了重大项目"新一代光学频标物理及技术基础研究"，2005 年科技部立项支持了"973"项目"原子频标物理和技术基础"，2006 年，科技部立项"以量子物理为基础的现代计量基准研究"的国家科技支撑计划重点项目，支持中国计量科学研究院等单位开展阿伏伽德罗常量、玻尔兹曼常量等基本物理常数和计量基准的研究。2009 年又批准立项了"973"项目"基于精密测量物理的引力及相关物理规律研究"和量子调控专项"囚禁原子量子态和精密谱"。正在资助开展的有：国家自然科学基金重大研究计划"精密测量物理"（2014 年），以及国家重点研发计划"高精度原子光钟"（2017 年）等。

我国很重视原子频标的研究，各单位聚集了人员队伍，及时开展相关工作，是特色和优势。经过大家的不懈努力，光频标的水平进入第二梯队，但还未进入 10^{-18} 的精度，有关基础的工作，如光频传递和比对（远距离）还在计划中。光频标的应用研究还未规划，更缺乏我们自己创新的思路。目前我国光频标研究总体水平仍落后于国际水平。同时，原子频标的研究是人们对精密追求的典范之一，与我们科学和技术的发展密切相关。需要很好的积累和不断追求以及精益求精的工作。为此，一方面我国仍需继续投入大量经费支持，另一方面国家做好组织和分工，科研工作者更应发扬团队合作精神，集体攻关，努力赶超国际先进水平。

（四）本学科发展的挑战与瓶颈

实验研究表明，原子光频标的精度一般达到了 $10^{-15}\sim10^{-17}$ 的精度，只有 Hg^+、Yb^+ 光频标和 Sr 原子光频标达到 10^{-18}，要达到并超越 10^{-18}，还需要在实验和理论方面做出更多的努力。

1. 高精度光频标系统

1）10^{-18} 的光频标

影响光频标精确度的根源在于外场和环境对原子的干扰及与原子分子运动有关的各种效应。当光频测量的精度到达如此高的水平时，更细微和新的效应会显现出来，如我们需要考虑更有效的冷却方法、黑体辐射效应、量子投影噪声（quantum projection noise）、广义相对论效应和重力效应等。

研究突破限制的激光线宽的机制，进一步减小激光线宽。囚禁冷原子（高信噪比）和单离子光频标都在发展中，是否可开展囚禁冷却单离子光频标和原子光频标各自优点的结合和借鉴研究，有新的突破及如何达到和超过极限精度等。

利用原子冷却、超窄线宽激光、精密光谱、量子信息等技术，发展基于射频场囚禁离子或光晶格囚禁原子的频标系统，实现对包括原子的运动、黑体辐射和原子碰撞等各类效应的精确控制，研制 10^{-18} 高精度光钟。

2）优于 10^{-18} 的光频标

实现 10^{-19} 甚至更高量级不确定度的原子频标，目前看来有两条技术途径。第一个途径是选择新的频标系统。现在考虑的候选者包括基于原子核频标和基于高离化态离子的原子频标。因其特殊的内部结构，它们对环境因素不敏感，所以有望达到更高的不确定度。第二个途径是量子信息发展的技术结合，利用新的量子态突破量子投影噪声极限，实现量子增强的测量。

为此可开展探讨：选择最佳高离化态离子候选体系，通过电子束离子阱技术产生高离化态离子，实现高离化态离子光频标。

2. 时间频率网络的建立

选择最佳的原子体系，实现光钟装置的长期稳定运转和可搬运光钟：车载光钟、空间光钟。发展基于光纤通信网络和自由空间的远距离时频传递系统，建立高保真远程时频传递网和时频比对系统。由此建立空间时频网。

3. 高精度频标系统应用

通过光频网的传输比对，实现光频的比值测量，给出更高精度的光频测量值，使我国在国际单位制秒的重新定义上做出我们的贡献。利用高精度频标和时频传递网技术，实现基于时间频率的基本物理定律检验和基本物理常数测量，开展重力梯度和引力效应的细致探索。光钟驾驭微波钟——研制出性能最好的守时系统；为建立更高性能的时频系统奠定基础。实现空间光钟，为未来的卫星导航系统奠定基础。

七、超冷分子

（一）研究目的、意义和特点

低温下分子的特性与操控是原子分子团簇物理的重要研究领域。随着人们对微观物质操控技术的不断提高，科学家在实验室中获得分子的温度不断降低，因而人们对低温世界的认识也在不断深入。20 世纪 90 年代开始，以获得诺贝尔物理学奖的激光冷却原子和原子玻色-爱因斯坦凝聚实现为里程碑，开拓了原子、分子和光物理研究的新领域、新内容和新方法。冷原子和原子玻色-爱因斯坦凝聚作为一种崭新的宏观量子态物质，迅速应用于超冷碰撞、高分辨光谱、冷原子频标、量子模拟等领域并取得了很多激动人心的重要成果，使一度沉寂的原子分子物理学焕发出了新的更大的生机。

在此基础上，科学家迅速将超低温原子的研究拓展到冷分子的制备、俘获、操控及应用等前沿研究领域。按照惯例，研究人员将温度低于 1 开的分子称为冷分子，将温度低于 1 毫开的分子称为超冷分子[295,296]。冷分子物理绝不是冷原子的简单相加，有其独特的研究目的和丰富的研究内容。分子具有丰富的内态能级，不仅包括电子态，还包括振动态、转动态、超精细态及自旋极化态，极性分子还具有电偶（或更高）极矩及各向异性的长程偶极-偶极相互作用，因此冷分子的这些特性引起了众多物理学家和化学家的研究兴趣。近年来，冷分子物理发展非常迅速，多种学术期刊都以专刊形式先后对超冷分子的研究进展进行过专题报道①。

冷分子物理涉及光学、原子分子物理、凝聚态物理、量子信息科学等领域。基于激光冷却原子的超冷分子制备技术和分子量子态的相干调控技术的发展，使得超冷分子在高分辨光谱、超冷化学、精密测量、多体物理、量子模拟和量子计算等方面发挥着重要作用。如今，冷分子的研究已远远超出传统原子分子物理的研究范畴，使得分子物理学这门古老的学科继超冷原子之后再一次展现出勃勃生机，在物理化学、凝聚态物理和天体物理上的科学价值也越来越显著。

（二）国际研究现状

1. 冷分子和超冷分子的制备

按照制备方法，研究人员发展的制备冷分子和超冷分子的技术手段可分为如下三类：激光冷却技术、直接冷却技术、间接冷却技术。

1）冷分子的直接制备

受到超冷原子激光冷却技术的启发，一个很自然的想法就是将原子的激光冷却技术直接应用于分子的冷却过程。但是分子复杂的内态能级结构使得

---

① 专题报道期刊有：2016: Chem. Phys. Chem, "Cold Molecules"; 2015: New Journal of Physics, "New Frontiers of Cold Molecules Research"; 2013: Molecular Physics, "Manipulating Molecules via EM Fields: A Festschrift for Bretislav Friedrich"; 2012: Chemical Reviews, "Ultracold Molecules"; 2011: Physical Chemistry Chemical Physics，"Physics and chemistry of cold molecules"; 2009: New Journal of Physics, "Cold and Ultracold Molecules"; 2009: Faraday Discussions, "Cold and Ultracold Molecules"; 2004: The European Physical Journal D, "Ultracold Polar Molecules: Formation and Collisions".

我们很难在分子体系中找到像原子那样简单封闭的吸收-辐射循环跃迁通道，因此在极短时间内分子将布居到大量的振转能态，从而阻止了分子的冷却过程。不过经过科研人员的不懈努力，目前已有四种分子利用直接的激光冷却的方法实现了降温，包括 $SrF^{[297,298]}$、$YO^{[299,300]}$、$CaF^{[301]}$ 及 $YbF^{[302]}$。最初利用激光冷却技术获得的分子温度只达到"冷"的状态，并未达到"超冷"的状态。2016 年以来，研究人员发展了射频磁光阱技术[303,304]和基于静磁场的三维光学黏团技术[305]，将直接冷却分子的温度降低到超冷范围。利用这种方法可实现降温的分子种类有限，目前除这四类分子外，还未实现其他种类分子的直接激光冷却与俘获，科研人员也正在尝试从理论上和在实验中寻找更多合适的分子。

直接冷却是指将已经存在的分子通过一定的技术手段使其温度降低，这类技术很多，其中最有效的是缓冲气体冷却和斯塔克减速这两种技术。缓冲气体冷却技术最早被美国哈佛大学的 Doyle 用来冷却原子，接着被用来冷却 CaH 分子[306]。该技术利用冷却池中低温氦气与分子的碰撞实现分子降温，热平衡后一般可以将分子冷却到大约 500 毫开。斯塔克减速技术则由恺撒·威廉物理化学和电化学研究所的 Meijer 提出，该技术利用一组时变的非均匀磁场，不仅可以改变极性分子的速度，而且可以选择分子的内态（电子态、振动态、转动态）和取向[307]。由此可见直接冷却技术的通用性要好些。例如，缓冲气体冷却技术适宜所有顺磁性分子，斯塔克减速技术适宜所有的极性分子，但制备的分子仍然只处于"冷"的范围。直接冷却技术结合其他降温技术，例如，蒸发冷却、借助超冷原子的协同冷却或者分子的激光冷却技术，进而获得超冷分子是该技术的一个研究方向。然而，由于初始分子的数目限制（如激光烧蚀很难在一个脉冲内蒸发出 $10^8 \sim 10^{13}$ 数量的分子）及缓冲气体难以有效去除等障碍，迄今还未实现对冷分子的进一步降温。

2）冷分子的间接制备

间接冷却方法是指基于超冷原子的分子制备方法，该方法对超冷原子使用磁场、光场等技术手段将超冷原子转化为超冷分子。利用磁场制备分子的方法称为磁缔合，也叫费希巴赫共振，是指通过外加磁场调整原子间的相互作用，使碰撞中的两个原子能级与分子能级发生耦合，从而使自由的原子态绝热地转移为束缚的分子态[308]。利用光场制备分子的方法称为光缔合，也叫光学费希巴赫共振。在光缔合过程中，基态的原子由于范德瓦耳斯力的作用，在相互靠近碰撞的过程中吸收一个共振于原子-分子能级频率的光子，从而形成一个束缚态的激发态分子[309]。激发态的分子不稳定，通常的寿命只有几十纳秒，经过自发辐射后大部分分子返回了原子态，另外一部分形成基态分子。间接方法制备的分子温度与初始超冷原子的温度相同，因此可以达到微开甚至纳开量级，即"超冷"状态。

　　光缔合技术具有通用性，但一般缔合效率较低；磁缔合效率较高，但仅适用于原子磁偶极矩与分子磁偶极矩反向的情况。此外，间接冷却技术制备的分子种类依赖于超冷原子的物理实现，利用光缔合，目前在实验中已经获得了除 Fr 外的全部碱金属原子的同核分子、异核分子、部分碱土金属原子产生的超冷分子及个别碱金属原子和碱土金属原子构成的异核超冷分子。利用磁缔合，在超冷玻色原子气体、费米原子气体和异核碱金属原子气体中观测到了费希巴赫共振，制备了相应的磁缔合分子。通过费希巴赫共振，研究人员还在部分原子体系中观测到了三体 Effimov 态，成为一种研究少体物理的新方法。

　　2. 超冷分子的外场操控

　　经过光缔合和磁缔合形成的超冷分子处于弱束缚态或者布居在多个振转态，寿命短且分子能态不纯。为了在实验中确保超冷分子具有很好的碰撞稳定性及足够的操作时间，需要实现对超冷分子量子态的操控及对超冷分子的空间俘获。

　　1）超冷分子量子态的外场操控

　　由于超冷分子量子态包括电子态、振动态、转动态、超精细态，为了实现对这些量子态的操控，研究人员发展了多种外场操控手段：受激辐射技术、受激拉曼绝热通道（stimulated Raman adiabatic passage，STIRAP）技术、光学泵浦技术。这些技术均可以用来选择性制备超冷分子的振转态，其中受激拉曼绝热通道技术和微波操控技术还可用于操控超冷分子的超精细态。

　　受激辐射技术利用受激辐射的基本原理，可以有效增强中间分子激发态与目标分子基态的耦合，增加特定量子态分子产率。2000 年，美国得克萨斯大学 Heinzen 小组在 Rb 的 BEC 中利用受激拉曼方法制备了同核的 Rb_2 分子[310]。2005 年美国耶鲁大学 DeMille 等最早在 RbCs 分子上采用泵/探针的方法将光缔合自发辐射形成的基三态分子转移到基单态的 $v=0$ 振动态[311]。由于受限于激发态分子的损耗和系统退相干，该方法对分子态转移的效率并不高。

理论上受激拉曼绝热技术可以将分子态进行完全的相干转移，即转移效率达到 100%。该技术的关键在于制备相干布局俘获态，即分子弱束缚态和分子深束缚态形成的暗态，通过调控斯托克斯（Stokes）光和泵光的反直觉作用时序，使分子激发态的自发辐射受到完全抑制，从而将分子从弱束缚态绝热地转移到深束缚态。受激拉曼绝热通道技术最早被研究人员应用于磁缔合技术制备的同核 Rb_2 分子和 Cs_2 分子体系[312,313]，然后应用于磁缔合技术制备的异核 KRb 分子体系[314] 及其他极性分子系统[315-318]。受激拉曼绝热通道技术应用到磁缔合过程取得的成功启发了研究人员将其引入到光缔合实验，从而实现对超冷分子的相干操控和高效制备[319]。上述的 STIRAP 实验中分子相干转移的初态是分子态，需要借助光缔合或者磁缔合制备。也有理论和实验证明通过选取合适的短程分子中间态可以直接从原子态相干制备纯基态分子，这将简化制备基态分子的操控过程[320]。

光学泵浦技术利用宽频段泵浦光将布局在高振转态的分子光学泵浦到最低振转态或者目标分子能态，最早由法国 Aimé Cotton 实验室 Pillet 小组在超冷同核 Cs_2 分子系统[321] 实现。美国罗切斯特大学 Bigelow 等将此技术也扩展到 NaCs 极性分子系统[322]，也有研究人员将此技术扩展到分子离子系统。

由于超冷分子转动态之间的能级间隔正好处于微波频率阶段，因此微波操控技术可以相干操控超冷分子的转动态及超精细态。2016 年，美国麻省理工学院的 Zwierlein 小组在超冷 NaK 分子系统[323] 和 CaF 分子系统[324] 中实现了分子超精细态的微波相干操控并观察到了秒量级的核自旋相干时间和拉姆齐光谱，英国杜伦大学的 Cornish 小组在超冷 RbCs 分子系统中利用微波实现了分子超精细态的相干操控，观察到了分子态的拉比振荡[325,326]。

2）超冷分子的光学俘获

由于重力和背景气体的碰撞，冷原子形成的超冷分子将在毫秒量级的时间内耗散。这样短暂的时间不利于研究超冷分子的性质及操控分子量子态，也阻碍了实用化的进程，因此有必要将超冷分子限制在特定空间区域。人们采用不同类型的阱实现了分子的俘获，如静电阱、磁阱、光学偶极阱或者是它们的结合。前两种阱只适用于特定的分子，如极性分子适合静电阱，低场趋势状态的顺磁分子适合磁阱。光学偶极阱利用光场对原子或者分子的极化效应，在特定空间区域形成势阱，可以实现对原子分子的俘获。它通常由一束或者两束交叉会聚的远失谐强光实现，这种势阱不受限于粒子种类，并且易于快速操控，成为俘获超冷分子的理想方式，也是研究超冷原子分子碰撞动力学最常用的技术手段。例如，准静电阱（quasi static trap，QUEST）被用来限制 $^{133}Cs_2^{[327,328]}$、$^{87}Rb_2^{[329]}$、$^{85}Rb^{133}Cs^{[330,331]}$ 和 $^7Li^{133}Cs^{[332]}$，而远距离共振光学偶极阱（far detuning optical dipole well，FDODW）已被应用于限制 $^{87}Rb_2^{[333]}$ 和 $^{85}Rb_2^{[334]}$。研究人员利用这些俘获的分子样品计算了原子-分子非弹性碰撞速率系数，对数据采集技术进行了验证，或者确定了分子数目。

除光学偶极阱外，光学晶格也可有效实现分子的俘获。其原理与偶极阱类似，区别在于前者由对射的光束对形成，利用干涉效应形成周期性的俘获势阱，可形成多种维度的光学势阱阵列。光学晶格的势阱易于调控，可模拟固体物理中原子分子在周期性势阱中的运动规律和作用特性，还可以用于研究超冷分子在周期势阱中的原子分子碰撞及超冷化学。

3. 冷分子的应用研究

基于冷分子和超冷分子的制备，借助分子内部和外部自由度的外场操控技术，研究人员已经在高分辨光谱、超冷碰撞、超冷化学、分子量子气体、精密测量、量子模拟和量子计算等领域取得了很多重要进展。

1）高分辨光谱

常温下分子的速度呈玻尔兹曼分布，对气体分子进行光谱测量分析时，多普勒效应的影响使得不同速度分子感受的激光频率也不相同，导致分子光谱存在不可忽视的多普勒展宽。而在冷分子中多普勒效应几乎可以完全消除，展现精细的分子光谱信息。利用超冷分子，不仅可以获得基态分子的高分辨光谱，还可以获得冷分子制备技术不易得到的激发态长程分子光谱信息，从而得到完整的分子光谱数据和分子结构参数，也可以得到基态原子散射长度、费希巴赫共振位置等关于初始原子态的信息。

2）超冷碰撞

超冷分子可用于研究超冷原子分子碰撞，费希巴赫共振附近的磁场可有效调控超冷原子的散射长度，进而调控超冷原子分子间的超冷碰撞。在实验中可以测量费希巴赫分子-原子和费希巴赫分子-费希巴赫分子的碰撞。其中，对于全同的玻色原子实验系统，例如 Na_2+Na/Na_2 和 $Rb+Rb_2$ 的实验研究结果展现了非常大的原子-分子和分子-分子非弹性碰撞率，表明该类原子不利于超冷分子的形成[335-338]。相反，对于具有泡利不相容原理的费米原子实验系统，如 Li_2+Li/Li_2 和 K_2+K/K_2 在一个大的正散射长度作用下能有效地抑制原子-分子和分子-分子的非弹性碰撞，表明磁缔合对该类原子是一种非常有效的分子制备方法[339-341]。另外，光学偶极俘获和光晶格为超冷原子分子碰撞提供了一个可操控的俘获环境。Weidemüller 和 Pillet 的研究小组在光阱中都发现，由超冷铯原子经光缔合构成的超冷铯分子与超冷原子的非弹性碰撞率正比于超冷原子的密度，且不依赖于分子的振动能级[342,343]。

3）超冷化学

低温下物质的化学反应与常温下有很大不同，原子分子相互作用的量子特性及新的物理现象逐渐显现出来，超冷化学反应正成为原子分子物理研究的一个热点问题。通常，我们一般会认为随着温度的降低，反应率会相应地衰减，因为能够克服化学反应势垒势能的具有足够高能量的反应物的数目会减少。然而，由于超低温下的量子隧穿效应的影响，实际情况并非如此。低温低速将导致原子分子间有比较长的相互作用时间，因此分子有比较大的概率发生量子隧穿，化学反应率不能被忽略。此外，与传统的化学反应相比较，超冷分子允许通过外部磁场或光场对其参与的化学反应进行控制。Grimm 研究小组在实验中通过外部磁场可以控制超冷费希巴赫铯分子和超冷铯原子的化学反应，随着磁场的增大，铯原子-费希巴赫分子由吸热反应变为放热反应[344]。Ye 研究小组在实验中通过将超冷分子样品制备到不同的量子态上可以被用于控制超冷 KRb 分子的化学反应。对于超冷 KRb 分子，入射 KRb 分子的 p 波势垒会降低处于全同量子态上 KRb 分子的反应动力学[345]。考虑到极性分子具有各向异性的特殊性质，"头对尾"的碰撞和"头对头"的碰撞必定会影响相应的化学反应速率，可以利用具有不同几何形状的光学俘获势阱实现对超冷极性分子化学反应的控制，如二维和三维光晶格对处于不同振转能级上 KRb 分子的化学反应的影响[346]。

4）分子量子气体

基于超冷原子量子气体的实现，超冷分子量子气体也在实验中获得了重要成果。Jin 和 Grimm 的研究小组在超冷费米原子（Li 和 K）系统中，充分利用超冷费米原子实验中超冷原子-分子和分子-分子的非弹性碰撞抑制效应，通过蒸发冷却分别产生了 Li_2 和 K_2 分子的 BEC[347-350]。为了提高超冷分子的效率，在实验中采用新型的量子合成方法，将原子样品装载到光晶格中，实现超流相到 Mott 绝缘相的转变；然后，通过绝热转移形成超冷费希巴赫分子，进一步通过受激拉曼绝热跃迁产生稳定的基态[351,352]。特别是，对于光晶格中稳定的基态极性分子，因其具有长程和各向异性的偶极-偶极相互作用，为在实验中实现强关联量子系统及双极性晶体和超固态相提供了可能。

5）精密测量

超冷分子可用于测量基本物理常数，如精细结构常数、电子与质子质量比$\frac{m_e}{m_p}$，以及电子偶极矩。分子的能级依赖于精细结构常数和电子与质子质量比，利用超冷分子可以大大提高目前通过天文学测量手段获得的精度，且能消除在长期天文观测过程中比较大的系统误差[353]。费希巴赫共振附近的散射共振被证明也可以用来测量$\frac{m_e}{m_p}$随时间的演化。超冷极性分子的内部电场可以极大地增大外加电场的幅值，能够被用来测量电子的电偶极矩。

6）量子信息

超冷分子在量子计算、量子模拟和量子信息工程等领域展现出巨大的应用前景。DeMille 在 2002 年提出超冷极性分子作为 q 比特可以被用于量子计算，极性分子所特有的偶极-偶极相互作用提供了量子逻辑门中 q 比特间的耦合[354]。接着，Côté 和 Atabek 的研究小组在理论上分别给出了基于超冷极性分子偶极-偶极相互作用的纠缠机制和判据[355,356]。利用超冷极性分子可以制造偶极晶体，完成混合量子计算过程中的记忆与储存任务。通过探究超冷极性分子与微固体器件（如量子点和约瑟夫森结）的相互作用，能够获得量子计算中每个系统针对不同任务的执行能力。将超冷分子装载到光晶格中，可以在实验室获得一个分布均匀的完美固态系统，允许对一些固体物理及凝聚态物理中复杂的量子体系进行模拟和研究。特别是结合光晶格技术可以研究多体量子物理和量子模拟。不同于中性原子的接触性相互作用，在这样的人造晶格体系中，利用极性超冷分子间的偶极-偶极强相互作用模拟凝聚态中多体物理的强关联特性。利用光场、电场、磁场和微波场等精密调控手段，预期可以获得具有"XY"型哈密顿量的极性超冷 KRb 分子的自旋交换，研究在强相互作用的两体交换过程中的相干动力学特性，实现外场可操控的极性超冷分子自旋交换相互作用。为此，探究晶格体系中极性超冷分子长程偶极-偶极强相互作用引起的新奇多体量子效应成为最新的国际前沿问题。

（三）国内研究现状、特色、优势及不足之处

随着国际上超冷原子分子物理研究的迅速发展，我国也将冷分子物理，特别是超冷分子物理作为重点支持方向，并在该领域中具备了很强的理论和实验技术储备，形成了一批优秀的研究团队，取得了一批重要突破和有重大国际影响的研究成果：香港中文大学王大军小组[318]于 2016 年在国际上采用受激拉曼绝热通道的技术首次实现了纯基态（振动与转动能级 $v=0$，$j=0$）的超冷 NaRb 分子的制备。中国科学院武汉物理与数学研究所的詹明生小组在实验中通过费希巴赫共振技术可以精确调控 ^{6}Li 费米子超冷原子间的相互作用[357]。华东师范大学武海斌小组实现了双自旋组分 ^{6}Li 费米原子的量子简并和分子的玻色-爱因斯坦凝聚[358]。华东师范大学印建平小组在直接冷却分子方面同时进行理论与实验方面的研究，于 2011 年获得了化学性质稳定的冷分子（温度约为 10 毫开），并利用缓冲气体冷却的 PbF 冷分子束去实现电子EDM 的精密测量，并提出速度滤波与聚束方案，有望在芯片表面产生温度约为 3 毫开的连续冷 ND$_3$ 分子束[359]。浙江大学颜波小组采用缓冲气体直接冷却的方法于 2016 年获得了氟化钡冷分子束（约为开量级）[360]。山西大学贾锁堂小组在实验中制备了超冷基态同核分子和超冷异核分子，发展了高灵敏光谱分辨技术，利用外场费希巴赫共振技术操控了分子的光缔合产率，获得了最低振转态的超冷 RbCs 分子，并实现了微波对转动态的精密测量和相干操控[361-363]。中国科学技术大学的潘建伟小组在超冷分子和超冷化学量子模拟研究领域取得了进展，首次在实验中直接观测到超低温度下弱束缚 NaK 分子与自由原子间发生的化学反应，实现了可控量子态之间反应动力学的探测[364]。张卫平等从理论上对超冷极性分子的产生和动力学特性做了详细研究[365]，大连理工大学的丛书林小组围绕超短脉冲激光控制超冷碰撞原子形成超冷分子等方面做出了卓有成效的理论工作[366]。

分析国内冷分子物理研究的现状我们可以发现，国内目前获得纯基态超冷分子的种类比较少，对分子的操控，特别是相干量子态的操控还未实现，

在基于超冷分子的应用领域还没有获得大的突破。

（四）超冷分子的未来发展趋势

1. 发展简洁的原子-分子相干转移技术

STIRAP 技术应用到磁缔合过程取得的成功启发了研究人员将 STIRAP 技术也引入到光缔合实验，从而实现对原子-分子的直接相干操控和高效制备。理论工作者研究了原子-分子 STIRAP 非线性动力学过程涉及的绝热性、稳定性，以及转化效率等问题，并将该方法推广到超冷同核或者异核的三原子、四原子系统[367]。在实验中，研究人员在 $^{88}Sr_2$ 这种同核分子系统上清晰展示了 STIRAP 对原子-分子的相干操控[368]，而在超冷极性分子系统中实现原子-分子的相干操控还需要进一步探索。

2. 光学晶格中制备低熵高填充率的超冷分子

超冷分子的低熵（low-entropy）状态取决于超冷原子的状态，但在制备超冷分子的过程中可能会发生原子或者分子的损耗，如原子三体结合，原子分子碰撞及分子分子碰撞，这些碰撞将会增加超冷分子的熵值。将处于量子简并状态的超冷原子装载入光学晶格，调节势阱参数制备出 Mott 绝缘相，进而制备超冷分子就可以有效保持原子低熵状态[369,370]，提高光晶格分子填充率；然后结合 STIRAP 技术还可以将超冷极性分子量子简并态转移到特定分子量子态，研究不同构型的光晶格对极性分子气体的装载效率，获得"极性分子量子晶体"。

3. 研究超冷极性分子的量子磁性

超冷原子分子物理为研究物质磁性在低温下的量子层面上的运动规律和相互作用提供了条件，量子磁性的研究对高温超导的研究具有重要意义。超冷极性分子具有的长程偶极-偶极相互作用和丰富的转动结构使其可用于研究多体系统的量子磁性。2011 年，加州理工学院的 Gorshkov 与合作者提出可利用光晶格中超冷极性分子转动态来模拟凝聚态物理中的 t-J 模型并进行调控[371]。具体方案为将光学晶格中超冷极性分子制备到相邻宇称相反的转动态，利用极性分子长程偶极-偶极相互作用诱导自旋和轨道角动量的交换。2014 年，美国 JILA 的 Ye 小组在三维光晶格的超冷 KRb 分子系统中实验观测到了自旋交换作用[372]，2014 年美国科罗拉多大学的 Syzranov 等理论指出二维光晶格中超冷极性分子还可实现自旋轨道耦合，但有待实验的验证。相关理论和实验的进展必将加快低温量子磁性的研究进展。

4. 研究超冷分子受控量子态的超冷化学

分子量子态的精密操控和光学俘获技术，尤其是和光学晶格技术的结合，为研究受控分子量子态的超冷化学提供了条件。在光晶格中获得基态超冷极性分子的条件下，采用费希巴赫共振技术精细操控超冷分子的量子态，精确操控弱束缚分子的束缚能，进而调节弱束缚分子的特性和原子发生的可控化学反应，精确控制反应中释放的能量，实现对反应产物的囚禁。发展测量超冷分子态-态之间的化学反应动力学过程的新方法，通过外场调控反应速率，实现超冷化学反应的可逆反应，研究光学晶格中强关联体系的超冷化学，开拓基于超冷分子的超冷量子化学研究，将化学反应动力学的实验研究推进到量子水平。

5. 制备多样化的超冷分子

丰富已有超冷分子的种类，特别是制备具有特殊性能的超冷分子是低温物理的一个研究方向。例如，制备化学稳定的超冷极性分子有利于获得极性分子的量子简并态；制备化学性质活泼的碱金属分子可以研究超冷化学；制备超冷碱金属与碱土金属分子形成的分子可以丰富超冷分子的操控手段。

6. 研究基于超冷分子的量子模拟和量子计算

量子计算和模拟具有强大的并行计算和模拟能力，不仅为经典计算机无法解决的大规模计算难题提供了有效解决方案，也可有效揭示复杂物理系统的规律。利用超冷分子丰富的内态作为量子比特，研究在光学晶格中制备量子比特阵列，综合使用电场、光场、磁场、微波场实现量子信息的存储、寻址、逻辑门操作；实现基于外场操控的超冷极性分子的量子自旋编码，通过拉姆齐光谱实现对超冷极性分子自旋交换效应的高效探测，实现基于长程偶极-偶极相互作用的可控多体量子纠缠；在低维光晶格中构建实现拓扑分数陈数绝缘体，并获得其非平衡动力学行为特性；实现不同构型光晶格中超冷极性分子的高效装载，探索利用超冷极性分子对凝聚态中有关长程强相互作用的多体问题的量子模拟。

八、量子计量导向的光与原子量子干涉研究

（一）研究目的、意义和特点

计量的思想雏形最早源于度量衡的需求。随着人类文明的发展，科学体系与物理学的建立，对物理量的测量及单位标准的统一，逐步衍生出计量学。量子力学的诞生成功为人类认识微观世界打开了一扇大门。随着人们对微观世界的认知水平和操控技术的不断提升，当今世界正迈向以量子物理为基础、量子技术为导向的崭新时代。而在这个进程中，近代光学的发展从激光的发明到对光的本质的认识发生了革命性的飞跃。光学的两个重要分支量子光学与原子光学在原子分子与光物理（atomic，molecular and optical physics，AMO）的大框架下随势而生，进一步推动了相关科学与技术的诞生与进步，这些包括激光冷却原子、原子钟与原子干涉、量子信息、光力学等。这些进步与发展不仅升华了人们对光的本质及光与物质相互作用过程的理解，而且在原理与方法上为人们追求物理量的更高测量精度铺平了道路。在此基础上，量子物理与传统计量学自然结合，量子计量学应运兴起[373]。相比于传统计量学，量子计量学结合量子物理，在微观层面探索与发展更精密的超越传统的测量方法与技术，同时研究量子力学不确定性原理对被测物理量施加的量子极限，以及怎样构建系统的量子态与测量方法实现被测物理量的最佳测量估值。在量子计量学的发展中，光子与原子及光子-原子耦合体系扮演着十分重要的角色。因此探索光子与原子量子关联与操控，开拓相关的量子干涉与量子精密测量技术必然成为当前国际原子分子与光物理、量子信息及精密测量交叉领域关注的前沿焦点。同时，由于在国家战略需求领域所展现出的诱人远景，这些研究也自然地受到各国政府的青睐。美国国家科学基金会（National Science Foundation，NSF）在《保持国家竞争力》的长远战略规划中把相关研究列为其未来的支持重点。欧盟也发表了《量子宣言》，规划量子技术的发展。我国政府一直高度重视这一新兴领域，已将其列入国家中长期战略发展规划，并在"十一五"期间启动了"量子调控"重大科学研究计划。在这样的大背景下，量子信息的操作与提取直接涉及量子态的探测与信息的量子测量。因此，突破传统计量技术的限制，开拓量子计量技术必然成为新的目标与关注焦点。而这样的技术发展趋势进一步推动了学科的

交叉与融合，正在牵引与导向原子分子与光物理学向前沿迈进。

（二）国际研究现状、发展趋势和前沿问题

量子计量包含量子体系的构建、量子态制备与操控及量子探测与测量等，一些新的量子态的研究及测量方法的探索进一步丰富了量子计量学的内容，如采用量子噪声被压缩的量子态来改善被测物理量的测量精度；利用守恒量的对易性实现量子无损测量，降低测量过程所引入的反作用噪声；等等。随着量子光学与原子光学研究的不断深入与发展，光子与原子的量子特性正在逐渐向技术应用推进。在这个趋势里，光子作为信息的载体，原子作为信息处理的工具，正在推动量子光学与原子光学研究的交叉融合，并在向量子信息科学与技术的发展方向进一步开辟新的研究疆土。而这一前沿发展又在量子测量的意义上刷新了量子计量学的内容。正因为如此，光和原子相互作用的量子耦合、量子关联特性，光子与原子体系的非线性多体效应等的研究已形成了一系列理论与实验结合的成果，为量子计量学打开了新的视野与研究窗口，进一步拓展了其理论研究与实际应用范围。目前，探索光子与原子量子关联与操控，开拓相关的量子精密测量技术已然成为当前国际原子分子与光物理、量子信息及精密测量交叉领域关注的前沿焦点与趋势。

在传统的计量学中，干涉法是最常用也是精度非常高的相位测量方法，线性光学干涉仪（如 Mach-Zehnder 干涉仪，简称 M-Z 干涉仪）作为一种有效、通用的精密测量工具也取得了长足的进步，在表面诊断、天体物理、地震学、信息科学、重力测量等方面[374-384]被广泛应用。其中，激光干涉引力波天文台（Laser Interferometer Gravitional Wave Observatory，LIGO）运用激光干涉技术对引力波的成功探测[379,380]尤为引人瞩目。与此同时，人们也对干涉技术提出了更高的要求，以期实现更高的测量精度及更广的应用领域。

干涉仪本质上是通过相干的分束和合束各种波（光波[6-8]或实物粒子的德布罗意物质波[381-384]）来实现测量的。因此，干涉技术的研究发展大致可归类为三类，一是改善干涉源的性质，即找到更合适的波源；二是改进波的分束和合束过程，即找到更合适的分束器；三是找到更合适的信号探测方法。国内外目前主要研究进展涉及以下方面：量子光源［压缩态光，量子力学多体纠缠态（NOON 态）纠缠光等］与传统测量技术限制的突破；原子相干性及

量子波动性与高精密原子干涉仪的发展；非线性量子（原子）光学原理与非线性干涉仪、原子自旋压缩、量子关联干涉技术的开拓。

针对干涉源的改进，Caves[385] 于 1981 年首次在理论上提出利用非经典光源（压缩态光场）能够提高光学干涉仪的灵敏度至散粒噪声以下。Xiao 等[386] 及 Grangier 等[387] 在后续实验中实现了这一理论方案。此外，LIGO 也通过注入压缩光源实现了 Advanced LIGO 在压缩光频段灵敏度的进一步提高[388]，且仍有理论在研究利用纠缠光源进一步提升其性能的可能性[389]。2000 年，Boto 等[390] 提出用 NOON 态 $\dfrac{(|N\rangle_a|0\rangle_b+|0\rangle_a|N\rangle_b)}{\sqrt{2}}$ 直接作为探测源，相位灵敏度测量可以达到海森伯极限（Heisenberg limit）。2007 年，Nagata 等[391] 通过实验演示了粒子数 $N=4$ 的 NOON 态类型的干涉仪，但是目前大粒子数 N 值的 NOON 态制备在原理与技术上还存在问题。美国国家标准与技术研究院和马里兰大学联合量子研究所[392]，率先突破光学参量晶体频带宽、非线性不可调、不匹配原子频段等技术瓶颈，利用碱金属原子中的四波混频，实现了原子频段、窄带宽的量子关联光源，并用于量子成像。丹麦哥本哈根大学、美国斯坦福大学、麻省理工学院等的小组实现了原子自旋压缩与磁场精密测量[393-395]。

针对分束器的改进，现有光学干涉仪及原子干涉仪大多由线性分束器组成。1986 年，Yurke 等[396] 理论上提出了一种新型非线性干涉仪，将传统 M-Z 干涉仪中的线性分束器换成非线性分束器，其分束原理可利用非线性光学中的四波混频或参量过程来实现。这样构造的非线性干涉仪，原理上测量精度可突破散粒噪声的限制，甚至逼近海森伯极限。对比传统的 M-Z 干涉仪中的线性分束器，其在数学上对应于线性代数中的 SU(2) 群表示的幺正变换，而基于非线性光学四波混频或参量过程的非线性分束器，其数学对应的群变换为 SU(1, 1) 型。由此，这种非线性干涉仪又常被称作 SU(1, 1) 干涉仪。这一研究工作推动了此后非线性干涉仪相关理论和实验的发展，现今已经实验实现了全光 SU(1, 1) 干涉仪[397] 和原子 SU(1, 1) 干涉仪[398]，非线性干涉仪逐渐成为干涉仪领域的一个重要分支。

针对信号探测方法的改进，现有的探测方法包括强度测量，平衡零拍探测[399]（homodyne detection，HD）、频率测量[400]（frequency measurement），近几年有人提出宇称测量[401]（parity detection），当然还有一直以来量子计量领域普遍关注的量子无损测量[402]。前三种测量方法都是对量子态直接进行探测，探测过程中会引起一些额外噪声（back-action noise），降低最终测量精度。而量子无损测量可以避免这一额外噪声。

光原子混合干涉仪[403-405]是近两年发展起来的一种全新的干涉方法。澳大利亚国立大学的小组利用量子信息技术发展的方法开始探索光-原子线性干涉[405]。华东师范大学和交通大学联合团队也一直独立地关注这一新的研究动向，以自己的创新思路、理论与实验密切结合的优势[403]，研究光子-原子的量子耦合及操控的新机制与新途径，并在实验中探索与发展了光-原子混合干涉测量的新原理与新技术[405]，已探究的原理与取得的结果皆超越澳大利亚国立大学的小组的重要进展。将光和原子的拉曼散射[406,407]作为干涉仪的分束和合束过程，实现了光波和原子自旋波这两种不同类型波的干涉。通过选择合适的拉曼散射过程，已经在实验中实现了线性光-原子混合干涉仪[403]和非线性光-原子混合干涉仪[404]。值得注意的是，这种新型的混合干涉仪的两臂分别是光波和原子自旋波，因而最终干涉信号可以同时感受光场和原子自旋波的相位改变，相比传统的干涉仪拥有更为广阔的应用前景。

（三）国内研究现状、特色、优势及不足之处

国内山西大学[408]、中国科学院物理研究所、中国科学技术大学等单位在晶体量子纠缠光源与光子量子操控方面也取得重要进展。华东师范大学于2011年开始采用原子系综中的四波混频过程，产生了具有量子关联的双模压缩光场，随后几年优化了实验系统，实现了三组分量子光源，并且在基于原子系综的光量子操控方面也取得重要进展。例如，在实验中实现了低噪声的量子放大器，能够对信号进行放大的同时又保持噪声不变。从2014年开始，华东师范大学在原理上实现创新，利用原子非线性可调性，在光量子关联干涉测量技术方面取得突破[397]。2014年，以原子系综中的四波混频过程为分束和合束过程，国际上首次实现了基于光量子关联的SU(1,1)干涉仪，实验光路结构如图4-3所示。干涉信号相比于经典全光干涉仪提高了7分贝（实验结果见图4-4）。2017年，进一步解决了锁相等技术，实现了SU(1,1)干涉仪信噪比4分贝的提升。

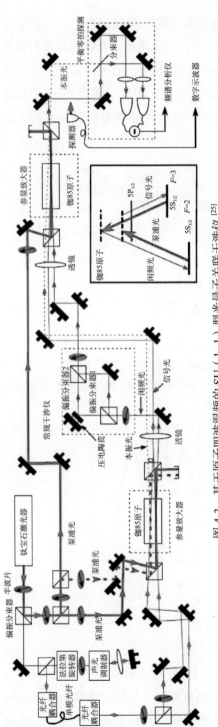

图 4-3 基于原子四波混频的 SU（1，1）型光量子关联干涉仪 [25]

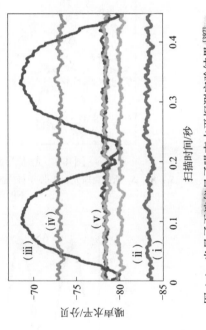

图 4-4 光量子干涉仪量子噪声水平探测实验结果 [397]

2015年，国际上首次提出光-原子混合非线性干涉仪方案，将光和原子的拉曼散射[406]作为干涉仪的分束和合束过程，实验演示了光波和原子自旋波这两种不同波之间的干涉（图4-5和图4-6）。2016年，通过将光和原子的线性相干转换过程[35]作为干涉仪的分束和合束过程，实现了线性光-原子混合干涉。在光-原子量子干涉与量子计量方面，我们在一些方面的研究进展与成果已经达到国际前沿甚至领先水平。

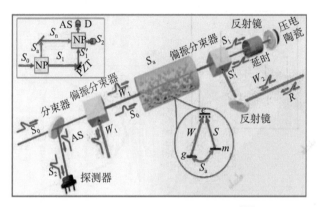

图4-5　光-原子混合非线性干涉仪[404]

S、S_0、S_1、S_1'、S_2-斯托克斯光，S_a-原子自旋波，AS-反斯托克斯光，W、W_1、W_2-写光，R-读光，NP-非线性过程

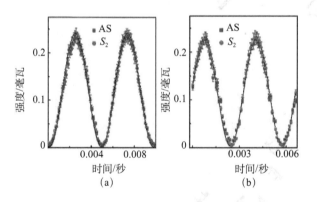

图4-6　干涉测量[32]

(a) 光相位；(b) 原子相位

然而，与国际上该领域的发展相比，国内还存在许多不足之处。首先，研究积累与研究基础在广度与深度两方面都显不足。虽然，在缩小整体差距上有长足的进步，在一些技术上实现了从跟踪到并行的发展，甚至在一些前

沿方向有重要的突破与超越，但就整个领域来说，仍局限在点到点的层面，整体布局与全面规划缺乏战略性思考。其次，在核心与关键技术方面，许多单元技术仍依赖于从国外进口，比如，先进的激光器、用于原子冷却的真空系统、原子磁屏蔽材料、光子探测器等。此外，相关的精密测量领域的技术人才普遍匮乏，同时由于追求论文、影响因子、引用率等指标化的评估体制的限制，造成技术人才培养与积淀的现实困难。这些不足与发展瓶颈需要通过学科发展规划与长远的战略思考来逐步解决。

（四）对未来发展的意见和建议

在量子光学的研究中，光子被视为操控的对象，而原子被当作介质，充当操控光子特性的工具。原子的量子资源在操控光子的任务结束后，被忽略并浪费。同样在原子光学中，原子被视为操控的对象，反之光场被用作操控原子的手段。结果，在操控过程中，光场量子统计特性的改变也被忽视。而在以光子与原子作为量子信息载体的量子信息研究发展中，必须探索原子与光子相互同等自洽的量子耦合、量子态保真转换的机制和操控方法。在方法、原理及技术等方面，推动量子光学与原子光学的有机融合是学科发展的必然趋势。针对当前研究现状，未来的研究趋势可以分为两大方面。一方面涉及原子与光子量子操控的原理性探索，新机理的揭示，共性技术的开拓，包括光子与原子体系的相干性、关联性量子控制的原理、方法与手段，光子与原子耦合中的量子相干性、关联性机理和规律的探索等。另一方面是在原子与光子量子操控研究的基础上，发展光子-原子联合量子操控的新思路，开拓超越传统技术的量子精密测量技术。

具体而言，首先，在原理上考虑量子光学与原子光学中几个典型的单元操控方法与实验技术。为保证量子操控对相干性的要求，重点关注光与原子远离共振的相干耦合，包括但不限于远离共振的法拉第（Faraday）效应、拉曼散射与四波混频（four-wave mixing，FWM）等。这些方法在物理机制上有普适代表性。法拉第效应代表光子与原子的线性耦合与转换，拉曼散射与四波混频分别代表光子与原子间的非线性耦合与转换。

其次，打破这些方法在量子光学与原子光学现有框架下的研究局限性，理论上，将光子的吸收与发射同原子的跃迁激发对应起来，实现光子与原子在量子耦合中的角色同等自洽，揭示光子-原子量子关联的机制与规律。同时在技术操作上，发展光子-原子联合探测技术，研究光量子统计与原子内态自旋之间的量子关联性。在对光子-原子耦合量子关联特性充分认识的基础上，利用光子-原子相互关联的双重量子资源来发展量子精密测量技术。明显地，这不只是一个简单的技术问题，它还涉及深层次的量子物理内涵。其中，光子与原子量子资源的同时相干存储与利用，光量子的快速飞行与原子退相干性的瓶颈等实际问题都需要解决。对快速飞行的光量子，量子信息的发展正在提供有效的长时间量子存储技术。原子的退相干性的研究也正在进展中。而对量子干涉技术的发展而言，量子资源有效使用的时间都可以通过重复制备的方式解决。通常通过高品质的光学腔与退相干反馈技术就能实现。通过采取包括光学腔与退相干反馈等方法在内的有效技术来实现光子-原子退相干性与量子关联性的操控及应用，发展相关的量子精密测量技术。

第三节　对未来发展的意见和建议
——小原子大物理

　　原子分子结构、光谱和碰撞是原子分子物理学的基础研究领域，不同时期、不同实验条件促使人们与时俱进地变换具体研究对象和科学问题，但结构、光谱和碰撞始终是原子分子物理学研究的核心内容。

　　大物理是指主宰自然世界的最基本的物理规律。人类经过不断的求索，已经积累了丰富的认识。最近标准模型预言的希格斯粒子和广义相对论预言的引力波，依次被实验所发现，进一步证实了量子理论与广义相对论的正确性。然而，关于基本相互作用统一的问题依然是有待突破的重大基础科学前沿。虽然，一方面量子理论在描述小质量微观尺度物理现象方面取得了巨大成功，另一方面广义相对论在描述大质量宏观物体引力相互作用方面也经受住长期考验，并且人们提出了很多试图将两者相统一的理论框架设想，但由于缺乏实验证据的支持，公认的大统一理论依然有待建立。实验中的困难源于引力与另外三种相互作用在目前实验可控的参数空间中就像两条平行轨道上跑的车，难以出现交集（耦合）（图 4-7）。在可能出现交集的地方（如微观体系的引力效应或者宏观物体的量子效应）的研究和进展都备受关注。

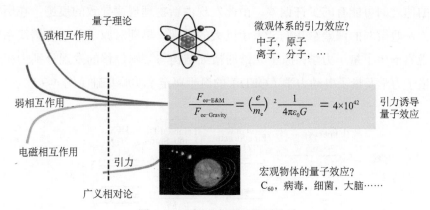

微观体系的引力效应?
中子，原子
离子，分子，…

$$\frac{F_{ee-E\&M}}{F_{ee-Gravity}} = \left(\frac{e}{m_e}\right)^2 \frac{1}{4\pi\varepsilon_0 G} = 4\times10^{42}$$

引力诱导量子效应

宏观物体的量子效应?
C_{60}，病毒，细菌，大脑……

图 4-7　四种基本相互作用关系

两个电子之间的库仑引力与同等间距下万有引力大小相差 10^{42} 倍；$F_{ee-E\&M}$-两个电子之间的电磁力；$F_{ee-Gravity}$-两个电子之间的引力；e-电子电荷；m_e-电子质量；ε_0-真空电容率；G-万有引力常数

　　我们对很多重大而基础的科学问题仍然缺乏了解。例如，物理定律是否随时间和空间而变，基本物理常数真的是常数吗，是什么机制导致了宇宙中的物质被保留了下来。为了探索这些问题，高能物理通过加速器不断提高能量，天体物理通过望远镜不断加大观测尺度。宇宙的定律应该是普适的，很可能在原子及原子与光相互作用的细微处留下了能帮助我们回答这些问题的启示。人们正沿着多种路径、向着多个方向探索自然界的新物理。这些方向包括宇宙前沿、高能前沿及精密测量前沿（图 4-8）。

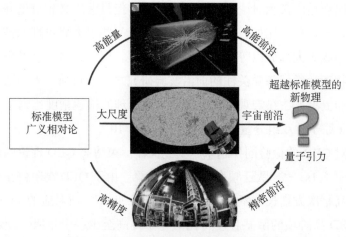

图 4-8　检验现有物理规律适用范围的途径

基于原子的精密测量物理，可以通过寻找某个物理量与现有物理框架给出的值之间可能有的少许偏差，由此发现由新物理规律导致的痕迹。在历史上，一些微弱的偏差给我们带来了巨大的发现。早期对原子分立光谱线系列的观察催生了量子力学；原子光谱的精细结构与兰姆位移的发现分别为相对论量子力学及量子电动力学（QED）的诞生奠定了实验基础（图4-9）。

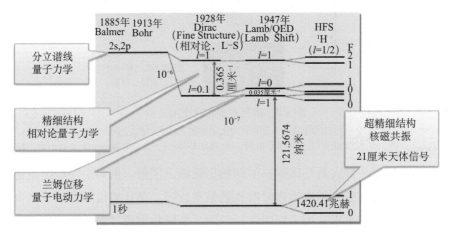

图 4-9　氢原子光谱分辨率的不断提高，推动了量子物理学的建立与发展

冷原子为精密测量提供了前所未有的手段。基于冷原子体系，可以对基本物理定律检验、基本物理常数测量等精密测量物理重大科学问题开展深入研究，从而检视现有物理框架的适用极限，发现新物理、新科学。

等效原理是广义相对论的基本假设之一。但目前广义相对论并不能解释所有的宇宙学现象。比如，为了解释暗能量，一些引力修正理论被提出，而这些理论的成立大部分以等效原理破缺为前提。因此，对等效原理的检验一直是基础物理学领域备受关注的前沿实验研究之一。目前，人们通过激光测月、扭秤和卫星方法在宏观尺度上对弱等效原理的检验精度达到了 10^{-14}，而微观尺度（原子）双组分量子检验精度为 3.0×10^{-8}。

近来对 QED 的检验同样越来越受到关注。束缚态 QED 理论的最成功应用是对氢原子 1s → 2s 跃迁频率的高精度计算。由于 QED 高阶修正项按核电荷数 Z 的高幂次方增长，氦原子或类氦离子（如 Li^+）所对应的 1s → 2s 光谱跃迁对 QED 高阶项的敏感程度将比氢原子提高至少一个量级。随着原子冷却、光场精密操控及窄线宽激光等技术的发展，在千赫兹乃至赫兹量级上对该体系跃迁谱线进行精密测量已成为可能，理论和实验的联合为 QED 理论的高精度检验提供了契机。

物理定律是用基本物理常数联系起来的物理量之间的相互关系。基本物理常数的精确测量同时影响对物理定律的检验精度，例如，上述的 QED 检验需要用到 $\frac{m_\mathrm{p}}{m_\mathrm{e}}$、精细结构常数（$\alpha$）及里德伯常量（$R_\infty$）。对这些常数的测量也为基于时间、长度、质量、电荷、温度的种种物理量的测量提供了基础。

为此，我们建议，支持建设与利用时频网、精密重力设施、地下精密原子干涉引力天线等地基平台设施，建设和利用空间时频平台、空间超冷原子平台等科学实验站，持续发展原子钟、原子干涉仪、激光干涉仪、超稳激光器、光梳等基于冷原子的方法和技术，发展简单原子分子精密谱计算、量子电动力学修正、多体关联理论，通过物理定律的高精度检验和物理常数的精密测量，推动大物理发展。

本章参考文献

[1]   Bose S N. Plancks gesetz und lichtquantenhypothese. Z Phys, 1924, 26: 178.

[2]   Einstein A. Quantentheorie des einatomigen idealen gases. Part I, sitzber. Preuss Akad Wiss Phys Math Kl, 1924, 22: 261.

[3]   Anderson M H, Ensher J R, Matthews M R, et al. Observation of Bose-Einstein condensation in a dilute atomic vapor. Science, 1995, 269: 198.

[4]   Davis K B, Mewes M O, Andrews M R, et al. Bose-Einstein condensation in a gas of sodium atoms. Phys Rev Lett, 1995, 75: 3969.

[5]   Bradley C C, Sackett C A, Tollett J J, et al. Evidence of Bose-Einstein condensation in an atomic gas with attractive interactions. Phys Rev Lett, 1995, 75: 1687.

[6]   Dalfovo F, Giorgini S, Pitaevskii L P, et al. Theory of Bose-Einstein condensation in trapped gases. Rev Mod Phys, 1999, 71: 463.

[7]   Ketterle W, Durfee D S, Stamper-Kurn D M. Making, probing and understanding Bose-Einstein condensates. Physics, 1999, arXiv: cond-mat/9904034.

[8]   DeMarco B, Jin D S. Onset of Fermi degeneracy in a trapped atomic gas. Science, 1999, 285: 1703.

[9] Giorgini S, Pitaevskii L P, Stringari S. Theory of ultracold atomic Fermi gases. Rev Mod Phys, 2008, 80: 1215.

[10] Ketterle W, Zwierlein M W. Making, probing and understanding ultracold Fermi gases. Riv Nuovo Cimento, 2008, 31: 247.

[11] Chin C, Grimm R, Julienne P, et al. Feshbach resonances in ultracold gases. Rev Mod Phys, 2010, 82: 1225.

[12] Bloch I, Dalibard J, Zwerger W. Many-body physics with ultracold gases. Rev Mod Phys, 2008, 80: 885.

[13] Dalibard J, Gerbier F, Juzeliunas G, et al. Colloquium: artificial gauge potentials for neutral atoms. Rev Mod Phys, 2011, 83: 1523.

[14] Lin Y J, Jimenez-Garcia K, Spielman I B. Spin-orbit-coupled Bose-Einstein condensates. Nature, 2011, 471: 83.

[15] Wang P J, Yu Z Q, Fu Z K, et al. Spin-orbit coupled degenerate Fermi gases. Phys Rev Lett, 2012, 109: 095301.

[16] Fu Z K, Huang L H, Meng Z M, et al. Production of Feshbach molecules induced by spin-orbit coupling in Fermi gases. Nat Phys, 2014, 10: 110.

[17] Cheuk L W, Sommer A T, Hadzibabic Z, et al. Spin-injection spectroscopy of a spin-orbit coupled Fermi gas. Phys Rev Lett, 2012, 109: 095302.

[18] Tung S K, Parker C, Johansen J, et al. Ultracold mixtures of atomic ^{6}Li and ^{133}Cs with tunable interactions. Phys Rev A, 2013, 87: 010702.

[19] Partridge G B, Li W H, Kamar R I, et al. Pairing and phase separation in a polarized Fermi gas. Science, 2006, 311: 503.

[20] Pollack S E, Dries D, Hulet R G. Universality in three- and four-body bound states of ultracold atoms. Science, 2009, 326: 1683.

[21] Liao Y A, Rittner A S C, Paprotta T, et al. Spin-imbalance in a one-dimensional Fermi gas. Nature, 2010, 467: 567.

[22] Cao C, Elliott E, Joseph J, et al. Universal quantum viscosity in a unitary Fermi gas. Science, 2011, 331: 58.

[23] Elliott E, Joseph J A, Thomas J E. Observation of conformal symmetry breaking and scale invariance in expanding Fermi gases. Phys Rev Lett, 2014, 112: 040405.

[24] Nascimbene S, Navon N, Jiang K J, et al. Collective oscillations of an imbalanced Fermi gas: axial compression modes and polaron effective mass. Phys Rev Lett, 2009, 103: 170402.

[25] Nascimbene S, Navon N, Jiang K J, et al. Exploring the thermodynamics of a universal Fermi gas. Nature, 2010, 463: 1057.

[26] Weitenberg C, Endres M, Sherson J F, et al. Single-spin addressing in an atomic Mott insulator. Nature, 2011, 471: 319.

[27] Braun S, Ronzheimer J P, Schreiber M, et al. Negative absolute temperature for motional degrees of freedom. Science, 2013, 339: 52.

[28] Greif D, Tarruell L, Uehlinger T, et al. Probing nearest-neighbor correlations of ultracold Fermions in an optical lattice. Phys Rev Lett, 2011, 106: 145302.

[29] Greif D, Uehlinger T, Jotzu G, et al. Short-range quantum magnetism of ultracold Fermions in an optical lattice. Science, 2013, 340: 1307.

[30] Bakr W S, Gillen J I, Peng A, et al. A quantum gas microscope for detecting single atoms in a Hubbard-regime optical lattice. Nature, 2009, 462: 74.

[31] Bakr W S, Peng A, Tai M E, et al. Probing the superfluid-to-Mott insulator transition at the single-atom level. Science, 2010, 329: 547.

[32] Greiner M, Regal C A, Jin D S. Emergence of a molecular Bose-Einstein condensate from a Fermi gas. Nature, 2003, 426: 537.

[33] Jochim S, Bartenstein M, Altmeyer A, et al. Observation of the pairing gap in a strongly interacting Fermi gas. Science, 2003, 302: 2101.

[34] Regal C A, Greiner M, Jin D S. Observation of resonance condensation of Fermionic atom pairs. Phys Rev Lett, 2004, 92: 040403.

[35] Tey M K, Sidorenkov L A, Guajardo E R S, et al. Collective modes in a unitary Fermi gas across the superfluid phase transition. Phys Rev Lett, 2013, 110: 055303.

[36] Sidorenkov L A, Tey M K, Grimm R, et al. Second sound and the superfluid fraction in a Fermi gas with resonant interactions. Nature, 2013, 498: 78.

[37] Zwierlein M W, Abo-Shaeer J R, Schirotzek A, et al. Vortices and superfluidity in a strongly interacting Fermi gas. Nature, 2005, 435: 1047.

[38] Zwierlein M W, Schirotzek A, Schunck C H, et al. Fermionic superfluidity with imbalanced spin populations. Science, 2006, 311: 492.

[39] Fukuhara T, Schauss P, Endres M, et al. Microscopic observation of magnon bound states and their dynamics. Nature, 2013, 502: 76.

[40] Voigt A C. Heteronuclear molecules from a quantum degenerate Fermi-Fermi mixture. Ph D Thesis, 2009.

[41] Schreck F, Khaykovich L, Corwin K L, et al. Quasipure Bose-Einstein condensate immersed in a Fermi sea. Phys Rev Lett, 2001, 87: 080403.

[42] Wu C H, Santiago I, Park J W, et al. Strongly interacting isotopic Bose-Fermi mixture immersed in a Fermi sea. Phys Rev A, 2011, 84: 011601.

[43] Roati G, Riboli F, Modugno G, et al. Fermi-Bose quantum degenerate ^{40}K-^{87}Rb mixture

with attractive interaction. Phys Rev Lett, 2002, 89: 150403.

[44] Inouye S, Goldwin J, Olsen M L, et al. Observation of heteronuclear Feshbach resonances in a mixture of Bosons and Fermions. Phys Rev Lett, 2004, 93: 183201.

[45] Ospelkaus S, Ospelkaus C, Humbert L, et al. Tuning of heteronuclear interactions in a degenerate Fermi-Bose mixture. Phys Rev Lett, 2006, 97: 120403.

[46] Ni K K, Ospelkaus S, de Miranda M H G, et al. A high phase-space-density gas of polar molecules. Science, 2008, 322: 231.

[47] Ospelkaus S, Ni K K, Wang D, et al. Quantum-state controlled chemical reactions of ultracold potassium-rubidium molecules. Science, 2010, 327: 853.

[48] de Miranda M H G, Chotia A, Neyenhuis B, et al. Controlling the quantum stereodynamics of ultracold bimolecular reactions. Nat Phys, 2011, 7: 502-507.

[49] Ospelkaus C, OspelkausS, Humbert L, et al. Ultracold heteronuclear molecules in a 3D optical lattice. Phys Rev Lett, 2006, 97: 120402.

[50] Ospelkaus S, Ospelkaus C, Wille O, et al. Localization of Bosonic atoms by Fermionic impurities in a three-dimensional optical lattice. Phys Rev Lett, 2006, 96: 180403.

[51] Heinze J, Gotze S, Krauser J S, et al. Multiband spectroscopy of ultracold Fermions: observation of reduced tunneling in attractive Bose-Fermi mixtures. Phys Rev Lett, 2011, 107: 135303.

[52] Best T, Will S, Schneider U, et al. Role of interactions in ^{87}Rb-^{40}K Bose-Fermi mixtures in a 3D optical lattice. Phys Rev Lett, 2009, 102: 030408.

[53] Bloom R S, Hu M G, Cumby T D, et al. Tests of universal three-body physics in an ultracold Bose-Fermi mixture. Phys Rev Lett, 2013, 111: 105301.

[54] Taglieber M, Voigt A C, Aoki T, et al. Quantum degenerate two-species Fermi-Fermi mixture coexisting with a Bose-Einstein condensate. Phys Rev Lett, 2008, 100: 010401.

[55] Zhang J Y, Ji S C, Chen Z, et al. Collective dipole oscillations of a spin-orbit coupled Bose-Einstein condensate. Phys Rev Lett, 2012, 109: 115301.

[56] Deng L, Hagley E W, Cao Q A, et al. Observation of a red-blue detuning asymmetry in matter-wave superradiance. Phys Rev Lett, 2010, 105(22): 220404.

[57] Zhai Y Y, Yue X G, Wu Y J, et al. Effective preparation and collisional decay of atomic condensates in excited bands of an optical lattice. Phys Rev A, 2013, 87(6): 063638.

[58] Zhou S Y, Duan Z L, Qian J, et al. Cold atomic clouds and Bose-Einstein condensates passing through a Gaussian beam. Phys Rev A, 2009, 80: 033411.

[59] Ji S C, Zhang J Y, Zhang L, et al. Experimental determination of the finite-temperature phase diagram of a spin-orbit coupled Bose gas. Nat Phys, 2014, 10: 314.

[60] Luo H, Li K, Zhang D F, et al. Multiple side-band generation for two-frequency components

injected into a tapered amplifier. Opt Lett, 2013, 38: 1161.

[61] Li K, Zhang D F, Gao T Y, et al. Enhanced trapping of cold ^{6}Li using multiple-sideband cooling in a two-dimensional magneto-optical trap. Phys Rev A, 2015, 92: 013419.

[62] Zhang D F, Gao T Y, Kong L R, et al. Production of rubidium Bose-Einstein condensate in an optically plugged magnetic quadrupole trap. Chin Phys Lett, 2016, 33: 076701.

[63] Deng S J, Diao P P, Yu Q L, et al. All-optical production of quantum degeneracy and molecular Bose-Einstein condensation of ^{6}Li. Chin Phys Lett, 2015, 32: 053401.

[64] Ji S C, Zhang J Y, Zhang L, et al. Experimental determination of the finite-temperature phase diagram of a spin-orbit coupled Bose gas. Nat Phys, 2014, 10: 314.

[65] Wu Z, Zhang L, Sun W, et al. Realization of two-dimensional spin-orbit coupling for Bose-Einstein condensates. Science, 2016, 354: 83.

[66] Fu Z K, Huang L H, Meng Z M, et al. Production of Feshbach molecules induced by spin-orbit coupling in Fermi gases. Nat Phys, 2014, 10: 110.

[67] Huang L H, Meng Z M, Wang P J, et al. Experimental realization of two-dimensional synthetic spin-orbit coupling in ultracold Fermi gases. Nat Phys, 2016, 12: 540.

[68] Peng S G, Zhang C X, Tan S N, et al. Contact theory for spin-orbit-coupled Fermi gases. Phys Rev Lett, 2018, 120: 060408.

[69] Deng S J, Shi Z Y, Diao P P, et al. Observation of the efimovian expansion in scale-invariant Fermi gases. Science, 2016, 353: 371.

[70] Deng S J, Diao P P, Li F, et al. Observation of dynamical super-efimovian expansion in a unitary Fermi gas. Phys Rev Lett, 2018, 120: 125301.

[71] Li K, Deng L, Hagley E W, et al. Matter-wave self-imaging by atomic center-of-mass motion induced interference. Phys Rev Lett, 2008, 101: 250401.

[72] Luo X Y, Zou Y Q, Wu L N, et al. Deterministic entanglement generation from driving through quantum phase transitions. Science, 2017, 355: 620.

[73] Peng S G, Tan S N, Jiang K J. Manipulation of p-wave scattering of cold atoms in low dimensions using the magnetic field vector. Phys Rev Lett, 2014, 112: 250401.

[74] Cui Y, Shen C Y, Deng M, et al. Observation of broad d-wave Feshbach resonances with a triplet structure. Phys Rev Lett, 2017, 119: 203402.

[75] Read N, Green D. Paired states of Fermions in two dimensions with breaking of parity and time-reversal symmetries and the fractional quantum Hall effect. Phys Rev B, 2000, 61(15): 10267-10297.

[76] Lee D M. The extraordinary phases of liquid ^{3}He. Rev Mod Phys, 1997, 69(3): 645-665.

[77] Tsuei C C, Kirtley J R. Phase-sensitive evidence for d-wave pairing symmetry in electron-doped cuprate superconductors. Phys Rev Lett, 2000, 85: 182.

[78] Yang B, Chen Y Y, Zheng Y G, et al. Quantum criticality and the tomonaga-luttinger liquid in one-dimensional Bose gases. Phys Rev Lett, 2017, 119: 165701.

[79] Cao J P, Yang W L, Shi K J, et al. Off-diagonal Bethe ansatz and exact solution of a topological spin ring. Phys Rev Lett, 2013, 111: 137201.

[80] Guan X W, Batchelor M T, Lee C H. Fermi gases in one dimension: from Bethe ansatz to experiments. Rev Mod Phys, 2013, 85: 1633.

[81] Chen Y Y, Jiang Y Z, Guan X W, et al. Critical behaviours of contact near phase transitions. Nat Commun, 2014, 5: 5140.

[82] Cronin A D, Schmiedmayer J, Pritchard D E. Optics and interferometry with atoms and molecules. Rev Mod Phys, 2009, 81: 1051.

[83] Wang J, Zhou L, Li R B, et al. Cold atom interferometers and their applications in precision measurements. Front Phys China, 2009, 4: 179.

[84] Wang J. Precision measurement with atom interferometry. Chin Phys B, 2015, 24: 053702.

[85] Post E J. Sagnac effect. Rev Mod Phys, 1967, 39: 475.

[86] Kasevich M, Chu S. Atomic interferometry using stimulated Raman transitions. Phys Rev Lett, 1991, 67: 181.

[87] Bidel Y, Carraz O, Charriere R, et al. Compact cold atom gravimeter for field applications. Appl Phys Lett, 2013, 102: 144107.

[88] Peters A, Chung K Y, Chu S. Measurement of gravitational acceleration by dropping atoms. Nature, 1999, 400(6747): 849.

[89] McGuirk J M, Foster G T, Fixler J B, et al. Sensitive absolute-gravity gradiometry using atom interferometry. Phys Rev A, 2002, 65: 033608.

[90] Yao Z W, Lu S B, Li R B, et al. Calibration of atomic trajectories in a large-area dual-atom-interferometer gyroscope. Phys Rev A, 2018, 97: 013620.

[91] Sorrentino F, Bodart Q, Cacciapuoti L, et al. Sensitivity limits of a Raman atom interferometer as a gravity gradiometer. Phys Rev A, 2014, 89: 023607.

[92] Gustavson T L, Landragin A, Kasevich M A. Rotation sensing with a dual atom-interferometer Sagnac gyroscope. Class Quant Grav, 2000, 17: 2385.

[93] Canuel B, Leduc F, Holleville D, et al. Six-axis inertial sensor using cold-atom interferometry. Phys Rev Lett, 2006, 97: 010402.

[94] Durfee D S, Shaham Y K, Kasevich M A. Long-term stability of an area-reversible atom-interferometer Sagnac gyroscope. Phys Rev Lett, 2006, 97: 240801.

[95] Rosi G, Sorrentino F, Cacciapuoti L, et al. Precision measurement of the Newtonian gravitational constant using cold atoms. Nature, 2014, 510: 518.

[96] Fixler J B, Foster G T, McGuirk J M, et al. Atom interferometer measurement of the

Newtonian constant of gravity. Science, 2007, 315: 74.

[97] Bertoldi A, Lamporesi G, Cacciapuoti L, et al. Atom interferometry gravity-gradiometer for the determination of the Newtonian gravitational constant G. Eur Phys J D, 2006, 40: 271.

[98] Lamporesi G, Bertoldi A, Cacciapuoti L, et al. Determination of the Newtonian gravitational constant using atom interferometry. Phys Rev Lett, 2008, 100: 050801.

[99] Müller H, Chiow S W, Herrmann S, et al. Atom-interferometry tests of the isotropy of post-Newtonian gravity. Phys Rev Lett, 2008, 100: 031101.

[100] Weiss D S, Young B C, Chu S. Precision measurement of $\hbar/m_{Cs}$ based on photon recoil using laser-cooled atoms and atomic interferometry. Appl Phys B-Lasers Opt, 1994, 59: 217.

[101] Müller H, Peters A, Chu S. A precision measurement of the gravitational redshift by the interference of matter waves. Nature, 2010, 463: 926.

[102] Fray S, Diez C A, Hansch T W, et al. Atomic interferometer with amplitude gratings of light and its applications to atom based tests of the equivalence principle. Phys Rev Lett, 2004, 93: 240404.

[103] Bonnin A, Zahzam N, Bidel Y, et al. Simultaneous dual-species matter-wave accelerometer. Phys Rev A, 2013, 88: 043615.

[104] Schlippert D, Hartwig J, Albers H, et al. Quantum test of the universality of free fall. Phys Rev Lett, 2014, 112: 203002.

[105] Tarallo M G, Mazzoni T, Poli N, et al. Test of Einstein equivalence principle for 0-spin and half-integer-spin atoms: search for spin-gravity coupling effects. Phys Rev Lett, 2014, 113: 023005.

[106] Zhou L, Long S T, Tang B, et al. Test of equivalence principle at 10^{-8} level by a dual-species double-diffraction Raman atom interferometer. Phys Rev Lett, 2015, 115: 013004.

[107] Barrett B, Antoni-Micollier L, Chichet L, et al. Dual matter-wave inertial sensors in weightlessness. Nat Commun, 2016, 7: 13786.

[108] Duan X C, Zhou M K, Deng X B, et al. Test of the universality of free fall with atoms in different spin orientations. Phys Rev Lett, 2016, 117: 023001.

[109] Rosi G, D'Amico G, Cacciapuoti L, et al. Quantum test of the equivalence principle for atoms in coherent superposition of internal energy states. Nat Commun, 2017, 8: 15529.

[110] Dimopoulos S, Graham P W, Hogan J M, et al. Testing general relativity with atom interferometry. Phys Rev Lett, 2007, 98: 111102.

[111] Vessot R F C, Levine M W, Mattison E M, et al. Test of relativistic gravitation with a space-borne hydrogen maser. Phys Rev Lett, 1980, 45: 2081.

[112] ChouC W, Hume D B, Koelemeij J C J, et al. Frequency comparison of two high-accuracy

Al$^+$ optical clocks. Phys Rev Lett, 2010, 104: 070802.

[113] Chou C W, Hume D B, Rosenband T, et al. Optical clocks and relativity. Science, 2010, 329: 1630.

[114] Wolf P, Blanchet L, Borde C J, et al. Testing the gravitational redshift with atomic gravimeters. Class Quant Grav, 2011, 28: 145017.

[115] Sinha S, Samuel J. Erratum and addendum: atom interferometry and the gravitational redshift. Quant Grav, 2011, 28: 145018.

[116] Hohensee M A, Chu S, Peters A, et al. comment on: 'does an atom interferometer test the gravitational redshift at the Compton frequency?'. Class Quant Grav, 2012, 29: 048001.

[117] Wolf P, Blanchet L, Borde C J, et al. Reply to comment on: 'does an atom interferometer test the gravitational redshift at the Compton frequency?'. Class Quant Grav, 2012, 29: 048002.

[118] Schleich W P, Greenberger D M, Rasel E M. A representation-free description of the Kasevich-Chu interferometer: a resolution of the redshift controversy. New J Phys, 2013, 15(1): 013007.

[119] Graham P W, Kaplan D E, Mardon J, et al. Dark matter direct detection with accelerometers. Phys Rev D, 2016, 93: 075029.

[120] Geraci A A, Derevianko A. Sensitivity of atom interferometry to ultralight scalar field dark matter. Phys Rev Lett, 2016, 117: 261301.

[121] Dimopoulos S, Graham P W, Hogan J M, et al. Atomic gravitational wave interferometric sensor. Phys Rev D, 2008, 78: 122002.

[122] Dimopoulos S, Graham P W, Hogan J M, et al. Using atom interferometery to search for new forces. Phys Lett B, 2009, 678: 37.

[123] Harms J, Slagmolen B J J, Adhikari R X, et al. Low-frequency terrestrial gravitational-wave detectors. Phys Rev D, 2013, 88: 122003.

[124] Chaibi W, Geiger R, Canuel B, et al. Low frequency gravitational wave detection with ground-based atom interferometer arrays. Phys Rev D, 2016, 93: 021101.

[125] Tino G M, Vetrano F. Is it possible to detect gravitational waves with atom interferometers. Class Quant Grav, 2007, 24: 2167.

[126] Tino G M, Vetrano F. Atom interferometers for gravitational wave detection: a look at a "simple" configuration. Gen Relativ Gravit, 2011, 43: 2037.

[127] Chiao R Y, Speliotopoulos A D. Towards MIGO, the matter-wave interferometric gravitational-wave observatory, and the intersection of quantum mechanics with general relativity. J Mod Opt, 2004, 51: 861.

[128] Fattori M, Lamporesi G, Petelski T, et al. Towards an atom interferometric determination

of the Newtonian gravitational constant. Phys Lett A, 2003, 318: 184.

[129] Wicht A, Hensley J M, Sarajlic E, et al. A preliminary measurement of the fine structure constant based on atom interferometry. Phys Scr, 2002, T102: 82.

[130] Clade P, de Mirandes E, Cadoret M, et al. Precise measurement of $\hbar/m_{Rb}$ using Bloch oscillations in a vertical optical lattice: determination of the fine-structure constant. Phys Rev A, 2006, 74: 052109.

[131] Cadoret M, Mirandes E, Clade P, et al. Combination of Bloch oscillations with a Ramsey-Bordé interferometer: new determination of the fine structure constant. Phys Rev Lett, 2008, 101: 230801.

[132] Bouchendira R, Clade P, Guellati-Khelifa S, et al. New determination of the fine structure constant and test of the quantum electrodynamics. Phys Rev Lett, 2011, 106: 080801.

[133] Peters A, Chung K Y, Chu S. High precision gravity measurements using atom interferometry. Metrologia, 2001, 38: 25.

[134] Zhou L, Xiong Z Y, Yang W, et al. Measurement of local gravity via a cold atom interferometer. Chin Phys Lett, 2011, 28(1): 013701.

[135] Dickerson S M, Hogan J M, Sugarbaker A, et al. Sagnac interferometry with coherent vortex superposition states in exciton-polariton condensates. Phys Rev Lett, 2013, 111: 083001.

[136] Hu Z K, Sun B L, Duan X C, et al. Synthesis, optical properties, and blue electroluminescence of fluorene derivatives containing multiple imidazoles bearing polyaromatic hydrocarbons. Phys Rev A, 2013, 88: 043610.

[137] Le Gouët J, Mehlstaubler T E, Kim J, et al. Limits to the sensitivity of a low noise compact atomic gravimeter. Appl Phys B-Lasers Opt, 2008, 92: 133.

[138] Bodart Q, Merlet S, Malossi N, et al. A cold atom pyramidal gravimeter with a single laser beam. Appl Phys Lett, 2010, 96: 134101.

[139] Landragin A. A compact atom interferometer for future space missions. Laser Focus World, 2010, 46(7): 10.

[140] Andia M, Jannin R, Nez F, et al. Compact atomic gravimeter based on a pulsed and accelerated optical lattice. Phys Rev A, 2013, 88: 031605.

[141] Snadden M J, McGuirk J M, Bouyer P, et al. Measurement of the earth's gravity gradient with an atom interferometer-based gravity gradiometer. Phys Rev Lett, 1998, 81: 971.

[142] Yu N, Kohel J M, Kellogg J R, et al. Development of a quantum gravity gradiometer for gravity measurement from space. Appl Phys B-Lasers Opt, 2006, 84: 647.

[143] Sorrentino F, Lien Y H, Rosi G, et al. Sensitive gravity-gradiometry with atom interferometry: progress towards an improved determination of the gravitational constant.

New J Phys, 2010, 12: 095009.

[144] Sorrentino F, Bertoldi A, Bodart Q, et al. Simultaneous measurement of gravity acceleration and gravity gradient with an atom interferometer. Appl Phys Lett, 2012, 101: 114106.

[145] Lenef A, Hammond T D, Smith E T, et al. Rotation sensing with an atom interferometer. Phys Rev Lett, 1997, 78: 760.

[146] Gustavson T L, Bouyer P, Kasevich M A. Precision rotation measurements with an atom interferometer gyroscope. Phys Rev Lett, 1997, 78: 2046.

[147] Mueller T, Wendrich T, Gilowski M, et al. Versatile compact atomic source for high-resolution dual atom interferometry. Phys Rev A, 2007, 76: 063611.

[148] Müller T, Gilowski M, Zaiser M, et al. A compact dual atom interferometer gyroscope based on laser-cooled rubidium. Eur Phys J D, 2009, 53: 273.

[149] Butts D L, Kinast J M, Timmons B P, et al. Light pulse atom interferometry at short interrogationtimes. J Opt Soc Am B-Opt Phys, 2011, 28: 416.

[150] Stoner R, Butts D, Kinast J, et al. Analytical framework for dynamic light pulse atom interferometry at short interrogation times. J Opt Soc Am B-Opt Phys, 2011, 28: 2418.

[151] Stockton J K, Takase K, Kasevich M A. Absolute geodetic rotation measurement using atom interferometry. Phys Rev Lett, 2011, 107: 133001.

[152] Tackmann G, Berg P, Schubert C, et al. Self-alignment of a compact large-area atomic Sagnac interferometer. New J Phys, 2012, 14: 015002.

[153] Lan S Y, Kuan P C, Estey B, et al. A clock directly linking time to a particle's mass. Science, 2013, 339: 554.

[154] Debs J E, Robins N P, Close J D. Measuring mass in seconds. Science, 2013, 339: 532.

[155] Lepoutre S, Lonij V P A, Jelassi H, et al. Atom interferometry measurement of the atom-surface van der Waals interaction. Eur Phys J D, 2011, 62: 309.

[156] Raffai P, Szeifert G, Matone L, et al. Opportunity to test non-Newtonian gravity using interferometric sensors with dynamic gravity field generators. Phys Rev D, 2011, 84: 082002.

[157] Parazzoli L P, Hankin A M, Biedermann G W. Observation of free-space single-atom matter wave interference. Phys Rev Lett, 2012, 109: 230401.

[158] Kovachy T, Asenbaum P, Overstreet C, et al. Quantum superposition at the half-metre scale. Nature, 2015, 528: 530.

[159] Hartwig J, Abend S, Schubert C, et al. Testing the universality of free fall with rubidium and ytterbium in a very large baseline atom interferometer. New J Phys, 2015, 17: 035011.

[160] Müntinga H, Ahlers H, Krutzik M, et al. Interfero metry with Bose-Einstein condensates

in microgravity. Phys Rev Lett, 2013, 110: 093602.

[161] Altschul B, Bailey Q G, Blanchet L, et al. Quantum tests of the Einstein equivalence principle with the STE-QUEST space mission. Adv Space Res, 2015, 55: 501.

[162] Aguilera D N, Ahlers H, Battelier B, et al. STE-QUEST-test of the universality of free fall using cold atom interferometry. Class Quant Grav, 2014, 31: 115010.

[163] Williams J, Chiow S W, Yu N, et al. Quantum test of the equivalence principle and space-time aboard the international space station. New J Phys, 2016, 18: 025018.

[164] Dong S, Cui Y, Shen C Y, et al. Observation of broad p-wave Feshbach resonances in ultracold ^{85}Rb-^{87}Rb mixtures. Phys Rev A, 2016, 94: 062702.

[165] Zeng Y, Xu P, He X D, et al. Entangling two individual atoms of different isotopes via Rydberg blockade. Phys Rev Lett, 2017, 119: 160502.

[166] Luo X Y, Zou Y Q, Wu L N, et al. Deficiency of MicroRNA miR-34a expands cell fate potential in pluripotent stem cells. Science, 2017, 355: 6325.

[167] Gao D F, Ju P, Zhang B C, et al. Gravitational-wave detection with matter-wave interferometers based on standing light waves. Gen Relat Grav, 2011, 43: 2027.

[168] Gao D F, Wang J, Zhan M S. Atomic interferometric gravitational-wave space observatory(AIGSO). Commun Theor Phys, 2018, 69: 37.

[169] Duan X C, Zhou M K, Mao D K, et al. Operating an atom-interferometry-based gravity gradiometer by the dual-fringe-locking method. Phys Rev A, 2014, 90: 023617.

[170] Wang Y P, Zhong J Q, Song H W, et al. Location-dependent Raman transition in gravity-gradient measurements using dual atom interferometers. Phys Rev A, 2017, 95: 053612.

[171] Yao Z W, Lu S B, Li R B, et al. Continuous dynamic rotation measurements using a compact cold atom gyroscope. Chin Phys Lett, 2016, 33: 083701.

[172] Zhou L, Xiong Z Y, Yang W, et al. Development of an atom gravimeter and status of the 10-meter atom interferometer for precision gravity measurement. Gen Relat Grav, 2011, 43: 1931.

[173] Lense J, Thirring H. Quantum-mechanical description of lense-thirring effect for relativistic scalar particles. Phys Z, 1918, 19: 156.

[174] Everitt C W F, DeBra D B, Parkinson B W, et al. Gravity Probe B: final results of a space experiment to test general relativity. Phys Rev Lett, 2011, 106: 221101.

[175] Di Virgilio A D V, Belfi J, Ni W T, et al. GINGER: a feasibility study. Eur Phys J Plus, 2017, 132: 157.

[176] Cirac J I, Zoller P. Quantum computations with cold trapped ions. Phys Rev Lett, 1995, 74: 4091.

[177] Giovannetti V, Lloyd S, Maccone L. Quantum-enhanced measurements: beating the

standard quantum limit. Science, 2004, 306: 1330.

[178] Friis N, Marty O, Maier C, et al. Observation of entangled states of a fully controlled 20-qubit system. Phys Rev X, 2018, 8: 021012.

[179] Zhang J, Pagano G, Hess P W, et al. Observation of a many-body dynamical phase transition with a 53-qubit quantum simulator. Nature, 2017, 551: 601.

[180] Pezze L, Li Y, Li W D, et al. Witnessing entanglement without entanglement witness operators. PNAS, 2016, 113: 11459.

[181] Leibfried D, Barrett M D, Schaetz T, et al. Toward Heisenberg-limited spectroscopy with multiparticle entangled states. Science, 2004, 304: 1476.

[182] Monz T, Nigg D, Martínez E A, et al. Realization of a scalable Shor algorithm. Science, 2016, 351: 1068.

[183] Gerritsma R, Kirchmair G, Zahringer F, et al. Quantum simulation of the Dirac equation. Nature, 2010, 463: 68.

[184] Barreiro J T, Müller M, Schindler P, et al. An open-system quantum simulator with trapped ions. Nature, 2011, 470: 486.

[185] Rowe M A, Ben-Kish A, Demarco B, et al. Transport of quantum states and separation of ions in a dual Rf ion trap. Quant Inform Comput, 2002, 2: 257.

[186] Chiaverini J, Blakestad R B, Britton J, et al. Surface-electrode architecture for ion-trap quantum information processing. Quant Inform Comput, 2005, 5: 419.

[187] Stick D, Hensinger W K, Olmschenk S, et al. Ion trap in a semiconductor chip. Nat Phys, 2006, 2: 36.

[188] Siverns J D, Quraishi Q. Ion trap architectures and new directions. Quant Inf Proc, 2017, 16: 314.

[189] Bylinskii A, Gangloff D, Counts I, et al. Observation of aubry-type transition in finite atom chains via friction. Nat Mater, 2016, 15: 717.

[190] Brownnutt M, Kumph M, Rabl P, et al. Ion-trap measurements of electric-field noise near surfaces. Rev Mod Phys, 2015, 87: 1419.

[191] Leibfried D G, DeMarco B L, Meyer V, et al. Towards quantum information with trapped ions at NIST. J Phys B-At Mol Opt Phys, 2003, 36: 599.

[192] Home J P, Hanneke D, Jost J D, et al. Complete methods set for scalable ion trap quantum information processing. Science, 2009, 325: 1227.

[193] Islam R, Edwards E E, Kim K, et al. Onset of a quantum phase transition with a trapped ion quantum simulator. Nat Commun., 2011, 2: 377.

[194] Linke N M, Maslov D, Roetteler M, et al. Experimental comparison of two quantum computing architectures. PNAS, 2017, 114: 3305.

[195] Bernien H, Schwartz S, Keesling A, et al. Probing many-body dynamics on a 51-atom quantum simulator. Nature, 2017, 551: 579.

[196] Zhang J, Pagano G, Hess P W, et al. Observation of a many-body dynamical phase transition with a 53-qubit quantum simulator. Nature, 2017, 551: 601.

[197] Maunz P, Moehring D L, Olmschenk S, et al. Quantum interference of photon pairs from two remote trapped atomic ions. Nat Phys, 2007, 3: 538.

[198] Mundt A B, Kreuter A, Becher C, et al. Coupling a single atomic quantum bit to a high finesse optical cavity. Phys Rev Lett, 2002, 89: 103001.

[199] Bottke W F, Vokrouhlicky D, Nesvorny D. An asteroid breakup 160 myr ago as the probable source of the K/T impactor. Nature, 2007, 449: 48.

[200] Brown K R, Kim J, Monroe C. Co-designing a scalable quantum computer with trapped atomic ions. Npj Quant Inf, 2016, 2: 16034.

[201] Mintert F, Wunderlich C. Ion-trap quantum logic using long-wavelength radiation. Phys Rev Lett, 2001, 87: 257904.

[202] Ospelkaus C, Warring U, Colombe Y, et al. Microwave quantum logic gates for trapped ions. Nature, 2011, 476: 181.

[203] Lekitsch B, Weidt S, Fowler A G, et al. Blueprint for a microwave trapped ion quantum computer. Sci Adv, 2017, 3: e1601540.

[204] Chou C W, Hume D B, Koelemeij J C J, et al. Frequency comparison of two high-accuracy Al^+ optical clocks. Phys Rev Lett, 2010, 104(7): 070802.

[205] Biercuk M J, Uys H, Britton J W, et al. Ultrasensitive detection of force and displacement using trapped ions. Nat Nanotechnol, 2010, 5: 646.

[206] Giovannetti V, Lloyd S, Maccone L. Quantum-enhanced measurements: beating the standard quantum limit. Science, 2004, 306: 1330.

[207] Leibfried D, Barrett M D, Schaetz T, et al. Toward Heisenberg-limited spectroscopy with multiparticle entangled states. Science, 2004, 304: 1476.

[208] Zhou F, Yan L L, Gong S J, et al. Optimal joint measurements of complementary observables by a single trapped ion. Sci Adv, 2016, 2: e1600578.

[209] Xiong T P, Yan L L, Zhou F, et al. Experimental verification of a Jarzynski-related information-theoretic equality by a single trapped ion. Phys Rev Lett, 2018, 120: 010601.

[210] Yan L L, Wan W, Chen L, et al. Exploring structural phase transitions of ion crystals. Sci Rep, 2016, 6: 21547.

[211] Wang Y, Um M, Zhang J H, et al. Single-qubit quantum memory exceeding ten-minute coherence time. Nat Phot, 2017, 11: 646.

[212] Zhang X, Zhang K, Shen Y C, et al. Identifying and characterizing SCRaMbLEd synthetic

yeast using ReSCuES. Nat Commun, 2018, 9: 195.

[213] Chen X, Ruschhaupt A, Schmidt S, et al. Fast optimal frictionless atom cooling in harmonic traps: shortcut to adiabaticity. Phys Rev Lett, 2010, 104: 063002.

[214] An S M, Lv D S, del Campo A, et al. Shortcuts to adiabaticity by counterdiabatic driving for trapped-ion displacement in phase space. Nat Commun, 2016, 7: 12999.

[215] Xiong T P, Yan L L, Ma Z H, et al. Optimal joint measurements of complementary observables by a single trapped ion. New J Phys, 2017, 19: 063032.

[216] Li Y N, Gessner M, Li W D, et al. Hyper-and hybrid nonlocality. Phys Rev Lett, 2018, 120: 050404.

[217] Jing J, Wu L A, Byrd M, et al. Nonperturbative leakage elimination operators and control of a three-level system. Phys Rev Lett, 2015, 114: 190502.

[218] DiVincenzo D P. The physical implementation of quantum computation. Fortschritte Phys Prog Phys, 2000, 48: 771.

[219] Greiner M, Mandel O, Esslinger T, et al. Quantum phase transition from a superfluid to a Mott insulator in a gas of ultracold atoms. Nature, 2002, 415: 39.

[220] Schlosser N, Reymond G, Protsenko I, et al. Sub-Poissonian loading of single atoms in a microscopic dipole trap. Nature, 2001, 411: 1024.

[221] Barredo D, de Léséleuc S, Lienhard V, et al. An atom-by-atom assembler of defect-free arbitrary two-dimensional atomic arrays. Science, 2016, 354: 1021.

[222] Barredo D, Lienhard V, de Léséleuc S, et al. Synthetic three-dimensional atomic structures assembled atom by atom. Nature, 2018, 561: 79.

[223] Endres M, Bernien H, Keesling A, et al. Atom-by-atom assembly of defect-free one-dimensional cold atom arrays. Science, 2016, 354: 1024.

[224] Kim H, Lee W, Lee H G, et al. *In situ* single-atom array synthesis using dynamic holographic optical tweezers. Nat Commun, 2016, 7: 13317.

[225] Walker T G, Saffman M. Entanglement of two atoms using Rydberg blockade. Adv Atom Mol Opt Phys, 2012, 61: 81.

[226] Kuhr S, Alt W, Schrader D, et al. Analysis of dephasing mechanisms in a standing-wave dipole trap. Phys Rev A, 2005, 72: 023406.

[227] Li G, Zhang S, Isenhower L, et al. Crossed vortex bottle beam trap for single-atom qubits. Opt Lett, 2012, 37: 851.

[228] Yavuz D D, Kulatunga P B, Urban E, et al. Fast ground state manipulation of neutral atoms in microscopic optical traps. Phys Rev Lett, 2006, 96: 063001.

[229] Schrader D, Dotsenko I, Khudaverdyan M, et al. Neutral atom quantum register. Phys Rev Lett, 2004, 93: 150501.

[230] Bakr W S, Gillen J I, Peng A, et al. A quantum gas microscope for detecting single atoms in a Hubbard-regime optical lattice. Nature, 2009, 462: 74.

[231] Sherson J F, Weitenberg C, Endres M, et al. Single-atom-resolved fluorescence imaging of an atomic Mott insulator. Nature, 2010, 467: 68.

[232] Haller E, Hudson J, Kelly A, et al. Single-atom imaging of Fermions in a quantum-qas microscope. Nat Phys, 2015, 11: 738.

[233] Weitenberg C, Endres M, Sherson J F, et al. Single-spin addressing in an atomic Mott insulator. Nature, 2011, 471: 319.

[234] Knill E, Leibfried D, Reichle R, et al. Randomized benchmarking of quantum gates. Phys Rev A, 2008, 77: 012307.

[235] Xia T, Lichtman M, Maller K, et al. Randomized benchmarking of single-qubit qates in a 2D array of neutral-atom qubits. Phys Rev Lett, 2015, 114: 100503.

[236] Wang Y, Zhang X L, Corcovilos T A, et al. Coherent addressing of individual neutral atoms in a 3D optical lattice. Phys Rev Lett, 2015, 115: 043003.

[237] Wang Y, Kumar A, Wu T Y, et al. Single-qubit gates based on targeted phase shifts in a 3D neutral atom array. Science, 2016, 352: 1562.

[238] Volz J, Weber M, Schlenk D, et al. Observation of entanglement of a single photon with a trapped atom. Phys Rev Lett, 2006, 96: 030404.

[239] Hofmann J, Krug M, Ortegel N, et al. Heralded entanglement between widely separated atoms. Science, 2012, 337: 2.

[240] Jaksch D, Briegel H J, Cirac J I, et al. Entanglement of atoms via cold controlled collisions. Phys Rev Lett, 1999, 82: 1975.

[241] Strauch F W, Edwards M, Tiesinga E, et al. Tunneling phase gate for neutral atoms in a double-well lattice. Phys Rev A, 2008, 77: 050304.

[242] Mandel O, Greiner M, Widera A, et al. Controlled collisions for multi-particle entanglement of optically trapped atoms. Nature, 2003, 425: 937.

[243] Anderlini M, Lee P J, Brown B L, et al. Controlled collisions for multi-particle entanglement of optically trapped atoms. Nature, 2007, 448: 452.

[244] Kaufman A M, Lester B J, Regal C A. Cooling a single atom in an optical tweezer to its quantum ground state. Phys Rev X, 2012, 2: 041014.

[245] Thompson J D, Tiecke T G, Zibrov A S, et al. Coherence and Raman sideband cooling of a single atom in an optical tweezer. Phys Rev Lett, 2013, 110: 133001.

[246] Kaufman A M, Lester B J, Foss-Feig M, et al. Entangling two transportable neutral atoms via local spin exchange. Nature, 2015, 527: 208.

[247] Urban E, Johnson T A, Henage T, et al. Observation of Rydberg blockade between two

atoms. Nat Phys, 2009, 5: 110.

[248] Isenhower L, Urban E, Zhang X L, et al. Demonstration of a neutral atom controlled-NOT quantum gate. Phys Rev Lett, 2010, 104: 010503.

[249] Gaetan A, Miroshnychenko Y, Wilk T, et al. Observation of collective excitation of two individual atoms in the Rydberg blockade regime. Nat Phys, 2009, 5: 115.

[250] Wilk T, Gaetan A, Evellin C, et al. Entanglement of two individual neutral atoms using Rydberg blockade. Phys Rev Lett, 2010, 104: 010502.

[251] Zhang X L, Isenhower L, Gill A T, et al. Deterministic entanglement of two neutral atoms via Rydberg blockade. Phys Rev A, 2010, 82: 030306.

[252] Maller K M, Lichtman M T, Xia T, et al. Rydberg-blockade controlled-not gate and entanglement in a two-dimensional array of neutral-atom qubits. Phys Rev A, 2015, 92: 022336.

[253] Kuhr S, Alt W, Schrader D, et al. Coherence properties and quantum state transportation in an optical conveyor belt. Phys Rev Lett, 2003, 91: 213002.

[254] Fuhrmanek A, Bourgain R, SortaisY R P, et al. Free-space lossless state detection of a single trapped atom. Phys Rev Lett, 2011, 106: 133003.

[255] Gibbons M J, Hamley C D, Shih C Y, et al. Nondestructive fluorescent state detection of single neutral atom qubits. Phys Rev Lett, 2011, 106: 133002.

[256] Kwon M, Ebert M F, Walker T G, et al. Parallel low-loss measurement of multiple atomic qubits. Phys Rev Lett, 2017, 119: 180504.

[257] Martínez-Dorantes M, Alt W, Gallego J, et al. Fast nondestructive parallel readout of neutral atom registers in optical potentials. Phys Rev Lett, 2017, 119: 180503.

[258] Campbell E T, Terhal B M, Vuillot C. Roads towards fault-tolerant universal quantum computation. Nature, 2017, 549: 172.

[259] Knill E. Quantum computing with realistically noisy devices. Nature, 2005, 434: 39.

[260] Auger J M, Bergamini S, Browne D E. Blueprint for fault-tolerant quantum computation with Rydberg atoms. Phys Rev A, 2017, 96: 052320.

[261] Saffman M. Quantum computing with atomic qubits and Rydberg interactions: progress and challenges. J Phys B-At Mol Opt Phys, 2016, 49: 202001.

[262] Weiss D, Saffman M. Quantum computing with neutral atoms. Phys Today, 2017, 70: 44.

[263] He J, Yang B D, Zhang T C, et al. Improvement of the signal-to-noise ratio of laser-induced-fluorescence photon-counting signals of single-atoms magneto-optical trap. J Phys D-Appl Phys, 2011, 44: 135102.

[264] Liu T, Geng T, Yan S B, et al. Characterizing optical dipole trap via fluorescence of trapped cesium atoms. Sci China Ser G-Phys Mech Astron, 2006, 49: 273.

[265] He J, Yang B D, Zhang T C, et al. Efficient extension of the trapping lifetime of single atoms in an optical tweezer by laser cooling. Phys Scr, 2011, 84: 025302.

[266] Wang J M, Guo S L, Ge Y L, et al. State-insensitive dichromatic optical-dipole trap for rubidium atoms: calculation and the dicromatic laser's realization. J Phys B-At Mol Opt Phys, 2014, 47: 095001.

[267] Liu B, Jin G, He J, et al. Suppression of single-cesium-atom heating in a microscopic optical dipole trap for demonstration of an 852-nm triggered single-photon source. Phys Rev A, 2016, 94: 013409.

[268] Jin G, Liu B, He J, et al. High on/off ratio nanosecond laser pulses for a triggered single-photon source. Appl Phys Exp, 2016, 9: 072702.

[269] Ge Y L, Guo S L, Han Y S, et al. Realization of 1.5W 780nm single-frequency laser by using cavity-enhanced frequency doubling of an EDFA boosted 1560 nm diode laser. Opt Commun, 2015, 334: 74.

[270] Wen X, Han Y S, Bai J D, et al. Cavity-enhanced frequency doubling from 795nm to 397.5 nm ultra-violet coherent radiation with PPKTP crystals in the low pump power regime. Opt Exp, 2014, 22: 32293.

[271] He J, Jin G, Liu B, et al. Amplification of a nanosecond laser pulse chain via dynamic injection locking of a laser diode. Opt Lett, 2016, 41: 5724.

[272] Zhang P F, Guo Y Q, Li Z H, et al. Elimination of the degenerate trajectory of a single atom strongly coupled to a tilted TEM10 cavity mode. Phys Rev A, 2011, 83: 031804.

[273] Wang J Y, Bai J D, He J, et al. Development and characterization of a 2.2W narrow-linewidth 318.6nm ultraviolet laser. J Opt Soc Am B-Opt Phys, 2016, 33: 2020.

[274] Wang J Y, Bai J D, He J, et al. Single-photon cesium Rydberg excitation spectroscopy using 318.6-nm UV laser and room-temperature vapor cell. Opt Exp, 2017, 25: 22510.

[275] Dai H N, Yang B, Reingruber A, et al. Generation and detection of atomic spin entanglement in optical lattices. Nat Phys, 2016, 12: 783.

[276] Xu P, He X D, Wang J, et al. Trapping a single atom in a blue detuned optical bottle beam trap. Opt Lett, 2010, 35: 2164.

[277] Yu S, Xu P, He X D, et al. Suppressing phase decoherence of a single atom qubit with carr-purcell-meiboom-gill sequence. Opt Exp, 2013, 21: 32130.

[278] Yu S, Xu P, Liu M, et al. Qubit fidelity of a single atom transferred among the sites of a ring optical lattice. Phys Rev A, 2014, 90: 062335.

[279] Yang J H, He X D, Guo R J, et al. Coherence preservation of a single neutral atom qubit transferred between magic-intensity optical traps. Phys Rev Lett, 2016, 117: 123201.

[280] Zeng Y, Wang K P, Liu Y Y, et al. Stabilizing dual laser with a tunable high-finesse transfer

cavity for single-atom Rydberg excitation. J Opt Soc Am B-Opt Phys, 2018, 35: 454.

[281] Zeng Y, Xu P, He X D, et al. Entangling two individual atoms of different isotopes via Rydberg blockade. Phys Rev Lett, 2017, 119: 160502.

[282] Xu P, Yang J H, Liu M, et al. Interaction-induced decay of a heteronuclear two-atom system. Nat Commun, 2015, 6: 7803.

[283] Xia T, Zhou S Y, Chen P, et al. Continuous imaging of a single neutral atom in a variant magneto-optical. Chin Phys Lett, 2010, 27: 023701.

[284] Harrow A W, Montanaro A. Quantum computational supremacy. Nature, 2017, 549: 203.

[285] Chen Z Y, Zhou Q, Xue C, et al. Classical simulation of intermediate-size quantum circuits. arXiv, 2018, 1802: 06952.

[286] Ludlow D, Boyd M M, Ye J, et al. Optical atomic clocks. Rev Mod Phys, 2015, 87: 637.

[287] Chou C W, Hume D B, Koelemeij J C J, et al. Frequency comparison of two high-accuracy Al^+ optical clocks. Phys Rev Lett, 2010, 104(7): 070802.

[288] Huntemann N, Sanner C, Lipphardt B, et al. Single-ion atomic clock with 310-8 systematic uncertainty. Phys Rev Lett, 2016, 116: 063001.

[289] Rosenband T, Hume D B, Schmidt P O, et al. Frequency ratio of Al^+ and Hg^+ single-ion optical clocks; metrology at the 17th decimal place. Science, 2008, 319: 1808.

[290] Chou C W, Hume D B, Rosenband T, et al. Optical clocks and relativity. Science, 2010, 329: 1630.

[291] Nicholson T, Campbell S L, Hutson R B, et al. Systematic evaluation of an atomic clock at 2×10^{-18}, total uncertainty. Nat Commun, 2015, 6: 6896.

[292] Brown R C, Phillips N B, Beloy K, et al. Hyperpolarizability and operational magic wavelength in an optical lattice clock. Phys Rev Lett, 2017, 119: 253001.

[293] Koller S B, Grotti J, Vogt S, et al. Transportable optical lattice clock with 7×10^{-17} uncertainty. Phys Rev Lett, 2017, 118: 073601.

[294] Huang Y, Guan H, Liu P, et al. Frequency comparison of two 40Ca$^+$ optical clocks with an uncertainty at the 10^{-17} level. Phys Rev Lett, 2016, 116: 013001.

[295] Doyle J, Friedrich B, Krems R V, et al. Quo vadis, cold molecules. Eur Phys J D, 2004, 31: 149.

[296] Dulieu O, Gabbanini C. The formation and interactions of cold and ultracold molecules: new challenges for interdisciplinary physics. Rep Prog Phys, 2009, 72: 086401.

[297] Shuman E S, Barry J F, DeMille D. Laser cooling of a diatomic molecule. Nature, 2010, 467: 820.

[298] Barry J F, McCarron D J, Norrgard E B, et al. Magneto-optical trapping of a diatomic molecule. Nature, 2014, 512: 286.

[299] Hummon M T, Yeo M, Stuhl B K, et al. 2D magneto-optical trapping of diatomic molecules. Phys Rev Lett, 2013, 110: 143001.

[300] Yeo M, Hummon M T, Collopy A L, et al. Rotational state microwave mixing for laser cooling of complex diatomic molecules. Phys Rev Lett, 2015, 114: 223003.

[301] Zhelyazkova V, Cournol A, Wall T E, et al. Laser cooling and slowing of CaF molecules. Phys Rev A, 2014, 89: 053416.

[302] Lim J, Almond J R, Trigatzis M A, et al. Laser cooled YbF molecules for measuring the electron's electric dipole moment. Phys Rev Lett, 2018, 120: 123201.

[303] Norrgard E B, McCarron D J, Steinecker M H, et al. Submillikelvin dipolar molecules in a radio-frequency magneto-optical trap. Phys Rev Lett, 2016, 116: 063004.

[304] Anderegg L, Augenbraun B L, Chae E, et al. Radio frequency magneto-optical trapping of CaF with high density. Phys Rev Lett, 2017, 119: 103201.

[305] Truppe S, Williams H J, Hambach M, et al. Molecules cooled below the Doppler limit. Nat Phys, 2017, 13: 1173.

[306] Weinstein J D, deCarvalho R, Guillet T, et al. Magnetic trapping of calcium monohydride molecules at millikelvin temperatures. Nature, 1998, 395: 148.

[307] Bethlem H L, Meijer G. Production and application of translationally cold molecules. Int Rev Phys Chem, 2003, 22: 73.

[308] Kohler T, Goral K, Julienne P S. Production of cold molecules via magnetically tunable Feshbach resonances. Rev Mod Phys, 2006, 78: 1311.

[309] Jones K M, Tiesinga E, Lett P D, et al. Ultracold photoassociation spectroscopy: long-range molecules and atomic scattering. Rev Mod Phys, 2006, 78: 483.

[310] Vogels J M, Freeland R S, Tsai C C, et al. Coupled singlet-triplet analysis of two-color cold-atom photoassociation spectra. Phys Rev A, 2000, 61: 043407.

[311] Sage J M, Sainis S, Bergeman T, et al. Optical production of ultracold polar molecules. Phys Rev Lett, 2005, 94: 203001.

[312] Winkler K, Lang F, Thalhammer G, et al. Coherent optical transfer of Feshbach molecules to a lower vibrational state. Phys Rev Lett, 2007, 98: 043201.

[313] Danzl J G, Haller E, Gustavsson M, et al. Quantum gas of deeply bound ground state molecules. Science, 2008, 321: 1062.

[314] Ni K K, Ospelkaus S, de Miranda M H G, et al. A high phase-space-density gas of polar molecules. Science, 2008, 322: 231.

[315] Takekoshi T, Reichsollner L, Schindewolf A, et al. Ultracold dense samples of dipolar RbCs molecules in the rovibrational and hyperfine ground state. Phys Rev Lett, 2014, 113: 205301.

[316] Molony P K, Gregory P D, Ji Z H, et al. Creation of ultracold ^{87}Rb^{123}Cs molecules in the rovibrational ground state. Phys Rev Lett, 2014, 113: 255301.

[317] Park J W, Will S A, Zwierlein M W. Ultracold dipolar gas of Fermionic ^{23}Na^{40}K molecules in their absolute ground state. Phys Rev Lett, 2015, 114: 205302.

[318] Guo M Y, Zhu B, Lu B, et al. Creation of an ultracold gas of ground-state dipolar ^{23}Na^{87}Rb molecules. Phys Rev Lett, 2016, 116(20): 205303.

[319] Aikawa K, Akamatsu D, Hayashi M, et al. Coherent transfer of photoassociated molecules into the rovibrational ground state. Phys Rev Lett, 2010, 105: 203001.

[320] Mackie M, Kowalski R, Javanainen J. Bose-stimulated Raman adiabatic passage in photoassociation. Phys Rev Lett, 2000, 84: 3803.

[321] Viteau M, Chotia A, Allegrini M, et al. Optical pumping and vibrational cooling of molecules. Science, 2008, 321: 232.

[322] Wakim A, Zabawa P, Haruza M, et al. Luminorefrigeration: vibrational cooling of NaCs. Opt Exp, 2012, 20: 16083.

[323] Will S A, Park J W, Yan Z Z, et al. Coherent microwave control of ultracold ^{23}Na^{40}K molecules. Phys Rev Lett, 2016, 116: 225306.

[324] Williams H J, Caldwell L, Fitch N J, et al. Magnetic trapping and coherent control of laser-cooled molecules. Phys Rev Lett, 2018, 120: 163201.

[325] Park J, Yan Z Z, Loh H Q, et al. Second-scale nuclear spin coherence time of ultracold ^{23}Na^{40}K molecules. Science, 2017, 357: 372.

[326] Gregory P D, Aldegunde J, Hutson J M, et al. Controlling the rotational and hyperfine state of ultracold ^{87}Rb^{133}Cs molecules. Phys Rev A, 2016, 94(4): 041403.

[327] Zahzam N, Vogt T, Mudrich M, et al. Atom-molecule collisions in an optically trapped gas. Phys Rev Lett, 2006, 96: 023202.

[328] Staanum P, Kraft S D, Lange J, et al. Experimental investigation of ultracold atom-molecule collisions. Phys Rev Lett, 2006, 96: 023201.

[329] Gabbanini C. Formation, detection and trapping of ultracold Rb$_2$ molecules. Nucl Phys A, 2007, 790: 757C.

[330] Hudson E R, Gilfoy N B, Kotochigova S, et al. Inelastic collisions of ultracold heteronuclear molecules in an optical trap. Phys Rev Lett, 2008, 100: 203201.

[331] Li Z H, Gong T, Ji Z H, et al. A dynamical process of optically trapped singlet ground state ^{85}Rb^{133}Cs molecules produced via short-range photoassociation. Phys Chem Chem Phys, 2018, 20: 4893.

[332] Deiglmayr J, Repp M, Dulieu O, et al. Population redistribution in optically trapped polar molecules. Eur Phys J D, 2011, 65: 99.

[333] Menegatti C R, Marangoni B S, Marcassa L G. Observation of cold Rb_2 molecules trapped in an optical dipole trap using a laser-pulse-train technique. Phys Rev A, 2011, 84: 053405.

[334] Chen J R, Kao C Y, Chen H B, et al. Detecting high-density ultracold molecules using atom-molecule collision. New J Phys, 2013, 15: 043035.

[335] Mukaiyama T, Abo-Shaeer J R, Xu K, et al. Dissociation and decay of ultracold sodium molecules. Phys Rev Lett, 2004, 92: 180402.

[336] Wynar R, Freeland R S, Han D J, et al. Molecules in a Bose-Einstein condensate. Science, 2000, 287: 1016.

[337] Xu K, Mukaiyama T, Abo-Shaeer J R, et al. Formation of quantum-degenerate sodium molecules. Phys Rev Lett, 2003, 91: 210402.

[338] Durr S, Volz T, Marte A, et al. Observation of molecules produced from a Bose-Einstein condensate. Phys Rev Lett, 2004, 92: 020406.

[339] Regal C A, Ticknor C, Bohn J L, et al. Creation of ultracold molecules from a Fermi gas of atoms. Nature, 2003, 424: 47.

[340] Herbig J, Kraemer T, Mark M, et al. Preparation of a pure molecular quantum gas. Science, 2003, 301: 1510.

[341] Strecker K E, Partridge G B, Hulet R G. Conversion of an atomic Fermi gas to a long-lived molecular Bose gas. Phys Rev Lett, 2003, 91: 080406.

[342] Staanum P, Kraft S D, Lange J, et al. Experimental investigation of ultracold atom-molecule collisions. Phys Rev Lett, 2006, 96(2): 023201.

[343] Zahzam N, Vogt T, Mudrich M, et al. Atom-molecule collisions in an optically trapped gas. Phys Rev Lett, 2006, 96: 023202.

[344] Knoop S, Ferlaino F, Berninger M, et al. Magnetically controlled exchange process in an ultracold atom-dimer mixture. Phys Rev Lett, 2010, 104: 053201.

[345] Ospelkaus S, Ni K K, Wang D, et al. Quantum-state controlled chemical reactions of ultracold potassium-rubidium molecules. Science, 2010, 327: 853.

[346] de Miranda M H G, Chotia A, Neyenhuis B, et al. Controlling the quantum stereodynamics of ultracold bimolecular reactions. Nat Phys, 2011, 7: 502.

[347] Greiner M, Regal C A, Jin D S. Emergence of a molecular Bose-Einstein condensate from a Fermi gas. Nature, 2003, 426: 537.

[348] Jochim S, Bartenstein M, Altmeyer A, et al. Bose-Einstein condensation of molecules. Science, 2003, 302: 2101.

[349] Zwierlein M W, Stan C A, Schunck C H, et al. Observation of Bose-Einstein condensation of molecules. Phys Rev Lett, 2003, 91: 250401.

[350] Bourdel T, Khaykovich L, Cubizolles J, et al. Experimental study of the BEC-BCS

crossover region in lithium 6. Phys Rev Lett, 2004, 93: 050401.

[351] Thalhammer G, Winkler K, Lang F, et al. Long-lived Feshbach molecules in a three-dimensional optical lattice. Phys Rev Lett, 2006, 96: 050402.

[352] Chin C, Grimm R, Julienne P, et al. Feshbach resonances in ultracold gases. Rev Mod Phys, 2010, 82: 1225.

[353] DeMille D, Sainis S, Sage J, et al. Enhanced sensitivity to variation of m_e/m_p in molecular spectra. Phys Rev Lett, 2008, 100: 043202.

[354] DeMille D. Quantum computation with trapped polar molecules. Phys Rev Lett, 2002, 88: 067901.

[355] Yelin S F, Kirby K, Côté R. Schemes for robust quantum computation with polar molecules. Phys Rev A, 2006, 74: 050301.

[356] Milman P, Keller A, Charron E, et al. Bell-type inequalities for cold heteronuclear molecules. Phys Rev Lett, 2007, 99: 130405.

[357] Xu P, Yang J H, Liu M, et al. Interaction-induced decay of a heteronuclear two-atom system. Nat Commun, 2015, 6: 7803.

[358] Deng S J, Shi Z Y, Diao P P, et al. Observation of the efimovian expansion in scale invariant Fermi gases. Science, 2016, 353: 371.

[359] Deng L Z, Liang Y, Gu Z X, et al. Experimental demonstration of a controllable electrostatic molecular beam splitter. Phys Rev Lett, 2011, 106: 140401.

[360] Chen T, Bu W H, Yan B. Competing valence bond and symmetry-breaking Mott states of spin- 3/2 Fermions on a honeycomb lattice. Phys Rev A, 2016, 94: 063415.

[361] Ji Z H, Zhang H S, Wu J Z, et al. Photoassociative formation of ultracold RbCs molecules in the. 2, 3 Π state. Phys Rev A, 2012, 85: 013401.

[362] Liu W L, Wu J Z, Ma J, et al. Observation and analysis of the hyperfine structure of near-dissociation levels of the NaCs state below the dissociation limit. Phys Rev A, 2016, 94: 032518.

[363] Liu W L, Wang X F, Wu J Z, et al. Experimental observation and determination of the laser-induced frequency shift of hyperfine levels of ultracold polar molecules. Phys Rev A, 2017, 96: 022504.

[364] Rui J, Yang H, Liu L, et al. Controlled state-to-state atom-exchange reaction in an ultracold atom-dimer mixture. Nat Phys, 2017, 13: 699.

[365] Qian J, Zhou L, Zhang K Y, et al. A review: enhanced anodes of Li/Na-ion batteries based on yolk-shell structured nanomaterials. New J Phys, 2010, 12: 033002.

[366] Huang Y, Zhang W, Wang G R, et al. Formation of $^{85}Rb_2$ ultracold molecules via photoassociation by two-color laser fields modulating the Gaussian amplitude. Phys Rev A,

2012, 86: 043420.

[367] Meng S Y, Liu J. Dynamics of ultracold atom-molecule conversion: the stimulated Raman adiabatic passage. Progress in Phys, 2010, 30(3): 280-295.

[368] Stellmer S, Pasquiou B, Grimm R, et al. Creation of ultracold Sr_2 molecules in the electronic ground state. Phys Rev Lett, 2012, 109: 115302.

[369] Moses S A, Covey J P, Miecnikowski M T, et al. Creation of a low-entropy quantum gas of polar molecules in an optical lattice. Science, 2015, 350: 659.

[370] Reichsollner L, Schindewolf A, Takekoshi T, et al. Quantum engineering of a low-entropy gas of heteronuclear bosonic molecules in an optical lattice. Phys Rev Lett, 2017, 118: 073201.

[371] Gorshkov A V, Manmana S R, Chen G, et al. Tunable superfluidity and quantum magnetism with ultracold polar molecules. Phys Rev Lett, 2011, 107: 115301.

[372] Yan B, Moses S A, Gadway B, et al. Observation of dipolar spin-exchange interactions with lattice-confined polar molecules. Nature, 2013, 501: 521.

[373] Simon D S, Jaeger G, Sergienko A V. Quantum Metrology, Imaging, and Communication. Berlin: Springer, 2017: 91.

[374] Fixler J B, Foster G T, McGuirk J M, et al. Atom interferometer measurement of the Newtonian constant of gravity. Science, 2007, 315: 74.

[375] Peters A, Chung K Y, Chu S. High-precision gravity measurements using atom interferometry. Metrologia, 2001, 38: 25.

[376] Ramos B L, Nagy G, Choquette S J. Electrochemical modulation of a waveguide interferometer. Electroanalysis, 2000, 12: 140.

[377] Krauss L M, Dodelson S, Meyer S. Primordial gravitational waves and cosmology. Science, 2010, 328: 989.

[378] Hariharan P. Optical interferometry. Rep Prog Phys, 1991, 54(3): 339- 390.

[379] Abbott B P, Abbott R, Abbott T D, et al. Observation of gravitational waves from a binary black hole merger. Phys Rev Lett, 2016, 116: 061102.

[380] Abbott B P, Abbott R, Abbott T D, et al. Observation of gravitational waves from a binary neutron star inspiral. Phys Rev Lett, 2017, 119L: 161101.

[381] Marton L, Simpson J A, Suddeth J A. Electron beam interferometer. Phys Rev, 1953, 90: 490.

[382] Möllenstedt G, Düker H. Fresnelscher interferenzversuch MIT einem biprisma für elektronenwellen. Naturwissenschaften, 1955, 42: 41.

[383] Rauch H, Treimer W, Bonse U. Test of a single crystal neutron interferometer. Phys Lett A, 1974, 47: 369.

[384] Cronin A D, Schmiedmayer J, Pritchard D E. Optics and interferometry with atoms and molecules. Rev Mod Phys, 2009, 81: 1051.

[385] Caves C M. Quantum-mechanical noise in an interferometer. Phys Rev D, 1981, 23: 1693.

[386] Xiao M, Wu L A, Kimble H J. Precision measurement beyond the shot-noise limit. Phys Rev Lett, 1987, 59: 278.

[387] Grangier P, Slusher R E, Yurke B, et al. Squeezed-light-enhanced polarization interferometer. Phys Rev Lett, 1987, 59: 2153.

[388] Aasi J, Abadie J, Abbott B P, et al. Enhanced sensitivity of the LIGO gravitational wave detector by using squeezed states of light. Nat Phot, 2013, 7: 613.

[389] Ma Y Q, Miao H X, Pang B H, et al. Proposal for gravitational-wave detection beyond the standard quantum limit through EPR entanglement. Nat Phys, 2017, 13: 776.

[390] Boto A N, Kok P, Abrams D S, et al. Quantum interferometric optical lithography: exploiting entanglement to beat the diffraction limit. Phys Rev Lett, 2000, 85: 2733.

[391] Nagata T, Okamoto R, O'brien J L, et al. Beating the standard quantum limit with four-entangled photons. Science, 2007, 316: 726.

[392] Boyer V, Marino A M, Pooser R C, et al. Entangled images from four-wave mixing. Science, 2008, 321: 544.

[393] Vasilakis G, Shen H, Jensen K, et al. Generation of a squeezed state of an oscillator by stroboscopic back-action-evading measurement. Nat Phys, 2015, 11: 389.

[394] Hosten O, Engelsen N J, Krishnakumar R, et al. Measurement noise 100 times lower than the quantum-projection limit using entangled atoms. Nature, 2016, 529: 505.

[395] Leroux I D, Schleier-Smith M H, Vuletić V. Orientation-dependent entanglement lifetime in a squeezed atomic clock. Phys Rev Lett, 2010, 104: 250801.

[396] Yurke B, McCall S L, Klauder J R. SU (2) and SU (1, 1) interferometers. Phys Rev A, 1986, 33: 4033.

[397] Hudelist F, Kong J, Liu C J, et al. Quantum metrology with parametric amplifier-based photon correlation interferometers. Nat Commun, 2014, 5: 3049.

[398] Gross C, Zibold T, Nicklas E, et al. Nonlinear atom interferometer surpasses classical precision limit. Nature, 2010, 464: 1165.

[399] Ou Z Y. Enhancement of the phase-measurement sensitivity beyond the standard quantum limit by a nonlinear interferometer. Phys Rev A, 2012, 85: 023815.

[400] Bollinger J J, Itano W M, Wineland D J, et al. Optimal frequency measurements with maximally correlated states. Phys Rev A, 1996, 54: R4649.

[401] Li D, Gard B T, Gao Y, et al. Phase sensitivity at the Heisenberg limit in an SU (1, 1) interferometer via parity detection. Phys Rev A, 2016, 94: 063840.

[402] Caves C M, Thorne K S, Drever R W, et al. On the measurement of a weak classical force coupled to a quantum-mechanical oscillator. I Issues of principle. Rev Mod Phys, 1980, 52: 341.

[403] Qiu C, Chen S Y, Chen L Q, et al. Atom-light superposition oscillation and Ramsey-like atom-light interferometer. Optica, 2016, 3: 775.

[404] Chen B, Qiu C, Chen S Y, et al. Atom-light hybrid interferometer. Phys Rev Lett, 2015, 115: 043602.

[405] Campbell G, Hosseini M, Sparkes B M, et al. Time-and frequency-domain polariton interference. New J Phys, 2012, 14: 033022.

[406] Raman C V. A new radiation. Indian J Phys, 1928, 2: 387.

[407] Chen L Q, Zhang G W, Bian C L, et al. Observation of the Rabi oscillation of light driven by an atomic spin wave. Phys Rev Lett, 2010, 105: 133603.

[408] Jia X J, Yan Z H, Duan Z Y, et al. Experimental realization of three-color entanglement at optical fiber communication and atomic storage wavelengths. Phys Rev Lett, 2012, 109: 253604.

第五章
奇异的原子分子团簇

第一节 研究目的、意义和特点

团簇（cluster）是由若干乃至数万个原子组成的结构相对稳定的微观聚集体。团簇可以通过热的原子或者分子蒸汽在稀有气体的气氛中与稀有气体原子碰撞冷凝而成，这一过程就像水蒸气在空气中冷凝成小水滴。由一定原子或者分子数组成的团簇就像是物质的胚胎形式在过去的几十年中成为研究的热点。

我们今天所了解的团簇可以追溯到 20 世纪 50 年代首次通过实验获得团簇的质谱及 20 世纪 60 年代通过低温下超声膨胀法（supersonic expansion）制备团簇束流。早期的团簇工作主要集中在分子团簇、稀有气体团簇，以及一些低熔点材料的团簇。在激光烧蚀技术（laser ablation）应用到团簇领域之后，元素周期表中的大部分材料的团簇的制备都可以实现。在 20 世纪 80 年代，过渡金属及难溶金属的团簇的制备就已经实现，甚至成功制备了两种和三种元素组成的多元素团簇。早期团簇的理论工作主要集中在现象学本质上及通过第一性原理计算很小原子数的团簇。随着计算机技术的发展，密度泛函理论（density functional theory，DFT）计算逐渐成为主流，团簇的计算能力也从几个原子提升至几千个原子。

合成和表征上千个原子组成的团簇的能力促使了一个新的领域的诞生，这个新的领域不仅仅在原子、分子、纳米颗粒和大块材料之间架起了一座桥梁，更将物理、化学、材料科学、生物、医学和环境科学等紧密联系。尺寸的限制和组成元素的可调节使得团簇具有不同寻常的物理和化学性质。在团簇的世界中，金属元素可以变得绝缘，半导体元素可以变成金属，非磁性元素可以获得磁性，不透明材料可以变得透明，惰性材料可以变得活跃。还有人提出可以通过改变团簇的尺寸及组成元素使得团簇获得类似原子的电子性质，这些团簇在当时被称作统一原子也就是现在所熟知的超原子，有望成为元素周期表的第三维度。由团簇代替原子形成的材料，可以为材料科学带来无限可能的新材料和新物质。

实现这一目标的第一步是要了解团簇的性质是如何随着其尺寸和组成元素而变化的，以及在什么情况下会恢复其块体的性质。团簇要多大才能重新组成晶体？金属团簇何时才能恢复其金属属性？团簇性质的演变是单调的还是随着尺寸变化而变化？原先预计通过系统地研究团簇的结构和性质随着其尺寸的变化来解释这些基础问题。但是在做了大量的工作之后，并没有看到这些问题的结果，反而涌现出了更多更难以解释的问题。

团簇科学研究的基本问题是弄清团簇如何由原子、分子一步一步发展而成，以及随着这种发展，团簇的结构和性质如何变化，当尺寸多大时，发展成宏观固体。若干个原子可以以一定的方式构成分子，但不一定是团簇，例如，八个 S 原子构成的环形分子和四个 P 原子构成的四面体 P 分子可在气相、液相和固相中以稳定的单元存在。团簇作为原子聚集体往往产生于非平衡条件，但却很难在平衡的气相中产生。对于尺寸较小的团簇，每增加一个原子，团簇的结构就会发生变化，此所谓重构。而当团簇大到一定尺寸变成大块固体的结构时，除了表面原子存在弛豫外，增加的原子不会使整体结构发生变化，其性质也不会发生显著改变，这就是临界尺寸，或叫作关节点。这种关节点对于不同物质可能是不同的，即使是相同的物质也可有不同的生长序列。

探讨某种物质从原子分子生长成固体的过程中，团簇所具有的各种序列是团簇研究的主要问题之一，理论上常通过原子对相互作用来讨论团簇中的原子排列及其稳定性问题。一般来说，能量最低的组态尽可能趋于密堆积排列。假定从双原子集合出发，逐步增大其原子数目，则可构成等边三角形和正四面体的团簇。当增加到第五个原子时，可能存在两种组态：一种是共面的双四面体，另一种是新增加的原子只和四面体的两个角键合。前者是宏观密堆积六角结构的核心，后者则可能发展为宏观的面心立方结构。双四面体键数较多，因而较为稳定，此时尺寸增大可以通过孪生来转变为面心立方结构，使所有的表面都是 {111} 型，从而降低其表面能。但当增大到六个原子时，向密堆积六角形结构演变的组态也遇到类似的困难。新增加的原子总是以和原有四面体共面的方式键合，因为这样在能量上更为有利。按照这种方式所形成的团簇不可能具有长程序，但由于键数较多，故其稳定性高。例如，用伦纳德-琼斯势或莫尔斯势计算团簇的稳定性时可以看出，当原子数目不大时，团簇以正二十面体和双五角锥体组构的能量最低。当原子数目较多时，这类无长程序的团簇则由于其键长不相等，稳定性将比正常密堆积结构的晶体低，从而发生弹性应变，并向正常晶态结构转变。实验中观察到，用惰性气体冷凝法沉积干衬底表面的金属团簇常呈现五角形、六角形和二十面体外形。虽然这类团簇尺寸较大，但电镜和衍射研究表明，它们多为面心立方结构的多重孪晶组态，与前面无长程序的团簇有相似之处，而与大块晶体的平衡态结构不同。当尺寸大于 15 纳米时，这种多重孪晶结构消失而变成单晶颗粒。

另一个团簇学界关心的问题是，固体的电子能带结构是怎样形成和发展的。图 5-1 表示出了 Si 电子能级随团簇尺寸和结构的演变。单个 Si 原子的电子能级是分立的，由 3s、3p 和 4s 组成；两个 Si 原子则结合在一起，其电子能级出现若干组态。随着原子数目增多，分立能级结合成能带，出现满带和未满带及两者间的能隙，这种转变出现在何处？最近研究表明，当团簇尺寸由大变小时，出现分立能级的尺寸不仅与团簇的原子组构有关，而且与载流子三维空间约束的状况有关。尽管有些半导体团簇的尺寸为几到几十纳米，团簇内部已是晶体结构，但仍然会出现分立能级的特征，这就是量子尺寸效应。

对于金属团簇，多少个金属原子构成的团簇具有金属性质是人们关注的重点之一。金属的主要特征之一是对光的响应。单个 Li 原子仅在可见光区（VIS）有一个尖锐的吸收峰，它是一个电子从 2s 态跃迁到 2p 态产生的。Li 晶的光吸收谱则完全不同，在远红外（IR）区吸收很强，可见光区出现最小，而到紫外（UV）区吸收强度又增强，并有精细结构，这是由带间跃迁

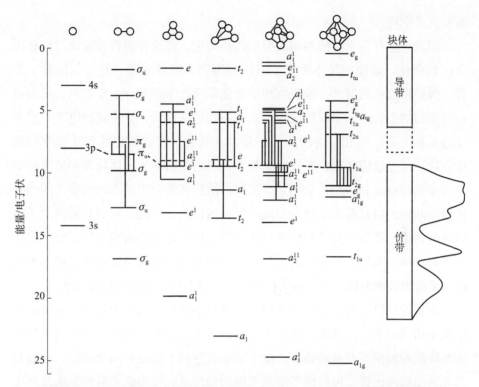

图 5-1　Si 电子能级随团簇尺寸和结构的演变图，理论计算采用休克尔近似

引起的紫外吸收增强。若从 Li 晶上切一小块 Li 微晶，它对光的响应是在可见光区出现一个较宽的单峰，这是由于外层电子的集体激发，即等离激元激发，它具有横向耦合性。而晶体中的元激发具有纵向特征，不会与光的横波耦合。单电子跃迁图像可以解释 Li 原子对光的吸收谱，但不能解释 Li 微晶对光的吸收特性。至于由几个到几百个原子构成的不同尺寸的 Li 团簇对光响应的特征又是怎样的呢？

　　为了便于理解这些与尺寸有关的现象，我们把原子到固体之间的尺寸大致分为四个区间，即分子、团簇、超微粒和微晶。团簇物理学是研究团簇的原子组态和电子结构、物理和化学性质、向大块物质演变过程中与尺寸的关联及团簇同外界相互作用的特征和规律的一门学科，它处于多学科交叉领域，其特点是把从原子分子物理、凝聚态物理、量子化学、表面物理和化学、材料科学甚至核物理学引入的概念和方法交织在一起，构成了当前团簇研究的中心议题，并逐渐发展成为一门介于原子分子物理和固体物理之间的新型交叉学科。

团簇广泛存在于自然界和人类实践活动中，涉及许多物质运动过程和现象，如催化、燃烧、晶体生长、成核和凝固、临界现象、相变、溶胶、照相、薄膜形成和溅射等，构成物理学和化学两大学科的一个交汇点，成为材料科学新的生长点。不仅如此，团簇的一些特殊性质，如团簇的电子壳层和能带结构并存，气相、液相和固相并存和转化，幻数稳定性和几何非周期性，量子尺寸效应和同位素效应都与环境和大气科学、天体物理和生命科学等许多基础科学和应用科学相关。另外，团簇作为介于固态和气态之间的一种过渡状态，对其形成、结合和运动规律的研究，不仅为发展和完善原子间结合的理论、各种大分子和固体形成规律提供了合适的研究对象，也是宇宙分子和尘埃、大气烟雾和溶胶、云层形成和发展等在实验室条件下的一种模拟，可能为天体演化、大气污染控制和人工调节气候的研究提供线索。

团簇理论研究将促进理论物理、计算数学和量子化学的发展。团簇是有限粒子构成的集合，其所含的粒子数可多可少，这就为用量子和经典理论研究多体问题提供了合适的体系。由于团簇在空间上都是有限尺度的，通过对其几何结构的选择，可提供零维至三维的模型系统。实验中对碱金属及其化合物团簇，测得了轨道量子数大于6的电子壳层结构，为量子理论在研究趋向经典极限时的特征提供了原子和原子核系统所无法提供的条件系统。

团簇的微观结构特点和奇异的物理化学性质为制造和发展特殊性能的新材料开辟了另一条途径。例如，团簇红外吸收系数、电导特性和磁化率的异常变化及某些团簇超导临界温度的提高等特性可用于研制新的敏感元件、储氢材料、磁性元件和磁性液体、高密度磁记录介质、微波及光吸收材料、超低温和超导材料、铁流体和高级合金等。在能源研究方面，可用于制造高效燃烧催化剂和烧结剂，并通过超声喷注方法研究其团簇的形成过程，为未来聚变反应堆等离子注入提供借鉴。

用纳米尺寸的团簇原位压制成的纳米结构材料具有很大的界面成分、高扩散系数和韧性，展示了新型合金的优点。团簇构成的半导体纳米材料也由于其在薄膜晶体管、气敏器件、光电器件等应用领域的重要性而日益受到重视。

离化团簇束沉积技术是近年发展起来的新型制膜技术，它不仅能生长通常方法难以复合的薄膜材料，而且还能在比分子束外延法所需温度低得多的条件下进行。目前这一技术已经被用来制备高性能金属、半导体、氧化物、氮化物、硫化物和有机薄膜等。

可以预见，随着团簇研究的深入发展及新现象和规律的不断揭示，团簇物理学必将具有更加广阔的应用前景。

第二节　国内外研究现状、特色、优势及不足

一、超原子团簇

（一）研究目的、意义和特点

在丰富多样的各种团簇中，有一类特殊的团簇，它们具有很好的稳定性，且具有与某种元素原子相似的化学行为，这种稳定的团簇被称为"超原子"。

在团簇研究的早期，如何解释离化团簇质谱实验中的幻数现象一直是本领域科学家关注的中心问题。借鉴核结构的壳层模型所提出的凝胶模型，为这一现象的理论解释提供了一个简单而有效的物理图像——团簇中所有原子的离子实可看成一个带均匀正电的背景球势，球的大小由团簇中的原子总数决定，原子的外层价电子以近自由电子气的形式在凝胶球内运动，其电子能级按壳层结构排布，若团簇的电子填充刚好为满壳层，则对应的团簇较为稳定，在质谱中出现幻数峰。1984 年，Knight 等[1] 采用球形凝胶模型成功解释了 Na 团簇中的幻数序（图 5-2）。由于稳定幻数团簇符合电子壳层的这种周期性排列，十分类似于化学元素在周期表中的有序排列，因此这类稳定金属团簇往往被称为准原子或巨原子[2]。

1992 年，Khanna 和 Jena[3] 以稳定 Al 团簇能组装晶体材料为出发点，提出了"超原子"（superatom）的概念。在这些超原子团簇中，电子轨道分布在整个团簇上，其形状和原子轨道非常相似，对应的能级可以根据分子轨道简并和空间对称性，使用与原子能级类似的壳层结构来标记（1S，1P，1D，2S，1F，2P，…）。

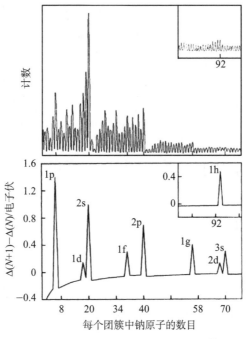

图 5-2　Na 团簇质谱及能量差分值[1]

因此，可以类似于原子组成晶体的方式，采用超原子团簇组装晶体材料。与原子不同的是，超原子的物理和化学性质可以通过尺寸和化学组成的选择进行定制，从而大大扩展了科学家在原子水平上设计和制造新材料的自由度。自此，超原子的理论与实验研究成为团簇和纳米科学的一个重要分支领域，引起了科学家的高度关注[4-8]。

（二）国际研究现状、发展趋势和问题

1869 年，门捷列夫在俄罗斯化学学会的报告中透露了他开发的元素周期律，用以说明当时已知元素性质的周期表。但是，直到 1897 年电子的发现和 20 世纪初量子力学的不断发展，人们才对这些元素的物理化学性质有了基本的了解。现如今虽然总会有新的短寿命元素被不断地添加到周期表中，但是天然存在的稳定元素数量还是保持在第 90 位水平上。因此，任何已经存在的新材料都是以这些原子为构建模块，并通过改变不同种元素的组分和实验技术来合成的。

事实上，"改变材料性质"的想法，最早是由 Feynman 在 1959 年美国物理学会的演讲中提出的。他认为，电子的量子限域可以使纳米颗粒具有不

寻常的性质，因此，有足够的空间"自下而上"地合成新材料。大约同一时间，科学家们在气相实验中实现了对原子/分子团簇中单个原子/分子的控制。20世纪80年代初发展起来的新实验技术也允许研究人员进一步调整其原子精细的组分。然而，随着 C_{60} 富勒烯的发现，以及随后在溶液中大规模地合成和组装，均证实了由团簇组成材料的性质非常不同于由原子组成的材料性质，例如，金刚石和锉石。如果新的稳定材料能够通过某种规则进行合成，其可能会代替周期表中已知的元素，并对材料科学的研究产生深远的影响。也就是说，团簇的性质不是原子的简单累加，各原子间有明显的协同效应。协同的内涵，可用图5-3来解释。

图5-3　左右两侧为简单累加的两种方式，中间是本调研中指出的协同内涵，即成为一个有机整体

可见，协同不是简单的步调一致，也不是各自独立，而是团簇中各个原子各自承担不同的"角色"，且相互"配合"，形成一个整体。因此，团簇的电子结构必然体现在团簇中的离域效果中，遵循量子力学规律。这也是与一般"纳米"及更大尺度系统的区别所在。

早在20世纪80年代，对于钠和铝团簇质谱实验就指出，只有特定原子数目的团簇才能被峰量获取（图5-4）。当然，那时候人们首先更多注意到了质量数的可能规律。

而事实上，不仅是金属团簇，后续的富勒烯类团簇，乃至硼烯类团簇都在特定的原子数目上出现质谱峰值。这些特点被汇总整理，于是导致我们大家所熟悉的"幻数"规则被提出。

对于科研工作者而言，是不会满足于经验总结的。从首个被报道的 Knight 团队对于钠和铝团簇的质谱实验开始，给出更为深刻的物理模型，就是一直努力的方向。为了解释这些"幻数团簇"的稳定性，一个简单的超原子模型被提出，即用一个电子密度分布均匀的球体来代替钠团簇。

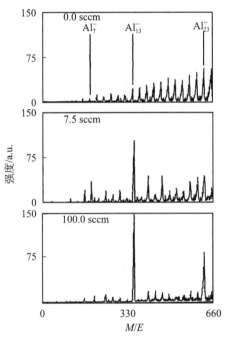

图 5-4 铝离子与氧刻蚀反应过程的系列质谱
sccm 为体积流量单位

由于钠团簇的 3s^1 电子被分别限域在量子化的轨道中，如 1S^2、1S^{2}1P^6、1S^{2}1P ^{6}1D^{10}2S^2、1S^{2}1P^{6}1D^{10}2S^{2}1F^{14}2P^6 等，因此连续的电子壳层的关闭（electronic shell closure）是幻数团簇稳定的主要原因。众所周知，稀有气体原子的电子壳层是封闭的，所以其化学性质相比于邻位原子是惰性的，因此也可以推断幻数团簇相比于它邻位的团簇，化学性质也应该是惰性的。这一推论在 1989 年被 Castleman 和他的同事证实，他们通过研究铝阴离子团簇与氧气的反应性发现［Al$_7$]，［Al$_{13}$]，［Al$_{23}$]阴离子团簇与氧气不发生反应（图 5-4）。需要注意的是，Al 都是 +3 价的，［Al$_{13}$]含有 40 个价电子，因此满足电子壳层关闭的规则。随后其他同核及异核团簇的质谱也都表明电子壳层关闭与团簇的稳定性是息息相关的。

进一步，为了描述多组分金属超原子团簇的电子结构特征，科学家们提出了"凝胶模型"（jellium model），也称为均匀电子气（uniform electron gas）模型。在此模型中，假定正电荷（即原子核）均匀分布在空间中，电子密度在空间上也是均匀的。该模型允许人们集中于电子的量子性质和它们的排斥相互作用，而没有明确地引入构成真实材料的原子晶格和结构。在物理学中，凝胶模型通常作为金属中离域电子的简单模型（属于半经验方法），其中它可以定性地再现真实金属的特征，如筛选、等离子体激元、Wigner 结晶和弗里德（Friedel）振荡等。其实，随着 Al 阴离子团簇和其他中性/离子团簇的研究被相继报道，足以证明凝胶模型能够有效地解释金属原子团簇的电子结构性质。并因其可作为超原子规律的唯象描述，带来了诸多系统理解的简化。

2004 年，Castleman 等[9] 在《科学》上报道了金属 Al_{13} 团簇具有类似卤素原子的强氧化特性，在实验中验证了超原子的概念。中性 Al_{13} 团簇的电子壳层排布是 $1S^21P^61D^{10}2S^21F^{14}2P^5$，与卤素原子的电子结构非常相似（图 5-5 和图 5-6）；同时，中性的 Al_{13} 团簇的电子亲和能是 3.57 电子伏，仅比 Cl 原子的（3.62 电子伏）略小，因此可以被看作是超卤素原子。

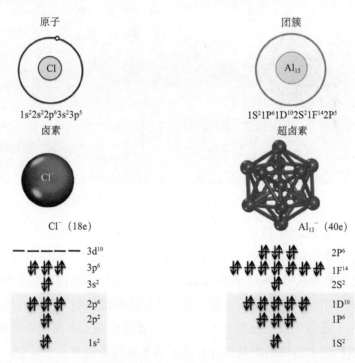

图 5-5 原子和原子轨道能级图　　图 5-6 超原子和超原子的分子轨道能级图

在此基础上，Castleman 和 Khanna 共同提出了建立"三维周期表"的设想[5]，即通过改变团簇的尺寸、结构、化学组分及带电状态，获得具有某些原子特性的"团簇元素",以此将常规的二维元素周期表拓宽到第三个维度去,为新材料和纳米器件的组装提供丰富的建构基元。2005 年,他们又在《科学》上报道了超原子 Al_{13}^- 和 Al_{14},并从理论上和在实验中证明它们分别具有惰性原子和碱土金属原子的特性[10]。此外,Al_7^- 超原子多价特性的发现[7] 更让人们相信:通过团簇尺寸、结构、带电状态及组分的调节完全有可能模拟出元素周期表中的大部分元素。到目前为止,Castleman 和 Khanna 课题组已从理论上或在实验中证实了多种超原子的存在,其相应的三维元素周期表如图 5-7 所示。

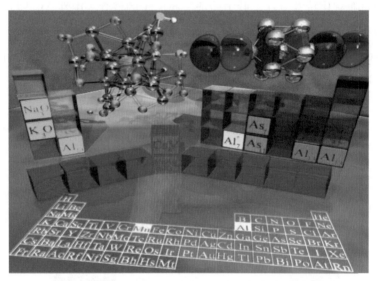

图 5-7　若干已从理论上或在实验中证实了的超原子 [5]

2003 年,Kumar 和 Kawazoe 还提出了磁性超原子的概念[6],他们预测了 $Mn@X_{12}$ 团簇(X=Ge,Sn),具有以 Mn 为中心的正二十面体结构,磁矩为 5 玻尔磁子,HOMO-LUMO 能隙为 1.1 电子伏,从原子结构和电子性质两方面团簇均展现出较高的稳定性。无论是磁性还是非磁性超原子,其理论出发点往往是基于金属团簇的凝胶模型,目的是通过拓展元素周期表的第三维度,为新材料和纳米器件的组装设计提供更为丰富的备选基元。其中,超原子的界定主要体现在:由若干原子组成的团簇具有与单个普通原子相似的电子壳层结构、化学特性或磁学性质。除此之外,超原子的概念还拓展到了纯金属团簇以外的体系。以下分别介绍一些研究方向和受到普遍关注的超原子体系。

1. 超卤素和超碱金属

超卤素（super-halogens）和超碱金属（super-alkalis）是超原子概念外延的一个重要分支。其界定分别以团簇的电子亲和能和电离能为依据。在元素周期表中卤素原子由于其 s^2p^5 的价电子结构而欲得到一个电子形成稳定的 8 电子结构，因此具有极高的电子亲和能：3.0～3.6 电子伏。其中，Cl 原子的电子亲和能最大。人们还发现某些团簇的电子亲和能由于幻数效应而远大于 3.6 电子伏，从而表现出"超卤素"的特征。可以看出，此处的"超"代表了团簇的电子亲和能超出了卤素原子的电子亲和能。

早在 1981 年，Gutsev 和 Boldyrev 就提出：可用通式 MX_{k+1}^- 来表示的化合物分子或团簇均具有超卤素特性[11]。1999 年，Wang 等[12]首次在实验中检测到 MX_2^-（M=Li，Na；X=Cl，Br，I）团簇的超卤素特征，并予以了理论计算解释。此后，人们以 MX_{k+1}^- 通式为研究主线，对大量阴离子团簇进行了理论计算和实验研究[13-15]，发现配体 X 的电负性对超卤素的电子亲和能起着至关重要的作用。此外，用亲电子基、类卤基和酸性基团代替卤素配体 X 也可以合成出一系列新型超卤素团簇，甚至飚卤素（hyperhalogens）团簇[16-18]。Jena 在综述以上研究的基础上绘制了由超卤素组成的三维元素周期表，如图 5-8 所示[19]。

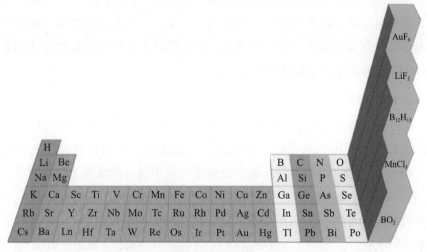

图 5-8　超卤素组成的三维元素周期表 [19]

在元素周期表中碱金属具有最低的电离势：3.9 ～5.4 电子伏。"超碱金属"团簇通常指具有比 3.9 电子伏更低的电离势，表现出超强的还原特性。较早，

Wu 等[20] 测出了 Li_3O 团簇的电离能为 (3.54 ± 0.30) 电子伏，从而在实验中证实了超碱金属的存在。1982 年，Gutsev 和 Boldyrev 等[21] 为超碱金属提出了结构通式：YM_{k+1}，其中 Y 代表主族或过渡属原子，M 代表碱金属原子，k 代表 Y 原子的最高负价。自此之后，多种类型的单核超碱金属在理论上和实验中得以证实，如 XLi_2（X=F，CI，Br，I）[22-24]、OM_3（M=Li，Na，K）[25,26]、NLi_4[27] 和 BLi_6[28] 等。这些研究主要集中在以非金属为中心，电负性原子为配体的单核超碱金属。2010 年，Anusiewicz 等[29] 在这些研究的基础上利用给电子基团取代中心原子周围的碱金属配体 M 设计出了一类新型双核超碱金属 Na_2X（X=SH，SCH_3，OCH_3，CN，N_3），这为设计出更多的超碱金属提供了新思路。

由于超卤素和超碱金属团簇特殊的氧化/还原特性，因此它们具有合成新颖复合物的潜在价值。近年来，Jena 课题组围绕超卤素和超碱金属团簇开展了一系列的计算设计[30-33]，扩展了超原子在太阳能电池、光电子学、储氢、锂电池等领域的应用。例如，利用超卤素和超碱金属分别替代钙钛矿碱卤化合物中的卤素和碱金属原子，能建构出奇异的钙钛矿太阳能电池材料，这为新型能源材料的设计研发开启了一条全新的路径[30]；若将 $(C_4H_9NH_3)_2PbBr_4$ 二维薄膜中的 Br 原子替换为超卤素 BH_4 团簇，其激子束缚能将随超卤素浓度的增加而增加，且最终 $\left[(C_4H_9NH_3)_2 Pb(BH_4) \right]$ 接近单层黑磷的激子束缚能，在光电子学方面展现出诱人的前景[31]；基于"已有商用锂电子电解质的阴离子部分均为超卤素团簇"的事实，Jena 课题组采用超卤素作为建构基元设计出了多种锂电池电解质[32,33]。

2. 磁性超原子

按照凝胶模型，超原子的存在依赖于通过配对电子形成满壳层结构所获得的高稳定性，因此这些超原子往往不具备磁性。针对如何设计磁性超原子，Khanna 等提出：如果使团簇的价电子壳层中包含局域和非局域两个"子空间"，那么局域价电子就可能发生自旋极化得到磁矩，而非局域价电子则填充壳层以确保团簇的高稳定性，从而得到稳定的磁性超原子[8]。根据这一设想他们从理论上预测了 $MnAu_{25}(SR)_{18}$、Cs_8V、$FeMg_8$、$FeCa_8$、VNa_8 等一系列磁性超原子[8, 34-36]，并于 2013 年首次在实验中证实了 VNa_8 磁性超原子的存在[37]。典型的磁性超原子如 VCs_8 中，V 原子上有局域的半满 d 电子（$3d^5$），具有 5 玻尔磁子的磁矩，剩余的 8 个电子形成满壳层的超原子电子态 $1S^21P^6$。

类似地，磁性超原子 $FeMg_8$ 团簇，超原子电子态为 $1S^21P^61D^{10}2S^2$，正好是
20 个电子满壳层，剩余的 4 个未成对的电子来自 Fe 原子的 d 态，团簇整体
上显现出 4 玻尔磁子的磁矩。受前面两类团簇的启发，多个研究组使用 3d 和
4d 过渡金属原子掺杂到 8～12 个碱金属或碱土金属原子中，设计出了一系
列的超原子磁性团簇，包括 ScK_{12}、$ScCs_{12}$、$MnSr_9$、$MnCa_9$、YK_{12}、$MnSr_{10}$、
$CrSr_9$、VLi_8 和 $TcMg_8$ 等，它们均具有 4 玻尔磁子或 5 玻尔磁子的磁矩，团簇
结构具有较高的对称性。这些兼具磁性、导电性和高稳定性的超原子将有望
为磁性材料和器件提供基本的构造单元，并在纳米电子学和自旋电子学领域
大显身手。

3. 有机配体包裹的贵金属团簇

超原子概念在有机配体包裹的贵金属团簇中的外延，可追溯到 2007 年
Jadzinsky 课题组[38] 在《科学》上报道了单层硫醇基包裹的 Au_{102} 纳米团簇的
结构信息，其分辨率达到了 1.1 埃。借用凝胶模型中的 58 电子壳层排布，他
们成功地解释了该团簇的稳定分离特性。团簇中每个 Au 原子贡献一个价电
子，共 102 个，其中 44 个电子被包裹在团簇外层的硫醇基所占有，剩下的
58 个电子正好符合凝胶模型中的满电子壳层结构。因此，人们常把这种被外
层有机分子钝化后，其电子填充符合凝胶模型中壳层结构的金属团簇也叫超
原子。例如，Häkkinen 等专门就符合 $8^{[39]}$、$20^{[40]}$、$58^{[41,42]}$、$138^{[43]}$ 电子壳层的
配体贵金属超原子开展了有关热稳定性、电子性质及光学特性的实验和计算
研究；江德恩等[44] 采用 DFT 方法优化得到了 2 个电子的最小硫醇基配体金属
超原子化合物。随后，配体金属超原子的掺杂改性研究也取得一定进展[45,46]。

4. 富勒烯团簇的超原子态

2008 年，Petek 课题组[47] 在《科学》上发表了这个方向的开创性工作。
他们利用扫描隧道显微镜（scanning tunneling microscope，STM）和密度泛函
理论（density functional theory，DFT）计算研究了铜表面 C_{60} 的球形结构与
未占据电子态之间的关系，发现 C_{60} 在费米能级 3.5 电子伏以上的未占据分子
轨道中有类似于原子的轨道，即超原子态出现。基于此，该课题组随后又采
用 DFT 计算研究了 C_{60} 分子在固体中的成键特性[48]。为得到应用意义上的类
似金属导电的分子固体，他们还深入研究了超原子态的一些影响因素，如富

勒烯团簇的尺寸、富勒烯组装分子材料的维度、金属原子的内外掺杂等。此外，Robey 等在 Ag(111) 面上也发现 C_{60} 具有超原子轨道[49]。

（三）国内研究现状、特色、优势及不足之处

在超原子的研究中，我国科学家也开展了一些有特色的工作，取得了一批令国内外学术界瞩目的成果。

大连理工大学赵纪军课题组对超原子团簇开展了较为全面的研究，在 2003 年首先提出了全金属原子构成 Na_6Pb 超原子团簇能够组装形成 fcc 晶体，具有一定的能隙，表现出半导体特性[50]；通过第一性原理全局搜索基态结构，在中等尺寸的单质 Cd，Li，Na 等团簇中，验证了电子能级结构和分子轨道空间分布的超原子特征[51-53]；研究了掺杂 $Al_{12}X$（X = B，Al，C，Si，P，Mg，Ca）团簇表面的 H_2 分子分解反应特性，证实掺杂团簇展现了超原子的催化特性[54]。

与此同时，赵纪军课题组与中国科学院化学研究所郑卫军课题组合作，结合团簇基态结构的第一性原理全局搜索和光电子谱学实验，研究了 V-Si 和 B-Si 两类二元混合负离子团簇，在其中发现了两个具有高对称结构和高稳定性的超原子团簇：$V_3Si_{12}^-$ 的电子计数满足韦德-明戈斯（Wade-Mingo）规则，具有 4 玻尔磁子的总磁矩和罕见的亚铁磁序[55]；而其总价电子数为 46 个的 $B_3Si_9^-$ 团簇呈现典型的 $1S^2 1P^6 1D^{10} 2S^2 2P^6 1F^{14}$ 超原子轨道特征，其中多余的 6 个价电子局域在 B—B 键骨架上[56]。

在超原子的概念和范畴扩展方面，中国科学家开展了大量原创性的工作。南京大学王广厚、万建国课题组将 Khanna 课题组提出的磁性超原子概念扩展到 4d 元素掺杂的金属团簇，发现了具有 5 玻尔磁子磁矩的 $TcMg_8$ 超原子[57]。安徽大学程龙玖与中国科学技术大学杨金龙提出了超价键的新概念[58]，即超原子可以共享价电子对和原子核形成离域的超价键，从而实现轨道闭合。他们以 Li 团簇为例，证明 Li_{14}、Li_{10}、Li_8 团簇分别可以类比于 F_2、N_2、CH_4 等简单分子。吉林大学王志刚等提出了锕系内嵌币族金属，基于 5f 价壳层与 ds 电子作用形成超原子的思想[59]，并进一步揭示了该类超原子团簇的表面增强拉曼的增强因子可达 10^4 量级，具有潜在的应用前景[60]。

近年来，中国科学家还陆续提出了一系列高对称、高稳定性的笼型团

簇，可以看作一类独特的超原子。例如，河北师范大学刘英等[61]提出了 20 个钪原子和 60 个碳原子组成的中空的 $Sc_{20}C_{60}$ "排球烯"（volleyballene），具有较大的能隙和高稳定性，还适合于进一步内嵌原子，引起国际学术界的关注。吉林大学王志刚等通过第一性原理计算和分子轨道分析，分别证实了 $U@B_{40}$ 和 $U@C_{28}$ 这两个内嵌笼型团簇均满足 "32 电子规则"，能够形成闭壳层超原子结构[62,63]。大连理工大学赵纪军课题组通过高角动量超原子轨道的分裂，成功解释了实验中观察的一类具有正二十面体三层嵌套结构团簇（如 $[As@Ni_{12}@As_{20}]^{3-}$ 和 $[Sn@Cu_{12}@Sn_{20}]^{12-}$）展现的 108 电子幻数，并据此预言了一系列球形超原子团簇，包括 $Sn@Mn_{12}@Sn_{20}$ 和 $Pb@Mn_{12}@Pb_{20}$ 两个磁性超原子[64]。

针对有机配体保护的贵金属团簇，湘潭大学裴勇等开展了一系列的理论研究[65-68]，提出了硫醇配体保护金纳米团簇的基本结构公式，并在此基础上发展了相应的团簇结构快速搜索方法，实现了复杂配体保护金纳米团簇的精确结构预测，系统阐明了硫醇配体保护金纳米团簇的成核生长机制，并发现了 $Au_{24}(SR)_{20}$ 和 $Au_{44}(SR)_{28}$ 等新型超原子团簇。

北京大学王前课题组在 "8 电子规则" 之外，利用凝胶模型、"18 电子规则"、Wade-Mingo 规则和 Hückel 芳香性规则分别设计出了 Al_3、$Mn(B_3N_3H_6)_2$、$B_9C_3H_{12}$ 和 C_5NH_6 四种新颖超碱金属团簇[69]。此类超碱金属具有很好的化学应用价值，能作为催化剂活化空气中的 CO_2。王前和李亚伟还系统地综述了国内外在超卤素和飚卤素研究方面的研究进展[70]。

自 Anusiewicz 等[29]利用给电子基团取代中心原子周围的碱金属配体 M，设计出了双核超碱金属之后，吉林大学李志儒等从理论上预言了多种新奇双核超碱金属，如 B_2Li_{11}[71]、M_2Li_{2k+1}[72] 和 M_2H_{2n+1}[73]。

由于超卤素和超碱金属团簇特殊的氧化、还原特性，因此它们具有合成新颖复合物的潜在价值。近年来，人们对超卤素-碱金属/超碱金属、卤素-超碱金属的相互作用机制产生了极大兴趣。吉林大学李志儒等做了一些开创性的工作，并首次提出 "超分子"（supermolecule）[74]的概念，即超原子化合而成的分子，如 BLi_6^+X（X = F，LiF_2，BeF_3，BF_4）[75]，$MBeX_3$（M= Li，Na；X= F，Cl，Br）[76]等。

尽管如此，与国际学科前沿相比，国内研究仍有一定的不足，主要在于缺乏重大创新性的成果，对本学科发展的引领不足。同时受到实验条件的限制，多数已开展的工作为理论研究，实验方面则缺乏光电子谱以外的实验手段对团簇的电子结构和磁性态进行表征，能够精确表征的团簇尺寸也偏小。

（四）对未来发展的意见和建议

超原子概念的提出至今已有 25 年，其研究的深入为团簇科学与纳米科技的发展带来了新的机遇和挑战。

迄今为止，"超原子"的概念并没有严格、统一的界定，还存在不同的看法和争议。然而，无论超原子的概念如何延展，它都集中表现出了这样两层内涵：①具有类似原子的某种特征；②可以作为新材料或纳米器件的建构基元。此外，用于组装新型材料和器件的超原子团簇，往往需要具备较高的结构稳定性，并在组装过程中能够保持团簇的个体性。

因此，未来的研究重点之一，仍将是寻找满足上述条件的新型超原子团簇，发展新型超原子的概念和设计规则，并在此过程中进一步扩展超原子团簇的范畴。随着计算方法特别是基于第一性原理的团簇全局搜索程序的发展和成熟，借鉴材料基因组学的研究思路，从理论上在较宽的尺寸和化学组分范围内设计更多的超原子已经成为可能。与此同时，随着尺寸选择的团簇束流技术的成熟和普及，对理论设计超原子团簇进行实验制备也成为可能。

在此基础上，另一个未来的研究重点，将是如何将超原子团簇组装成为功能性的新型纳米材料与器件。在这方面，国际上仅开展了少数的零星研究，还有很大的发展空间。例如，Park 等将尺寸/组分选择的 $Si_{10}W$ 超原子团簇淀积在表面成膜，并采用 STEM 和 EELS 等谱学手段研究了其结构和光学性质[77]；Pandey 课题组[35] 使用格林函数方法，研究了将 (VCs_8)-(VCs_8) 超原子团簇二聚体放在 Au 电极之间形成的三明治结构，从理论上证明了该体系能够实现 100% 的自旋极化输运，为磁性超原子在自旋纳米电子学中的应用提供了基础。在超原子团簇组装材料和器件的设计中，一个值得注意的问题是团簇之间的相互作用是否会破坏和影响其超原子特性。例如，Jena 课题组的计算表明：相邻 $Mn@Sn_{12}$ 团簇形成超原子二聚体时保持了完整的正二十面体结构，具有很好的稳定性，显示出作为结构单元构筑磁性超原子复合材料的应用潜能[78]。

综上所述，随着超原子研究的深入，人们将能够极大扩展对团簇和相关体系的理解和认识，丰富三维元素周期表，最终真正实现原子水平上的材料设计与制造。

二、配体保护的金属纳米团簇结构和生长规律

（一）研究目的、意义和特点

在原子论基础上，化学家们进一步提出了分子模型。路易斯在 1916 年[79]和朗缪尔在 1919 年[80] 提出的"8 电子规则"，成为现代化学的理论基础，是理解和解释主族元素分子结构稳定性和物化性质的基石。朗缪尔在 1921 年进一步提出了"18 电子规则"[81]，成功解释了过渡金属的成键和分子构成，对无机化学和金属有机化学做出了巨大贡献。1971 年，英国化学家 Wade 在解释硼烷团簇结构的过程中提出了"Wade 规则"[82]，经过 Mingos 的进一步发展，在解释小金属团簇结构和稳定性方面取得巨大成功[83]。

随着 20 世纪 80 年代以来实验技术的快速发展并进入纳米尺度，特别是21 世纪以来大量微米-亚微米-纳米的化学团簇被精确合成，如何理解这些新材料的结构稳定性、物化性质的多样性及是否可以被精确调控，成为化学家面临的一个重要课题。其首要亟须解决的问题就是在纳米尺度，团簇分子的结构和生长是否仍然遵循基本的化学规则。

（二）国际研究现状、发展趋势和问题

长期以来，巯基保护的金纳米团簇因其独特的结构和物理化学性质及其在电催化、纳米催化、生物传感、纳米药物等诸多领域有着广泛的应用前景而备受关注。在巯基保护的金纳米团簇中，团簇表面的巯基保护单元与金内核间（金硫键 Au—S）存在强的相互作用，从而导致团簇形成较为复杂的界面结构，如图 5-9 和图 5-10 所示。$Au_{102}(SR)_{44}$、$Au_{25}(SR)_{18}$ 及 $Au_{38}(SR)_{24}$（SR 表示巯基）等结构的成功解析[11-15]揭示了金原子在巯基保护的金纳米团簇中以两种不同的形式存在：团簇中间的内核为零价 Au 原子，且 Au 原子排列成高对称性的结构，而界面的金原子与巯基配体形成 $SR_n^{[AuSR]}$（其中 $n=1$, 2, …）的配体层结构。

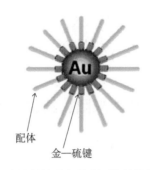

图 5-9 巯基保护的金纳米团簇的结构示意图

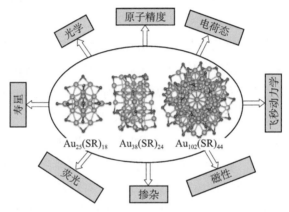

图 5-10 $Au_{102}(SR)_{44}$、$Au_{25}(SR)_{18}$ 及 $Au_{38}(SR)_{24}$ 的结构及其性质
黄色和红色分别表示金原子和硫原子，配位体 R 没有显示

20 世纪 70 年代以来，一系列小尺寸配体金团簇被成功结晶[84-93]。2007 年，美国斯坦福大学科恩伯格（Kornberg）（2006 年诺贝尔化学奖得主）研究组在《科学》首次发表了大尺寸巯基配体的 Au_{102} 纳米团簇的晶体结构[84]，成为该领域的突破性工作，掀起了对大尺寸配体金团簇的研究热潮。在随后 10 年中，美国卡内基-梅隆大学金荣超课题组[94-97]、美国密西西比大学 Dass 课题组、美国橡树岭国家实验室戴胜课题组等研究团队合成并表征解析了一系列中大尺寸的配体金纳米团簇的分子结构，使得系统研究金纳米团簇的结构规律成为可能[98,99]。在理论方面，英国化学家 Mingos 在 1976 年提出原子联合（united atom）模型，解释了 4～7 个金原子的结构稳定性，但他也指出该模型不能在更大范围内解释其他配体金团簇[100]。2008 年，芬兰物理化学家 Häkkinen 与合作者基于 Jellium 模型提出"超原子复合物模型"（superatom

complex model），成功解释了数个"幻数"配体金团簇结构（即价电子数为 2，8，18，20，34，40，58，…），指出其稳定性来自满壳层的价电子结构[101]。Pradeep、Whetten 及其合作者提出了博罗梅奥环图（Borromean-ring diagrams）来解释 $Au_{25}(SR)_{18}$、$Au_{38}(SR)_{24}$ 和 $Au_{102}(SR)_{44}$ 三个纳米团簇的稳定性[102]。Mpourmpakis 课题组通过分析大量巯基保护的金团簇的金核和配体保护层的结合能发现两者之间存在一个非常好的平衡，正是这种平衡确保了巯基金团簇的稳定性[103]。

虽然在巯基金团簇的结晶及结构稳定性的理论发展方面取得了很大的研究进展，但是到目前为止仍然有大量的金团簇的结构没有被解析出来，极大地妨碍了人们对金团簇的结构及其性质的理解。除此之外，目前用来理解金团簇的理论模型具有很大的局限性，并不能用来理解全部的巯基金团簇。

（三）国内研究现状、特色、优势及不足之处

巯基金团簇的研究在国内也取得了非常大的突破。我国清华大学王泉明课题组[104,105]、安徽大学朱满洲课题组[106,107]、中国科学院固体物理研究所伍志鲲等研究团队[99] 合成并表征解析了一系列中大尺寸的配体金纳米团簇的分子结构。在理论方面，安徽大学程龙玖、中国科学技术大学杨金龙及合作者提出了"超价键模型"（super valence bond model），解释了 $Au_{38}(AR)_{24}$ 的稳定性[108]。他们还同时提出"超原子网络模型"（superatom network model），利用 AdNDP 分析把多个中等大小的巯基金团簇拆分为 4 中心 2 电子的 Au_4 单元，从而来解释其稳定性[109]。在随后的工作中，湘潭大学裴勇课题组也运用该方法，解释了 $Au_{20+8N}(SR)_{16+4N}$ 系列团簇的稳定性，并预测了一维纳米链的可能性[110]。上海应用物理研究所的高嶷课题组在该领域也进行了一系列的理论研究工作。主要工作包括理论解释了 $Au_{102}(SR)_{44}$ 的堆积方式及配体稳定性[111]、与合作者纠正了 Kornberg（2006 年诺贝尔化学奖得主）研究组 2014 年在《科学》上发表的 $Au_{68}(SR)_{32}$ 的分子结构[112]、与实验组合作解释了炔基保护的 Au_{24} 团簇的结构稳定性[113]、理论预测了 $Au_{68}(SR)_{34}$ 的分子结构并提出了 263 个金原子是金纳米粒子性质从团簇到固体的转变点[114]、与合作者理论解释了两个新团簇的生长机制[115]并提出了一类基于

$Au_8(SR)_4$ 单元的生长机制[116]。基于上述一系列的研究工作，他们逐步认识到金纳米团簇在生长过程中可能并不像传统物理化学家所认为的是由一个一个金属原子随机生长而来，并不存在一个普适的化学规则；更有可能的是其具有一定的基本单元和生长模式，而团簇分子则是这些基本单元的聚集体（图 5-11）。

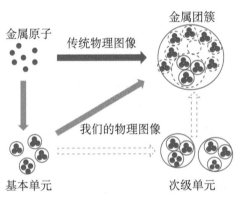

图 5-11　金属纳米团簇结构的物理图像

在此思想的指导下，高嶷课题组对 20 世纪 70 年代以来的所有配体纳米金团簇结构进行了仔细细致的分析，并借鉴了"8 电子规则"等电子计数规则（electron counting rule），提出了一个普适模型[117]，用于解释目前已知的所有配体金纳米团簇。

具体规则如下：

（1）双电子规则（duet rule）：定义了两种满足 2 个价电子满壳层结构的基本单元，三角形的 Au_3 和正四面体的 Au_4［图 5-12 (a)］。每个游离金原子携带 1 个价电子，在其和配体相结合，或者和基本单元相互作用时，部分金原子可以通过转移 0.5 个或者 1 个价电子来降低其所携带的价电子。这样每个金原子就呈现 3 种不同的电子价态：带有 1 个价电子的金原子被定义为 b（bottom）态；带有 0.5 个价电子的金原子被定义为 m（middle）态；带有 0 个价电子的金原子被定义为 t(top) 态。举例而言，对于 Au_4，如果每个金原子为 m 态，则 4 个 m 态金原子正好为 2 个价电子，满足双电子规则，所以是基本单元［图 5-12 (a) 的 T_9］。

（2）通过电子转移把配体和金核分开［图 5-12 (b)］。所有配体携带 0 个表观价电子，主要用于提供一个稳定的受限空间并调整金核的价电子数。金核通过和配体的相互作用，使其表面金原子带有不同的电子价态。

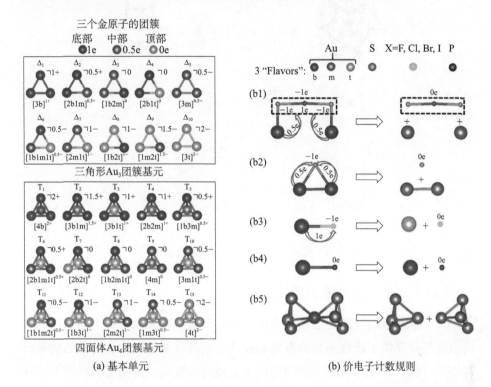

(a) 基本单元　　　　　　　　　　　(b) 价电子计数规则

图 5-12　两种满足 2 个价电子满壳层结构的基本单元（三角形的 Au_3 和正四面体的 Au_4）和配体与金核分离和金核内基本单元分割的电子计数方式 [117]

　　根据上述规则，以 $Au_{40}(SR)_{24}$ 纳米团簇为例，首先将其分解为 6 个 -SR-Au-SR 配体、3 个 -SR-Au-SR-Au-SR-Au-SR 配体、1 个倒三角锥的 Au_7 核和 1 个六角形 Au_{18} 核。Au_7 核和 Au_{18} 核可以进一步分别分解为 2 个 T_9 和 6 个 T_9。同样，至今已报道的 54 个晶体结构和 17 个可信的理论结构都可以按上述方法进行分解。基于结构分解，可以进一步看到配体金纳米团簇，可以理解为通过一个又一个基本单元（而不是一个一个原子）以一定方式堆积而成，配体对团簇起到了空间限制和电荷调节的作用（图 5-13）。

　　根据这个普适模型，不仅可以理解金纳米团簇的结构稳定性，还可以进一步理解其氧化还原性、局部反应活性位点、配体的选择性及可调性。同时还可以以此理论设计一系列具有目标结构和性质的金纳米团簇，为后续的实验合成提供理论模板。

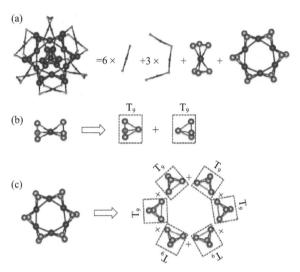

图 5-13　配体金纳米团簇的结构演化过程 [44]

（四）对于未来发展的意见和建议

（1）金纳米团簇的普适模型为探寻其他金属纳米团簇"自下而上"的结构组成规律提供了新视角，为有效调控及合成具有期望结构和性质的纳米材料提供可能。对配体金纳米团簇结构普适模型的建立，为在更大尺度上审视和理解其他金属纳米团簇的结构及生长规律提供了全新的视角。特别是近几年来，随着一系列大尺寸 Ag[118,119]、Pd[120]、AuAg[121] 等纳米团簇被结晶和精确表征，从中可以看到更多更丰富的团簇结构，也带来了更多的研究对象和问题。这些结构更为复杂、具有更多调节可能性的金属纳米团簇是否也遵循"自下而上"的结构演变规则，对于精确合成具有目标尺寸和目标性质的目标金属团簇具有直接的理论指导意义。

（2）发展结合盆地跳跃（basin-hopping）全局寻优算法、第一性原理算法和神经网络算法以及具有量子精度的普适分子力场。由于目前基于第一性原理的全局寻优算法只能有效处理 100 个原子以内的纳米体系，同时已有的分子力场不能够准确描述金属原子及金属原子与配体之间的相互作用，所以不能得到准确的团簇结构，因此把神经网络方法结合盆地跳跃和密度泛函的全局优化寻优方法，发展一种具有量子精度可用于不同纳米材料体系的普适分子力场是非常必要的，使其不受原子种类和结构的限制。

（3）构建金属纳米团簇数据库，并发展针对性的机器学习算法，有利于揭示金属纳米团簇的结构组成和演变的基本规律。可以通过采集实验数据、现有晶体库数据和文献数据，并进一步借助力场参数通过跳跃算法产生的大量稳定的理论团簇结构，进行数据的清洗和预处理，构建小的金属纳米团簇结构数据库。然后进一步把这些纳米团簇的电子结构、光谱数据、配体类型、合成条件等各种信息及通过第一性原理计算的相关数据加入，构建一个较为完整的金属纳米团簇数据库。基于上述数据库，可以进一步发展针对性的机器学习算法，使其能够对纳米团簇的元素种类、配体类型、价电子数、结构单元等拓扑结构和基本电子信息进行高通量的分类学习，以期能够从复杂纷繁的团簇结构中得到更为共性的普适规律，如基本结构单元、电子匹配规律、单元的堆积模式等。然后进一步依据上述规律，理论设计具有期望物化性质的稳定团簇结构，并通过第一性原理及从头算分子动力学验证其可靠性。

（4）结合第一性原理、分子动力学、后哈特里-福克［postHF（Hartree-Fock）］及动力学蒙特卡罗方法研究不同环境下的金属纳米团簇的物理化学性质。在确定真空及在环境下的金属团簇基本结构以后，综合运用第一性原理、分子动力学和后哈特里-福克等方法研究其基本物理化学性质，包括其光学、电学和磁学性质，并进一步探寻结构变化可能导致的界面反应的可能路径和机理（如水分解反应、水汽变换反应等），并通过动力学蒙特卡罗方法来确定其微观反应的动力学路径和性质，一方面可以更深刻地理解催化反应的机制和潜在优化途径，另一方面也可以通过建立的金属纳米数据库更快速地搜索潜在的目标体系。

（5）手性配离子诱导下团簇结构的演化和手性光学性质研究。采用手性配体直接合成或后配体诱导的方法合成具有手性结构的金属纳米团簇，应用 X 射线单晶衍射、X 射线吸收精细结构谱研究手性配体对于金属-有机界面结构的影响规律，探索金属纳米颗粒手性结构的起源，发展金属团簇应用于手性化合物的手性检测、传感的方法。近年来，我国科学家在团簇手性方面取得了系列进展。我们组研究了非手性的金纳米团簇与手性配体之间的配体交换行为，发现手性配体可以有效地诱导金属-有机界面结构的手性化排列[122]；通过对前线轨道的分析，揭示手性配体对于团簇手性光学性质的影响。

厦门大学郑南峰课题组通过混合手性阴离子与外消旋的金属纳米团簇，系统研究了手性阴离子对于外消旋团簇中一种构型的选择性保护行为，实现了团簇的手性拆分；同时研究表明，非接触性手性配离子可以诱导非手性配体保护的金属纳米团簇手性化。反应初期引入手性配离子可以实现单一手性构型团簇的合成[123]。最近，清华大学王泉明课题组的研究表明，配离子不仅可以起到电荷平衡的作用，同时可以与键合能力较强的配体协同保护金属纳米团簇[124]。未来拟进一步开展相关工作，揭示配离子与不同配体协同保护金属纳米团簇的机制。研究手性配离子与外消旋团簇之间的配体交换行为，对配离子在团簇界面快速吸附-解离过程进行动力学测量。利用团簇高摩尔吸光系数的优势，实现对于手性化合物的快速检测。

（6）细胞微环境检测。细胞微环境的相互作用与重大疾病、发育有着直接关系，系统地研究微环境变化对于细胞生长、发育、分化、迁徙及病变的各种过程，从微观层面上了解各种疾病的发生机理，将有助于从化学角度了解生命过程，为药物设计、疾病治疗提供有效的手段。近年来，我国科学家在细胞微环境检测方面取得了重要进展。中国科学与国家纳米中心的研究团队通过组装/聚集诱导滞留效应，利用细胞自噬过程中产生的自噬酶调控高分子探针的解聚过程，实现了通过化学手段对细胞自噬过程的实时原位追踪[125]。德国的科研团队将氨基酸保护的金纳米团簇标记到癌细胞中，通过改变细胞温度，观察到团簇荧光寿命随时间的变化，实现了细胞温度的实时监测[126]。研究表明，细胞中亚细胞结构单元的微环境也许远高于传统认知，例如，线粒体的温度可以高于人体温度约13摄氏度，这意味着很多基于原环境设计的靶向分子及精准医疗方案需要进行进一步修正。因此，对于细胞微环境的准确检测有着重要的科学意义，是非常重要的研究领域。金纳米团簇具有优秀的光稳定性、较低的生物毒性。同时，高摩尔吸光系数及超小尺寸的特性表明金纳米团簇在生物医学领域，特别是小尺寸亚细胞单元中的标记具有先天优势。然而，将精确结构金纳米团簇应用于亚细胞单元的微环境检测还处于起步阶段，需要广大科研工作者共同的努力。

三、金属掺杂的半导体团簇

（一）研究目的、意义和特点

硅元素和锗元素是重要的半导体材料，它们在电子工业、半导体工业及新能源产业得到了广泛的应用。半导体材料的大规模集成电路特征工艺线宽已经达到纳米级。研究表明硅、锗所形成的纳米线或纳米管具有很好的半导体稳定性、电子传输特性及更低的场发射开启电压。经过特殊处理后的半导体纳米线、纳米管甚至具有更优越的电学性能，在纳米电子器件、传感器、场发射器件及光电子器件领域将有广泛的应用前景[127-129]。

目前人们得到的硅、锗纳米管表面是折叠结构，沿着轴线方向直径存在周期性的波动，并且管壁较厚，空心部分很小，如何制备均匀的薄壁和单壁半导体纳米管是一个非常具有挑战性的问题。近年来的一系列研究表明，采用金属原子对半导体团簇进行掺杂，或许可以改变硅、锗原子的成键方式，从而维持半导体管状和笼状结构的稳定性，进一步得到具有特殊结构和性质的材料。尽管人们通过无机合成等方法制备了一些金属掺杂的半导体纳米材料[130,131]，但是，总地来说，对其微观结构和性质知之甚少，也难以获得结构和形貌理想的宏观量样品。因此，非常有必要探索金属掺杂的半导体团簇的制备方法，并深入研究其结构和性质。研究不同种类和数量的金属对半导体的笼状结构产生何种影响，从而发现其中一些超常稳定的特殊团簇，并确定半导体团簇需要掺杂何种金属才能更加有效地制备管状、笼状结构，为金属掺杂半导体纳米材料的制备和表征提供重要信息。在对其结构和性质深入了解的基础上，重点关注那些结构和性质特殊的半导体团簇，探索对其进行宏观制备的可能性。

（二）国际研究现状、发展趋势和问题

碳元素可以形成富勒烯[132,133]和石墨烯[134]，富勒烯的发现获得1996年诺贝尔化学奖，石墨烯的发现获得2010年诺贝尔物理学奖。硅、锗与碳元素在元素周期表中同处一族，但是成键的方式差异很大。碳原子间成键时倾向于sp、sp^2杂化（金刚石除外），容易形成管状、笼状和层状结构；而硅、锗原子之间成键时倾向于sp^3杂化，难以形成类似的结构。人们一直非常感兴

趣：如何才能像制备富勒烯和石墨烯那样，制备出笼状和二维层状的半导体材料。为了保证硅、锗半导体的管状、笼状和二维层状结构的稳定性，从而得到具有特殊性质的半导体纳米材料，可能的有效办法是对半导体团簇进行掺杂，通过加入金属原子改变硅、锗原子的成键方式来维持其结构的稳定。在半导体团簇中加入金属原子，不仅有助于稳定其管状、笼状和层状结构，更重要的是金属掺杂后能改变团簇的物理化学性质，获得某些具有特殊性质（如巨磁电阻、高电导率等）的新材料。

人们已经对金属掺杂半导体团簇进行了一系列的理论研究[135-157]，主要是通过密度泛函理论结合构型搜索方法，如分子动力学方法、遗传算法、粒子群优化算法、蒙特卡罗方法、模拟退火法、拓扑学原理等，研究团簇的基态结构、构型演化及物理化学性质。与此同时，人们在实验中也进行了一些尝试。欧洲鲁汶大学的 Lievens 小组通过氩原子吸附技术结合红外多光子解离揭示了部分过渡金属掺杂的硅团簇在何种尺寸下开始出现笼状结构，发现了诸如具有高对称性多面体（Frank-Kasper）笼状结构的 VSi_{16} 团簇（图 5-14）[158-162]。美国约翰霍普金斯大学的 Bowen 小组[163-165] 通过负离子光电子能谱技术对 Gd、Ho 等镧系金属掺杂的硅团簇进行研究，发现镧系金属

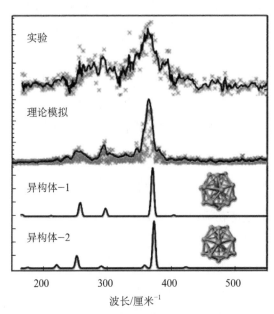

图 5-14　$V@Si_{16}$ 红外谱和多面体结构[160]

的 f 电子并没有过多地参与成键，因此镧系金属对团簇的磁矩有很重要的影响。这一发现对于发展硅基磁性材料具有重要参考价值。日本庆应义塾大学的 Nakajima 小组对 MSi_n^-（M = Sc，Ti，V）团簇进行了光电子能谱和吸附反应研究[166-168]。他们的研究结果发现，$Ti@Si_{16}$ 团簇是满壳层的多面体结构，具有较宽的 HOMO-LUMO 能隙（1.90 电子伏）。他们利用磁控溅射方法在石墨基底制备 $Ta@Si_{16}$ 团簇，通过氧气测试 $Ta@Si_{16}$ 纳米团簇的稳定性和化学活性[168]，发现高温下（<700 开）仍然具有较好的热稳定性（图 5-15）。这些研究结果表明，半导体团簇的结构、生长方式及性质与掺杂金属有很大关系。因此，选择合适的掺杂金属对于构建半导体纳米材料具有至关重要的作用。

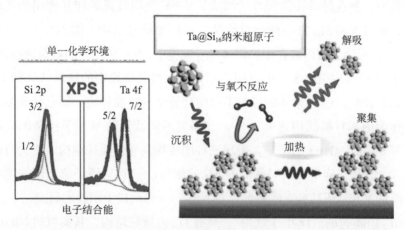

图 5-15　$Ta@Si_{16}$ 超原子团簇的 X 射线光电子能谱（XPS）和热稳定性[42]

　　国际上这些研究主要关注小尺寸的单个金属原子掺杂半导体团簇的结构和性质，对于多个金属原子掺杂的大尺寸团簇关注不多。多个金属原子掺杂的半导体团簇，与半导体纳米线和纳米管及高性能锂离子电池负极材料的制备密切相关。然而，在实验方面，国际上除了个别小组做过一些质谱和吸附实验研究之外，基本没有涉及多个金属掺杂半导体团簇的研究。对于多个金属掺杂的硅、锗半导体团簇，随着硅、锗原子数目的增加，在何种尺寸时可以形成多个金属内嵌的笼状结构和形成机理，以及多个掺杂原子共存时原子之间的成键性质是怎样的，目前尚不清楚。由于多个金属掺杂半导体团簇的相关实验数据较少，关于团簇的内嵌笼状结构形成机理还无法从实验中给出合理的解释。诸如此类问题归根到底是要弄明白金属原子与硅、锗原子如何相互作用及它们之间的成键机理。

（三）国内研究现状、特色、优势不足之处

为了认识金属掺杂硅、锗半导体团簇的结构和物理化学性质，中国科学院化学研究所、北京大学工学院、大连理工大学，以及其他一些研究机构的科研人员在这一领域进行了一系列探索[169-186]。他们利用负离子光电子能谱技术对小尺寸 Sc_2Si_n 和 V_2Si_n（$n=2\sim6$）团簇的结构和成键性质做了研究，发现 V—V 比 Sc—Sc 之间的作用力要强，V—V 更容易成键，并且发现 V_2Si_6 团簇具有类似环己烷的结构[169,170]。对中等尺寸的 V_2Si_n（$n=7\sim20$）团簇展开进一步研究，发现随着团簇尺寸的增大，V—V 之间较强的相互作用仍然可以保持，而且 $V_2@Si_{20}$ 是一种高对称性的富勒烯硅笼结构（图 5-16）：这种结构以 V_2 二聚体为核内嵌在十二面体 Si_{20} 硅笼中，V—V 之间的电荷密度最大。$V_2@Si_2$ 这种结构很稳定，可以用它作为基元组装成稳定的珠链状硅纳米线。研究结果表明，V_2 二聚体的掺杂不仅使硅笼结构更加稳定，而且使硅笼更适合于作为纳米材料的构建单元[177]。在研究不同数量的 V 原子掺杂的硅纳米团簇 V_nSi_{12}（$n=1\sim3$）时[176]，发现三种团簇均具有六棱柱结构，更为有趣的是 V_3Si_{12} 的基态构型是高对称的 D_{6d} 轮式结构，三个 V 原子位于团簇的中轴线，而且 V_3Si_{12} 还具有亚铁磁性。对 $NbSi_n$（$n=3\sim12$）团簇的研究[181]，发现 $Nb@Si_{12}$ 团簇满足"18 电子规则"，具有 D_{6h} 六棱柱结构，其离域的 $NbSi_{12}$ 的相互作用稳定了高对称性的几何构型，这种稳定的结构单元体对于组装金属掺杂的硅基材料具有重要的参考价值。此外，还对金原子掺杂的锗团簇进行了研究，发现 $AuGe_{12}$ 团簇是一个冰晶体的结构（Ih）高对称性的正二十面体结构，其中 Au 原子位于 Ge_{12} 正二十面体结构的中心，并且团簇具有超卤素性质和 3D 芳香性[183]。这些研究结果表明金属掺杂的硅、锗半导体团簇具有很多令人意想不到的特殊结构和性质。总地来说，国内相关的研究小组致力于发展低成本的制备金属半导体团簇的实验方法，采用负离子光电子能谱技术对特定尺寸的团簇进行光谱研究，结合理论计算，认识金属掺杂的半导体团簇的几何结构和能级结构信息，获得金属与硅、锗半导体团簇之间的相互作用规律，确定半导体团簇在掺杂金属之后会形成何种笼状结构，并寻找某些超常稳定和特殊性质的团簇。这些研究获得的信息和规律，将有助于人们

选取合适的金属作为掺杂剂，稳定团簇的管状、笼状和层状结构，制备结构特殊的纳米组装新材料，同时探索掺杂半导体团簇的电荷转移、电导率、磁性等性质与构型演化之间的密切关系，有助于人们科学认识金属与硅、锗半导体元素的相互作用和成键规律，同时也能够为制备团簇组装的新型纳米材料提供参考。

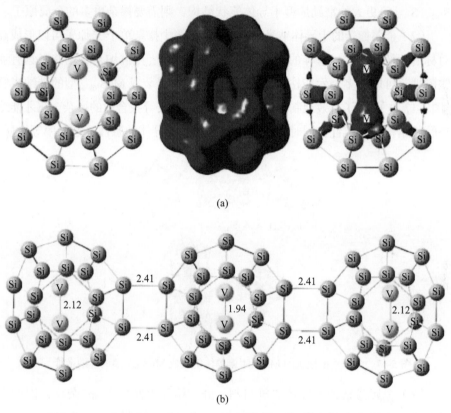

图 5-16　$V_2@Si_{20}$：一种对称性的富勒烯型硅笼

（四）对未来发展的意见和建议等

未来金属掺杂半导体团簇的研究将会朝着大尺寸、多金属掺杂的方向发展，最终目的是像制备富勒烯、石墨烯那样制备半导体纳米笼、纳米管、二维层状材料。为了进一步制备并深入研究金属掺杂的半导体团簇，建议从三个方向对金属掺杂的半导体团簇进行研究。

（1）富勒烯型的半导体笼状结构：例如，在 Si_{20} 团簇中掺杂两个金属 V

原子，可以制备最小尺寸的硅富勒烯团簇 $V_2@Si_{20}$，将多个这样的单体组装起来，则可以获得珠链状的 $(V_2@Si_{20})_n$ 半导体纳米团簇。为了制备出更大尺寸的富勒烯型的半导体团簇，需要掺杂更多的金属原子从而维持笼状结构的稳定性。例如，为了稳定 Si_{60} 的富勒烯笼状结构，需要掺杂四个金属 V 原子（图 5-17 左），从而得到类似 C_{60} 的 $V_4@Si_{60}$ 内嵌型笼状结构，而为了稳定 Si_{80}、Si_{100} 等更大的富勒烯型半导体笼状结构，则需要掺杂更多的金属原子。

（2）金属掺杂的半导体纳米管：在 Si_{12} 团簇中掺杂单个 V 原子可以形成高对称的六棱柱结构，这样的单体可以组装成 V_nSi_{6n+6} 型硅纳米管，并且具有亚铁磁性。可以将多个六棱柱状的 MSi_{12} 团簇单体组装成 $MnSi_{6n+6}$ 型的硅纳米管（图 5-17 右）。为了有效地制备半导体纳米管，需要寻找合适的掺杂金属才能维持管状结构的稳定性，同时掺杂金属能够调节半导体的磁性、电导率等性质。

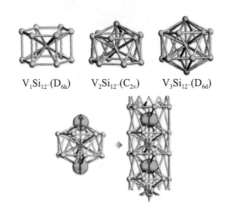

$V_1Si_{12}\text{-}(D_{6h})$　　　　$V_2Si_{12}\text{-}(C_{2v})$　　　　$V_3Si_{12}\text{-}(D_{6d})$

图 5-17　多个六棱柱状的 MSi_{12} 团簇单体组装成 $MnSi_{6n+6}$ 型的硅纳米管[169]

（3）金属掺杂的半导体二维材料：硅、锗元素倾向于 sp^3 杂化，因此不易形成平面型结构的半导体。近年来，尽管有报道称制备了蜂窝状的二维准硅烯[184]，但是，若想获得完美的硅烯平面结构，则需要掺杂金属原子提高半导体中的 sp^2 杂化，从而获得二维平面型的半导体团簇。

除此以外，实验中对金属掺杂的半导体团簇进行制备、表征仍需要解决很多技术问题，建议在技术上从以下两方面入手。

（1）富勒烯型的半导体笼状结构：例如，在 Si_{20} 团簇中掺杂两个金属 V 原子，可以制备最小尺寸的硅富勒烯团簇 $V_2@Si_{20}$，将多个这样的单体组装起来，则可以获得珠链状的 $(V_2@Si_{20})_n$ 半导体纳米团簇，如图 5-18 所示。

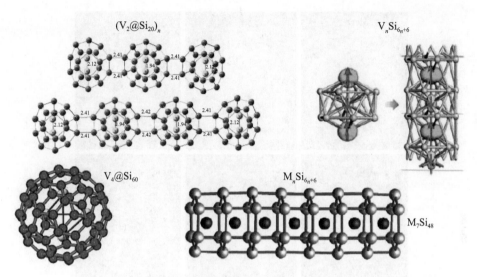

图 5-18　富勒烯型硅笼与硅纳米管组装[170]

（2）发展高分辨的光谱表征手段。随着半导体团簇尺寸的增大，可能的异构体和体系电子数目的增加等都将导致光电子能谱和红外光解离谱的谱峰更加密集，从而增加了光谱解析的难度。因此，需要进一步发展高分辨的光电子能谱技术和红外光谱技术。同时，还要发展异构体识别技术，利用异构体电子亲和能的不同，采用不同波长的激光对异构体进行逐个区分，分步逐个采集不同异构体的谱图。

四、团簇热力学

（一）研究的意义和特点

古典热力学以宏观系统为研究对象，自 17 世纪以来，科学家们已成功构建了热力学的完备公理化体系。将热力学推广至有限小系统是近 30 年来的研究前沿[185-194]。由几个乃至上百个原子组成的团簇，作为纳米结构和材料的基准系统，是原子分子物理领域备受关注的有限小系统。理论学家基于微正则系综理论预言[195,196]，团簇会随着激发温度的增加逐步发生结构相的转变（如图 5-19 是孤立 C_{60} 分子的结构相随激发温度的演化[194]），并且在每步转变的过程中呈现出奇异的热力学现象。这些发生在团簇中的奇异现象严重违背了热力学极限条件，正在广泛地影响着人们已建立起的热力学概念。

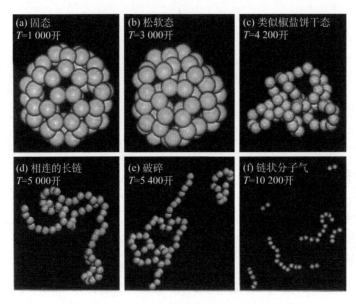

图 5-19 C_{60} 分子的结构相随激发温度的演化 [194]

通过改变团簇的激发能研究团簇的热力学性质和发生在其中的热力学现象具有重要的科学意义。极端环境下团簇的热力学性质发生突变时通常与其自身的结构调整相关联,本研究可为人们直观认识团簇的形成、结构和稳定性提供一条有效途径;理论计算有限小系统的热力学性质时通常由微正则系综出发,目前针对有限小系统的热力学理论框架正在构建之中[197],本研究对正确建立这一新型理论具有重要的指导意义;此外,原子核和疏散星团是其他领域所关注的有限小系统,尽管它们与团簇在空间尺度和相互作用力方面具有很大差异,但是表现出的热力学现象却惊人的相似[198, 199],因此,本研究还能够与一批核物理和天体物理相关课题形成互动。

（二）国际研究现状、发展趋势和前沿问题

极端条件下团簇呈现的奇异热力学性质及发生在其中的结构相变到目前为止仍然是团簇物理领域所关注的前沿问题。从 20 世纪中期团簇这一新的物质层面被关注以来,实验和理论物理学家就为此付出了大量的努力。直到 20 世纪末和 21 世纪初,从实验方面人们在该领域取得了较为丰富的成果。例如,团簇经历由固态到液态和液态到气态的转变过程中,团簇小系统表现了奇异的多步相变[200] 和负热容现象[191]。

团簇物理蓬勃发展的过程中，1990 年，大量合成 C_{60} 分子工艺的实现功不可没[201]。碳富勒烯分子（C_{60}/C_{70}）的异常结构稳定性和奇特物理化学性质，决定了它们具有广泛的应用前景和极好的实验室可操纵性；同时它们在团簇物理领域承担起探索有限小系统普遍性热力学现象和规律的重要使命。自 20 世纪 90 年代，科研工作者开展了大量的有关它们热力学性质和稳定性的研究[194,202-204]，并粗略地绘制出固体 C_{60} 的 p-T 相图（图 5-20）。绘制团簇的热能曲线是研究团簇热力学性质和结构相变的关键，然而，实验中准确测定沉积到孤立小系统中的热能一直存在困难。这一现状导致了研究孤立碳富勒烯分子的热力学性质随外部环境温度（尤其是低于 1000 开）的演化进展缓慢。人们描述处于环境温度低于 1000 开下稳定碳富勒烯分子的热力学状态时，不得不采用一个热平衡假设，即假设它们的内部与外部环境具有相同的温度。目前，人们对稳定 C_{60} 分子的基本热力学性质的认知仍来自热平衡理论预言的 C_{60} 分子的热能曲线（图 5-21）。曲线的斜率对应 C_{60} 分子的最重要的热力学参量——热容。然而，基于热平衡假设，早期实验室观测到的诸多碳富勒烯分子的温度行为（如 700 摄氏度时固体 C_{60} 发生热分解（thermal decomposition）[206]，600 摄氏度时气相 C_{60} 发生开窗[207,208]）和太空探测到的 C_{60} 红外光谱[209-211] 无法得到合理的解释。这主要归因于碳富勒烯分子的热能曲线这一重要实验数据的缺失。因此，发展数据分析方法和实验技术，实现有限小系统的绝对热能随外部环境温度的实验测定，是国际上正在寻求突破的前沿问题之一。

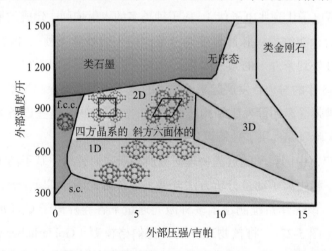

图 5-20　固体 C_{60} 分子随外部温度（T）和外部压强（p）的相图 [205]

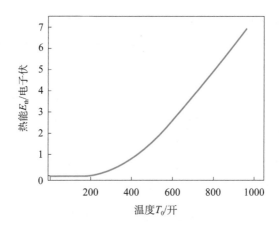

图 5-21　热平衡假设下理论预言 C_{60} 分子的热能曲线 [206]

（三）国内研究现状、特色、优势及不足之处

在团簇热力学发展的近 40 年间，人们一直努力通过发展新的碰撞技术，控制沉积到团簇内环境中的激发能和激发温度；并通过发展新的数据分析和探测技术对这两个关键物理量进行精确测定。采用不同脉冲宽度、不同波长的光源和重离子加热团簇可有效制备处于高激发态的母体，受激母体进而发生固态-液态-气态的转变。通过改变激光或者入射离子参数可有效控制沉积到母体的激发能，从而控制母体处于结构转变过程中的不同阶段。中国科学院近代物理研究所建成的大科学装置——兰州重离子加速器，能够提供能量范围宽（百电子伏到兆电子伏）、离子种类多的入射炮弹；建成的原子离子激光实验平台，能够提供脉冲宽度调节范围广（纳秒到飞秒）、波长范围调节范围大（红外到紫外）的激光光束；中国科学院近代物理研究所马新文课题组通过近 15 年的努力，发展起来的先进的离子速度成像探测技术，可很好地用来测定携带受激团簇发生结构转变信息的反应产物。这些设备为开展团簇热力学的实验研究提供了独特设备优势。

2011 年，中国科学院近代物理研究所马新文研究组，基于离子原子激光实验平台，利用离子动量分析方法开展了纳秒激光诱导 C_{60} 分子的碎裂相变研究[212,213]。该工作系统测量了多种激光通量下各碎片离子 C_n^+（$n \leqslant 58$）的动量分布（图 5-22），将核物理中的戈德伯格模型（Golderhaber model）[214]拓展并应用到分子层面的统计碎裂，从而将碎片的动量分布宽度与母体的激发温度直接关联起来。首次在实验中证实了 C_{60} 分子的碎裂为一阶相变，并得到了 C_{60} 分子碎裂相变温度（图 5-23）。拓展的戈德伯格模型有望发展成为研究其他复杂分子统计碎裂的重要理论模型之一。该工作建立的在实验中标定复杂分子碎裂前激发温度的有效探针，为深入开展团簇热力学实验研究奠定了基础。

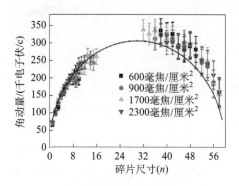

图 5-22　实验测量的在不同激光通量下　　图 5-23　实验确定的在不同激光通量下 C_{60}
　　　　各碎片的动量分布宽度　　　　　　　　　分子的激发温度[212]

　　随后，中国科学院近代物理研究所马新文研究组以 C_{60} 分子为模型体系，基于离子加速器，在实验中首次证实了发生在团簇内的碎裂相变为多步过程；并定量给出了团簇的初始电荷对其相变条件的影响[215, 216]。实验直接测量了高离化态母体离子 C_{60}^{3+} 和 C_{60}^{4+} 发生碎裂前的激发能。首先根据母体发生碎裂时笼型结构的损坏程度与碎裂现象之间的对应关系，对"结构相"进行了明确定义，即没发生碎裂（no-fragmentation，NF）的成分为结构完美相，发生非对称碎裂（asymmetrical dissociation，AD）的成分为结构破损相，发生多重碎裂（multi-fragmentation，MF）的成分为结构坍塌相。通过分析母体 C_{60}^{4+} 对应的各结构相随激发能的演化关系［图 5-24(a)］，发现了该碎裂相变可明显分为两个阶段，即 NF-AD 和 AD-MF 阶段；为了直观描述这两个阶段，科研人员又定义了两个比率参数，测定了这两个相变阶段的起始能和能区宽度；通过对比分析 C_{60}^{3+} 和 C_{60}^{4+} 母体发生的 AD-MF 这一相变阶段［图 5-24(b)］，直接观察到了母体的初始电荷对相变起始能和相变能区宽度的影响。以上实验结果充分说明了有限小系统发生结构相变时与宏观体系相比会呈现出更为丰富的特征。

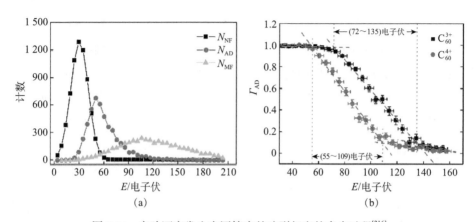

图 5-24 实验证实发生在团簇内的碎裂相变的多步过程[216]

(a) 母体离子 C_{60}^{4+} 对应的各结构相随激发能的演化；(b) 母体离子 C_{60}^{3+} 和 C_{60}^{4+} 的 AD-MF 阶段的转变曲线

最近，中国科学院近代物理研究所马新文课题组通过发展新的分析技术，继续以 C_{60} 分子为研究模型系统，从纳米尺度层面实验证实了发生在有限小系统内的碎裂相变具有液气相变特征，并对该相变对应的临界指数给予定量测定[217]。研究人员基于中国科学院近代物理研究所原子离子激光实验平台，通过改变加热 C_{60} 的激光通量，实现对母体碎裂前激发能的有效控制；通过直接测量不同激光通量下单价态母体离子发生碎裂后的离子碎片，得到了离子碎片随母体激发能的尺寸分布特征。结果发现（图 5-25），离子碎片的尺寸分布遵循幂指数分布规律，并且幂指数在低激发能敏感依赖于激发能，超过某个特定激发能值，幂指数趋于一常数值。结合先前我们创建的新型的分子温度计，发现这一结论能够很好地符合基于费氏液滴模型（Fisher droplet model）[218] 的理论预言。因此，目前测量的结果可以作为证明有限系统碎裂相变具有液气相变特征的实验证据。团簇和原子核是两个有限系统的典型代表，并且在高温极端条件下均能发生液气相变。碳富勒烯分子是目前唯一能够宏观制备的团簇，本工作首次在实验中证实了发生在 C_{60} 系统内的碎裂相变具有液气相变特征。

接下来采用 C_{60} 作为模型系统研究有限系统的液气相变，能够推动一批有关核物质状态方程和状态演化等研究课题的进程。尽管国内科研人员在实验研究团簇热力学方面取得了一定的进展，但目前仍面临着以下不足之处。

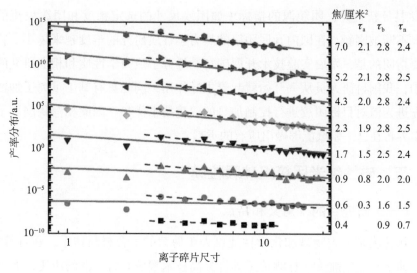

图 5-25　不同激光通量下的离子碎片尺寸分布 [217]

（1）针对碳富勒烯分子，对它们在低温环境下对应的小热能的测量是目前仍正在寻求技术突破的前沿问题之一。迄今，人们对碳富勒烯分子的固-固和固-液结构转变的实验研究几乎是空白；导致的现状是，尽管人们深信碳富勒烯分子具有广泛应用前景，但是对它们的基本热力学性质的理解仍建立在假设的基础上。

（2）其他团簇在大量合成工艺方面具有很大的局限性，导致了国内研究团簇热力学的现状是选定的团簇种类过于单一。

（四）对未来发展的意见和建议

团簇热力学经过近四十年的持续发展，在实验中突破对稳定团簇在特定外部环境温度下小热能的绝对测量已经提上日程。中国科学院近代物理研究所在实验技术和物理基础知识上的沉淀，为发展新分析方法和新技术实现团簇小热能绝对测量提供了坚实的基础。计划首先仍以碳富勒烯分子为模型系统，研制温度可宽范围调节的团簇分子加热装置，用来制备具有特定初始热能（且可宽范围调节）的稳定气相团簇系综，为下一步宽范围测定稳定团簇的热能曲线打下基础。

计划将建立起来的研究碳富勒烯分子热力学的实验方法推广至其他目标团簇的研究，主要限制仍旧是目标团簇的制备。但是，现今国内的团簇源技术发展日新月异，团簇源的指标（如团簇尺寸的选定精度和团簇束流的强度）不断被刷新，在国内开展团簇的热力学性质研究的难度越来越小。特别需要指明的是，发展实验技术开展碳富勒烯分子热力学性质和相变研究的过程中，我国科研人员从一开始就起着主导作用，同时具有基于重离子加速器和先进光源对目标团簇进行控制加热的双重技术优势。因此相信我国原子分子学界将在这一领域能够做出应有的贡献。

五、磁性纳米团簇组装颗粒膜

（一）研究目的、意义和特点

颗粒膜是一类物理和化学性能可人工剪裁的复合材料体系，在计算机、信息通信、航空航天、探测传感等许多高技术领域有着广泛的应用，尤其是在磁性颗粒膜中也发现了巨磁电阻之后，更是进一步激发了科研工作者广泛的研究兴趣。然而，颗粒膜是一个极其复杂的体系，影响颗粒膜的电磁输运性质的因素较多，而且这些因素又互相影响，再加上制备方法的限制，所以到目前为止，对于某些特殊且重要的磁性颗粒膜体系电磁输运特性及其微观机理还不是完全清晰，还存在一些重要和基础的科学问题需要深入研究和解决，部分实验现象理论解释的争议甚至一直延续到了今天。因此，迫切需要发展可实现颗粒大小、颗粒间距、体积分数、表界面状态等重要因素独立调控的新的颗粒膜制备方法，并系统研究这些因素对磁性颗粒膜物理性能的影响规律，弄清颗粒膜体系中电磁输运特性更深层次的物理机制，进一步推动颗粒膜在现代工业及其产品中的应用。本研究以磁性纳米团簇组装颗粒膜为研究对象，通过自主设计的纳米团簇组装复合沉积系统（图5-26），可实现颗粒膜形成过程中团簇的制备、表/界面修饰和组装三个重要过程的独立控制的特色，解决长期困扰颗粒膜研究的微结构控制的难题；研究磁性纳米团簇组装颗粒膜的微结构、电学、磁学及自旋相关的输运特性；发展和完善以磁性团簇为基元构筑磁功能材料的相关理论和技术，并进一步实现几种高性能磁性纳米团簇组装颗粒膜的器件应用。

（二）国际研究现状、发展趋势和问题

早期颗粒膜研究主要集中在颗粒膜电阻现象的理论解方面。1973年，

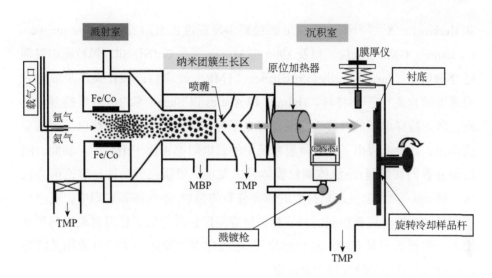

图 5-26　纳米团簇组装复合沉积系统
TMP 为分子泵，MBP 为罗茨真空泵

Sheng 等[219] 从具有大的尺寸分布的颗粒膜的几何结构特征出发，在考虑金属颗粒的充电能与颗粒间距的乘积为常数的前提下成功解释了在金属-绝缘体颗粒膜体系的电阻与温度的 $\alpha=1/2$ 关系。理论研究还表明在低温部分和高温部分偏离 $\alpha=1/2$ 律是由于颗粒尺寸的分布引起的，在适当的颗粒尺寸下，颗粒尺寸分布越大，就能在更大的温度范围符合 $\alpha=1/2$ 律，而尺寸过小或过大都会缩小符合 $\alpha=1/2$ 律的温度范围。然而，Peng 等[220] 在 1999 年通过对物理气相法制备的尺寸均一的 Co 纳米团簇进行表面氧化，制备了 Co/CoO 核壳结构纳米团簇组装颗粒膜（Co 金属纳米颗粒通过 CoO 壳层分隔开，壳层的厚度可以通过沉积室的氧气导入量来控制），发现除了大的隧穿型巨磁电阻效应外，电阻与温度的依赖性在低温区（低于 70 开）呈现 $\alpha=1$ 律。Black 等[221] 采用化学方法合成尺寸均一的 Co 纳米超晶格（Co 纳米粒子的颗粒间通过绝缘的油酸分隔开约 4 纳米的间隔），也在低温区发现电阻与温度之间呈现 $\alpha=1$ 的依赖关系。这说明颗粒膜的电输运特性与颗粒的尺寸大小、尺寸分布和颗粒间距密切相关。然而由于颗粒膜制备方法的限制，这方面的实验研究工作较少，目前仍然缺乏足够实验数据支撑相关理论的建立。

　　1988 年，Baibich 等[222] 在 Fe/Cr 多层膜中发现了一个比坡莫合金大一个数量级的巨磁电阻效应，揭开了自旋电子学研究的序幕。1992 年，Xiao 等[223]

和 Berkowitz 等[224] 分别在 Co-Cu 颗粒膜中发现巨磁电阻效应（giant magneto resistance，GMR）效应，以及 1996 年 Milner 等在 Co(Ni)-SiO$_2$ 颗粒膜中发现隧穿磁电阻（tunnel magneto resistance，TMR）效应后，颗粒膜逐步成为一类重要的自旋电子学材料。Helman 和 Abeles 以 Sheng 等的电阻率模型为基础，考虑隧穿电子的自旋极化及隧穿电子与磁性颗粒中自旋极化电子间的交换作用，理论上得出了颗粒薄膜系统中的磁电阻率正比于 $1/T$ [225]。然而，随后研究者们在金属-绝缘体颗粒膜体系中发现，磁阻在低温区比理论值高几倍。Mitani 等[226] 也发现具有大的粒径分布的金属-绝缘体颗粒膜中，电子在不同尺寸磁性金属颗粒间的自旋相关隧穿高阶过程导致了低温时磁阻的异常增大。然而关于具有均一粒径的金属-绝缘体颗粒膜体系中的自旋相关隧穿高阶过程及特性的研究很少见报道。

近年来，磁性材料中的反常霍尔效应成为凝聚态物理研究的热点之一。经过多年的研究，人们对均匀铁磁材料（如外延单晶等可精确调控结构的材料）的反常霍尔效应的物理机制逐渐清晰，不仅建立了包含内禀机制、边跳机制和斜散射机制的经典标度理论，还发展了基于贝里相位的计算模型。考虑到实际应用，对制备技术要求较低的颗粒膜却具有更大的优势。然而这些非均匀体系中常常存在弱局域化、电子-电子相互作用、界面散射、表面散射、尺寸效应、无序度等众多影响反常霍尔效应的因素，且这些因素又相互关联和制约，使得颗粒膜中反常霍尔效应的相关理论解释仍然存在争议，比如颗粒膜中磁性团簇的大小、粒径分布及无序度等对反常霍尔效应的影响规律；非均匀体系中界面对反常霍尔效应的作用机制；颗粒膜中反常霍尔效应的量子干涉效应及其增强机制。2010 年，日本科学家 Nagaosa 等[227] 系统而又全面地总结了反常霍尔效应在实验和理论上的研究进展，并根据反常霍尔效应与电导率和温度的关系，给出了各种机制主导的区间分布相图（图 5-27）。同时还指出局域化跳跃传导区的反常霍尔效应及其理论机制是将来的一个重点研究方向。根据我们最近的研究结果，由磁性纳米团簇组装而成的颗粒膜，其电导率恰好处于局域跳跃传导区。同时，磁性纳米团簇组装颗粒膜在导电机制、反常霍尔效应的标度规律和增强机制等方面也表现出不同于传统颗粒膜的实验现象，需要进一步开展系统的研究。

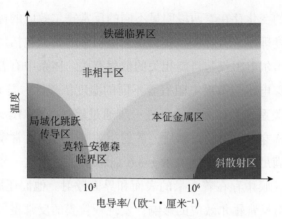

图 5-27 在电导率和温度平面上的反常霍尔效应的主导机制的分布相图 [227]

（三）国内研究现状、特色、优势及不足之处

在国内研究物理气相法制备纳米团簇的单位主要有南京大学、厦门大学和钢铁研究总院等。其中厦门大学也是国际上开展基于物理气相法制备纳米团簇组装颗粒膜的结构、磁学和电输运特性研究的少数几个单位之一。我们采用实验室自行设计的纳米团簇束流复合沉积系统，通过控制 Ar 气流量、Ar/He 流量比、溅射气压、溅射功率等参数，可控制备出了一系列粒径在 4～16 纳米范围内可控的 Fe、Co、Ni、Fe-Co、Au、Ag、Cu 等纳米团簇，并通过设备巧妙的设计实现了纳米团簇在真空中的原位修饰，并自组装到基片上得到了不同体系的纳米团簇组装颗粒膜，系统研究了颗粒膜的结构、光学、磁性和电输运特性[228-235]。

Zhang 等[234] 采用物理气相法制备了一系列不同尺寸大小的 Co 纳米团簇组装颗粒膜（图 5-28），由于 Co 纳米团簇是以软着陆的方式沉积到基底上的，所以团簇间以较小的接触面积相互连接在一起形成三维的电子传输网络，且颗粒膜的填充率仅为 30% 左右，存在着大量的表面和界面。电阻率测试发现，随着测量温度的升高,Co 纳米团簇组装颗粒膜存在着明显的绝缘体-金属导电特性的转变。将 Co 团簇间的无序度很高的界面当作势垒，并考虑颗粒膜较强的表界面散射和缺陷散射，建立基于热涨落诱导隧穿模型（FIT）和散射贡献合理叠加的电输运理论，合理解释了这种新型 Co 纳米团簇组装颗粒膜中电阻率随温度的变化规律。进一步研究发现 Co 纳米团簇组装颗粒膜随测量温度的变化存在着两段明显不同的反常霍尔效应的标度关系，这无法用传统的标度理论进行解释。颗粒膜中电阻率的贡献包括隧穿电阻和散射电阻，而反常霍尔电阻仅与自旋相关的散射有关。体系中有着较大的隧穿贡献电阻，且隧穿电阻与散射电阻有着不同的温度依赖性，是 Co 纳米团簇组装颗粒膜标度关系反常的原因。更进一步通过建立的电输运理论进行拟合，扣除颗粒膜中隧穿对电阻的贡献后，散射相关电阻率与反常霍尔电阻率在整个温度范围内满足唯一的标度关系 $\gamma=3.6$（图 5-29），而这一较大的标度系数主要是由于颗粒膜中存在着大量的表面和界面散射。他们还研究了 Co 纳米团簇粒径大小对反常霍尔效应的影响，发现颗粒膜的反常霍尔电阻率随团簇粒径的减小而增大。这说明表面和界面散射可以在一定程度上增大反常霍尔效应，这为提高材料的自旋霍尔角提供了新的途径。但关于颗粒膜表面散射和界面散射对电磁输运特性的影响还有待进一步研究。

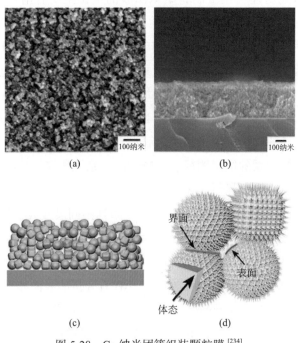

图 5-28　Co 纳米团簇组装颗粒膜 [234]

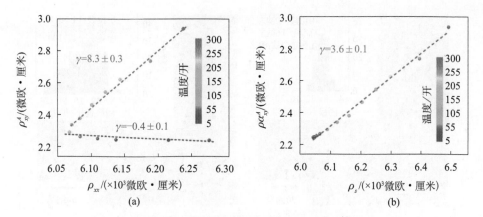

图 5-29　Co 纳米团簇组装颗粒膜反常霍尔效应的标度关系[234]

ρ_{xx} 纵向电阻率（longitudinal resistivity），ρ_{xy}^{A} 反常霍尔电阻率
（anomalous Hall resistivity），ρ_{s} 散射引起的电阻（resistivity originated from scattering）

人们最早在 Fe/Cr 磁性多层膜中发现了巨磁电阻效应，由于 Fe 和 Cr 具有较大固溶度，一直无法成功制备具有更丰富界面的 Fe-Cr 颗粒膜并研究其电磁输运特性。Wang 等[235] 通过纳米团簇原位包覆组装的方式制备出了 Fe-Cr 纳米团簇组装颗粒膜（图 5-30），透射电子显微镜（transmission electron microscope，TEM）分析表明 Fe-Cr 纳米团簇呈现较明显的核-壳结构。反常霍尔效应研究发现，随着 Cr 含量的增加，Fe-Cr 纳米团簇组装颗粒膜的反常霍尔效应呈现先增大后减小的变化趋势（图 5-31）。并认为 Cr 包覆层的引入增强了界面自旋相关的散射，但随着 Cr 含量的进一步提高并形成连续导电层后，对反常霍尔效应没有贡献的 Cr 导电层将会分流部分电流，导致反常霍尔效应减小。研究结果表明，适当厚度的修饰层可以有效增强颗粒膜的反常霍尔效应。

目前国内受团簇生长设备和测试分析装置的局限，关于磁性团簇及其组装颗粒膜的研究工作还很少，这极大地妨碍了团簇物理的研究和发展。迫切需要国内从事团簇研究的科研人员加强交流与合作，从团簇生长设备的研制、团簇测试分析装置及分析方法的开发、团簇组装功能材料的研究和应用等方面开展全链条的研究工作，推动中国团簇物理学的研究和发展。

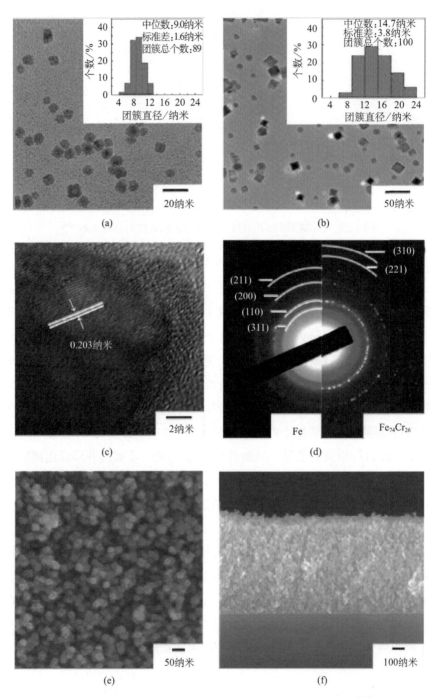

图 5-30　Fe-Cr 纳米团簇组装颗粒膜的 SEM 和 TEM 照片 [235]

SEM：扫描电子显微镜

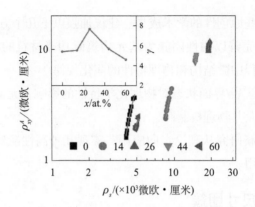

图 5-31　Cr 含量对 Fe-Cr 纳米团簇组装颗粒膜反常霍尔效应的影响 [235]

（四）对未来发展的意见和建议

团簇是连接原子分子与宏观材料的桥梁，是认识宏观、介观和纳米尺度物质结构和性质的基础。团簇物理的研究对推动国内功能材料的研究和应用具有重大的战略价值。团簇在应用过程中，不可避免地需要组装成薄膜或块体功能材料，在这个过程中，团簇的一些重要的物理特性可能发生改变，而通过界面协同作用，一些新的实验现象也可能会浮现。因此，发展和研究团簇组装功能材料的制备技术和分析方法，系统研究团簇组装体系的微结构和物理化学特性对推动团簇的研究和实际应用具有重要的价值。

磁性纳米团簇组装颗粒膜是由团簇以特定的方式组装在一起形成的可人工剪裁的新型颗粒膜体系，由于其具有装配形式多样化、微结构可独立调控、表界面丰富且各向同性等优点，是研究自旋输运特性及其物理机制的理想载体，在磁记录、信息处理、磁传感器、探测器等方面有着巨大的应用前景和价值。近年来，虽然关于颗粒膜的研究兴趣有所下降，但这并不是颗粒膜研究的学术价值和应用前景有下降的表现，而主要是由于颗粒膜是一种拥有丰富材料表界面微观因素，且各种微观因素相互关联的体系，而目前仍然缺乏有效独立控制颗粒膜各要素的制备方法，导致颗粒膜电输运的研究停滞不前，很难有突破性的研究进展。厦门大学最近发展的纳米团簇组装复合沉积技术可以很好地解决传统颗粒膜制备方法的不足，对这种具有丰富表界面且颗粒尺寸可调的新型颗粒膜的微结构、磁学特性和电磁输运特性的研究，可以更加深入地理解固体中导电机制的本质，有望在磁性纳米团簇组装颗粒膜研究中获得一些原创性的学术成果。建议加强以下几个方面的研究工作。

（1）发展和完善以磁性团簇为基元构筑磁功能材料的相关技术和理论，研究团簇组装过程中微结构和物理特性的演化规律；

（2）研究团簇表/界面状态对物理化学特性的影响，尤其是自旋相关输运特性的影响规律及其物理机制；

（3）推动团簇研究从理论走向应用，实现几种高性能磁性纳米团簇组装颗粒膜的器件应用。

六、中等尺寸团簇

（一）研究目的、意义和特点

1. 研究目的

中等尺寸团簇的研究主要有以下目的。

（1）精确表征 1 纳米左右（含几十到一百个以上的原子）团簇的电子谱学性质及其与各类小分子间的反应性，寻找具有特殊电子学特征、高化学活泼或特殊化学惰性的典型团簇种类；

（2）综合电子谱学数据、红外光解离谱数据、电子衍射数据、结构搜索算法、量子化学计算等结果，确定具有特殊性质团簇的精确几何结构，并对其进行准确完整的量子化学描述；

（3）揭示团簇物理性质（如能级、自旋）、化学性质（反应性）间及这些性质与团簇整体几何结构（如对称性）、局部点特征（如缺陷、悬键）间相关联的规律。

2. 研究的科学意义

这些研究的科学意义包括如下。

（1）帮助深刻理解团簇向纳米颗粒过渡区域微观体系的物理化学。以金团簇电子亲和势随所含原子数变化的趋势（图 5-32）为例，在含几十个原子以下的团簇体系中，团簇电子性质及其他相关的物理性质表现出显著的量子化：每增加或减少一个原子，团簇整体特征就会有跳跃性的变化。含十几个原子团簇的结构、物性、反应间的规律具有类似于普通小分子的整体性，通过之前几十年间实验和理论研究的积累，人们对此区域团簇各方面物性的规律已有较为清晰的认识。在典型纳米颗粒所涵盖的尺度范围（大于2纳米），微观体系的各种物性也会由于限域效应而表现出随尺寸的变化，但由于这类颗粒中一般已形成周期性晶体结构，其性质变化多具有连续性，对其规律的认识可借助于固体物理中的相关知识和概念，如晶体堆积结构、晶面结构等。1纳米左右的团簇处于上述两者的过渡区域，揭示其物理性质、化学反应与整体电子特征（能级、自旋等）及局部作用点特征（几何结构、悬键等）的相关性，能够发现主导过渡区域的基础物理化学规律，建立从团簇到颗粒演化的系统的物理化学图像。

（2）能够推动相关基础理论的发展，帮助理解复杂体系或环境中的物理化学过程。对1纳米区域模型团簇的实验和理论描述，将揭示其特殊性质的物理化学根源，建立完善的相关基础理论，这些图像和理论能够用来理解固体表面、溶液、气溶胶等复杂体系或环境中的重要物理化学过程。

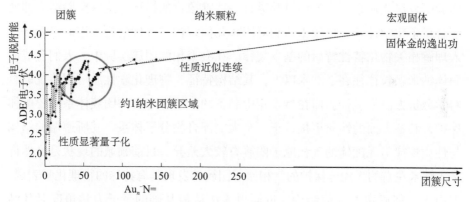

图 5-32　中性金团簇电子亲和势（即 Au_n^- 绝热电子脱附能）随所含原子数变化的趋势[236]

（3）有助于发现、设计有实际应用价值的团簇体系。对过渡区团簇基本物理化学规律及构效关系的深刻理解，有助于发现、设计特殊稳定的团簇体系，将其应用于纳米组装材料；有助于发现、设计特殊电磁性质的团簇，将其应用于纳米器件等领域；有助于发现、设计能完成特殊化学反应过程的团簇体系，将其应用于特定催化过程。

3. 研究的主要特点

中等尺寸团簇研究的主要特点。

（1）以化学反应研究、物理性质测量等手段挑选具有典型物化特征的团簇作为研究对象，揭示特殊性质背后的普遍规律。

（2）由于 1 纳米区域团簇的复杂性，各单一实验方法或理论计算很难实现对其几何结构的确定，也无法进行进一步的精确理论描述。因此研究需要化学反应测量、电子能谱测量、电子衍射测量、红外光谱测量、结构搜索算法、精确量子化学计算等多种方法间的相互合作和相互印证。

（二）国际研究现状、发展趋势和问题

1. 国际研究现状

在过去的团簇研究中，各研究组往往利用光电子能谱、红外光谱、离子迁移谱、气相电子衍射、化学反应测量等气相实验技术中的一种结合量子化学计算来解析小尺寸团簇的结构和性质。这些研究所涉及的团簇尺寸多限定在小于 20 个原子。对于 1 纳米左右的团簇（约含 50 个原子），上述单一类实验研究仅能从某一个方面对其进行一些唯象化的描述。这些实验结果即使配合量子化学计算，也较难达到对团簇几何结构的准确解析，进而也无法深入理解相关物化特性背后的基本规律。在凝聚相的团簇实验中，人们合成的固体纳米颗粒往往在 2 纳米以上，其结构特征、物理化学性质可用传统的材料学分析方法来表征。而在凝聚相中制备的 1 纳米左右的团簇体系需要配体保护，其各方面的性质更接近于一个大的配合物分子体系，其所遵循的结构与性质规律与无配体的气相原子团簇有较大差异。目前领域的现状是虽然许多 1 纳米左右的无配体保护的气相原子团簇被发现具有特殊的物理化学表现，但由于未能确定其几何结构，进而也无法从最基础的量子力学角度对其结构、性质、构效关系进行清晰的描述。

1）以一种典型过渡金属团簇——金团簇体系为例

由于其在催化、光学、生化等各方面所表现出的特殊性质和应用前景，所以微观尺度的金纳米颗粒和金团簇长期是团簇领域最关注的体系。一方面，人们在凝聚相中利用各种特殊方法合成了尺寸在 2 纳米以上的金纳米颗粒，或 1 纳米左右的配体保护的金团簇。利用传统材料学实验方法，人们已对大量的这两类体系进行了清晰的结构和性能表征，取得了丰硕的研究成果。另一方面，20 世纪 90 年代的气相团簇实验已得到 Au_2-Au_{250} 范围的光电子能谱数据，虽然当时的分辨率较低，但数据能清晰反映出这类团簇电子性

质随尺寸变化的大致趋势和典型尺寸所具有的电子壳层特征[236]。近十几年来，不同研究组利用高分辨光电子能谱、离子迁移谱、红外光解离谱、囚禁团簇离子电子衍射等方法结合量子化学计算准确解析了大量小尺寸金团簇的结构，比如 Au_{12}^- 以下的二维平面结构[237]、Au_{16}^- 附近的笼状结构[238]、Au_{20}^- 及其中性团簇的四面体结构[239] 等。通过高分辨光电子能谱实验与结构搜索算法及量子化学计算结合，Au_{21}-Au_{66} 范围负离子团簇的结构也被大致确定[240]，但是这些结构中大家关注的几个重要尺寸（如 Au_{24}^-、Au_{34}^- 等）与其他方法（如团簇电子衍射方法）[241,242] 所确定的结构不一致。这些差异反映出准确解析 1 纳米左右尺寸团簇结构所具有的挑战性。同时，1 纳米左右无配体的金团簇表现出许多令人惊奇的性质，比如一个特殊的例子是十几年前人们已发现 Au_{55} 表现出比其他所有尺寸金颗粒或团簇更加优异的抗氧化性[243]，而对此特殊性质背后的物理化学根源迄今没有明确的解释。综上说明，单一一种气相实验方法与理论结合较难解析 1 纳米左右金团簇的结构，也就更无法进一步依据确定的结构，更深入地理解其物理化学表现。

2）以一种典型主族金属团簇——铝团簇为例

大约从 20 世纪 80 年代，人们已经开始关注气相铝团簇的反应。实验发现某些尺寸铝团簇呈现出了特殊稳定性，最典型的是 Al_{13}[244]。针对这些具有特殊稳定化学性质的团簇，人们引出了超级原子的概念[245]，对其性质和规律的研究成为团簇领域中一个非常重要的研究方向。另外，研究还发现了含 16~18 个原子的铝团簇与 H_2O 等小分子间发生的析氢反应[246]，确定了团簇表面特定结构活性点的存在。20 世纪 90 年代，含 1~112 个原子的铝团簇的光电子能谱已被报道[247]，团簇电子性质的变化趋势预示其内部具有价电子壳层结构。然而迄今能够较为信服地根据电子能谱解析出几何结构的尺寸仅限含少于 20 个铝原子的体系[248]。近些年，有持续的关于中小尺寸铝团簇的化学反应[249,250] 或其与杂原子形成掺杂团簇电子特性的研究[251]，但能够在原子水平清楚解释结构、价键、性质关系的体系仍局限在较小尺寸范围。

在所有上述研究中，人们对 1 纳米附近铝团簇的具体结构信息知之甚少。但是此区域铝团簇又具有非常独特的性质。比如，最近美国科学家提出在 100 开以上某些尺寸的铝团簇中电子形成库珀（Cooper）对的可能性[252]。实验发现在包含 37 个、44 个、66 个、68 个 Al 原子的团簇中（约 1 纳米），激光电离电子数目并不随激光能量的升高而成比例地增加。在某些能级处，电子表现出对激光电离的抵制作用，这很可能是由于团簇内电子形成库珀对而使得电子间结合得更紧密。对此现象的清晰解释首先需要准确确定这些特殊团簇的几何结构，然后根据几何结构建立准确的量子力学描述，进而从本质上理解其产生特殊电子特性的根源。

3）以一种典型金属氧化物团簇——TiO_2 团簇为例

由于 TiO_2 材料在光解水制氢、光降解有机污染物等领域的重要应用，其表面物理化学性质及化学反应过程的研究引起人们的巨大关注。在纳米材料领域，合成几纳米到微米级别的 TiO_2 材料并表征其物理化学性质是非常重要的研究课题。由于原子团簇可作为固体表面反应活性点的模型，因此始于 20 世纪 90 年代，人们已开始对 TiO_2 团簇的几何结构、电子能级、反应活性进行表征。最起始的气相实验利用负离子光电子能谱的方法表征了 $(TiO_2)_n^-$（$n=1\sim4$）系列[253]，后来的光电子能谱实验扩展到 $(TiO_2)_n^-$（$n=1\sim10$）的范围[254]。针对此一类实验数据，大量量子化学计算对这些团簇的结构进行解析，但一直持续到近来仍然不能有定论[255-258]。这是因为不同计算方法往往获得不同的结果，而仅一类实验信息不能提供足够确切的证据对计算的结构进行判别。最近的另一类实验——红外光谱解离方法得到了 $(TiO_2)_n$（$n=3\sim8$）的振动谱图，结合之前光电子能谱数据及量子化学计算，才较可信地确定了这些模型团簇的结构[259]。有了确定的几何结构，以及光电子能谱实验所确定的电子结构特征，则能对这些模型团簇的光化学表现进行解释或预测。和之前的主族金属团簇或过渡金属团簇一样，人们对接近 1 纳米尺寸的 TiO_2 团簇的结构和性质也知之甚少。

2. 发展趋势

目前各种相关的实验技术进一步发展，所获得的实验数据更加全面、精确。比如团簇电子能谱技术之前流行的是磁瓶式光电子能谱分析仪，分辨率的极限一般在百分之几电子伏，但现在逐渐流行使用慢电子速度成像技术，其对光电子的分辨达到了单波数量级。这样的技术使光电子能谱数据中除了电子能级信息外，又包含了振动模式的信息，将为团簇结构解析提供巨大帮助。又如以前的气相红外光谱实验广泛使用 OPO（optical parametric oscillator）-OPA（optical parametric amplifier）激光光源系统，由于光源波长范围的限制，实验中大多得到团簇表面所吸附的小分子配体的振动信号，研究中根据这些信号再反推团簇吸附点的状况和团簇结构信息。而各波段的自由电子激光装置的出现，结合惰性分子贴附（比如 Ar-tagging）技术使得直接测量团簇自身振动模式成为可能，这方面的研究已取得一些令人瞩目的成果，包括针对上述的 TiO_2 团簇[259]、金团簇[260] 等重要体系。另外，由哈佛大学 Joel H. Parks 研究组发明的囚禁团簇离子电子衍射方法能够获得质量选择团簇离子的衍射信号[241,261]，从而得到更为直接的关于团簇结构的信息。这种技术正在逐渐成熟，应用于更多的研究体系。另外，随着计算资源及结构搜索程序和量子化学计算程序的发展，理论上处理 1 纳米左右团簇的效率和准确性都在提高。因此领域内仅凭观察到的单一奇异现象而进行唯相化描述的研究在逐渐减少，定量、精确地描述及揭示深层次理论图像的研究是未来的趋势。

3. 主要问题

大多的研究仅是从某一个实验角度进行的测量，缺乏多角度的系统表征，这给后期的理论处理带来不确定性，对深层次的物理化学规律认识不够。主要原因是前述任一种实验方法或理论计算都涉及大量的资源，往往一个研究组仅能专注于一种技术，而由于 1 纳米团簇体系的复杂性，单一方法所反映出的信息较为有限。出于对研究成果的自我保护，在研究早期或研究过程中对正在处理的体系交流和合作不够，降低了效率。理想的状况是各种实验方法和手段在研究初期即开始充分地交流和合作，选择最有价值的体系，发挥各种研究方法的特长，根据各自数据所反映出的体系特征，合作解决问题。

（三）国内研究现状、特色、优势及不足之处

从气相团簇实验方法来说，国内相关研究单位已建设了上述提及的各种实验手段。例如，中国科学院化学研究所郑卫军课题组、中国科学院大连化学物理研究所江凌课题组的团簇光电能谱方面的研究装置；复旦大学周明飞课题组、中国科学院大连化学物理研究所江凌课题组的团簇红外光解离装置；中国科学院化学研究所何圣贵课题组、骆智训课题组，同济大学邢小鹏课题组所建设的不同类型的团簇化学反应装置等。综合来看，国内所具有的优势是研究方法齐全、研究力量充足，而不足之处是各自研究方面的实验装

置、理论水平与国际最前沿课题组相比仍有尚待提高的地方，或都有一些技术障碍未克服。例如，由于团簇源技术上的障碍，之前国内所报道的光电子能谱、红外光解离谱、团簇反应的研究多集中在含十个原子以下的团簇体系。近来，中国科学院化学研究所何圣贵研究组、同济大学邢小鹏研究组等都在气相离子团簇源方面进行了改进，分别开展了1纳米左右金属氧化物团簇[262]和贵金团簇[263,264]的化学反应研究，尝试揭示此过渡区域团簇化学性质方面的规律。在其他实验技术方面，国内能够研究团簇振动模式的自由电子激光光源正在建设过程中。同时，与国际上同领域面临的问题一样，国内的研究成果也多是基于单一实验方法结合量子化学计算，在体系描述的精确性方面有欠缺，认识深度有待加深。

（四）对未来发展的意见和建议

支持前沿原创性的实验装置建设。揭示上述复杂团簇体系中的重要基础问题，在很大程度上依赖于建设跟踪世界前沿的甚至原创性的实验手段。设备的建设和更新改进需要持续的支持，以使建设的仪器在研究特殊科学问题时能够克服随时遇到的技术障碍，充分发挥作用。另在红外自由电子激光器等国家大型工程之上，应为相关团簇研究组提供窗口和机时，建立科学的管理和开放机制，使各课题组能够将现有装置与之结合，充分发挥各自设备的特点，整合资源，解决重大科学问题。

通过大项目提供的平台，多研究组间进行充分交流合作，选择最重要的研究方向和课题。对于1纳米尺度团簇体系，其复杂性需要不同实验研究组及理论计算研究组在选题、研究初期即开展充分的交流和合作。通过大项目提供平台，能够打通各自研究组间成果保护或竞争的壁垒，合作解析复杂体系，解决有重大影响的科学问题。

七、团簇同狄拉克体系相互作用

（一）团簇与石墨烯

用金属元素修饰石墨烯是改性石墨烯的重要途径。如果可以在狄拉克锥上打开一个拓扑性的带隙，将对石墨烯的量子自旋霍尔器件的应用起到巨大的作用[265]。石墨烯被预言可以实现量子自旋霍尔效应，难点在于石墨烯的内禀的自旋轨道耦合强度太小[266]，只有 10^{-6} 电子伏的带隙。因此人们希望寻找可以增大石墨烯内禀自旋轨道耦合强度的方法。通过在石墨烯上制造拓扑性的缺陷和对石墨烯进行掺杂的方法已经在理论上和实验中取得了很多进展。

理论预言 $3d$、$4d$ 和 $5d$ 族的金属可以为石墨烯带来巨大的自旋轨道耦合[267]，但实验结果显示金属原子和石墨烯结合后，由于两者的功函数相差太大，电子会在石墨烯和金属原子之间转移，使金属原子离子化，而其长程势阻碍了石墨烯电子在巡游的过程中靠近离子实[268]。这样金属原子的自旋轨道耦合无法传递给石墨烯。而团簇作为大量原子的聚集体可以用来修饰石墨烯增强自旋轨道耦合。其中的关键是，团簇和石墨烯结合后，电荷转移量远小于形成团簇的原子数量。这样团簇就不会离子化，从而电子的扩散过程不受长程势的影响。

1. Ir 团簇与石墨烯

南京大学团簇研究组首先理论预言 Ir 团簇修饰的石墨烯可以实现量子反常霍尔效应[269]，然后选择 Ir 团簇来修饰。石墨烯和铱的功函数不一样会导致电子在石墨烯和铱团簇之间转移。他们实验研究平均每个团簇和石墨烯之间电子转移的量和石墨烯费米面的移动。团簇的平均直径为 7 纳米，分布密度为 3×10^{11} 厘米^2。图 5-33 展示 3 开下石墨烯在沉积铱团簇前后，门电压对石墨烯的调控。黑色是铱团簇沉积前的门电压-电阻曲线，红色是沉积后的。通过比较看出在沉积后，石墨烯上的电子转移到了铱团簇上，使得石墨烯的费米面降低。载流子浓度通过霍尔的测量得到，如图 5-34 所示。沉积后载流子浓度上升了 6×10^{12} 厘米$^{-2}$，且类型是空穴。团簇的直径平均 7 纳米，可以估算出每个团簇包含的原子数下限是 5000（假设团簇是平面）。而团簇的分布密度是 3×10^{11} 厘米$^{-2}$，即每个团簇转移的电荷为 20 个。对每个铱原子来说，只转移了 1/250 个电荷，这就使整个团簇呈现出准电中性。石墨烯中的电子在扩散过程中可以自由受到其散射，而不受长程势屏蔽。此外，还测量了不同栅压下，沉积铱团簇前后迁移率的变化，如图 5-35 所示。黑点表示沉积前的迁移率，约为 1.5×10^3 厘米^2/(伏·秒)；沉积后，迁移率下降到 1.1×10^3 厘米^2/(伏·秒)。这表明团簇沉积后和石墨烯的电子产生了很强的相互作用，这种相互作用会将铱团簇的自旋轨道相互作用有效地传递到石墨烯中，对增强石墨烯的自旋轨道耦合、增大带隙起到正面的影响。

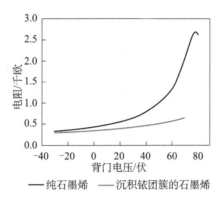

图 5-33　3 开下石墨烯在沉积铱团簇前后，门电压对石墨烯的调控

黑色是铱团簇沉积前的门电压-电阻曲线，红色是沉积后的

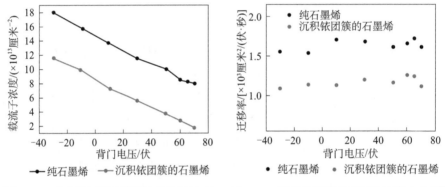

图 5-34　通过霍尔测量得到的载流子浓度　　图 5-35　沉积铱团簇前后迁移率的变化[270]

　　实验中对纯净的铱团簇沉积的石墨烯在相同的载流子浓度下比较相干性。固定石墨烯载流子浓度为 1.02×10^{13} 厘米$^{-2}$，测量不同温度下的磁电导。可以看到随温度升高，电子-电子相互作用增强导致弱局域化减小。图中黄色虚线拟合，得到的参数如图 5-36(b) 所示，可以看到石墨烯的相干长度随着温度的升高而降低，这是电子-电子的相互作用导致的。而石墨烯中电子的谷间散射和谷内散射长度随温度没有显著变化，这是由于这两类散射主要来源是石墨烯本身的缺陷和杂质，不随温度变化。图 5-36(c) 为沉积后的磁电导。和纯净石墨烯一样，随温度升高，弱局域化的修正变小。其中 20 开以下，电子-电子相互作用主导；20 开以上，电子-声子相互作用主导。对比纯净石墨烯，沉积后的弱局域化修正的幅度降到 0.5 个量子电导。由于载流子浓度相同，所以这种减弱是铱团簇修饰的结果。从图 5-37(b) 和 (d) 中可以看

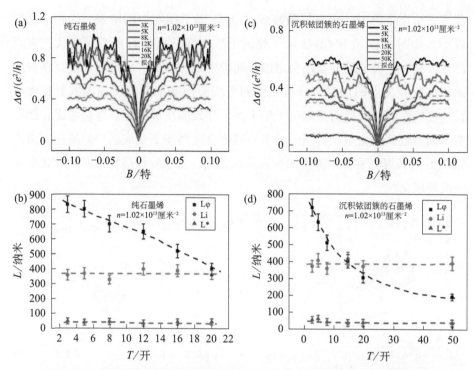

图 5-36　纯净的铱团簇沉积的石墨烯在相同的载流子浓度下比较相干性[270]

出，沉积前后石墨烯的相干长度没有显著变化。图 5-37(a) 和 (c) 中弱局域化的显著变化只能来自铱团簇的自旋轨道耦合，通过对石墨烯电子的散射，石墨烯自旋轨道耦合增强，从而压制了弱局域化[270]。

　　自旋轨道耦合分为内禀和外禀，分别对应德雷塞豪斯（Dressalhaus）效应和拉什巴（Rashba）效应，引起的自旋弛豫机制分别对应着 EY 机制（Elliot-Yafet mechanism）和 DP 机制（D'yakonov-Perel mechanism）[271,272]。这两种机制表现出不同的自旋弛豫时间和平均弹性散射的关系，一个成正比，一个成反比。沉积后，弱局域化效应只是减弱，并未变成弱反局域化，说明沉积后符合 EY 机制的内禀自旋轨道耦合占主导[273]，DP 机制的效应很弱。因为如果外禀的自旋轨道耦合和内禀的有相同量级，那一定会出现弱反局域化。用 EY 机制的理论可算出自旋轨道耦合强度。测量不同载流子浓度下的弱局域化，可以获得不同的平均弹性散射时间和自旋弛豫时间的关系。

　　3 开下沉积前后不同载流子浓度下的磁电导如图 5-37(a) 和 (c) 所示。当载流子浓度下降时，电荷屏蔽减弱，电子-电子相互作用增强，使相干长度减小，如图 5-37(b) 和 (d) 所示。载流子浓度降低意味着费米面向狄拉克点靠近，缺少电荷屏蔽的缺陷会增加谷间散射率，降低谷间散射长度。在费米面移向狄拉克点的同时，狄拉克锥的形变会逐渐消失，使谷内散射长度变长。谷内散射会破坏石墨烯电子的手性，导致弱反局域化。综合考虑，随着费米面靠近狄拉克点，石墨烯的弱局域化会在高场下变成弱反局域化。由图 5-37(d) 可知沉积后费米面更加远离狄拉克点，无法看到高场下弱局域化变向弱反局域化[270]。

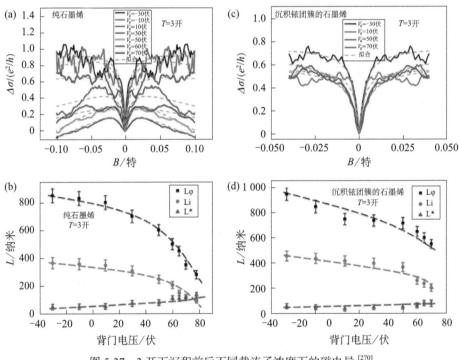

图 5-37　3 开下沉积前后不同载流子浓度下的磁电导 [270]

不同温度下随载流子浓度变化的弱局域化如图 5-38 所示，拟合得到 τ_{KM} 和 $\tau_p \varepsilon_F^2$，利用 $KM = \tau_p (\frac{\varepsilon_F}{\Delta_{KM}})^2$ 得到自旋轨道耦合[7]强度 Δ_{KM}，如图 5-38(a) 和 (b) 所示，ε_F 是相对于狄拉克点的化学势。图 5-38(c) 为沉积前后的自旋轨道耦合强度与温度的关系[274]。将温度外推到零摄氏度，得到石墨烯在铱团簇沉积后自旋轨道耦合强度从 0.72 毫电子伏增加到 5.5 毫电子伏。

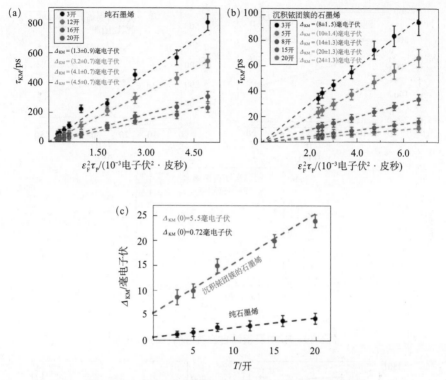

图 5-38 不同温度下随载流子浓度变化的弱局域化 [270]

2. Bi 团簇

除了 Ir，他们还采用类似的方法研究了 Bi 对石墨烯自旋轨道耦合的影响。通过调节门电压，控制石墨烯器件在 Bi 团簇沉积前后的载流子浓度均为 4×10^{12} 厘米$^{-2}$。在相同载流子浓度下，测量了初始石墨烯、第一次 Bi 团簇修饰和第二次 Bi 团簇修饰下的低场磁电导。在相同温度下，随着 Bi 团簇的沉积，弱局域化的特征减弱，暗示了占主导的自旋轨道耦合是本征的 Kane-Mele 型[275]。所以只考虑 Kane-Mele 型自旋轨道耦合对石墨烯弱局域化的影响是可靠的。拟合可得参数如图 5-39 所示。可以发现，非弹性退相干长度随温度的上升而下降，这归因于石墨烯中的电子-电子相互作用。谷间散射长度和谷内散射长度基本不随温度的升高而改变，这可能由于在测量过程中散射中心保持稳定。

对比温度为 5.5 开时不同栅压下，在团簇沉积前、第一次沉积和第二次沉积后的弱局域化，拟合得到的特征长度如图 5-40 所示，同 Ir 类似。

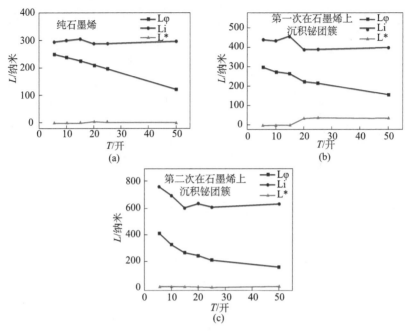

图 5-39　Bi 对石墨烯自旋轨道耦合的影响[275]

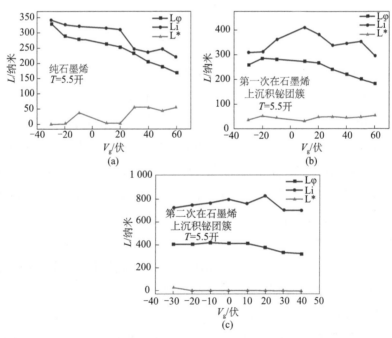

图 5-40　温度为 5.5 开时不同栅压下，在团簇沉积前、
第一次沉积和第二次沉积后的弱局域化[275]

　　拟合得到沉积前、第一次沉积和第二次沉积后的自旋弛豫时间如图 5-41 所示，随弹性散射时间的增加而单调增加，是 EY 型自旋弛豫的标志。由拟合确定自旋轨道耦合强度，发现其随温度的上升而增大。这种温度依赖归因于外来的自旋轨道耦合，因为它是电子对杂质中心的散射造成的，是温度依赖的[11]。图 5-41(d) 为能隙与温度的关系，外推出零温下的能隙，在沉积前、第一次沉积和第二次沉积后分别为 0.91 毫电子伏、2.64 毫电子伏和 1.05 毫电子伏。

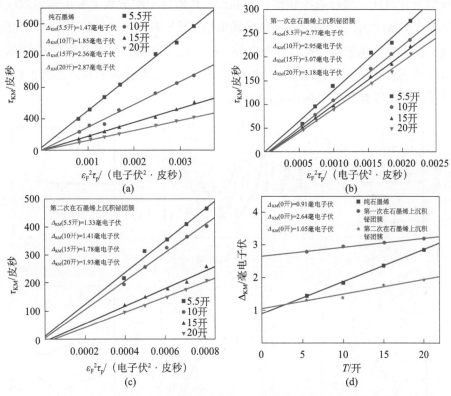

图 5-41　沉积前、第一次沉积和第二次沉积后的自旋弛豫时间[275]

（二）Co 团簇与拓扑绝缘体

　　与石墨烯类似，拓扑绝缘体作为一种狄拉克材料，当其与团簇结合起来时，也有丰富的物理内涵。这里讨论磁性 Co 团簇对拓扑表面态的量子霍尔效应的影响。

拓扑绝缘体的表面态载流子是由狄拉克方程来描述的。在量子霍尔效应中，与平庸的二维电子气不同的是，拓扑绝缘体中每一个表面贡献的是半整数个量子霍尔电导，这与它的贝里（Berry）相位为 π 有关。虽然表面态的量子霍尔电导的贡献为半整数，但由于有上下两个表面，所以这里仍会呈现出整数的量子霍尔平台[276,277]。

实验中首先必须生长出高质量的 BiSbTeSe$_2$（BSTS）单晶，在低温下其输运特性是由表面态所主导的。然后利用标准的微加工工艺制备出了介观的场效应管器件。通过磁场和栅压的调控，在器件中测量到了量子霍尔效应，如图 5-42(a) 所示。当固定不同的磁场来扫描栅压时，可以得到不同的变化曲线。利用重整化群流，将其画在电导（σ_{xy}，σ_{xx}）空间中，如图 5-42(b) 所示。可以从该重整化空间中提取出两组收敛的点，而这些收敛的点的曲线正好反映了量子化行为[278]，如图 5-42(c) 所示。

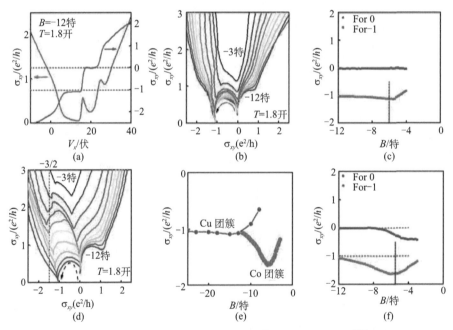

图 5-42　BiSbTeSe$_2$（BSTS）单晶在低温下输运特性[278]

随后在 BSTS 的介观器件上沉积 Co 团簇颗粒，观测到了其中的量子霍尔平台被有效地调控，呈现出了反常的量子化的轨迹，如图 5-42(c) 所示。同样利用重整化群流的分析可以提取出收敛的点，这些收敛的点的曲线正好反映了上表面的反常量子化行为，如图 5-42(e) 所示。并且通过比较分析可以知道，在这个过程中，下表面始终保持在 1/2 的量子化上。而另外制备了的 Cu 团簇修饰的介观器件，在同样的测量过程下，这个体系中并没有出现这个现象[278]，如图 5-42(f) 所示。

为了解释这个现象提出了一个推迟的朗道能级杂化的模型，如图 5-43 所示。Co 团簇通过与上表面的反铁磁交换，打开了一个塞曼能隙[279,280]，会使得朗道 0 阶能级发生偏移，如图 5-43(b) 所示。而正常情况下的能级分布则如图 5-43(a) 所示。而这个能隙恰导致了上表面朗道能级杂化的推迟，如图 5-43(d) 所示。这个模型恰好解释了图 5-42 中的类似于鼓包的上表面反常的量子化轨迹。通过计算分析，可以得出这个能隙大小至少为 4.8 毫电子伏[278]。此外，还观测到了一个类似于半整数的霍尔平台，也是这个因素导致的。

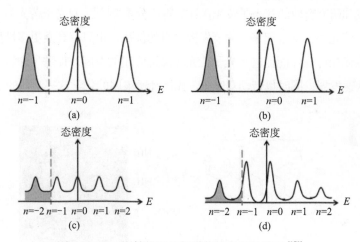

图 5-43　Co 团簇推迟的朗道能级杂化的模型 [278]

八、分子光电性质及水分子全量子效应

分子（有机分子、无机分子、有机金属络合物、生物大分子等）是一个稳定的量子体系，具有丰富的光电特性。分子种类丰富，且易于合成和裁剪。自然界很多过程都是在分子层面上完成，如化学反应过程、生命过程等。随着科学技术的发展，如纳米技术和超快激光技术等，在分子层面大量开展科学研究的时机已经来临。与分子有关的基本问题研究既是原子与分子物理学科的重要研究内容，也为其他交叉学科提供理论支持。与分子有关的

重要科学问题包括了分子内的电荷转移、分子光电性质、分子光谱、分子的磁性，分子间碰撞过程（分子反应过程）、极端条件下的分子问题及分子的应用研究等。本节将分为分子光子学、分子电子学、分子反应动力学和水分子中氢原子的核量子效应四个方面来论述。

（一）分子光子学

1. 有机双光子功能材料的研究

近年来，有机双光子功能材料的应用研究已经成为人们的关注热点，其中双光子荧光显微技术（图 5-44）的应用得到了广泛关注[281]。设计和研究具有较大双光子吸收截面的有机分子材料，对于促进双光子荧光显微成像技术在生物和医学成像方面的应用具有重要的意义。为了使得双光子荧光显微技术得到更广泛应用，开发和研究有效的双光子荧光探针显得十分重要[282]。双光子荧光显微镜只有与双光子荧光探针结合起来，才能发挥自身的优势。也只有开发更多性能更佳的双光子荧光探针，才能促进双光子荧光显微镜应用的发展，促进生命科学、医学科学的快速发展，同时也带动双光子荧光探针所隶属的化学这一学科的发展。

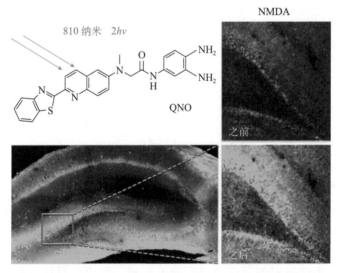

图 5-44　生物体细胞中的双光子荧光显微成像[281]

近年来，用于离子识别、DNA 片段测定及特定蛋白质的光学标记的荧光探针分子设计与应用研究取得了较大进展，但仍然存在着许多有待解决的问题[283-285]。除了光致毒光漂白外，对于细胞内存在的各种复杂情形而言，识别与标记的特异性目前仍旧具有挑战性；尚未在真正意义上实现运用多种参数对生物活体内各种离子、小分子、各类蛋白质及核酸进行实时观测、动态研究。所以，通过发展理论方法和建立理论模型，定量计算分子材料的超精细极化率和分子材料的单光子及双光子吸收截面，寻找分子结构和分子非线性光学性质的关系，设计新型双光子荧光探针是目前的主要研究方向。此外，利用激发态衰减动力学理论，结合第一性原理计算，研究双光子荧光探针的光吸收和荧光发射性质，从理论上揭示探针的响应机理，实现对探针荧光效率的定量预测，为双光子荧光探针的应用提供理论依据，也是国内外正在开展的工作。

2. 有机发光二极管的研究

有机发光二极管（organic light emitting diode，OLED）凭借其轻柔、质薄、抗震性好等特点，在显示和照明领域具有广泛的应用。OLED 显示相对于液晶显示器有着能耗低、响应速度快、可视角广、器件结构可以做得更薄、低温特性出众甚至可以做成柔性显示屏等优势。近几年，随着三星、华为、魅族、小米等 OLED 手机的批量生产，OLED 显示器商品化越来越迅猛，并且朝着大尺寸显示发展。2013 年，LG 电子推出了全球首台曲面 OLED 电视。2014 年，创维集团也推出了首台中国品牌的 OLED 电视，这些突破性的进展也极大地激发了科研工作者的热情。目前，OLED 显示的发展显示出研究、开发和产业化齐头并进的局面。但有机发光显示技术目前还有许多瓶颈需要解决，尤其是在蓝光显示上，还需要面对蓝光显示的色度不纯、效率不高、材料寿命短的挑战。目前广泛应用的大部分的 OLED 都是磷光 OLED，但磷光 OLED 的发光材料中需要铱、铂等贵金属元素，导致 OLED 的价格昂贵。因此，开发高效的荧光 OLED 具有重要的应用价值。2012 年，日本 Adachi 课题组设计合成了热活化延迟荧光（thermal active delay fluorescent，TADF）分子材料，激子利用率达到了 100%，大大提高了荧光材料的量子效率[286]（图 5-45）。因此 TADF 分子材料被誉为第三代 OLED 发光材料，国内外的 OLED 的研究团队都开始关注并设计合成了 TADF 分子材料，目前已有 400 多种 TADF 分子材料被相继报道。然而，蓝色和红色 TADF 分子材料仍然非常有限，其中一个重要的原因是目前对 TADF 分子材料电致发光机制的理解尚不完善。因此，通过理论研究，揭示 TADF 分子材料电致发光及分子结构与其光物理性质的关系，对于人们设计合成 TADF 分子和制备高效 OLED 具有重要的参考意义。

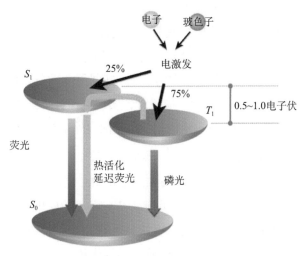

图 5-45　TADF 机制图 [286]

由于单重激发态和三重激发态（S-T）之间的能差是实现 TADF 的重要因素，近些年来，国内外的理论研究组已经相继开展了 TADF 分子结构与 S-T 能差的关系研究，并提出了一些有效预测 S-T 能隙的方法。基于这些方法，一些有机分子被预测为潜在的 TADF 分子。此外，基于第一性原理计算，结合有机分子激发态动力学分析有机分子电致发光机制的研究工作也相继开展。Brédas 等通过进行激发态动力学分析，发现有效地分离跃迁轨道并不是实现 TADF 的充分条件[287]。Monkman 等也提出了二阶振动耦合的上转换机制[288]。此外，由于器件中 TADF 分子往往是在固相下或聚集状态下工作，因此，考虑环境对 TADF 发光性质的影响十分必要。孙海涛等已经基于溶剂模型，近似模拟了固态环境下 TADF 分子的发光性质，并认为极性是导致发光红移的重要原因[289]。Monkman 等则利用分子动力学和量子化学相结合的方法，模拟了固态下 TADF 的发光机制[290]。Wang 等利用量子力学/分子力学相结合的方式研究了固相下有机分子激发态的动力学性质，并同气相下光物理性质进行比较，揭示了环境的影响机制[291]。然而，TADF 的固态发光性质仍存在很多问题尚不明确，因此，发展有效的理论模拟方法，开展固态有机分子电致发光机制研究对于人们理解实验现象及 TADF 发光机制具有重要参考意义，对 TADF 分子的有效设计及高效 OLED 器件制备具有一定参考价值。

（二）分子电子学

随着微电子器件尺寸进入纳米量级，量子力学效应显著增强。囿于工作原理和生产工艺，传统硅基半导体电子器件即将达到发展的极限。作为这一问题的解决方案之一，基于分子电子学，利用分子特性构造具有不同功能的分子器件引起了人们的广泛关注，相应的研究对促进计算机微型化具有重要的意义。分子电子学是固体物理、化学、微电子工程的交叉学科，其特点是利用分子尺度材料构筑电子线路中的各种元器件，如分子导线、分子开关、分子整流器和分子储存器等，测量电学特性并解释运行机理。其目标是利用单个原子、分子、分子团簇甚至超分子构建能够替代硅基半导体元器件的分子器件，用以组装逻辑电路。与传统器件相比，分子器件具有巨大的优势：①体积小、集成度高、响应速度快；②功耗小、节约能源；③有机分子种类繁多、可选择的对象丰富、易于修饰；④结构简单、可批量合成、生产成本小。因此，分子电子学具有极大的发展前景，是一门充满活力的前沿学科。

在实验方面，利用分子自主装膜、力学可控劈裂结等技术制备分子器件，结合扫描隧穿显微镜、原子力显微镜（AFM）等多种设备探测器件电导、电流及其他电学性质成为研究分子器件的主要手段。在理论方面，基于密度泛函理论的非平衡格林函数方法为计算分子器件电学特性、解释器件运作机理提供了有力工具。近两年，众多科研工作组探究了若干因素对器件电学性质的影响，通过多种手段调节器件性能；发现、制备了一批新的性能更好、稳定性更高的分子器件，推进了分子器件实际应用的步伐。

国际方面，Javey 等利用碳纳米管和二硫化钼成功制备出栅极长度仅有 1 纳米的晶体管（图 5-46），远低于硅基晶体管栅极长度最小 5 纳米的理论极值，在计算技术界实现重大突破[292]。Darwish 等在硅基电极上通过组装壬二炔分子链所制备的分子结，具有很好的电学和力学稳定性，并且具有极高的整流比[293]。McCreery 等将双噻吩苯、2-蒽醌、芴、硝基偶氮苯等物质之中的两种相连，制备出双层分子结，并对其电学性质进行测量。研究发现，如果两分子层的能级相似，其电学性质相当于一层厚的单分子结；如果两分子层能级不同，将会产生明显的整流比。当电子受体端施加负偏压时，会出现更高的电流值[294]。Kim 等在 Au 电极上连接烷烃硫醇链制备分子结，进行拉伸并测量电导。结果表明：分子结拉伸引起的电导变化与 S-Au 连接处 Au 原子的数目有关。当 S 原子和两个或者三个 Au 原子接触时，拉伸分子链会导致电导变大；当 Au 原子数目仅有一个时，电导受拉伸作用效果不明显；当接触端的 Au 原子形成单原子链时，电导会随着拉伸作用减小。这是拉伸诱导的 HOMO 向电极费米能级移动作用与分子和电极耦合衰退作用相互竞争的结果[295]。Veciana 等利用多氯三甲基苯作为受体，二茂铁作为给体制备分子结。通过实验测量和理论计算，他们发现当受体处在基态时，HOMO 为电流提供通道，整流比较大；当处在激发态时，SUMO 为电流提供通道，整流比变小[296]。通过制备金-乙二醇共聚物-氧化镓分子结，Whitesides 等发现该体系具有很小的衰退因子，并指出这很可能是由于超交换作用导致的[297]。目前，国外科研工作组一方面在传统分子器件领域上继续探索性能更稳定、整流比更高、导电性更好的分子器件；另一方面，随着自旋电子学的迅猛发展，科研工作者们已经将目光转向新的领域。寻求具有自旋过滤、大磁阻率、自旋场效应管，且能长时间保持自旋劈裂的电子器件成为分子电子学的前沿问题。

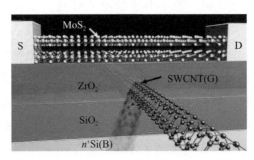

图 5-46　由碳纳米管和二硫化钼制备的栅极长度仅 1 纳米的晶体管 [292]

国内方面，Guo 等在石墨烯-二芳烯-石墨烯分子器件中引入关键的亚甲基基团，实现了分子和电极间优化的耦合作用，这种单分子开关器件具有空前的开关精度、稳定性和可重现性（图 5-47 和图 5-48）[298]。Liu 等测量了超过 10 纳米的聚卟啉分子电导。结果显示聚卟啉分子导线具有很小的衰退因子，即使长度超过 10 纳米，电导也能达到 20 纳西门子，具有良好的电导[299]。Li 等将烷烃链一端连在石墨烯衬底上，另一端连在金原子电极上测量电导。他们发现，与传统的金-烷烃链-金分子结相比，非对称的石墨烯-烷烃链-金分子结具有更小的衰退因子，这是分子和石墨烯之间的弱耦合作用导致的[300]。Liu 等从理论上研究了受到不同官能团（—H，—H$_2$，—O，—OH）边缘修饰的锯齿形硅烯纳米带的电荷输运特征。结果表明：对于对称边缘修饰的体系，电流会被抑制，而对于单边非对称修饰的体系，电流作用会增强，这是因为对于对称性的体系，π 和 π* 能带之间无法交叠，导致透射禁止；而对于非对称性的体系，由于体系的对称性被破坏，π 和 π* 能带可以交叠，为载流子的输运提供了通道。此外，$I_H > I_{OH} > I_O > I_{H_2}$，这是因为官能团会改变硅烯纳米带的能带结构[301]。Wang 等发展了一维透射结合三维修正近似的方法，以一种简单的方式计算了非共振对分子器件电输运的贡献，并可以从电子波动性和粒子性两方面清晰地给出器件非共振电输运物理图像[302]。在国内，有一定数量的优秀科研工作者和科研工作组能够把握分子电子学发展前沿，不断推出新的研究成果，在国际上占有一席之地。但是，由于研究经费的限制，国内很多科研组没有条件将实验和理论结合到一起，有些理论研究的发展甚至都受到限制。国内还需要加强实验工作和理论工作的结合，才能做出更多被国际认可的工作。

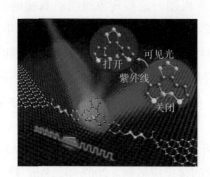

图 5-47 分子开关示意图

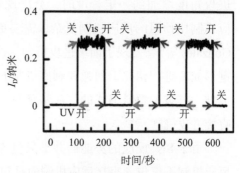

图 5-48 器件受紫外线和可见光照射后分子开关的电流响应，V_D=100 毫伏 [298]

在可预见的将来，分子电子学仍具有很强的发展活力和美好的发展前景，科研工作者们也在不断设计和创造性能稳定、具有各种特殊功能的分子器件。而若想让分子器件从实验室制备走向工业化的大规模生产，还需要国家投入更多的支持及更多科研工作者的不懈努力。

（三）分子反应动力学

1. 双分子亲核取代反应的量子分子反应动力学

20 世纪 80 年代以来，随着实验技术的进步和计算机性能的大幅提高，分子反应动力学领域获得了长足的进步。而双分子亲核取代反应（SN_2）的研究在该领域中占据着重要地位；近些年来对于 SN_2 反应机理的探究取得了诸多重要进展，从侧面印证了分子反应动力学蓬勃的发展趋势。

早在 1937 年，Hughes 等[303] 就对 SN_2 的反应机制提出了猜测，他们认为进攻原子会削弱碳原子与离去集团的化学键，与此同时，进攻原子会与碳原子形成新的化学键，最终形成产物。他们的理论奠定了 SN_2 反应机制的现代理解。但是，由于技术条件的限制，Hughes 等无法验证这些理论猜测。1977 年，Olmstead 等[304] 通过势能面分析计算出了 SN_2 反应的反应概率，指出影响反应机制最重要的因素是势垒的高度，这是第一次对 SN_2 反应做出系统性的研究。1998 年，Hase 等[305] 通过从头算动力学轨迹研究发现，即使具有相同过渡态的反应，如果初始碰撞能量和进攻角度有所差别，那么反应机制也不尽相同。Hase 等在文章中指出，在对头碰撞时，反应表现为回弹机制，当进攻角度增加到一定程度时，会出现剥离机制。这些现象说明了真实的反应机制比预想的反应机制复杂，需要更多实验和理论计算去探究。2003 年，Gonzales 等[306] 发现了前端进攻机制，这时需要克服比较高的势垒才能打断旧键形成新键，相比于回弹和剥离机制的背后进攻模式，前端进攻机制是一种突破，打破了教科书式的"瓦尔登翻转"的固有模式。以上三种机制统称为直接进攻机制。

由于 SN_2 反应的势能面并不只包含两个势阱，而是包含诸多势阱，所以反应机制不仅包含直接反应机制而且包含间接反应机制。2002 年，Sun 等[307] 通过势能面分析和动力学模拟发现了氢键机制，此为间接反应机制。之后的研究表明，间接反应机制包含更丰富的反应路径。2003 年，Császár 等[308] 发现了离子络合物机制，即进攻离子首先和碳原子及离去原子形成共线的络合物，然后再发生反应。2008 年，Hase 等发现了环绕机制，理论计算和分子交叉束实验验证了该结果[309]。2015 年，Szabó 等[310] 通过精确势能面分析发现了双反转机制。他们指出除了经典的"瓦尔登翻转",反应过程中还存在氢键的二次翻转,此反应机制在液相下也得到了验证。Szabó 小组通过一种新的理论方法——轨迹正交投影法,验证了 Hase 等提出的前端络合物机制[311]。

SN$_2$ 反应在液相下的研究也取得了较大的进展。在液相下,王敦友科研组运用多层次的 QM/MM 方法,在 F$^-$ + CH$_3$Cl[312] 和 F$^-$ + CH$_3$I 反应[313] 中发现了一个新的双翻转机制,它是由诱导夺取翻转机制和瓦尔登翻转机制组成的。在诱导夺取翻转过渡态和瓦尔登翻转过渡态之间存在一个充当"连接杆"作用的新的中间络合物,这个中间络合物几乎与反应络合物是镜像对称的。水溶液中相应驻点的几何形状与气相下的几何形状有明显的差异,如图 5-49 所示,F$^-$ + CH$_3$Cl 反应的诱导夺取翻转过渡态在液相和气相下有较大差异:这是亲核试剂和底物周围的水分子的屏蔽作用,以及溶质和周围水分子之间的相互作用导致的,特别是氢键的产生。这个新的发现使得我们相信,在液相下,其他的 X$^-$ + CH$_3$Y $\longrightarrow$ Y$^-$ + CH$_3$X(X,Y=F,Cl,Br,I)反应也应该有双翻转机制。

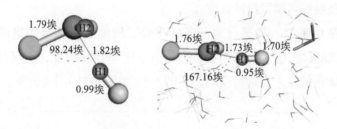

图 5-49 F$^-$ + CH$_3$Cl 反应的诱导夺取翻转过渡态在液相和气相下的对比示意图 [312]

综上所述,在过去四十多年中,对 SN$_2$ 反应的研究达到了前所未有的深度,新的反应机制不断被发现,说明在原子分子层面的探究取得了相当丰硕的成果,而且需要发展更多的理论模型来完善 SN$_2$ 的反应机制。

2. 生物大分子动力学

随着计算机技术的发展,分子模拟技术日趋成熟。基于计算化学、量子力学、分子力学等理论和计算方法,通过分子模拟,可以从构象分析、结合自由能预测等方面,在分子水平上阐明分子-分子相互作用机制等信息。迄今,分子动力学(molecular dynamics,MD)模拟是应用最广泛、最普遍的分子模拟方法。

　　基于计算机模拟和计算机辅助药物设计的方法有很多种，但是它们最终往往面临一个同样的问题——如何评价药物分子的活性。许多药物和其他生物分子的活性都是通过与受体生物分子之间的相互作用表现出来的，所以受体和配体之间的结合自由能评价/预测/计算是计算机模拟和计算机辅助药物设计的核心问题。精确地结合自由能预测方法能够大大提高计算机模拟的精确性，进而提高药物设计的效率。随着受体-配体相互作用的理论研究及计算机模拟技术的发展，结合自由能预测方法的研究受到了越来越多的关注。

　　到目前为止，有很多计算蛋白和配体之间结合自由能的方法。一般来说，这些方法可以分为两类，一类是在两个状态的路径上增强采样来计算结合自由能，另一类是仅考虑始末两个状态，通过延长 MD 模拟时间，快速地计算结合自由能。尽管这些方法计算结合自由能的精确度很高，很多课题组已经证实这一点，但是它们所需的采样比较多、计算量较大、耗时，而且只能计算两个差别不大的构象之间的相对结合自由能。相比之下，后一种方法比较节约时间和计算资源，更重要的是可以计算绝对结合自由能，此方法的优越性已经被许多课题组所证实。

　　该方法中熵变一般通过对分子的平动、转动及振动等频率进行分析求解。AMBER 软件包中的正则振动分析方法能够计算熵变，不仅计算过程相对复杂、计算量较大，且精度不高（图 5-50 和图 5-51）。

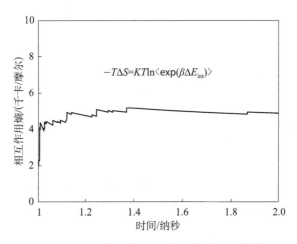

图 5-50　相互作用熵在 2 纳秒时间内达到收敛

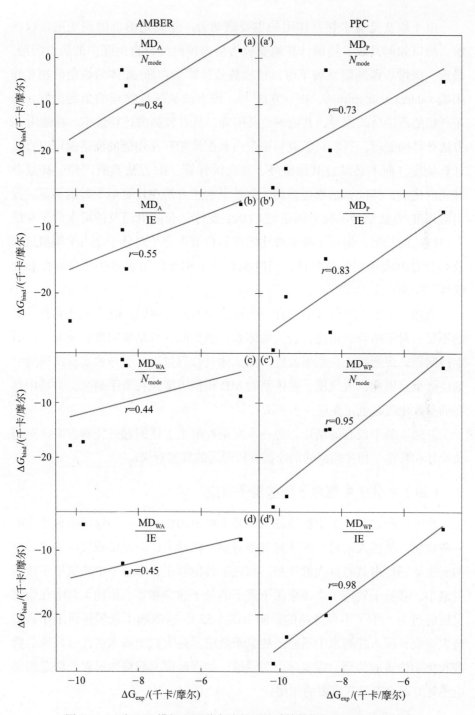

图 5-51　4 个 MD 模拟和两种方法得到的计算数据与实验值的相关性

由于熵变是疏水相互作用的主要驱动力，尤其是溶剂的熵变更难以求解，所以如何高效、精确计算熵变成为精确预测结合自由能中的热点问题。最近，张增辉课题组发展了可以精确高效计算蛋白质-配体的熵变的相互作用熵（interaction entropy，IE）方法[313]。该方法从统计物理的角度出发，基于严格的理论公式推导，其物理意义明确，具有较高的计算效率。在使用 IE 方法计算熵变时，我们只需要知道蛋白和配体相互作用能的涨落就可以直接计算熵变，而不必经过其他额外、复杂的计算。IE 方法具有严格、高效和准确的优点，其计算结果更精确，弥补了前述方法在计算熵变时的不足。他们应用 IE 方法结合极化力场研究 CDK2-配体结合的机理及桥梁水分子对结合自由能的贡献，揭示了静电极化效应和桥梁水分子对分子动力学模拟过程及结合自由能预测的重要性，同时也验证了相互作用熵方法的高效性和准确性[314]。

当然，上述方法组合中也有一些缺陷和不足。例如，IE 方法还存在一定的不足，对于结合自由能比较大的体系，熵变的计算结果很难收敛等。针对上述问题，课题组正在积极改进。测试体系数目过少，会导致实验结果的可信度降低。因此，大规模、多体系的 MD 模拟方案正在着手研究，力场中存在的参数化问题也正在进一步调试。

总之，基于现有的结论，进一步发现和解决上述问题并完善方案，对药物设计和筛选及相关癌症的治疗拥有较深远的现实意义。

（四）水分子中氢原子的核量子效应

水是生命之源，是生物维持生命必不可少的物质，也是地球上最常见的一种物质。虽然人们对水的研究贯穿着整个科学史，但是微观尺度下水的结构和性质仍然潜藏着巨大的奥秘。相比于其他原子，水分子中的氢原子核质量最小，其量子效应（主要来源于质子的量子隧穿和零点运动）对水在微观尺度的行为产生了不可忽略的影响（图 5-52），这激起了众多科研工作者的极大兴趣。深入理解水中氢原子的量子效应，是人们理解水的许多特殊的物理和化学性质的关键，在实际应用领域，如理解湿润和腐蚀过程、构造燃料电池等方面具有极其重要的作用。

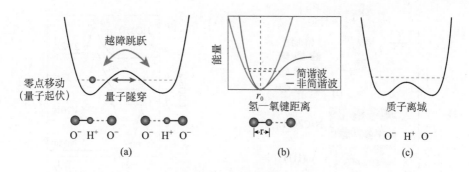

图 5-52　氢的核量子效应[315]

(a) 质子隧穿导致 H 与相连的两个 O 的共价键，氢键可以相互转换。(b) 非简谐零点运动导致氢键增
强。(c) 势垒降低后，零点能起重要作用，质子变得离域，可以导致对称的氢键

　　目前，人们在研究水分子中氢原子核量子效应方面取得了诸多进展。在理论方面，Tuckerman 等利用从头算方法探索了在室温下共享质子在氢键络合物 $H_5O_2^+$ 和 $H_3O_2^-$ 中的量子特征，并指出氢键的强度对共享质子的量子特征起很重要的影响[316]。Li 等从理论上研究了氢键的量子本质，他们认为氢原子的核量子效应会使弱氢键得到削弱，强氢键得到增强[317]。Morrone 等在利用路径积分 Car-Parrinello 分子动力学模拟方法对液态水和冰进行研究时考虑了氢原子核的量子效应，结果能够较好地与实验数据相吻合[318]。在实验方面，科研工作者利用许多实验技术去研究核量子效应，如 X 射线衍射、核磁共振、中子散射和扫描隧道显微镜等技术。Soper 等利用 X 射线衍射和中子衍射研究了轻水（H_2O）和重水（D_2O）的结构。研究结果表明，轻水中 O—H 键长比重水中 O—D 键长长约 3%，而轻水中氢键的键长比重水中的要短约 4%[319]。王等发展了一种氢核敏感的超高分辨率扫描隧道显微术，利用低温扫描隧道显微镜在亚分子分辨率精度上获得了水分子的单体和四聚体在 NaCl(001) 面上的图像[320]。最近，他们又发展了针尖增强非弹性电子隧穿谱技术，并在实验中首次测得了单个氢键的强度（图 5-53 和图 5-54）。结合理论计算，他们发现氢原子核的量子效应会对水的结构和性质产生显著的影响，氢核的非简谐零点运动会弱化弱氢键，强化强氢键，该工作澄清了学术界长期争论的氢键的量子本质[321]。

　　到目前为止，虽然大量的理论方法和实验技术已经被运用来研究水分子中的核量子效应，并获得了诸多具有科学价值的成果，但是人们对该领域的

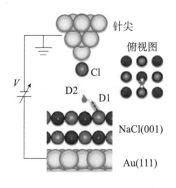

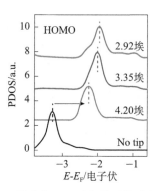

图 5-53　测量非弹性隧穿谱实验示意图　　图 5-54　针尖靠近，引起分子轨道向上移
　　　　　　　　　　　　　　　　　　　　　　　　　动，信号增强 [322]

研究仍处在起步阶段。关于氢原子的核量子效应的研究，仍然存在许多有待
解决的问题，例如，多体关联效应如何影响核量子效应、核的量子效应明显
的温度范围、核的量子效应对电子自由度的影响等。就实验技术而言，目前
的技术仍有很多不足和缺点，比如，利用 STM 和 AFM 技术获得高分辨率的
图像时，探针的引入会对脆弱的水结构产生扰动，影响实验结果，要想消除
这些因素的影响，需要不断地改良实验设备和发展实验技术。就理论方法而
言，处理水分子中氢原子核量子效应的理论模型仍有待发展和完善，运用理
论去解释实验中观察的细节仍是巨大的挑战。这些问题将继续激励着科研工
作者不断深入研究。

第三节　对未来发展的意见和建议
——走向原子制造

　　原子团簇学科发展多年，在发现新结构团簇和探索新奇量子特性方面取
得了丰富的进展，特别是发现 C_{60} 这样获得诺贝尔奖的重要成果，使得团簇
领域空前的繁荣，成为原子分子物理的重要学科方向之一。然而，随着团簇
科学研究的深入，学科早期关注的物理问题逐渐被阐明，推动学科进一步纵
深发展的思路也逐渐明晰。

　　近年来，人们对于器件制造技术沿着自上而下的路线蓬勃发展，加工的

特征尺度逐渐从微米达到纳米尺寸（甚至小于 10 纳米），器件性能也逐年飞跃。然而，沿着这一趋势往下继续发展就会走到原子尺度，从工艺上看将更加困难。而且，物理上来看，更小的原子尺度的器件不再是大尺度器件的等量微缩，量子效应凸显，器件呈现完全不同的运行规律。在这一背景下，提出从构成宏观物质最小单元的原子层面出发，开展"自下而上"的精密设计和构造新物态、材料和器件。为我国在物质科学研究和发展提供新的可行路线——原子制造科学和技术。

原子团簇是原子制造最有发展前景的研究对象，开展基于团簇的原子制造也是团簇学科的必然趋势。团簇是原子级的量子体系，团簇的结构和性质都不是单个原子的简单累加，团簇中各个原子各自承担不同的"角色"，且相互"配合"。特别是由于其没有限制宏观晶体的长程序，所以具有比大块固体更加丰富的原子结构和物理性质，因此成为原子设计和制造的关键平台。近年来，团簇的设计、制备和物性研究等多方面都取得了长足的发展，走向原子制造的条件逐渐成熟。团簇学科应该集中力量在团簇原子制造的理论、实验和工艺上努力工作，为我国的国家发展战略提供重要支撑。

团簇具有诸多颠覆性的物性和很大的应用潜力。例如，Al_{66} 团簇理论计算预言超导转变温度能够达到 170 开，超越目前所有的高温超导材料；Al_4 团簇实验发现可以吸附 13 个氢原子，燃烧释放的能量是 TNT（炸药）当量的 5 倍之多；非线性光学材料是我国少数对外禁运的高科技产品之一，基于原子制造的 Au_{25} 团簇非线性光学材料，理论预言可实现非线性光学系数 1000 倍的提高，在解决尺寸和功率损伤限制后，可用于激光防护、激光诱导聚变等多个高科技领域。

原子团簇是一类特殊的分子，实质上是一个很大体量的而且适合扫描式研究的物质基因库。每一种元素都有数百种原子数不同的团簇，每个原子数往往有多个同分异构体，这就为搜索数万种新物质留有空间。团簇的奇异特性与其随原子数变化的原子结构和电子结构密切相关，对于 118 种元素蕴含的千种原子数和万种结构的团簇世界，目前研究所了解的只是冰山一角。从技术上来讲，团簇学科一般是先产生多种组分的白谱，然后用质谱的方法进行质量选择，这一工艺具有普适性。所以团簇学界亟待高通量地开展团簇新奇物性和器件效应的研究，为原子制造提供充足的数据基础和材料库。

原子制造技术的一个重要特点是往往存在一个功能验证的产额阈值，也就是说原子体系必须达到一定的产量才能走向材料与器件的应用，走向真正的原子制造。对于团簇来说，当前团簇制造装置的产量普遍在 100 皮克/小时，也就是说 100 天都无法获得 1 微克的样品（这是材料验证的极限小量），处于实验室水平，这无法满足原子制造的新材料发现和探索需求。另外，团簇往往有大量的同分异构体，其结构各异，性质各异，在质谱分离中无法区分。以上两点形成了团簇原子制造工艺上的实际障碍。

我们建议开展强流团簇离子源重大科技基础设施的建设，通过"自下而上"的气相生长方式由原子合成团簇，一方面对现有团簇束流技术改造和优化，对装置集成放大，实现团簇产量百万倍量级的提高，以便获得毫安级强流团簇离子源，另一方面通过对电极矩和磁矩的筛选实现结构的分选，最终可以普适性地实现团簇物质的毫克级精准制备，从而形成一个新材料发现和原子制造的高水平平台。这一科技基础设施的建设是服务国家先进制造战略的一个有效途径，是国际团簇学科多年的梦想，如果建设成功将极大地带动我国原子团簇学科的研究水平，从而形成一个具有国际影响的科学研究中心。

本章参考文献

[1] Knight W D, Clemenger K, de Heer W A, et al. Electronic shell structure and abundances of sodium clusters. Phys Rev Lett, 1984, 52: 2141.

[2] Bjørnholm S. Clusters, condensed matter in embryonic form. Contemp Phys, 1990, 31: 309.

[3] Khanna S N, Jena P. Assembling crystals from clusters. Phys Rev Lett, 1992, 69: 1664.

[4] Khanna S N, Jena P. Atomic clusters: building blocks for a class of solids. Phys Rev B, 1995, 51: 13705.

[5] Castleman A W, Khanna S N. Clusters, superatoms, and building blocks of new materials. J Phys Chem C, 2009, 113: 2664.

[6] Kumar V, Kawazoe Y. Metal-doped magic clusters of Si, Ge, and Sn: the finding of a magnetic superatom. Appl Phys Lett, 2003, 83: 2677.

[7] Reveles J U, Khanna S N, Roach P J, et al. Multiple valence superatoms. PNAS, 2006, 103: 18405.

[8] Reveles J U, Clayborne P A, Reber A, et al. Designer magnetic superatoms. Nat Chem, 2009, 1: 310.

[9] Bergeron D E, Castleman A W, Morisato T, et al. Formation of $Al_{13}I^-$: evidence for the superhalogen character of Al_{13}. Science, 2004, 304: 84.

[10] Bergeron D E, Roach P J, Castleman A W, et al. Al cluster superatoms as halogens in polyhalides and as alkaline earths in iodide salts. Science, 2005, 307: 231.

[11] Gutsev G L, Boldyrev A I. DVM-Xα calculations on the ionization potentials of MX_{k+1}^- complex anions and the electron affinities of MX_{k+1} "superhalogens". Chem Phys, 1981, 56: 277.

[12] Wang X B, Ding C F, Wang L S, et al. First experimental photoelectron spectra of superhalogens and their theoretical interpretations. J Chem Phys, 1999, 110: 4763.

[13] Anusiewicz I, Skurski P. Unusual structures of $Mg_2F_5^-$ superhalogen anion. Chem Phys Lett, 2007, 440: 41.

[14] Sikorska C, Smuczyńska S, Skurski P, et al. BX^{4-} and AlX^{4-} superhalogen anions (X = F, Cl, Br): an *ab initio* atudy. Inorg Chem, 2008, 47: 7348.

[15] Anusiewicz I. $Mg_2Cl_5^-$ and $Mg_3Cl_7^-$ superhalogen anions. Aust J Chem, 2008, 61: 712.

[16] Sikorska C, Freza S, Skurski P, et al. Theoretical search for alternative nine-electron ligands suitable for superhalogen anions. J Phys Chem A, 2011, 115: 2077.

[17] Smuczyńska S, Skurski P. Halogenoids as ligands in superhalogen anions. Inorg Chem, 2009, 48: 10231.

[18] Paduani C, Wu M M, Willis M, et al. Theoretical study of the stability and electronic structure of $Al(BH_4)_n=1\longrightarrow4$ and $Al(BF_4)_n=1\longrightarrow4$ and their hyperhalogen behavior. J Phys Chem A, 2011, 115: 10237.

[19] Jena P. Beyond the periodic table of elements: the role of superatoms. J Phys Chem Lett, 2013, 4: 1432.

[20] Wu C H, Kudo H, Ihle H R. Thermochemical properties of gaseous Li_3O and Li_2O_2. J Chem Phys, 1979, 70: 1815.

[21] Gutsev G, Boldyrev A I. DVM Xα calculations on the electronic structure of "superalkali" cations. Chem Phys Lett, 1982, 92: 262.

[22] Bengtsson L, Holmberg B, Ulvenlund S. Li_2F^+ and H_2OH^+ in molten alkali-metal nitrate. Inorg Chem, 1990, 29: 3615.

[23] Yokoyama K, Haketa N, Tanaka H, et al. Ionization energies of hyperlithiated Li_2F molecule and $Li_n F_{n-1}$ (n= 3, 4) clusters. Chem Phys Lett, 2000, 330: 339.

[24] Nešković O, Veljković M, Veličković S, et al. Ionization energies of hypervalent Li_2F, Li_2Cl and Na_2Cl molecules obtained by surface ionization electron impact neutralization mass

spectrometry. Rap Commun Mass Spect, 2003, 17: 212.

[25] Dao P, Peterson K, Castleman A. The photoionization of oxidized metal clusters. J Chem Phys, 1984, 80: 563.

[26] Goldbach A, Hensel F, Rademann K. Formation of potassium oxide clusters by seeded supersonic expansion. Int J Mass Spect Ion Process, 1995, 148: L5.

[27] Rehm E, Boldyrev A, Schleyer P V R. *Ab initio* study of superalkalis, first ionization potentials and thermodynamic stability. Inorg Chem, 1992, 31: 4834.

[28] LiY, Wu D, Li Z, et al. Structural and electronic properties of boron-doped lithium clusters: *ab initio* and DFT studies. J Comput Chem, 2007, 28: 1677.

[29] Anusiewicz I. The Na_2X superalkali species(X = SH, SCH_3, OCH_3, CN, N_3) as building blocks in The Na_2XY salts (Y = $MgCl_3$, Cl, NO_2). an *ab initio* study of the electric propertiesof the Na_2XY salts. Aust J Chem, 2010, 63: 1573.

[30] Fang H, Jena P. Super-ion inspired colorful hybrid perovskite solar cells. J Mater Chem A, 2016, 4: 4728.

[31] Yao Q, Fang H, Deng K, et al. Superhalogens as building blocks of two-dimensional organic—inorganic hybrid perovskites for optoelectronics applications. Nanoscale, 2016, 8: 17836.

[32] Jena P. Superhalogens: a bridge between complex metal hydrides and Li ion batteries. J Phys Chem Lett, 2015, 6: 1119.

[33] Giri S, Behera S, Jena P. Superhalogens as building blocks of Halogen—free electrolytes in lithium-ion batteries. Angew Chemie - Int Ed, 2014, 53: 13916.

[34] Medel V, Reveles J, Khanna S, et al. Hund's rule in superatoms with transition metal impurities. PNAS, 2011, 108(25): 10062.

[35] He H, Pandey R, Reveles J, et al. Highly efficient (Cs_8V) superatom-based spin—polarizer. Appl Phys Lett, 2009, 95: 19.

[36] Chauhan V, Medel V, Ulises Reveles J, et al. Shell magnetism in transition metal doped calcium superatom. Chem Phys Lett, 2012, 528: 39.

[37] Zhang X, Wang Y, Wang H, et al. On the existence of designer magnetic superatoms. J Am Chem Soc, 2013, 135: 4856.

[38] Jadzinsky P, Calero G, Ackerson C, et al. Structure of a thiol monolayer-protected gold nanoparticle at 1.1Å resolution. Science, 2007, 318: 430.

[39] Akola J, Walter M, Whetten R, et al. On the structure of thiolate—protected Au_{25}. J Am Chem Soc, 2008, 130: 3756.

[40] Clayborne P, López-Acevedo O, Whetten R, et al. Evidence of superatom electronic shells in ligand-stabilized aluminum clusters. J Chem Phys, 2011, 135: 094701.

[41] Hulkko E, López-Acevedo O, Koivisto J, et al. Electronic and vibrational signatures of the Au_{102}(p-MBA)$_{44}$ cluster. J Am Chem Soc, 2011, 133: 3752.

[42] Walter M, Moseler M, Whetten R L, et al. A 58-electron superatom-complex model for the magic phosphine-protected gold clusters (Schmid-Gold, Nanogold) of 1.4-nm dimension. Chem Sci, 2011, 2: 1583.

[43] Clayborne P, López-Acevedo O, Whetten R, et al. The $Al_{50}Cp^*_{12}$ cluster—a 138-electron closed shell ($L = 6$) superatom. Eur J Inorg Chem, 2011, 17: 2649.

[44] Jiang D, Whetten R, Luo W, et al. The smallest thiolated gold superatom complexes. J Phys Chem C, 2009, 113: 17291.

[45] Jiang D, Dai S. From superatomic Au_{25}(SR)$_{18}$- to superatomic M@Au_{24}(SR)$_{18q}$ core-shell clusters. Inorg Chem, 2009, 48 : 2720.

[46] Walter M, Moseler M. Ligand-protected gold alloy clusters: doping the superatom. J Phys Chem C, 2009, 113: 15834.

[47] Feng M, Zhao J, Petek H. Atomlike, hollow-core—bound molecular orbitals of C_{60}. Science, 2008, 320: 359.

[48] Zhao J, Feng M, Yang J, et al. The superatom states of fullerenes and their hybridization into the nearly free electron bands of fullerites. ACS Nano, 2009, 3: 853.

[49] Dutton G, Dougherty D, Jin W, et al. Superatom orbitals of C_{60} on Ag(111): two-photon photoemission and scanning tunneling spectroscopy. Phys Rev B, 2011, 84: 195435.

[50] Zhao J, Xie R. Cluster-assembled materials based on Na_6Pb. Phys Rev B, 2003, 68: 35401.

[51] Zhao J. Density-functional study of structures and electronic properties of Cd clusters. Phys Rev A, 2001, 64: 43204.

[52] Guo Z, Lu B, Jiang X, et al. Structural, electronic, and optical properties of medium-sized lin clusters (n=20, 30, 40, 50) by density functional theory. Phys E, 2010, 42: 1755.

[53] Huang X, Sai L, Jiang X, et al. Ground state structures, electronic and optical properties of medium-sized Na_n^+ (n= 9, 15, 21, 26, 31, 36, 41, 50 and 59) clusters from *ab initio* genetic algorithm. Eur Phys J D, 2013, 67: 43.

[54] Wang L, Zhao J, Zhou Z, et al. First-principles study of molecular hydrogen dissociation on doped $Al_{12}X$ (X = B, Al, C, Si, P, Mg, and Ca) clusters. J Comput Chem, 2009, 30: 2509.

[55] Huang X, Xu H, Lu S, et al. Discovery of a silicon-based ferrimagnetic wheel structure in $V_xSi_{12}^-$ (x=1~3) clusters: photoelectron spectroscopy and density functional theory investigation. Nanoscale, 2014, 6: 14617.

[56] Wu X, Lu S, Liang X, et al. Structures and electronic properties of $B_3Si_n^-$ (n =4~10) clusters: a combined *ab initio* and experimental study. J Chem Phys, 2017, 146: 44306.

[57] Ge G, Han Y, Wan J, et al. First-principles prediction of magnetic superatoms in

4d-transition-metal-doped magnesium clusters. J Chem Phys, 2013, 139: 174309.

[58] Cheng L, Yang J. New insight into electronic shells of metal clusters: analogues of simple molecules. J Chem Phys, 2013, 138: 141101.

[59] Gao Y, Wang Z. Effects of 5f-elements on electronic structures and spectroscopic properties of gold superatom model. Chinese Phys B, 2016, 25: 083102.

[60] Gao Y, Jiang W, Chen L, et al. First-principles study on charge transfer in an actinide-containing superatom from surface-enhanced Raman scattering. Mater J Chem C, 2017, 5: 803.

[61] Wang J, Ma H, Liu Y. $Sc_{20}C_{60}$: a volleyballene. Nanoscale, 2016, 8: 11441.

[62] Yu T, Gao Y, Xu D, et al. Actinide endohedral boron clusters: a closed-shell electronic structure of $U@B_{40}$. Nano Res, 2018, 11: 354.

[63] Dai X, Gao Y, Jiang W, et al. $U@ C_{28}$: the electronic structure induced by the 32-electron principle. Phys Chem Chem Phys, 2015, 17: 23308.

[64] Huang X, Zhao J, Su Y, et al. Design of three-shell icosahedral matryoshka clusters $A@B_{12}@A_{20}$(A = Sn, Pb; B = Mg, Zn, Cd, Mn). Sci Rep, 2014, 4: 6915.

[65] Pei Y, Gao Y, Xiao C. Structural prediction of thiolate-protected Au_{38}: a face-fused Bi-icosahedral Au core. J Am Chem Soc, 2008, 130: 7830.

[66] Pei Y, Pal R, Liu C, et al. Interlocked catenane-like structure predicted in $Au_{24}(SR)_{20}$: implication to structural evolution of thiolated gold clusters from homoleptic gold(I) thiolates to core-stacked nanoparticles. J Am Chem Soc, 2012, 134: 3015.

[67] Pei Y, Lin S, Su J, et al. Structure prediction of $Au_{44}(SR)_{28}$: a chiral superatom cluster. J Am Chem Soc, 2013, 135: 19060.

[68] Liu C, Pei Y, Sun H, et al. The nucleation and growth mechanism of thiolate-protected Au nanoclusters. J Am Chem Soc, 2015, 137: 15809.

[69] Zhao T, Wang Q, Jena P. Rational design of super-alkalis and their role in CO_2 activation. Nanoscale, 2017, 9: 4891.

[70] 李亚伟，王前 . 超卤素的结构、特性及应用研究进展 . 中国科学：化学，2013, 43: 142.

[71] Tong J, Li Y, Wu D, et al. Low ionization potentials of binuclear superalkali B_2Li_{11}. J Chem Phys, 2009, 131: 164307.

[72] Tong J, Li Y, Wu D, et al. *Ab initio* investigation on a new class of binuclear superalkali cations $M_2Li_{2k+1}^+$. J Phys Chem A, 2011, 115(10): 2041.

[73] Hou N, Li Y, Wu D, et al. Do nonmetallic superalkali cations exist? Chem Phys Lett, 2013, 575: 32.

[74] Wang F, Li Z, Wu D, et al. Novel superalkali superhalogen compounds $(Li_3)+(SH)-$ (SH=LiF_2, BeF_3, and BF_4) with aromaticity: new electrides and alkalides. Chem Phys

Chem, 2006, 7: 1136.

[75] Li Y, Wu D, Li Z. Compounds of superatom clusters: preferred structures and significant nonlinear optical properties of the BLi^6 X (X = F, LiF_2, BeF_3, BF_4) motifs. Inorg Chem, 2008, 47: 9773.

[76] Cui S, Li Y, Wang F, et al. Prediction and characterization of a new kind of alkali–superhalogen species with considerable stability: $MBeX_3$ (M = Li, Na; X = F, Cl, Br). Phys Chem Chem Phys, 2007, 9(42): 5721.

[77] Park S, Uchida N, Tada T, et al. Electronic properties of W-encapsulated Si cluster film on Si (100) substrates. J Appl Phys, 2012, 111: 063719.

[78] Kandalam A, Chen G, Jena P. Unique magnetic coupling between Mn doped stannaspherenes $Mn@Sn_{12}$. Appl Phys Lett, 2008, 92: 143109.

[79] Lewis G. The atom and the molecule. J Am Chem Soc, 1916, 38: 762.

[80] Langmuir I. The arrangement of electrons in atoms and molecules. J Am Chem Soc, 1919, 41: 868.

[81] Langmuir I. Types of valence. Science, 1921, 54: 59.

[82] Wade K. The structural significance of the number of skeletal bonding electron-pairs in carboranes, the higher boranes and borane anions, and various transition-metal carbonyl cluster compounds. J Chem Soc D Chem Commun, 1971, 15: 792.

[83] Mingos D M P. A general theory for cluster and ring compounds of the main group and transition elements. Nat Phys Sci, 1972, 236: 99.

[84] Jadzinsky P, Calero G, Ackerson C, et al. Structure of a thiol monolayer-protected gold nanoparticle at 1.1Å resolution. Science, 2007, 318: 430.

[85] Heaven M, Dass A, White P, et al. Crystal structure of the gold nanoparticle $[N(C_8H_{17})_4]$ $[Au_{25}(SCH_2CH_2Ph)_{18}]$. J Am Chem Soc, 2008, 130: 3754.

[86] Akola J, Walter M, Whetten R L, et al. On the structure of thiolate-protected Au_{25}. J Am Chem Soc, 2008, 130: 3756.

[87] Zhu M, Aikens C, Hollander F, et al. Correlating the crystal structure of a thiol-protected Au_{25} cluster and optical properties. J Am Chem Soc, 2008, 130: 5883.

[88] Qian H, Eckenhoff W, Zhu Y, et al. Total structure determination of thiolate-protected Au_{38} nanoparticles. J Am Chem Soc, 2010, 132: 8280.

[89] Bellon P, Manassero M, Sansoni M. Crystal and molecular structure of tri-iodoheptakis (Tri-p-Fluorophenylphosphine) undecagold. J Chem Soc Dalt Trans, 1972, 14: 1481.

[90] Briant C, Hall K, Wheeler A, et al. Structural characterisation of $[Au_{10}Cl_3(PCy_2Ph)_6](NO_3)$ (Cy= cyclohexyl) and the development of a structural principle for high nuclearity gold clusters. J Chem Soc Chem Commun, 1984, 4: 248.

[91] Washecheck D M, Wucherer E J, Dahl L F, et al. Synthesis, structure, and stereochemical implication of the $[Pt_{19}(CO)_{12}(.mu.2\text{-}CO)_{10}]_4$- tetraanion: a bicapped triple-decker all-metal sandwich of idealized fivefold (D5h) geometry. J Chem Soc Chem Commun, 1979, 1: 385.

[92] van der Velden J, Beurskens P, Bour J, et al. Intermediates in the formation of gold clusters. preparation and X-ray analysis of $[Au_7(PPh_3)_7]^+$ and synthesis and Characterization of $[Au_8(PPh_3)_6I]PF_6$. Inorg Chem, 1984, 23: 146.

[93] Yang Y, Sharp P. New gold clusters $[Au_8L_6](BF_4)_2$ and $[(AuL)_4](BF_4)_2$ (L= P)mesityl(3). J Am Chem Soc, 1994, 116: 6983.

[94] Tian S, Li Y, Li M, et al. Structural isomerism in gold nanoparticles revealed by X-ray crystallography. Nat Commun, 2015, 6: 10012.

[95] Zeng C, Chen Y, Liu C, et al. Gold tetrahedra coil up: kekulé-like and double helical superstructures. Sci Adv, 2015, 1: 1500425.

[96] Zeng C, Chen Y, Kirschbaum K, et al. Emergence of hierarchical structural complexities in nanoparticles and their assembly. Science, 2016, 354: 1580.

[97] Zeng C, Chen Y, Kirschbaum K, et al. Structural patterns at all scales in a nonmetallic chiral $Au_{133}(SR)_{52}$ nanoparticle. Sci Adv, 2015, 1: 1500045.

[98] Crasto D, Barcaro G, Stener M, et al. $Au_{24}(SAdm)_{16}$ nanomolecules: X-ray crystal structure, theoretical analysis, adaptability of adamantane ligands to form $Au_{23}(SAdm)_{16}$ and $Au_{25}(SAdm)_{16}$, and its relation to $Au_{25}(SR)_{18}$. J Am Chem Soc, 2014, 136: 14933.

[99] Jiang D, Overbury S, Dai S, et al. Structure of $Au_{15}(SR)_{13}$ and its implication for the origin of the nucleus in thiolated gold nanoclusters. J Am Chem Soc, 2013, 135: 8786.

[100] Mingos D M P. Molecular-orbital calculations on cluster compounds of gold. J Chem Soc dalt Trans, 1976, 13: 1163.

[101] Walter M, Akola J, Lòpez-Acevedo O, et al. A unified view of ligand-protected gold clusters as superatom complexes. PNAS, 2008, 105(27): 9157.

[102] Natarajan G, Mathew A, Negishi Y, et al. A unified framework for understanding the structure and modifications of atomically precise monolayer protected gold clusters. J Phys Chem C, 2015, 119: 27768.

[103] Taylor M, Mpourmpakis G. Thermodynamic stability of ligand-protected metal nanoclusters. Nat Commun, 2017, 8: 15988.

[104] Wan X, Tang Q, Yuan S, et al. Au_{19} nanocluster featuring a V-shaped alkynyl-gold motif. J Am Chem Soc, 2015, 137: 652.

[105] Wan X, Yuan S, Tang Q, et al. Alkynyl - protected Au_{23} nanocluster: a 12-electron system. Angew Chem, 2015, 54: 5977.

[106] Yang S, Chai J, SongY, et al. A new crystal structure of Au_{36} with a Au_{14} kernel cocapped

by thiolate and chloride. J Am Chem Soc, 2015, 137: 10033.

[107] Chen S, Xiong L, Wang S, et al. Total structure determination of $Au_{21}(SAdm)_{15}$ and geometrical/electronic structure evolution of thiolated gold nanoclusters. J Am Chem Soc, 2016, 138: 10754.

[108] Cheng L, Ren C, Zhang X, et al. New insight into the electronic shell of $Au_{38}(SR)_{24}$: a superatomic molecule. Nanoscale, 2013, 5: 1475.

[109] Cheng L, Yuan Y, Zhang X, et al. Superatom networks in thiolate-protected gold nanoparticles. Angew Chem, 2013, 52: 9035.

[110] Ma Z, Wang P, Pei Y. Geometric structure, electronic structure and optical absorption properties of one-dimensional thiolate-protected gold clusters containing a quasi-face-centered-cubic (quasi-fcc) Au-core: a density-functional theoretical study. Nanoscale, 2016, 8: 17044.

[111] Gao Y. Ligand effects of thiolate-protected Au_{102} nanoclusters. J Phys Chem C, 2013, 117: 8983.

[112] Xu W, Gao Y, Zeng X. Unraveling structures of protection ligands on gold nanoparticle $Au_{68}(SH)_{32}$. Sci Adv, 2015, 1(1): e1400211.

[113] Wan X, Xu W, Yuan S, et al. A near-infrared-emissive alkynyl-protected Au_{24} nanocluster. Angew Chemie Int Ed, 2015, 54: 9683.

[114] Xu W, Gao Y. Unraveling the atomic structures of the $Au_{68}(SR)_{34}$ nanoparticles. J Phys Chem C, 2015, 119: 14224.

[115] Xu W, Li Y, Gao Y, et al. Medium-sized $Au_{40}(SR)_{24}$ and $Au_{52}(SR)_{32}$ nanoclusters with distinct gold-kernel structures and spectroscopic features. Nanoscale, 2016, 8: 1299.

[116] Xu W, Li Y, Gao Y, et al. Unraveling a generic growth pattern in structure evolution of thiolate-protected gold nanoclusters. Nanoscale, 2016, 8: 7396.

[117] Xu W, Zhu B, Zeng X, et al. A grand unified model for liganded gold clusters. Nat Commun, 2016, 7: 13574.

[118] Desireddy A, Conn B, Guo J, et al. Ultrastable silver nanoparticles. Nature, 2013, 501: 399.

[119] Yang H, Wang Y, Chen X, et al. Plasmonic twinned silver nanoparticles with molecular precision. Nat Commun, 2016, 7: 12809.

[120] Liu P, Zhao Y, Qin R, et al. Photochemical route for synthesizing atomically dispersed palladium catalysts. Science, 2016, 352: 797.

[121] Yang H, Wang Y, Huang H, et al. All-thiol-stabilized Ag_{44} and $Au_{12}Ag_{32}$ nanoparticles with single-crystal structures. Nat Commun, 2013, 4: 2422.

[122] Zhu M, Qian H, Meng X, et al. Chiral Au_{25} nanospheres and nanorods: synthesis and insight into the origin of chirality. Nano Lett, 2011, 11: 3963.

[123] Chen T, Yang S, Chai J, et al. Crystallization-induced emission enhancement: a novel fluorescent Au-Ag bimetallic nanocluster with precise atomic structure. Sci Adv, 2017, 3: 1700956.

[124] Lei Z, Pei X L, Guan Z, et al. Full protection of intensely luminescent Gold (I)-silver (I) cluster by phosphine ligands and inorganic anions. Angew Chem, 2017, 56: 7117.

[125] Zhang D, Qi G, Zhao Y, et al. *In situ* formation of nanofibers from purpurin18-peptide conjugates and the assembly induced retention effect in tumor sites. Adv Mater, 2015, 27: 6125.

[126] Shang L, Stockmar F, Azadfar N, et al. Intracellular thermometry by using fluorescent gold nanoclusters. Angew Chemie-Int Ed, 2013, 52: 11154.

[127] Morales A M. A laser ablation method for the synthesis of crystalline semiconductor nanowires. Science, 1998, 279: 208.

[128] Chen Y W, Tang Y H, Pei L Z, et al. Self-assembled silicon nanotubes grown from silicon monoxide. Adv Mater, 2005, 17: 564.

[129] Tang Y H, Pei L Z, Chen Y W, et al. Self-assembled silicon nanotubes under supercritically hydrothermal conditions. Phys Rev Lett, 2005, 95: 11.

[130] Usui H, Shibata M, Nakai K, et al. Anode properties of thick-film electrodes prepared by gas deposition of Ni-coated Si particles. J Power Sour, 2011, 196: 4.

[131] Thakur M, Isaacson M, Sinsabaugh S L, et al. Gold-coated porous silicon films as anodes for lithium ion batteries. J Power Sour, 2012, 205: 426.

[132] Kroto H W, Heath J R, O'Brien S C, et al. C_{60}: buckminsterfullerene. Nature, 1985, 318: 6042.

[133] Iijima S. Helical microtubules of graphitic carbon. Nature, 1991, 354: 56.

[134] Novoselov K S, Geim A K, Morozov S V, et al. Electric field effect in atomically thin carbon films. Source Sci New Ser Gene Expr Genes Action, 2007, 306: 183.

[135] Sen P, Mitas L. Electronic structure and ground states of transition metals encapsulated in a hexagonal prism cage. Phys Rev B, 2003, 68: 155404.

[136] Kumar V, Kawazoe Y. Metal-encapsulated fullerenelike and cubic caged clusters of silicon. Phys Rev Lett, 2001, 87: 45503.

[137] Kumar V, Kawazoe Y. Magic behavior of $Si_{15}M$ and $Si_{16}M$(M=Cr, Mo, and W) clusters. Phys Rev B, 2002, 65: 73404.

[138] Kumar V, Kawazoe Y. Metal-encapsulated caged clusters of germanium with large gaps and different growth behavior than silicon. Phys Rev Lett, 2002, 88: 235504.

[139] Kumar V, Majumder C, Kawazoe Y. M@Si_{16}, M= Ti, Zr, Hf: π conjugation, ionization potentials and electron affinities. Chem Phys Lett, 2002, 363: 319.

[140] Sun Q, Wang Q, Briere T M, et al. First-principles calculations of metal stabilized Si_{20} cages. Phys Rev B, 2002, 65: 235417.

[141] Xiao C, Hagelberg F, Lester W A. Geometric, energetic, and bonding properties of neutral and charged copper-doped silicon clusters. Phys Rev B, 2002, 66: 754251.

[142] Hagelberg F, Xiao C, Lester W A. Cagelike Si_{12} clusters with endohedral Cu, Mo, and W metal atom impurities. Phys Rev B, 2003, 67: 35426.

[143] Khanna S N, Rao B K, Jena P, et al. Stability and magnetic properties of iron atoms encapsulated in Si clusters. Chem Phys Lett, 2003, 373: 433.

[144] Lu J, Nagase S. Structural and electronic properties of metal-encapsulated silicon clusters in a large size range. Phys Rev Lett, 2003, 90(11): 115506.

[145] Singh A K, Briere T M, Kumar V, et al. Magnetism in transition-metal-doped silicon nanotubes. Phys Rev Lett, 2003, 91: 146802.

[146] Guo P, Ren Z Y, Wang F, et al. Magnetism in transition-metal-doped silicon nanotubes. J Chem Phys, 2004, 121: 12265.

[147] Singh A K, Kumar V, Kawazoe Y. Stabilizing the silicon fullerene Si_{20} by thorium encapsulation. Phys Rev B, 2005, 71: 11.

[148] Kawamura H, Kumar V, Kawazoe Y. Growth behavior of metal-doped silicon clusters Si_nM(M=Ti, Zr, Hf; n=8~16). Phys Rev B, 2005, 71: 75423.

[149] Ma L, Zhao J, Wang J, et al. Growth behavior and magnetic properties of Si_nFe (n=2~14) clusters. Phys Rev B, 2006, 73: 12.

[150] Zhao R N, Ren Z Y, Guo P, et al. Geometries and electronic properties of the neutral and charged rare earth Yb-doped Si_n (n = 1~6) clusters: a relativistic density functional investigation. J Phys Chem A, 2006, 110: 4071.

[151] Guo L J, Liu X, Zhao G F, et al. Computational investigation of $TiSi_n$ (n=2~15) clusters by the density-functional theory. J Chem Phys, 2007, 126: 234704.

[152] Wang J, Zhao J, Ma L, et al. Structure and magnetic properties of cobalt doped Si_n (n=2~14) clusters. Phys Lett A, 2007, 367: 335.

[153] Peng Q, Shen J, Chen N X. Geometry and electronic stability of tungsten encapsulated silicon nanotubes. J Chem Phys, 2008, 129: 1733.

[154] He J, Wu K, Liu C, et al. Stabilities of 3d transition-metal doped Si_{14} clusters. Chem Phys Lett, 2009, 483: 30.

[155] Zdetsis A D. Silicon-bismuth and germanium-bismuth clusters of high stability. J Phys Chem A, 2009, 113: 12079.

[156] Wang J, Liu Y, Li Y C. Au@ Si_n: growth behavior, stability and electronic structure. Phys Lett A, 2010, 374: 2736.

[157] Jena P. Beyond the periodic table of elements: the role of superatoms. J Phys Chem Lett, 2013, 4: 1432.

[158] Neukermans S, Wang X, Veldeman N, et al. Mass spectrometric stability study of binary MS$_n$ clusters (S= Si, Ge, Sn, Pb, and M= Cr, Mn, Cu, Zn). Int J Mass Spectrom, 2006, 252: 145.

[159] Janssens E, Gruene P, Meijer G, et al. Argon physisorption as structural probe for endohedrally doped silicon clusters. Phys Rev Lett, 2007, 99: 63401.

[160] Claes P, Janssens E, Ngan V T, et al. Structural identification of caged vanadium doped silicon clusters. Phys Rev Lett, 2011, 107: 17.

[161] Li X, Claes P, Haertelt M, et al. Structural determination of niobium-doped silicon clusters by far-infrared spectroscopy and theory. Phys Chem Chem Phys, 2016, 18: 8.

[162] Li Y, Hu J, He G, et al. Influence of thiophene moiety on the excited state properties of push-pull chromophores. J Phys Chem C, 2016, 120: 13922.

[163] Zheng W, Nilles J M, Radisic D, et al. Photoelectron spectroscopy of chromium-doped silicon cluster anions. J Chem Phys, 2005, 122: 71101.

[164] Grubisic A, Wang H, Ko Y J. et al. Photoelectron spectroscopy of europium-silicon cluster anions, EuSi$_n^-$ ($3 \leqslant n \leqslant 17$). J Chem Phys, 2008, 129: 908.

[165] Grubisic A, Yeon J K, Wang H, et al. Photoelectron spectroscopy of lanthanide-silicon cluster anions LnSi$_n^-$ ($3 \leqslant n \leqslant 13$; Ln = Ho, Gd, Pr, Sm, Eu, Yb): prospect for magnetic silicon-based clusters. J Am Chem Soc, 2009, 131: 10783.

[166] Kiichirou K, Minoru A, Masaaki M, et al. Selective formation of MSi$_{16}$ (M = Sc, Ti, and V). J Am Chem Soc, 2005, 127: 4998.

[167] Koyasu K, Atobe J, Akutsu M, et al. Electronic and geometric stabilities of clusters with transition metal encapsulated by silicon. Journal of Physical Chemistry A, 2007, 111(1): 42-49.

[168] Shibuta M, Ohta T, Nakaya M, et al. Electronic and geometric stabilities of clusters with transition metal encapsulated by silicon. J Am Chem Soc, 2015, 137: 14015.

[169] Xu H G, Zhang Z G, Yuan F, et al. Vanadium-doped small silicon clusters: photoelectron spectroscopy and density-functional calculations. Chemical Physics Letters, 2010, 487(4-6): 204-208.

[170] Xu H G, Zhang Z G, Feng Y, et al. Vanadium-doped small silicon clusters: photoelectron spectroscopy and density-functional calculations. Chem Phys Lett, 2010, 498: 22.

[171] Xu H G, Wu M M, Zhang Z G, et al. Structural and bonding properties of ScSi$_n$(n=2~6) clusters: photoelectron spectroscopy and density functional calculations. Chin Phys B, 2011, 20: 43102.

[172] Kong X, Xu H G, Zheng W. Structures and magnetic properties of CrSi$_n^-$(n= 3~12) clusters: photoelectron spectroscopy and density functional calculations. J Chem Phys, 2012, 137: 64307.

[173] Feng Y, Hou G L, Xu H G, et al. Photoelectron spectroscopy and density functional calculations of Cu$_n$BO$_2$(OH)$^-$ (n= 1, 2) clusters. Chem Phys Lett, 2012, 545: 21.

[174] Kong X Y, Deng X J, Xu H G, et al. Photoelectron spectroscopy and density functional calculations of AgSi$_n^-$ (n = 3~12) clusters. J Chem Phys, 2013, 138: 244312.

[175] Deng X J, Kong X Y, Xu X L, et al. Photoelectron spectroscopy and density functional calculations of AgSi$_n^-$ (n= 3~12) clusters. J Chem Phys, 2014, 15: 3987.

[176] Huang X, Xu H G, Lu S, et al. Discovery of a silicon-based ferrimagnetic wheel structure in V$_x$Si$_{12}^-$ (x= 1~3) clusters: photoelectron spectroscopy and density functional theory investigation. Nanoscale, 2014, 6: 14617.

[177] Xu H G, Kong X Y, Deng X J, et al. Smallest fullerene-like silicon cage stabilized by a V$_2$ unit. J Chem Phys, 2014, 140: 703.

[178] Huang X, Lu S J, Liang X, et al. Structures and electronic properties of V$_3$Si$_n^-$ (n= 3~14) clusters: a combined *ab initio* and experimental study. J Phys Chem C, 2015, 119: 10987.

[179] Yuan J, Wang P, Hou G, et al. A fiber supercapacitor with high energy density based on hollow graphene/conducting polymer fiber electrode. Rsc Adv, 2016, 28: 3646.

[180] Lu S J, Cao G J, Xu X L, et al. The structural and electronic properties of NbSi$_n$/0 (n= 3~12) clusters: anion photoelectron spectroscopy and *ab initio* calculations. Nanoscale, 2016, 8: 19769.

[181] Lu S J, Hu L R, Xu X L, et al. Transition from exohedral to endohedral structures of AuGe$_n^-$ (n= 2~12) clusters: photoelectron spectroscopy and *ab initio* calculations. Phys Chem Chem Phys, 2016, 18: 20321.

[182] Lu S, Cao G, Xu X, et al. The structural and electronic properties of NbSi$_n^-$/0 (n= 3~12) clusters: anion photoelectron spectroscopy and *ab initio* calculations. Nanoscale, 2016, 8: 19769.

[183] Lu S, Xu X, Feng G, et al. Structural and electronic properties of AuSi$_n^-$ (n= 4~12) clusters: photoelectron spectroscopy and *ab initio* calculations. J Phys Chem C, 2016, 120: 6b08598.

[184] Chen L, Liu C C, Feng B, et al. Evidence for Dirac Fermions in a honeycomb lattice based on silicon. Phys Rev Lett, 2012, 109: 56804.

[185] Magnin Y, Zappelli A, Amara H, et al. Size dependent phase diagrams of nickel-carbon nanoparticles. Phys Rev Lett, 2015, 115: 205502.

[186] Wopperer P, Dinh P M, Reinhard P G, et al. Electrons as probes of dynamics in molecules

and clusters: a contribution from time dependent density functional theory. Phys Rep, 2015, 562: 1.

[187] Cauchy C, Bakker J M, Huismans Y, et al. Single-size thermometric measurements on a size distribution of neutral fullerenes. Phys Rev Lett, 2013, 110: 193401.

[188] Baletto F, Ferrando R. Structural properties of nanoclusters: energetic, thermodynamic, and kinetic effects. Rev Mod Phys, 2005, 77: 371.

[189] Gobet F, Farizon B, Farizon M, et al. Probing the liquid-to-gas phase transition in a cluster via a caloric curve. Phys Rev Lett, 2001, 87: 203401.

[190] Chabot M, Wohrer K. Comment on "direct experimental evidence for a negative heat capacity in the liquid-to-gas phase transition in hydrogen cluster ions: backbending of the caloric curve". Phys Rev Lett, 2004, 93: 39301.

[191] Schmidt M, Kusche R, Hippler T, et al. Negative heat capacity for a cluster of 147 sodium atoms. Phys Rev Lett, 2001, 86: 1191.

[192] Schmidt M, Hippler T, Donges J, et al. Caloric curve across the liquid-to-gas change for sodium clusters. Phys Rev Lett, 2001, 87: 203402.

[193] Farizon B, Farizon M, Gaillard M J, et al. Experimental evidence of critical behavior in cluster fragmentation using an event-by-event data analysis. Phys Rev Lett, 1998, 81: 19.

[194] Kim S G, Tomnek D. Melting the fullerenes: a molecular dynamics study. Phys Rev Lett, 1994, 72: 2418.

[195] Madjet M E, Hervieux P A, Gross D H E, et al. Fragmentation phase transition in atomic clusters II. Zeitschrift Für Phys D Atoms, Mol Clust, 1997, 39: 309.

[196] Gross D. Microcanonical thermodynamics and statistical fragmentation of dissipative systems. The topological structure of the N-body phase space. Phys Rep, 1997, 279: 119.

[197] Zhan-Chun T U. Elastic properties of lipid bilayers: theory and possible experiments. Phys (College Park Md), 2014, 43: 453.

[198] Elliott J B, Moretto L G, Phair L, et al. Liquid to vapor phase transition in excited nuclei. Phys Rev Lett, 2002, 88(4): 42701.

[199] Nusser A. Gravo-thermodynamics of the intracluster medium: negative heat capacity and dilation of cooling time scales. New Astron, 2009, 14: 365.

[200] Breaux G A, Neal C M, Cao B, et al. Melting, premelting, and structural transitions in size-selected aluminum clusters with around 55 atoms. Phys Rev Lett, 2005, 94: 17.

[201] Krätschmer W, Lamb L D, Fostiropoulos K, et al. Solid C_{60}: a new form of carbon. Nature, 1990, 347: 354.

[202] Singh S K, Neek-Amal M, Peeters F M. Thermomechanical properties of a single hexagonal boron nitride sheet. Phys Rev B-Condens Matter Mater Phys, 2013, 87(13):

2095.

[203] Beu T A, Jurjiu A. Radiation-induced fragmentation of fullerenes. Phys Rev B - Condens Matter Mater Phys, 2011, 83: 2, 211.

[204] Hussien A, Yakubovich A V, Solov'yov A V, et al. Phase transition, formation and fragmentation of fullerenes. Eur Phys J. D, 2010, 57: 207.

[205] Álvarez-Murga M, Hodeau J L. Structural phase transitions of C_{60} under high-pressure and high-temperature. Carbon N Y, 2015, 82: 381.

[206] Sundar C S, Bharathi A, Hariharan Y, et al. Thermal decomposition of C_{60}. Solid State Commun, 1992, 84(8): 823-826.

[207] Saunders M, Jimenezvazquez H A, Cross R J, et al. Stable compounds of helium and neon: He@C_{60} and Ne@C_{60}. Science, 1993, 259: 1428.

[208] Murry R, Scuseria G. Theoretical evidence for a C_{60} "eindow" mechanism. Science, 1994, 263: 5148.

[209] Cami J, Bernard-Salas J, Peeters E, et al. Detection of C_{60} and C_{70} in a young planetary nebula. Science, 2010, 329: 5996.

[210] Gerin M. The molecular universe. Astrochem. Astrobiol, 2013, 7: 35.

[211] Brieva A C, Gredel R, Jäger C, et al. C_{60} as a probe for astrophysical environments. Astrophys J, 2016, 826(2): 122.

[212] Qian D B, Ma X, Chen Z, et al. Determining excitation temperature of fragmented C_{60} via momentum distributions of fragments. Phys Chem Chem Phys, 2011, 1: 10904152.

[213] Qian H, Zhu M, Wu Z, et al. Quantum sized gold nanoclusters with atomic precision. Acc Chem Res, 2012, 45: 1470.

[214] Golderhaber A S. Statistical models of fragmentation processes. Phys Lett B, 1974, 53: 306.

[215] Nie X, Zeng C, Ma X, et al. CeO_2-supported $Au_{38}(SR)_{24}$ nanocluster catalysts for CO oxidation: a comparison of ligand-on and-off catalysts. Nanoscale, 2013, 5: 5912.

[216] Qian D B, Ma X, Chen Z, et al. Multistage transformation and charge effect during the fragmentation phase transition in atomic clusters. Phys Rev A, 2013, 87: 063201.

[217] Qian D B, Chen Z, Li B, et al. New insight into power-law behavior of fragment size distributions in the C_{60} multifragmentation regime. J Chem Phys, 2014, 141: 5.

[218] Fisher M E. The theory of condensation and the critical point. Phys Physique Fizika, 1967, 3: 255.

[219] Sheng P, Abeles B, Arie Y. Hopping conductivity in granular metals. Phys Rev Lett, 1973, 31(1): 44.

[220] Peng D, Sumiyama K, Konno T, et al. Characteristic transport properties of CoO-coated

monodispersive Co cluster assemblies. Phys Rev B, 1999, 60: 2093.

[221] Black C T, Murray C B, Sandstrom R L, et al. Spin-dependent tunneling in self-assembled cobalt-nanocrystal super lattices. Science, 2000, 290: 1131.

[222] Baibich M N, Broto J M, Fert A, et al. Giant magnetoresistance of (001) Fe/(001) Cr magnetic superlattices. Phys Rev Lett, 1988, 61: 2472.

[223] Xiao J Q, Chien C L. Giant magnetoresistance in nonmultilayer magnetic systems. Phys Rev Lett, 1992, 68: 3749.

[224] Berkowitz A E, Mitchell J R, Carey M J, et al. Giant magnetoresistance in heterogeneous Cu-Co alloys. Phys Rev Lett, 1992, 68: 3745.

[225] Helman J S, Abeles B. Tunneling of spin-polarized electrons and magnetoresistance in granular Ni film. Phys Rev Lett, 1976, 37: 1429.

[226] Mitani S, Takahashi S, Takanashi K, et al. Enhanced magnetoresistance in insulating granular systems: evidence for higher-order tunneling. Phys Rev Lett, 1998, 81: 2799.

[227] Nagaosa N, Sinova J, Onoda S, et al. Anomalous Hall effect. Rev Mod Phys, 2010, 82: 1539.

[228] Wang L S, Wen R T, Chen Y, et al. Gas-phase preparation and size control of Fe nanoparticles. Appl Phys A Mater Sci Process, 2011, 103: 1015.

[229] Wang J B, Mi W B, Wang L S, et al. Interfacial-scattering–induced enhancement of the anomalous Hall effect in uniform Fe nanocluster-assembled films. Europhysics Lett, 2015, 109: 17012.

[230] Wang J, Mi W, Wang L, et al. Enhanced anomalous Hall effect in Fe nanocluster assembled thin films. Phys Chem Chem Phys, 2014, 16: 16623.

[231] Wang J B, Wang L S, Guo H Z, et al. Structural and magnetic properties of $Fe_{65}Co_{35}@Ni_{0.5}Zn_{0.5}Fe_2O_4$ composite thin films prepared by a novel nanocomposite technology. J Alloys Compd, 2014, 608: 323.

[232] Lin K Q, Wang L S, Wang Z W, et al. Gas-phase synthesis and magnetism of HfO_2 nanoclusters. Eur Phys J D, 2013, 67(2): 42.

[233] Wen R T, Wang L S, Guo H Z, et al. Blue-luminescent hafnia nanoclusters synthesized by plasma gas-phase method. Mater Chem Phys, 2011, 130(3): 823-826.

[234] Zhang Q F, Wang L S, Wang X Z, et al. Electrical transport properties in Co nanocluster-assembled granular film. J Appl Phys, 2017, 121: 103901.

[235] Wang X Z, Wang L S, Zhang Q F, et al. Electrical transport properties in Fe-Cr nanocluster-assembled granular films. J Magn Magn Mater, 2017, 438: 185.

[236] Taylor K J, Pettiette-Hall C L, Cheshnovsky O, et al. Ultraviolet photoelectron-spectra of coinage metal-clusters. J Chem Phys, 1992, 96: 3319.

[237] Furche F, Ahlrichs R, Weis P, et al. The structures of small gold cluster anions as determined by a combination of ion mobility measurements and density functional calculations. J Chem Phys, 2002, 117: 6982.

[238] Bulusu S, Li X, Wang L S, et al. Evidence of hollow golden cages. PNAS, 2006, 103: 8326.

[239] Li J, Li X, Zhai H J, et al. Au_{20}: a tetrahedral cluster. Science, 2003, 299: 864.

[240] Wang L M, Wang L S. Probing the electronic properties and structural evolution of anionic gold clusters in the gas phase. Nanoscale, 2012, 4: 4038.

[241] Xing X, Yoon B, Landman U, et al. Structural evolution of Au nanoclusters: from planar to cage to tubular motifs. Phys Rev B, 2006, 74: 165423.

[242] Lechtken A, Schooss D, Stairs J R, et al. Au_{34}^{-}: a chiral gold cluster. Angew Chem Int Ed, 2007, 46: 2944.

[243] Boyen H G, Kastle G, Weigl F, et al. Oxidation-resistant gold-55. Science, 2002, 297: 1533.

[244] Leuchtner R E, Harms A C, Castleman A W. Thermal metal cluster anion reactions: behavior of aluminum clusters with oxygen. J Chem Phys, 1989, 94: 2753.

[245] Bergeron D E, Roach P J, Castleman A W, et al. Al cluster superatoms as halogens in polyhalides and as alkaline earths in iodide salts. Science, 2005, 307: 231.

[246] Roach P J, Woodward W H, Castleman A W, et al. Complementary active sites cause size-selective reactivity of aluminum cluster anions with water. Science, 2009, 323: 492.

[247] Li X, Wu H, Wang X B, et al. S-p hybridization and electron shell structures in aluminum clusters: a photoelectron spectroscopy study. Phys Rev Lett, 1998, 81: 1909.

[248] Akola J, Manninen M, Häkkinen H, et al. Aluminum cluster anions: photoelectron spectroscopy and *ab initio* simulations. Phys Rev B, 2000, 62: 13216.

[249] Luo Z X, Smith J, Woodward W, et al. Reactivity of aluminum clusters with water and alcohols: competition and catalysis. J Phys Chem Lett, 2012, 3: 3818.

[250] Pembere A M S, Liu X H, Ding W H, et al. How Partial atomic charges and bonding orbitals affect the reactivity of aluminum clusters with water. J Phys Chem A, 2018, 122: 3107.

[251] Zhang Z G, Xu H G, Feng Y, et al. Investigation of the superatomic character of Al_{13} via its interaction with sulfur atoms. J Chem Phys, 2010, 132: 161103.

[252] Halder A, Liang A, Kresin V V. A novel feature in aluminum cluster photoionization spectra and possibility of electron pairing at T greater than or similar to 100 K. Nano Lett, 2015, 15: 1410.

[253] Wu H, Wang L S. Electronic structure of titanium oxide clusters: TiO_y ($y=1\sim3$) and $(TiO_2)_n$

(n=1~4). J Chem Phys, 1997, 107: 8221.

[254] Zhai H J, Wang L S. Probing the electronic structure and band gap evolution of titanium oxide clusters $(TiO_2)_n^-$ (n=1~10) using photoelectron spectroscopy. J Am Chem Soc, 2006, 129: 3022.

[255] Syzgantseva O A, González-navarrete P, Calatayud M, et al. Theoretical onvestigation of the hydrogenation of $(TiO_2)_N$ clusters (N=1~10). J Phys Chem C, 2011, 115: 15890.

[256] Tang L, Sai L, Zhao J, et al. A topological method for global optimization of clusters: application to $(TiO_2)_n$ (n=1~6). J Comput Chem, 2012, 33: 163.

[257] Aguilera-Granja F, Vega A, Balbás L C. New structural and electronic properties of $(TiO_2)_{10}$. J Chem Phys, 2016, 144: 234312.

[258] Arab A, Ziari F, Fazli M. Electronic structure and reactivity of $(TiO_2)_n$ (n=1~10) nanoclusters: global and local hardness based DFT study. Comput Mater Sci, 2016, 117: 90.

[259] Weichman M L, Song X W, Fagiani M R, et al. Gas phase vibrational spectroscopy of cold $(TiO_2)_n^-$ (n=3~8) clusters. J Chem Phys, 2016, 144: 124308.

[260] Gruene P, Rayner D M, Redlich B, et al. Structures of neutral Au_7, Au_{19}, and Au_{20} clusters inthe gas phase. Science, 2008, 321: 674.

[261] Xing X P, Danell R M, Garzon I L, et al. Size-dependent fivefold and icosahedral symmetry in silver clusters. Phys Rev B, 2005, 72: 081405.

[262] Zhang M Q, Zhao Y X, Liu Q Y, et al. Does each atom count in the reactivity of vanadia nanoclusters? J Am Chem Soc, 2017, 139: 342.

[263] Ma J, Cao X, Xing X, et al. Adsorption of O_2 on anionic silver clusters: spins and electron binding energies dominate in the range up to nano sizes. Phys Chem Chem Phys, 2016, 18: 743.

[264] Ma J, Cao X Z, Liu H, et al. Adsorption and activation of NO on silver clusters with sizes up to one nanometer: interactions dominated by electron transfer from silver to NO. Phys Chem Chem Phys, 2016, 18: 12819.

[265] Kane C L, Mele E J. Quantum spin Hall effect in graphene. Phys Rev Lett, 2005, 95(1): 226801.

[266] Huertas-Hernando D, Guinea F, Brataas A. Spin-orbit coupling in curved graphene, fullerenes, nanotubes, and nanotube caps. Phys Rev B, 2006, 4(15): 155426.

[267] Hu J, Alicea J, Wu R, et al. Giant topological insulator gap in graphene with 5d adatoms. Phys Rev Lett, 2012, 109: 266801.

[268] Weeks C, Hu J, Alicea J, et al. Engineering a robust quantum spin Hall state in graphene via adatom deposition. Phys Rev X, 2011, 2(2): 029901.

[269] Han Y, Ge G X, Wan J G, et al. Predicted giant magnetic anisotropy energy of highly

stable Ir dimer on single-vacancy graphene. Phys Rev B, 2013, 87: 155408.

[270] Qin Y, Wang S, Wang R, et al. Sizeable Kane-Mele-like spin orbit coupling in graphene decorated with iridium clusters. Appl Phys Lett, 2016, 108: 203106.

[271] McCann E, Fal'ko V I. Weak Localization and Spin-Orbit Coupling in Monolayer and Bilayer Graphene. Berlin: Springer International Publishing, 2014.

[272] Ochoa H, Castro Neto A H, Guinea F. Elliot-Yafet mechanism in graphene. Phys Rev Lett, 2012, 108: 206808.

[273] Altshuler B L, Khmennitzkii D, Larkin A. Magnetoresistance and Hall effect in a disordered two-dimensional electron gas. Phys Rev B, 1980, 22: 5142.

[274] Sir G L, Aronov A G, Pikus G E. Spin relaxation of electrons due to scattering by holes. Zh Eksp Teor Fiz, 1975, 69: 13821397.

[275] Ge J L, Wu T R, Gao M, et al. Weak localization of bismuth cluster-decorated graphene and its spin-orbit interaction. Front Phys, 2017, 12: 127210.

[276] Xu Y, Miotkowski I, Liu C, et al. Observation of topological surface state quantum Hall effect in an intrinsic three-dimensional topological insulator. Nat Phys, 2014, 10(12): 956-963.

[277] Yoshimi R, Tsukazaki A, Kozuka Y, et al. Quantum Hall effect on top and bottom surface states of topological insulator $(Bi_{1-x}Sb_x)_2Te_3$ films. Nat Commun, 2015, 6: 6627.

[278] Zhang S, Pi L, Wang R, et al. Anomalous quantization trajectory and parity anomaly in Co cluster decorated $BiSbTeSe_2$ nanodevices. Nat Commun, 2017, 8: 977.

[279] Yoshimi R, Yasuda K, Tsukazaki A, et al. Quantum Hall states stabilized in semi-magnetic bilayers of topological insulators. Nat Commun, 2015, 6: 8530.

[280] Jiang Y, Song C, Li Z, et al. Mass acquisition of Dirac Fermions in magnetically doped topological insulator Sb_2Te_3 films. Phys Rev B, 2015, 92: 195418.

[281] Dong X, Heo C H, Chen S, et al. Quinoline-based two-photon fluorescent probe for nitric oxide in live cells and tissues. Anal Chem, 2014, 86: 308.

[282] Yu H, Xiao Y, Jin L. A lysosome-targetable and two-photon fluorescent probe for monitoring endogenous and exogenous nitric oxide in living cells. J Am Chem Soc, 2012, 134: 17486.

[283] Wu J, Liu W, Ge J, et al. New sensing mechanisms for design of fluorescent chemosensors emerging in recent years. Chem Soc Rev, 2011, 40: 3483.

[284] Zhang W, Ma Z, Du L, et al. Design strategy for photoinduced electron transfer-based small-molecule fluorescent probes of biomacromolecules. Analyst, 2014, 139: 2641.

[285] Lee M H, Kim J S, Sessler J L. Small molecule-based ratiometric fluorescence probes for cations, anions, and biomolecules. Chem Soc Rev, 2015, 44: 4185.

[286] Uoyama H, Goushi K, Shizu K, et al. Highly efficient organic light-emitting diodes from delayed fluorescence. Nature, 2012, 492: 234.

[287] Samanta P K, Kim D, Coropceanu V, et al. Up-conversion intersystem crossing rates in organic emitters for thermally activated delayed fluorescence: impact of the nature of singlet vs triplet excited states. J Am Chem Soc, 2017, 139: 4042.

[288] Gibson J, Monkman A P, Penfold T J. The importance of vibronic coupling for efficient reverse intersystem crossing in thermally activated delayed fluorescence molecules. Chem Phys Chem, 2016, 17: 2956.

[289] Sun H, Hu Z, Zhong C, et al. Impact of dielectric constant on the singlet—triplet gap in thermally activated delayed fluorescence materials. J Phys Chem Lett, 2017, 8: 2393.

[290] Fan J, Lin L, Wang C K. Excited state properties of non-doped thermally activated delayed fluorescence emitters with aggregation-induced emission: a QM/MM study. J Mater Chem C, 2017, 5: 8390.

[291] Fan J, Zhang Y, Zhou Y, et al. Excited state properties of a thermally activated delayed fluorescence molecule in solid phase studied by quantum mechanics/molecular mechanics method. J Phys Chem C, 2018, 122: 2358.

[292] Desai S B, Madhvapathy S R, Sachid A B, et al. MoS_2 transistors with 1-nanometer gate lengths. Science, 2016, 354: 99.

[293] Aragonès A C, Darwish N, Ciampi S, et al. Single-molecule electrical contacts on silicon electrodes under ambient conditions. Nat Commun, 2017, 8: 15056.

[294] Bayat A, Lacroix J C, McCreery R L. Control of electronic symmetry and rectification through energy level variations in bilayer molecular junctions. J Am Chem Soc, 2016, 138: 12287.

[295] Kim Y H, Kim H S, Lee J, et al. Stretching-induced conductance variations as fingerprints of contact configurations in single-molecule junctions. J Am Chem Soc, 2017, 139: 8286.

[296] Souto M, Yuan L, Morales D C, et al. Tuning the rectification ratio by changing the electronic nature (open-shell and closed-shell) in donor—acceptor self-assembled monolayers. J Am Chem Soc, 2017, 139: 4262.

[297] Baghbanzadeh M, Bowers C M, Rappoport D, et al. Anomalously rapid tunneling: charge transport across self-assembled monolayers of oligo(ethylene glycol). J Am Chem Soc, 2017, 139: 7624.

[298] Jia C, Migliore A, Xin N, et al. Covalently bonded single-molecule junctions with stable and reversible photoswitched conductivity. Science, 2016, 352: 1443.

[299] Kuang G, Chen S Z, Wang W, et al. Resonant charge transport in conjugated molecular wires beyond 10nm range. J Am Chem Soc, 2016, 138: 11140.

[300] Zhang Q, Liu L, Tao S, et al. Graphene as a promising electrode for low- current attenuation in nonsymmetric molecular junctions. Nano Lett, 2016, 16: 6534.

[301] Zou D, Zhao W, Fang C, et al. The electronic transport properties of zigzag silicene nanoribbon slices with edge hydrogenation and oxidation. Phys Chem Chem Phys, 2016, 18: 11513.

[302] Liu R, Wang C K, Li Z L. A method to study electronic transport properties of molecular junction: one-dimension transmission combined with three-dimension correction approximation(OTCTCA). Sci Rep, 2016, 6: 21946.

[303] Cowdrey W A, Hughes E D, Ingold C K, et al. Relation of Steric Orientation to Mechanism in Substitutions Involving Halogen Atoms and Simple or Substituted Hydroxyl Groups. Institute of Southeast Asian Studies: Part Ⅵ, 1937.

[304] Olmstead W N, Brauman J I. Gas-phase nucleophilic displacement reactions. J Am Chem Soc, 1977, 99: 4219.

[305] Sun L, Hase W L, Song K. Trajectory studies of SN$_2$ nucleophilic substitution. 8. Central barrier dynamics for gas phase Cl$^-$ + CH$_3$Cl. J Am Chem Soc, 2001, 123: 5753.

[306] Gonzales J M, Pak C, Cox R S, et al. Definitive *ab initio* studies of model SN$_2$ reactions CH$_3$X$^+$F$^-$ (X=F, Cl, CN, OH, SH, NH$_2$, PH$_2$). Chem A Eur J, 2003, 9: 2173.

[307] Sun L, Song K, Hase W L. A SN$_2$ reaction that avoids its deep potential energy minimum. Science, 2002, 296: 875.

[308] Szabó I, Császár A G, Czakó G. Dynamics of the F$^-$ + CH$_3$Cl $\longrightarrow$ Cl$^-$+ CH$_3$F SN$_2$ reaction on a chemically accurate potential energysurface. Chem Sci, 2013, 4: 4362.

[309] Mikosch J, Trippel S, Eichhorn C, et al. Imaging nucleophilic substitution dynamics. Science, 2008, 319: 183.

[310] Szabó I, Czakó G. Revealing a double-inversion mechanism for the F$^-$+CH$_3$Cl SN$_2$ reaction. Nat Commun, 2015, 6: 5972.

[311] Szabó I, Olasz B, Czakó G. Deciphering front-side complex formation in SN$_2$ reactions via dynamics mapping. J Phys Chem Lett, 2017, 8: 2917.

[312] Liu P, Wang D, Xu Y. A new, double-inversion mechanism of the F$^-$ + CH$_3$Cl SN$_2$ reaction in aqueous solution. Phys. Chem. Chem. Phys., 2016, 18: 31895.

[313] Liu P, Zhang J, Wang D. Multi-level quantum mechanics theories and molecular mechanics study of the double-inversion mechanism of the F$^-$ + CH$_3$I reaction in aqueous solution. Phys Chem Chem Phys, 2017, 19: 14358.

[314] Duan L, Liu X, Zhang J Z H. Multi-level quantum mechanics theories and molecular mechanics study of the double-inversion mechanism of the F$^-$ + CH$_3$I reaction in aqueous solution. J Am Chem Soc, 2016, 138: 5722.

[315] Guo J, Meng X, Chen J, et al. Real-space imaging of interfacial water with submolecular resolution. Nat Mater, 2014, 13: 184.

[316] Duan L, Feng G, Wang X, et al. Effect of electrostatic polarization and bridging water on CDK2- ligand binding affinities calculated using a highly efficient interaction entropy method. Phys Chem Chem Phys, 2014, 19: 10140.

[317] Guo J, Li X Z, Peng J, et al. Atomic-scale investigation of nuclear quantum effects of surface water: experiments and theory. Prog Surf Sci, 2017, 92: 203.

[318] Tuckerman M E, Marx D, Klein M L, et al. On the quantum nature of the shared proton in hydrogen bonds. Science, 1997, 275: 817.

[319] Li X Z, Walker B, Michaelides A. Quantum nature of the hydrogen bond. PNAS, 2011, 108: 6369.

[320] Morrone J A, Car R. Nuclear quantum effects in water. Phys Rev Lett, 2008, 101: 017801.

[321] Soper A K, Benmore C J. Quantum differences between heavy and light water. Phys Rev Lett, 2008, 101: 065502.

[322] Guo J, Lü J T, Feng Y, et al. Nuclear quantum effects of hydrogen bonds probed by tip-enhanced inelastic electron tunneling. Science, 2016, 352: 321.

关键词索引

R

弱等效原理　154, 176, 177, 184, 186, 187, 236

S

双电离超快动力学　96
双分子亲核取代反应　330
水分子全量子效应　323
斯塔克减速　218
石墨烯　287, 288, 291, 314, 315, 316, 317, 318, 319, 320, 321, 328, 329

T

太赫兹辐射　103, 104, 105, 114
团簇组装颗粒膜　300, 301, 302, 303, 304, 305, 306, 307, 308
拓扑绝缘体　174, 321, 322

W

微腔　57, 204
稳定性　181, 219, 225, 263, 264, 266, 267, 269, 270, 272, 274, 275, 276, 277, 278, 279, 280, 281, 283, 286, 287, 288, 289, 292, 294, 295, 311, 327, 328

X

先进光场　1, 86, 89
相干时间　153, 155, 187, 193, 195, 197, 198, 200, 201, 205, 206, 220
相干效应　4, 192, 194
相变特征　298

Y

压缩态光　228, 229
引力波　178, 179, 182, 183, 184, 186, 187, 194, 228, 234
引力常数　154, 176, 179, 180, 185, 186, 235
引力红移　154, 176, 177, 185, 186, 211
阈上电离　88, 89, 90, 91, 92, 93, 95, 113, 114
原子的内壳层激发　118
原子分子基态和激发态电子结构和动力学　56, 125
原子分子量子动力学过程　2, 86
原子分子团簇　1, 3, 262
原子干涉仪　5, 154, 168, 175, 176, 177, 178, 179, 180, 182, 183, 184, 185, 186, 187, 229, 237
原子光频标　155, 210, 212, 213, 214, 215
原子核频标　216
原子陀螺仪　154, 176, 180, 181, 183, 185, 186
原子阵列　155, 197, 198, 199, 201, 203, 206
原子制造　5, 336, 337, 338
原子重力梯度仪　154, 176, 180, 183, 184, 186
原子重力仪　154, 176, 179, 180, 183, 184, 185, 186

Z

增强机制　302